生体有機化学

橋本祐一・村田道雄 編著

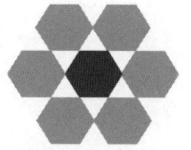

東京化学同人

は じ め に

　本書のタイトルである"生体有機化学"と聞いても，あまりぴんとこないし，何が書いてあるかもよくわからないかもしれない．最近たまに聞く化学生物学や生物有機化学，生命化学といった領域とだいたい同じであると思っても間違いではなく，本書を手に取った方は，"生体有機化学"よりは少し馴染みのある，これら生化学の関連領域と重なる部分が多いことに気づくと思う．世の中にはすでに，生化学の教科書が数多く出版されている．そのなかで，わざわざ聞きなれないタイトルをつけて本書をつくった理由は，生化学の体系をすべて網羅するのではなく，生理活性物質および薬物などの小分子が働く場所に的を絞った教科書がぜひ必要だと感じたからである．まず，編者らが生命体を構成する生体分子と小分子の相互作用を有機化学の体系のなかに位置づけてみようと思い立ち，その後，執筆者と出版社の協力を得ることによって本書ができあがった．したがって，かなり複雑な生命現象や薬の効き目の話題でも無理やり有機化学の言葉で語ろうとした．その点のわかりにくさについては，読み進めるうちに自然に解消されるように努めたつもりである．

　本書は，大学2～4年生の専門課程の授業で使う教科書もしくは参考書を想定しており，薬学，医学，理学，農学，生物工学系に属する，基礎の有機化学と生化学を学習した学生にとってなじみの深い内容を前半で扱い，さらに基礎知識の解説を加えることによって，読み進めるうちに理解が深まるように工夫した．本文中の説明に関連する基礎的事項の確認，少し発展的な説明などはコラムとしたので，あわせて読んでほしい．第Ⅰ部は生化学の教科書に対応する部分が多いが，むしろ，有機化学の教科書の最後の数章の生体分子に関する内容を，わかりやすく学べるように工夫した．第Ⅱ部は，上述の小分子化合物の生体内における化学的基礎を取上げた．まず，5章で反応，6～8章では生化学的基礎と物理化学，タンパク質，核酸との相互作用を取上げた．第Ⅲ部では，小分子がどのように生理活性を発現するかについて，具体例を引きながら解説した．第Ⅳ部は，もう少し生命機能のマクロな部分につながる話，たとえば，視覚，嗅覚，イオンチャネルなど情報伝達にかかわる分子機構を取上げた．さらに第Ⅴ部は多少発展的内容になるが，創薬化学と創薬科学の話を少し現実世界に即して解説した．

　多くの初学者にとって，有機化学を深く学んでも，大学の生化学や分子生物学の理解を助けるようになることはまれである．頭の中でそれらがつながってくるのは大学を卒業してからのこともある．数学が物理学を学ぶうえで助けになるのとは対照的である．なぜだろう．それは，生化学の教科書で使われる用語，物理的定量性や化学構造の取扱いなどが，有機化学の教科書とは大きく異なり，学生諸君が同じ知識体系に両領域を位置づけることを妨げているからである．本書のねらいはその垣根を取り払うことであり，諸君が"生体有機化学"として二つの領域を一つの脳回路のなかに定着することを助けることができれば願ってもないことである．

　本書の刊行にあたって，ご多忙のなか快く執筆をお引き受けいただいた諸学兄，また，すべての面で大変なご尽力をいただいた出版社の橋本純子氏，竹田恵氏に深く感謝する．

2012年9月

橋本祐一，村田道雄

編　集

橋　本　祐　一　　東京大学分子細胞生物学研究所 教授，薬学博士
村　田　道　雄　　大阪大学大学院理学研究科 教授，農学博士

執　筆

相　本　三　郎　　大阪大学副学長，理学博士
青　山　洋　史　　東京薬科大学薬学部 講師，博士（工学）
石　川　　　稔　　東京大学分子細胞生物学研究所 講師，博士（薬学）
石　橋　正　己　　千葉大学大学院薬学研究院 教授，理学博士
大　高　　　章　　徳島大学大学院ヘルスバイオサイエンス研究部 教授，薬学博士
大　塚　雅　巳　　熊本大学大学院生命科学研究部 教授，薬学博士
嶋　田　一　夫　　東京大学大学院薬学系研究科 教授，理学博士
杉　田　和　幸　　東京大学分子細胞生物学研究所 准教授，博士（薬学）
高　橋　栄　夫　　横浜市立大学大学院生命ナノシステム科学研究科 教授，
　　　　　　　　　博士（薬学）
橋　本　祐　一　　東京大学分子細胞生物学研究所 教授，薬学博士
深　瀬　浩　一　　大阪大学大学院理学研究科 教授，理学博士
藤　田　雅　紀　　北海道大学創成研究機構 特任助教，博士（農学）
村　田　道　雄　　大阪大学大学院理学研究科 教授，農学博士

（五十音順）

目　　次

第Ⅰ部　生体を構成する分子

1. 核　　酸 ………………………………………………………………………………… 3
- 1・1　構造と機能 ……………………………………………………………………… 3
  核酸の化学構造と塩基対形成：核酸の一次構造／二重らせん：核酸の二次構造／
  染色体：核酸の三次構造
- 1・2　解析手法 ………………………………………………………………………… 6
  核酸の分離と検出／DNA 配列決定／ポリメラーゼ連鎖反応（PCR）／核酸自動合成
- 1・3　遺伝子操作：組換え DNA 技術 ……………………………………………… 9
  DNA の改変／DNA の導入
- 1・4　核酸の新しい機能 ……………………………………………………………… 11
  DNA メチル化とエピジェネティクス／遺伝物質以外の核酸／核酸様人工物質と医薬品としての核酸

2. アミノ酸，ペプチド，タンパク質 …………………………………………………… 15
- 2・1　アミノ酸 ………………………………………………………………………… 15
  タンパク質を構成するアミノ酸と分類／タンパク質中のアミノ酸の翻訳後修飾
- 2・2　ペプチド ………………………………………………………………………… 19
- 2・3　タンパク質 ……………………………………………………………………… 20
  タンパク質の生合成／タンパク質の構造
- 2・4　タンパク質の一次構造解析 …………………………………………………… 23
  エドマン法による一次構造解析／質量分析によるタンパク質の同定／ジスルフィド結合位置の決定

3. 糖　　質 ………………………………………………………………………………… 28
- 3・1　単　糖 …………………………………………………………………………… 28
- 3・2　二糖，オリゴ糖 ………………………………………………………………… 30
- 3・3　多　糖 …………………………………………………………………………… 31
- 3・4　さまざまな糖鎖の構造と機能 ………………………………………………… 32
  糖鎖の生合成／糖タンパク質／グリコサミノグリカン／スフィンゴ糖脂質
- 3・5　糖鎖の化学合成 ………………………………………………………………… 37
  フィッシャーグリコシド化とアノマー効果／ケーニッヒ-クノール法と 1,2-トランスグリコシル化／レミュー法と 1,2-シスグリコシル化／フッ化グリコシルを用いるグリコシル化と 1,2-シス-α-グリコシル化／チオグリコシドを用いるグリコシル化／グリコシルイミダートを用いるグリコシル化

4. 脂肪酸と膜脂質 ··· 43
　4・1　脂肪酸と膜脂質の構造 ·· 44
　4・2　脂肪酸などの生合成 ·· 45
　4・3　脂質集合体としての膜の性質と機能 ·································· 47

第II部　生命現象の化学

5. 生体における化学反応 ·· 53
　5・1　生体内有機反応 ·· 53
　5・2　置換反応 ··· 53
　　　　　アミンのメチル化／S-アデノシルメチオニンの生成
　5・3　酸化と還元 ··· 55
　　　　　アルコールの酸化／カルボニル基の還元／乳酸脱水素酵素
　5・4　エステル化とアミドの加水分解 ··· 57
　　　　　エステル化／アミドの加水分解
　5・5　炭素−炭素結合の生成と切断 ·· 60
　　　　　アルドラーゼとトランスアルドラーゼ／クエン酸合成酵素／チアミン二リン酸
　5・6　α-ケト酸がかかわる反応 ··· 63
　　　　　α-ケト酸の脱炭酸／アミノ酸代謝／カルボキシル化
　5・7　共役付加 ··· 67

6. タンパク質と生体小分子の相互作用 1 ···································· 69
　6・1　相互作用において働く引力と斥力 ····································· 69
　　　　　静電相互作用／水素結合／疎水性相互作用
　6・2　タンパク質と生体小分子の相互作用の例 ···························· 73
　　　　　酵素と基質／情報伝達物質と受容体／薬物と受容体

7. タンパク質と生体小分子の相互作用 2 ···································· 76
　7・1　結合・解離平衡反応の物理化学 ·· 76
　7・2　解離定数を求めるアプローチ ··· 79
　　　　　平衡透析法による解離定数の算出（スキャッチャードプロットによる解析）／簡便な解離定数
　　　　　算出法／速度定数から解離定数を求めるアプローチ

8. 生体高分子の相互作用 ·· 84
　8・1　細胞内のタンパク質の量と種類 ··· 84
　8・2　細胞内のタンパク質の存在状態 ··· 85
　　　　　クラウディング環境／受容体タンパク質の活性化／浪費サイクル
　8・3　タンパク質の立体構造の形成：フォールディング ·················· 89
　　　　　タンパク質の機能と立体構造／フォールディング／変性と失活／シャペロン
　8・4　タンパク質間の相互作用 ··· 96
　　　　　タンパク質の重合／タンパク質複合体

 8・5　タンパク質とDNAの相互作用 ……………………………………………………… 97
   ヒストン／DNA結合タンパク質のモチーフ

第Ⅲ部　生理活性発現の化学

9. 生理活性発現の化学 1：酵素阻害の化学 ……………………………………………… 103
 9・1　酵素と基質 ………………………………………………………………………… 103
 9・2　酵素反応 …………………………………………………………………………… 104
 9・3　酵素反応の阻害様式 ……………………………………………………………… 106

10. 生理活性発現の化学 2：発がんと制がんの化学 …………………………………… 112
 10・1　遺伝子の異常としてのがん …………………………………………………… 112
 10・2　発がんの原因となる遺伝子の変異 …………………………………………… 113
   増殖シグナル制御の破綻／アポトーシスの抑制／細胞周期制御の破綻
 10・3　化学発がん ……………………………………………………………………… 114
   発がん多段階説／人工がんの実験的な作製の成功／発がん物質によるDNAの化学修飾
 10・4　制がんの化学 …………………………………………………………………… 117
 10・5　古典的抗がん剤の作用メカニズム …………………………………………… 118
   DNAを修飾する薬剤／DNAの合成を阻害する薬剤／チューブリンの機能を阻害する薬剤／
   ホルモン療法
 10・6　分子標的薬 ……………………………………………………………………… 124
   分化誘導によるがん細胞の正常化／キナーゼ阻害薬

11. 生理活性発現の化学 3：ステロイドホルモンを中心に ……………………………… 127
 11・1　核内受容体とそのリガンド …………………………………………………… 127
   ステロイドとビタミン／核内受容体スーパーファミリー／核内受容体の構造と機能／核内受
   容体のリガンドによる機能制御／核内受容体-コアクチベーター相互作用の制御
 11・2　プロスタグランジン …………………………………………………………… 137

12. 生理活性ペプチドホルモン ……………………………………………………………… 141
 12・1　生理活性ペプチド受容体タンパク質 ………………………………………… 141
 12・2　受容体サブタイプ ……………………………………………………………… 142
 12・3　ペプチドの構造固定化と医薬品開発 ………………………………………… 144
 12・4　生理活性ペプチドのおもな受容体 …………………………………………… 144
   Gタンパク質共役型受容体／カルシトニンファミリー／GPCR以外の受容体／
   グアニル酸シクラーゼ型受容体

第Ⅳ部　生理活性物質の標的

13. 情 報 伝 達 ………………………………………………………………………………… 151
 13・1　タンパク質のリン酸化 ………………………………………………………… 151

13・2 受容体を介した情報の伝達 ··· 151
　　　Gタンパク質共役型受容体／チロシンキナーゼ共役型受容体／
　　　イオンチャネル共役型受容体／核内受容体
13・3 情報伝達物質 ·· 156
　　　神経伝達物質／生体内アミン／生理活性ペプチド／ホルモン／エイコサノイド／
　　　サイトカイン
13・4 二次メッセンジャー ·· 161
13・5 情報伝達タンパク質の分解 ·· 162

14. イオンチャネル
14・1 膜電位と活動電位 ··· 163
14・2 イオン選択機構と高いイオン伝導性 ··· 165
14・3 膜電位の感知機構 ··· 167

15. 嗅 覚 受 容 体
15・1 においとは ··· 168
15・2 においを感じるしくみ ··· 169
15・3 においにかかわる情報伝達機構 ·· 171

16. 視 物 質
16・1 レチナールとロドプシン ··· 173
16・2 膜タンパク質と膜脂質 ··· 175
16・3 光受容シグナルの伝達と増幅 ·· 176

第 V 部　創薬化学とケミカルバイオロジーへのアプローチ

17. 生理活性物質の創製
17・1 生理活性物質・薬の発見 ··· 181
17・2 近代医薬の基本概念 ·· 182
　　　ファーマコフォア／選択毒性／薬物受容体／生物学的等価体(バイオアイソスター)
17・3 医薬化学の基本戦略 ·· 191
　　　オーソドックス創薬／ゲノム創薬／分子標的創薬／バイオ医薬
17・4 生理活性物質の創製にかかわる技術 ··· 200
　　　構造活性相関／フラグメントの活用／化合物ライブラリー

参 考 書 ·· 209
欧 文 索 引 ·· 211
和 文 索 引 ·· 215

生体を構成する分子 I

　第Ⅰ部では生体を構成する分子を眺めてみる．生体は非常に複雑な複合体で，そこには電気信号や光，振動，熱といった物理的な過程も含まれており，また，無機化合物も重要な位置を占めている．とはいえ主役はやはり，ここで取上げる有機化合物である．核酸，タンパク質・ペプチド，糖質，脂質の四つに大別された有機化合物は，それぞれ生命活動に必要不可欠な役割を果たしており，一次代謝物とよばれることがある．これは，抗生物質など生物が生産する，生命活動に対する必要性が比較的低い化合物を二次代謝物とよぶことと対比して用いられる．

　まず，遺伝情報の源である DNA，RNA からなる核酸からはじめて，遺伝情報が直接翻訳された形態であるタンパク質・ペプチドとその材料のアミノ酸に話を移す．この二つのグループは，生化学や分子生物学の授業で学ぶことも多いが，本書では有機化学的側面から理解を深めるように工夫した．特に核酸の章では，遺伝子解析・分析技術革新など現代生物学の進歩を語る際に避けて通れない話題や現代バイオサイエンスのキーワードを紹介するように努めた．つづいて，糖質と脂質を取上げる．核酸・タンパク質に比べて，未解明の部分が多く残されているが，基本的な構造と化合物としての性質を述べる．20年後には新しい知識がつけ加わっていることが期待されるが，その時点でも古くならない基本的な内容を選んだ．

　第Ⅰ部全般を通じて，生体分子の構造と基本的な性質を紹介すると同時に，化学的研究を行ううえで重要な手法についても言及するように努めた．たとえば，分析の方法，生物的および化学的な合成法についてである．化学のみならず，生物学の視点から生体分子を取扱うときにも，このような基盤的知識は大学院における教育において，さらには研究者として自ら研究を企画・実行するおりに必要になる．

核　　　　酸　　　1

核酸は遺伝物質の本体であり，地球上に生息するすべての生物にとって最も基本的な生体分子である．生体では，核酸は主として遺伝情報の伝達および発現（タンパク質の生産）に関与する．また近年においては，触媒機能をもつ核酸や遺伝子発現の制御あるいは生体防御に関与すると考えられる核酸も見いだされており，その多様な役割の解明は急速に進んでいる．本章では，生体有機化学という側面からその構造と機能，分析手法，遺伝子操作（組換え技術），および核酸に関する最近の話題について解説する．

核酸 nucleic acid

1・1　構造と機能

核酸には遺伝物質である**デオキシリボ核酸**（DNA）とその発現制御と情報伝達に関与する**リボ核酸**（RNA）の２種類がある．それぞれ生体内では直鎖状高分子として存在し，ヒトを含む真核生物では核内に局在している．一方，原核生物では核様体を形成し，細胞内に収納されている．

デオキシリボ核酸 deoxyribonucleic acid. 略称 DNA.

リボ核酸 ribonucleic acid. 略称 RNA.

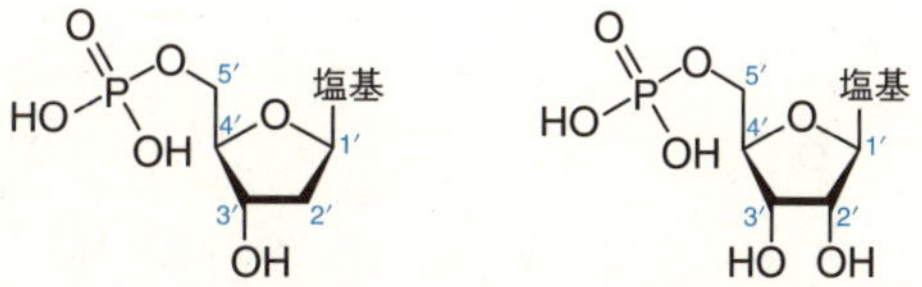

デオキシリボ核酸(DNA)　　　リボ核酸(RNA)

1・1・1　核酸の化学構造と塩基対形成：核酸の一次構造

DNA は複素環と **2-デオキシ-D-リボース**およびリン酸からなる**ヌクレオチド**を一単位とし，リン酸ジエステル構造による繰返し構造をとっている．一方，RNA は **D-リボース**を構成糖としている点が DNA と異なる．複素環および糖からなる部分をヌ

2-デオキシ-D-リボース 2-deoxy-D-ribose

ヌクレオチド nucleotide

D-リボース D-ribose

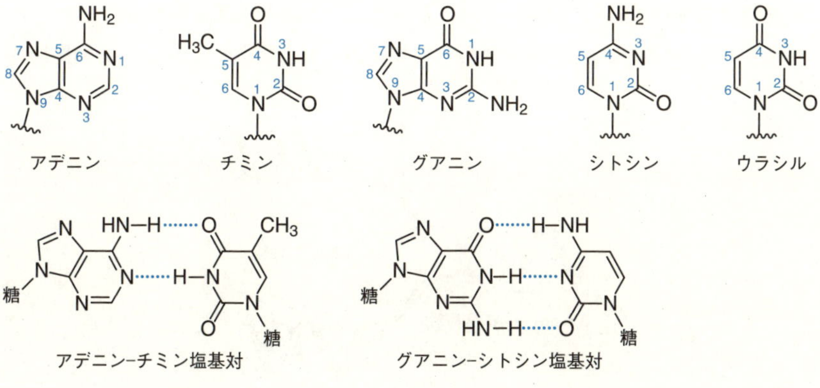

図 1・1　核酸塩基の化学構造と塩基対形成

ヌクレオシド nucleoside
アデニン adenine, A
グアニン guanine, G
チミン thymine, T
シトシン cytosine, C
塩基 base
ワトソン-クリック塩基対
Watson–Crick base pairing
ウラシル uracil, U

クレオシドという．DNA の複素環はプリン骨格をもつ**アデニン**（A），**グアニン**（G），およびピリミジン骨格をもつ**チミン**（T），**シトシン**（C）の 4 種の**塩基**からなり，A と T および G と C 間で水素結合による特異的な**ワトソン-クリック塩基対**を形成する．一方，RNA においてはチミンの代わりに**ウラシル**（U）が使用され，T に代わり A と U の間に塩基対が形成される（図 1・1）．

鎖状核酸分子の糖 3′ 位側の端を 3′ 末端，逆に糖 5′ 位側の端を 5′ 末端という．そのさいに，一方の鎖が 5′ 末端から 3′ 末端へ，そしてその相補鎖は 3′ 末端から 5′ 末端へと逆向き（逆平行，アンチパラレル）に並び，塩基対を形成する（図 1・2）．

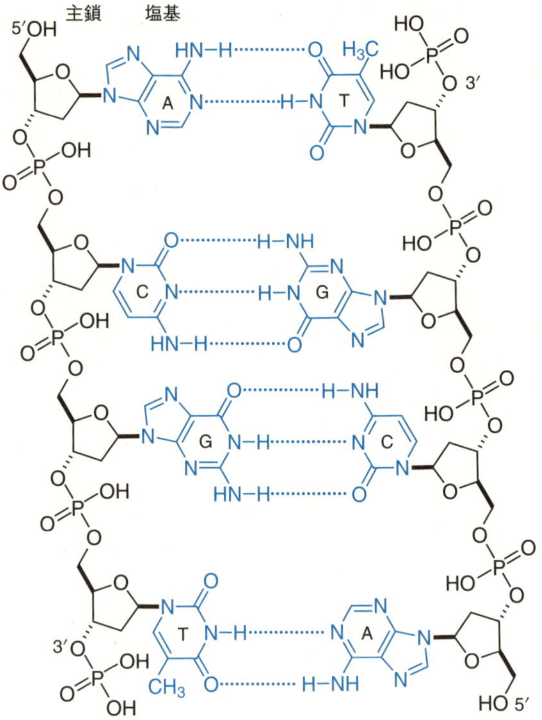

図 1・2 DNA の主鎖と塩基，および塩基対の形成様式

DNA と RNA
細菌からヒトまで例外なく，DNA を遺伝物質としているが，RNA を遺伝物質としてもつ RNA ウイルスも存在する．また，現在の DNA が遺伝情報を担う DNA ワールドに対して，原始地球上には RNA が遺伝情報から触媒活性までを担い，RNA だけで自己複製を行う RNA ワールドが存在したという説もある．

この特異的な塩基対形成能こそが核酸の本質であり，次世代への遺伝情報の伝達，また生体内での遺伝情報の発現に直接かかわってくる．

1・1・2 二重らせん：核酸の二次構造

生体内で DNA は互いに相補する塩基からなる二本鎖が塩基対を形成し，デオキシリボースとリン酸からなる主鎖を外側にして**二重らせん**構造をとっている（図 1・3）．

二重らせん double helix

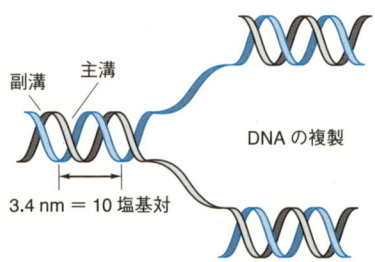

図 1・3 DNA 二重らせんの様式と DNA の複製

DNAの二重らせんはB型DNAとよばれる一般的な構造のほかに，A型やZ型など特殊な二重らせん構造をとることも知られている．B型DNAでは約10塩基対分 (3.4 nm) が1周期となる．DNAの二重らせん構造には**主溝**と**副溝**とよばれる溝が存在し，転写因子などのDNA結合タンパク質あるいはDNAを標的とする**抗がん剤**などとの相互作用において重要な場となっている．

DNAの役割である遺伝情報の複製と伝達において，この特異的塩基対による二本鎖の形成は重要な意味をもっている．この特性により，それぞれのDNA鎖から相補的なDNA鎖を正確に複製することができ，また細胞分裂の際には複製された二つの二本鎖DNAを娘細胞が一つずつ引継ぐことで同一の遺伝情報を共有することができる．

一方，RNAはDNAを鋳型としてRNAポリメラーゼにより**転写**されることで合成される．RNAは生体内では基本的に一本鎖として存在し，分子内で塩基対を形成しヘアピン構造やループ構造など，さまざまな高次構造をとっている．

また，RNAはその機能から**メッセンジャーRNA**（mRNA），**トランスファーRNA**（tRNA），**リボソームRNA**（rRNA）の3種に大別される．rRNAはタンパク質生産を行う場であり，巨大な核酸-タンパク質複合体である**リボソーム**の構成要素である．tRNAはタンパク質の原料となるアミノ酸をリボソームへ運搬する役割を担う．またmRNAは遺伝情報をDNAからリボソームへ伝達する役割を果たす．リボソームではmRNAを鋳型としてtRNAが運搬したアミノ酸を順次縮合しタンパク質を生産する．この過程を**翻訳**といい，またDNA-RNA-タンパク質という一連の遺伝情報の流れを**セントラルドグマ**といい，分子生物学の中心原理となっている．

1・1・3 染色体：核酸の三次構造

真核生物において，DNA二本鎖はヒストンとよばれるタンパク質に巻かれたヌクレオソーム構造をとり，さらにそれが折りたたまれて繊維状となり，さらに折りたたまれることで非常に高密度にパッキングされた**染色体**を形成する．一つの染色体は一つのDNA分子からなり，ヒトでは総計約30億塩基対からなる22の常染色体と一つの性染色体が存在する．一つの細胞はそれぞれ一対の染色体を保有するので合計46の染色体が存在する．それらすべてが核内に収容されており，その全体を**ゲノム**という（図1・4）．ゲノム中のタンパク質に翻訳される領域を**遺伝子**といい，真核生物においては全ゲノムに占める遺伝子の割合は必ずしも大きくない．遺伝子以外の領域の存在意義はゲノム科学の大きな課題であり，その解明は現在の分子生物学の主要な

主溝 major groove
副溝 minor groove
抗がん剤 anti-tumor agent. 制がん剤ともいう．

転写 transcription

メッセンジャーRNA messenger RNA. 伝令RNAともいう．略称 mRNA.
トランスファーRNA transfer RNA. 転移RNAともいう．略称 tRNA.
リボソームRNA ribosome RNA. 略称 rRNA.
リボソーム ribosome
翻訳 translation

> **セントラルドグマの崩壊**
> RNAウイルスにみられるような，逆転写酵素によるRNAからDNAへの情報の伝達も存在することが明らかにされ，セントラルドグマ（central dogma）は現在では自然界を支配する絶対原理ではないと認識されている．

染色体 chromosome
ゲノム genome
遺伝子 gene

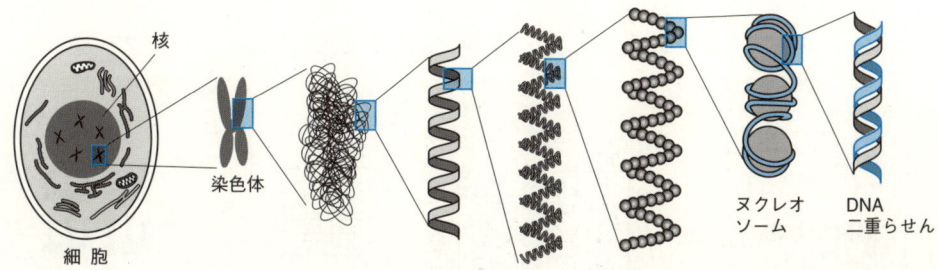

図1・4 染色体からDNA二重らせんまでの階層構造

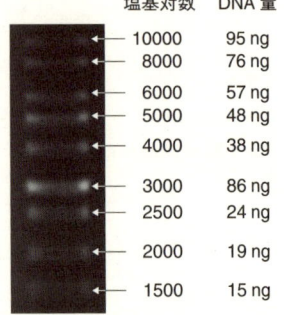

塩基対数	DNA量
10000	95 ng
8000	76 ng
6000	57 ng
5000	48 ng
4000	38 ng
3000	86 ng
2500	24 ng
2000	19 ng
1500	15 ng

図1・5 電気泳動による核酸の分離. 蛍光強度からDNA量の定量も可能である.

電気泳動 electrophoresis

インターカレーター

DNA二重らせん中で積層される塩基対間に分子が挿入される現象をインターカレーション,挿入される化合物をインターカレーターという.インターカレーターは平面状の芳香族化合物で,DNAの複素環とπ-π相互作用することで複合体を形成する.インターカレーターにはDNAの複製や転写を阻害することで,発がん性を示すものがある.一方,活発に複製を行っているがん細胞に対しては毒性を示すため,抗がん剤として用いられるものもある.

サザンハイブリダイゼーション
Southern hybridization. Southern は人名に由来.

ノーザンハイブリダイゼーション
northern hybridization

DNAマイクロアレイ
DNA microarray

テーマの一つとなっている.

1・2 解析手法

核酸は生体高分子のなかでも単純な構造と,また特異的な分子認識能を有する化合物であり,これまでにさまざまな解析技術が開発され,また膨大な情報が蓄積されている.近年におけるDNA解析の最大の成果はヒトゲノムの解読であるが,その後も解析技術は急速に発展し続けている.本節ではDNA解析の基本である分離検出技術から塩基配列決定法,さらに核酸の特色である人工的な増幅法や合成法について概説する.

1・2・1 核酸の分離と検出

電気泳動は核酸の分離精製に繁用される重要な手法であり,特にアガロースゲルを用いた電気泳動は簡便迅速に核酸を分離精製できるためDNA操作の基本技術となっている.核酸は緩衝液中ではリン酸基の存在により負に帯電しており,電圧をかけることで陰極から陽極へ移動する.そのさいに小さい核酸ほどアガロースの網目構造をすり抜けやすいため早く移動し,その逆に大きい核酸ほど移動速度は遅くなる(図1・5).直鎖状分子である核酸は分子構造によらずその大きさにのみ依存して移動するため,塩基数により分離することが可能である.分離した核酸は臭化エチジウムのような核酸に結合(インターカレーション)する蛍光分子を用いることで,検出あるいは定量が可能である.

目的とする遺伝子など特定の塩基配列を有する核酸を検出する場合には,その最大の特徴である塩基配列特異的な二本鎖形成能を利用する.まず電気泳動後のゲルあるいは細胞などの試料から核酸をニトロセルロース膜などの固定化膜に転写・固定する(ブロッティング).その後,検出したい配列に相補的な一本鎖オリゴDNAをプローブとして用い,固定化核酸と二本鎖を形成させ(ハイブリダイゼーション),プローブDNAに組込んだ放射性標識や酵素活性あるいは蛍光などの標識により検出する.検出する核酸がDNAの場合は**サザンハイブリダイゼーション**といい,一方RNAを検出する場合は**ノーザンハイブリダイゼーション**という(図1・6a).

さらにそれを大規模化したものが,ガラスやプラスチックなどの基板上に塩基配列の異なるDNA断片を高密度に整列配置した**DNAマイクロアレイ**である.一度の解析で数万から数十万の核酸を検出することが可能であり,ポストゲノム時代の核酸検出技術として医療用や食品検査用などの分野で利用が広がっている(図1・6b).

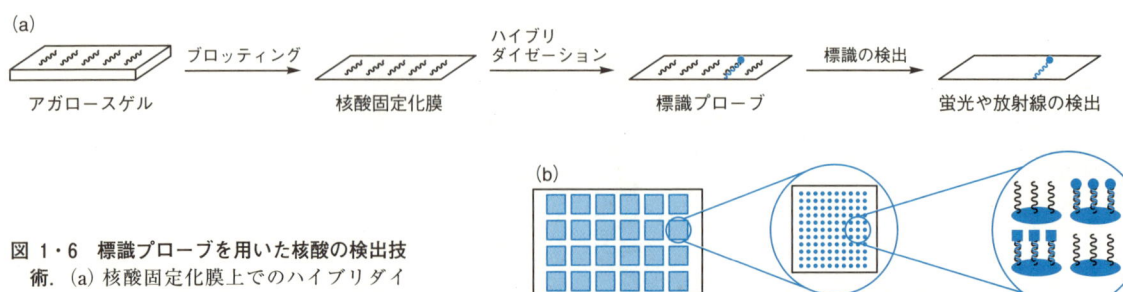

図1・6 標識プローブを用いた核酸の検出技術.(a)核酸固定化膜上でのハイブリダイゼーション.(b)DNAマイクロアレイによるゲノム規模での核酸の検出.

1・2・2 DNA配列決定

DNA解析の第一歩はその配列決定であり，これまでにさまざまな手法が開発改良されてきた．現在DNA配列解析の主流はヒトゲノムプロジェクトの遂行に大きく貢献した**サンガー法**であり，本項ではその基本原理を解説する．

解析したいDNA鎖（**鋳型DNA**）に対して，解析する配列の外側に相補的に結合するオリゴDNA（プライマーDNA）を用意し，**DNAポリメラーゼ**によるDNA延長反応を行う．そのさいに，DNA延長反応が停止する基質として，3′位にヒドロキシ基をもたないジデオキシリボースを構成糖とし，かつ4種類の塩基を異なる蛍光で標識したジデオキシリボヌクレオチド三リン酸（ddNTP）を一定の割合で加える．それにより，DNA延長反応の際に一定の割合でddNTPを取込み，その時点で延長反応が停止する．得られたDNA断片を電気泳動により1塩基単位で分離し，蛍光標識を読取ることでそれぞれの位置の塩基を決定することができる（**ダイターミネーター法**，図1・7）．

現在では上述の方法により1回の解析で最大1000塩基程度の配列決定が可能である．また，決定した配列に対してプライマーDNAを設計し，そこを起点にさらに配列決定を進めることで原理的にはどのような長さのDNAであっても全長配列の決定が可能である．

一方，21世紀に入ってからサンガー法とは原理的に異なるDNA配列決定法が実用化され，それらは次世代シークエンサーとよばれる．次世代シークエンサーは1回の測定でのべ600ギガ塩基対（ヒトゲノムは約3ギガ塩基対）の測定が可能であり（2012年5月現在），サンガー法と比較し圧倒的な処理能力をもつ．未だ改善すべき点も多いが，近い将来には一人分のヒトゲノム解読にかかる費用が十万円以下になるというのも夢ではなくなっている．

世界中で決定された塩基配列は米国のGenBankや日本のDDBJあるいは欧州のEMBLなど複数のデータベースに登録される．データベースは相互に連携しており，

> **サンガー法** Sanger method. チェーンターミネーション法（chain-termination method），ジデオキシ法（dideoxy mehod）ともいう．
>
> **鋳型DNA** template DNA
>
> **DNAポリメラーゼ** DNA polymerase
>
> **ダイターミネーター法**
> サンガー法はddNTPでDNA鎖延長反応を停止させる原理を用いたシークエンス法一般を指す言葉である．そのうち§1・2・2で解説した，蛍光標識したddNTPを用いる方法を特にダイターミネーター法（dye-terminator method）といい，現在の主流となっている．
>
> **DDBJ** DNA Data Bank of Japan [http://www.ddbj.nig.ac.jp]

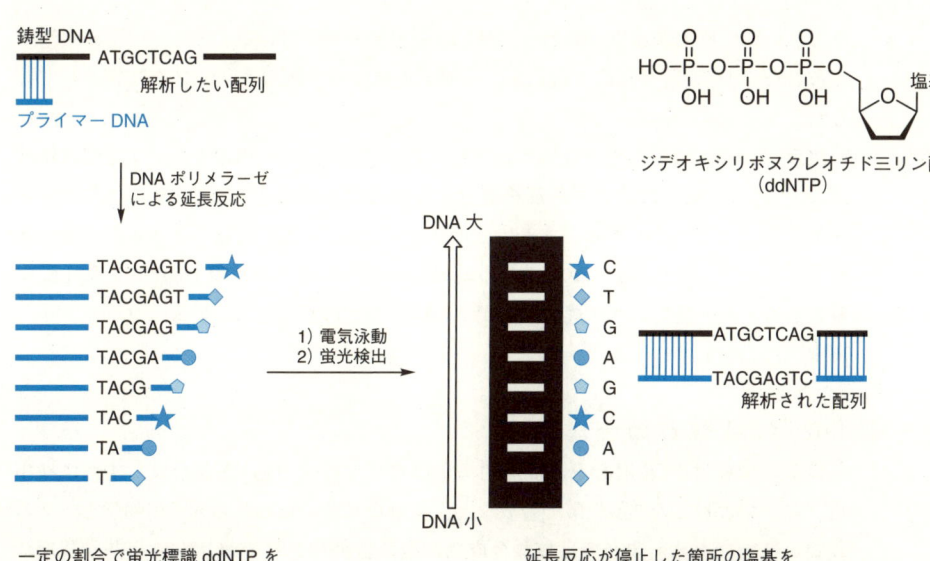

図1・7　ddNTPの構造とダイターミネーター法によるDNA配列の決定

常に最新の情報を誰でも無料で得ることができる．

1・2・3 ポリメラーゼ連鎖反応（PCR）

PCR polymerase chain reaction の略．

分子生物学の分野において最も重要な実験法の一つが**ポリメラーゼ連鎖反応 (PCR)** 法である．PCR は核酸を短時間に指数関数的に増幅する手法であり，操作の簡便さや応用範囲の広さから，基礎研究のみならず医療や食品などさまざまな分野において利用されている．これまでに PCR 技術を応用したさまざまな実験法が開発されているが，ここではその原理と基本的な実験法を解説する．

二本鎖 DNA は高温において変性し一本鎖に解離する．PCR では高温による二本鎖の変性，低温による相補鎖の再結合（アニーリング），DNA ポリメラーゼによる DNA の延長の 3 段階を繰返すことにより核酸を増幅する．以下，段階ごとに実際の実験手順を解説する（図 1・8）．

まず増幅したい配列を含む鋳型 DNA，および増幅したい範囲のそれぞれ 5′ 末端側と同一配列をもつ 20～30 塩基対程度からなるプライマー DNA を用意する．さらに DNA ポリメラーゼおよび DNA 合成の基質となるデオキシリボヌクレオチド三リン酸（dNTP）と酵素反応用の緩衝液を加え，温度を一定時間ごとに変更可能な PCR 装置（サーマルサイクラー）にセットし，以下の操作を行う．

① 高温（94 ℃ 程度）で二本鎖 DNA を変性・解離させる．
② プライマー DNA がアニーリングする温度まで急冷する．その温度はプライマー DNA の長さや配列に依存する（50 ℃～70 ℃ 程度）．
③ プライマー DNA が解離せず，かつ DNA ポリメラーゼの活性発現に最適な温度（72 ℃ 程度）に加熱し，DNA 延長反応を行う．この時間は増幅したい DNA の長さおよび用いる DNA ポリメラーゼに依存する（30 秒～数分）．
④ ①～③ の操作を n 回繰返す．それにより理論上 DNA は 2^n 倍に増幅される．実際には 20～30 サイクル繰返すことで十分な量の DNA を確保する．

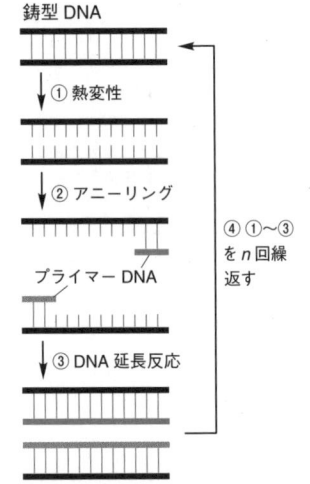

図 1・8 PCR による核酸の増幅

このさいに，好熱菌由来の耐熱性 DNA ポリメラーゼを用いることで，酵素が失活することなく DNA 延長反応を繰返すことが可能になり，PCR が汎用的な技術として普及した．

PCR の応用にはさまざまなものが存在する．プライマー DNA を設計する際に鋳型 DNA と完全に同じにはせず一部を変更することで，増幅される DNA に塩基の変異を加えることが可能である．あるいは増幅中に DNA の UV 吸収をリアルタイムで観測することで，その時点での DNA の増幅量すなわち最初の鋳型 DNA の量を比較定量することが可能であり，遺伝子発現量の解析などに利用されている（リアルタイム PCR）．

1・2・4 核酸自動合成

核酸の合成は PCR 用あるいは配列決定用のプライマー DNA の合成，または検出用プローブとしての標識核酸の合成など，多様な目的で行われる分子生物学を支える重要な技術である．現在では核酸合成は高度に自動化されており，30 塩基対程度であれば固相合成により短時間かつ安価に合成が可能である．

核酸の固相合成はホスホロアミダイト基を用いたリン酸エステルの形成を基本とし

ている．その後の未反応点のキャッピングと新しい反応点の脱保護を経て，次の保護ホスホロアミダイト基とのカップリング反応を行い逐次延長していく（図1・9）．

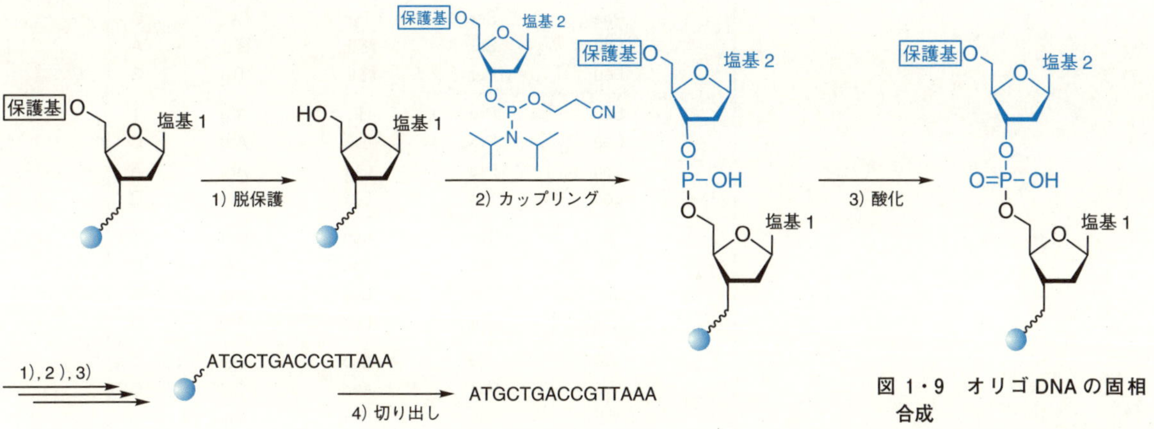

図1・9 オリゴDNAの固相合成

現在では基本的なオリゴDNAは企業が受託合成を行っているが，有機化学の力を生物学に応用する生体有機化学の研究においては特殊な標識を施したオリゴDNAや核酸誘導体を必要とする場面も多く，核酸合成は重要な基盤技術となっている．

1・3 遺伝子操作: 組換え DNA 技術

遺伝子であるDNA，およびその遺伝情報の発現をさまざまな面から支援するRNAを研究者が目的に沿って操作することは，現在の生命科学のあらゆる局面で必要とされる技術であり，膨大なアプリケーションが存在する．遺伝子操作は大きく分けて特定の遺伝子の機能を欠損あるいは減弱させる技術と，逆に特定の遺伝子を付加するあるいは亢進させる技術に大別される．

前者の典型例はノックアウトマウスなどの作製であり，特定の遺伝子が破壊され機能を失った状態での生体の変化を観察できる．後者の典型例は遺伝子治療や **iPS 細胞** の作製など外来遺伝子を導入することによる生体の機能改変である．以下，DNA操作の基礎技術を解説し，有機化学から分子生物学への橋渡しとしたい．

iPS 細胞 iPS cell. 誘導多能性幹細胞(induced pluripotent stem cell)ともいう．

1・3・1 DNA の改変

遺伝子を改変するにあたり，DNAの遺伝情報がどのようにタンパク質へと翻訳されるのか理解する必要がある．DNAの遺伝情報は3塩基で一つのアミノ酸をコードしており，それを**遺伝暗号**という．DNA塩基は4種類存在するため，$4^3 = 64$ 種のアミノ酸をコード可能であるが，実際にタンパク質に取込まれる通常アミノ酸は20種類であり，遺伝暗号は重複している．それをまとめたのが図1・10に示す遺伝暗号表である．遺伝暗号表は基本的に微生物からヒトまで共通しており，それが異なる生物間での遺伝子操作を可能にしている．すなわち他の生物から取得した遺伝子を，ヒトを含む他の生物へ導入することで機能を発現することが可能になる．

遺伝暗号 genetic code

遺伝暗号表のうちATGはアミノ酸のメチオニンをコードすると同時にタンパク質翻訳の開始点を示す開始コドンとしても機能する．一方，TAA，TAG，TGAの三つはアミノ酸をコードせず翻訳の終了を示す終止（ストップ）コドンとして機能してい

図 1・10 **遺伝暗号表**. 数字は塩基の順番を示す.

1	2				3
	T	C	A	G	
T	Phe Phe Leu Leu	Ser Ser Ser Ser	Tyr Tyr 終止 終止	Cys Cys 終止 Trp	T C A G
C	Leu Leu Leu Leu	Pro Pro Pro Pro	His His Gln Gln	Arg Arg Arg Arg	T C A G
A	Ile Ile Ile Met(開始)	Thr Thr Thr Thr	Asn Asn Lys Lys	Ser Ser Arg Arg	T C A G
G	Val Val Val Val	Ala Ala Ala Ala	Asp Asp Glu Glu	Gly Gly Gly Gly	T C A G

る．DNA 操作はこの遺伝暗号および開始コドンと終止コドンを望むように設計するのがおもな目的となる．さらに遺伝子は存在するだけでは機能しないため，細胞内へ導入し，安定に維持，複製されること，また遺伝子が mRNA へと転写されることなどを考慮して目的とする DNA を構築することになる．

実際の DNA 操作の基本は切ることとつなぐことである．DNA の切断に用いられるのが**制限酵素**であり，分子生物学において必要不可欠な道具となっている．制限酵素は加水分解酵素の一種であり，特定の塩基配列を認識して二本鎖 DNA を切断する．DNA 操作で一般的に用いられる制限酵素は 4 塩基から 8 塩基のパリンドローム（回文配列，どちらから読んでも同じ配列）を認識して特定の位置で切断する（図 1・11）．パリンドロームを切断することで，DNA の切断面はどちらも同じ状態になる．

制限酵素 restriction enzyme

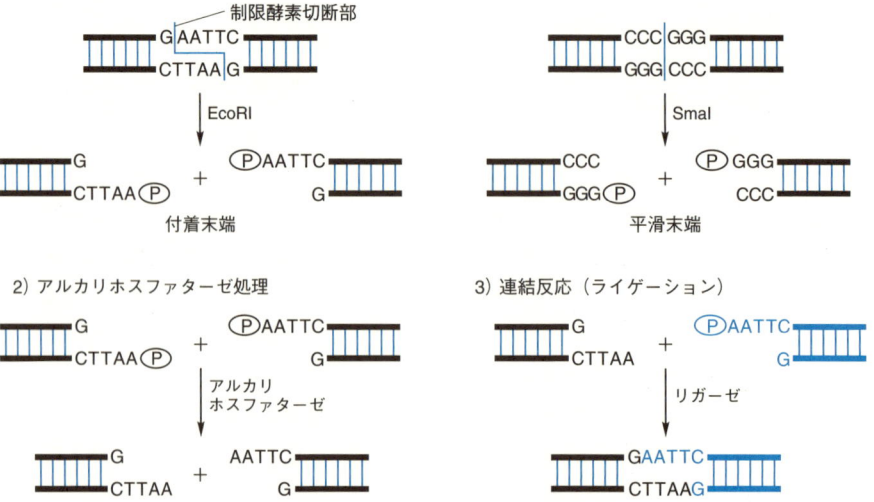

図 1・11 DNA 操作の基本技術

このような切断面を付着末端といい，同じ制限酵素で切断した付着末端どうしであれば，その由来にかかわらず一つの二本鎖DNAとして復元が可能である．

一方，制限酵素によっては切断面に一本鎖部分がない平滑末端を与えるものも存在する．平滑末端どうしであればやはり由来にかかわりなく再結合が可能である．

DNA鎖を結合するには**DNAリガーゼ**という，5′-リン酸基と3′-ヒドロキシ基間でリン酸ジエステル結合を形成する酵素を用いる．同じ形状をもつ付着末端どうし，あるいは平滑末端どうしの間でリン酸ジエステル結合を形成することで，ゲノムから取得したDNAやPCRで増幅したDNAなど由来の異なるDNAどうしを結合する．

DNA リガーゼ DNA ligase

そのさい，ホモ二量体の形成や分子内結合など望まない反応を抑制するために，一方のDNAの5′-リン酸基を**アルカリホスファターゼ**を用いて加水分解することがある．脱リン酸化されたDNAはリガーゼによる結合形成を受けないため，目的とする分子間での結合形成のみが進む．

アルカリホスファターゼ alkaline phosphatase

1・3・2　DNAの導入

目的配列のDNAを構築したら，それを細胞内へ導入する必要がある．DNAを細胞内へ導入するため，あるいは細胞内で安定に維持・複製されるために導入する細胞に応じたDNAの乗り物となる**ベクター**を用いる．ベクターにはコスミドベクターやウイルスベクターなど各種存在するが，ここでは細菌から哺乳類まで幅広く利用される**プラスミドベクター**を解説する．

ベクター vector
プラスミドベクター plasmid vector

プラスミドは細胞内において染色体とは独立に維持・複製されるDNA分子であり，さまざまな遺伝子を細菌から真核生物まで増幅・移動させるために繁用される（図1・12）．遺伝子操作用のプラスミド上には薬剤耐性遺伝子が組込まれており，抗生物質存在下ではそのプラスミドを保有する細胞のみが増殖できるため，選択マーカーとしても機能する．遺伝子発現に必要なプロモーター配列が組込まれたプラスミドも存在し，目的タンパク質の大量生産にも利用される．またプラスミドには目的遺伝子を簡便に組込むためのマルチクローニング部位（多数の制限酵素認識配列が集まった部位）が存在し，そこに目的遺伝子を組込むことができる．

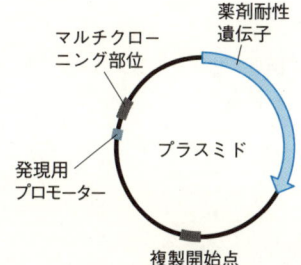

図1・12　遺伝子操作用プラスミドの基本構造

高分子核酸であるプラスミドを細胞内に導入する操作を**形質転換**といい，そのための化学的，物理的あるいは生物学的な各種方法が開発されている．大腸菌では塩化カルシウムを作用させて細胞内への核酸の透過性を上げた**コンピテント細胞**に対して，プラスミド溶液を添加することで形質転換が可能である．また，電気パルスにより細胞に小孔をあけ核酸分子を導入する**エレクトロポレーション**も繁用されている．動物細胞では脂質小胞（リポソーム）に核酸を封じ込め，細胞膜を透過させる**リポフェクション法**も用いられる．また植物細胞では植物に感染する細菌であるアグロバクテリウムを利用した遺伝子の導入が行われる．

形質転換 transformation

コンピテント細胞 competent cell

エレクトロポレーション electroporation

リポフェクション lipofection

1・4　核酸の新しい機能

近年になり単なるタンパク質の設計図であるDNAとその発現補助因子であるRNAと考えられていた核酸に，その他の多様な機能や現象が存在することが次つぎと明らかにされている．また医薬品としての核酸やその人工類縁体の開発も生体有機化学の重要なテーマとして活発に研究が行われている．本節ではこのような核酸分野の新しい動きについて解説する．

1・4・1 DNAメチル化とエピジェネティクス

DNA はその配列により翻訳されるタンパク質の構造を規定し，またプロモーター配列などにより転写される量やタイミングなどをコントロールしている．しかし，それだけでは一つの細胞から分裂し同じ遺伝情報（ゲノム）をもつ細胞がなぜ異なる組織細胞へと分化（細胞が別の種類の細胞へ変化すること）するのかその理由が説明できない．近年になり，そこには **DNA のメチル化**やヒストンのアセチル化など，DNA の一次配列以外の要素が大きな影響をもつことが知られるようになった．このような DNA の化学構造などの変化による遺伝子発現制御に関する研究分野を**エピジェネティクス**といい，近年その範囲は急速に拡大している．

哺乳類においてはおもにシトシンのピリミジン環5位の炭素原子にメチル基が付加され，5-メチルシトシンとなる（図1・13）．プロモーター領域に5-メチルシトシンが高頻度で存在すると，その遺伝子の発現は抑制される．細胞の分化において，DNA のメチル化は重要な役割を担っており，同一の遺伝情報をもつ細胞が異なる機能を発現するのは，異なるエピジェネティクス的な制御を受けることによると考えられている．注目されている iPS 細胞では DNA メチル化のパターンが胚性幹細胞に近いということが知られており，DNA メチル化を制御することで細胞の分化を戻す，あるいは進めることが可能であることを示している．一方では DNA メチル化の異常は発がんとの関連が指摘されており，その検出と制御は重要な課題となっている．

- DNA メチル化 DNA methylation
- エピジェネティクス epigenetics

図1・13 シトシンのメチル化様式

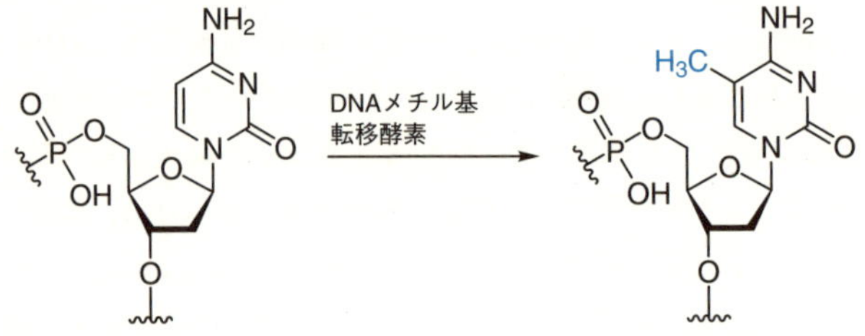

1・4・2 遺伝物質以外の核酸

RNA 干渉（RNAi）は21～23塩基からなる二本鎖 RNA により，相同な塩基配列をもつ mRNA が分解される現象である（図1・14）．細胞内にはこのような短い**マイクロ RNA**（miRNA）が多く存在することが知られており，RNAi はマイクロ RNA の役割の一つと考えられている．RNAi はウイルスに対する防御機構という説のほか，発生過程に関与するという研究報告もあり生体における主要な現象であると認識されて

- RNA 干渉 RNA interference. RNAi ともいう．
- マイクロ RNA micro RNA. miRNA ともいう．
- RISC RNA-induced silencing complex の略．

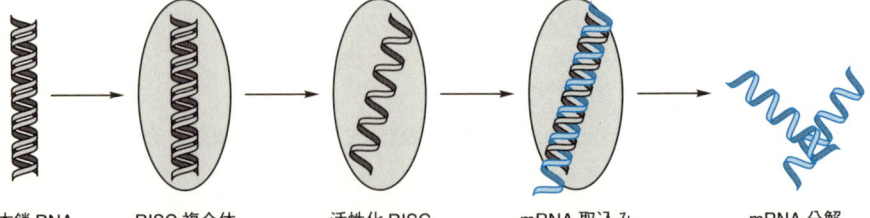

二本鎖 RNA　　RISC 複合体　　活性化 RISC　　mRNA 取込み　　mRNA 分解

図1・14 RNAi の機構模式図．RNA 分解酵素である RISC と二本鎖 RNA の複合体形成，それに続く活性化と相補的 mRNA の分解が起こる．

いる．

　また RNAi は短い二本鎖 RNA を導入するだけで効率的に遺伝子機能を阻害できるため，ポストゲノム時代の遺伝子解析において重要な技術となっている．ヒトにおいても RNAi の存在が確認されており，遺伝子治療などへの応用が期待されている．

　触媒活性を有する RNA も見いだされており，それらは**リボザイム**とよばれる．リボザイムは RNA の切断や結合を触媒し，生体機能において大きな役割をもつだけでなく，分子進化技術（核酸への変異の導入と目的とする機能を獲得した分子の選抜を繰返し，試験管内で人工的に分子を進化させる技術）が適用できることから有用機能をもった新規リボザイムの作製も行われている．

リボザイム ribozyme

1・4・3　核酸様人工物質と医薬品としての核酸

　生体有機化学において核酸様人工物質の開発も重要なテーマであり，種々の核酸類縁体が設計合成されている．そのうちの一つである**ペプチド核酸**（PNA）は核酸の主鎖である糖とリン酸に代わり，N-(2-アミノエチル)グリシンがアミド結合したものが主鎖となっている．PNA は DNA と安定な塩基対を形成することが確認されており，また核酸分解酵素にはもちろんタンパク質分解酵素にも安定で，リン酸基による静電反発もないことから強い分子認識が可能であり，診断や医療への応用が期待されている．

ペプチド核酸 peptide nucleic acid. PNA ともいう．

　モルホリノ核酸は主鎖の糖部がモルホリン環に置き換えられた，核酸様人工物質であり天然核酸と塩基対を形成し，かつ核酸分解酵素に対して安定である．また水溶性も高く抗原性ももたないなど，高分子医薬品としての有利な特性を有している（図1・15）．

　医薬品としての核酸には不足あるいは機能していない遺伝子を外部から導入して補う**遺伝子治療**，あるいは逆に過剰発現している遺伝子を抑制するアンチセンス法や RNAi などの**ノックダウン法**が存在するが，いずれも未だ臨床例は限られており，次

遺伝子治療 gene therapy

ノックダウン knock down

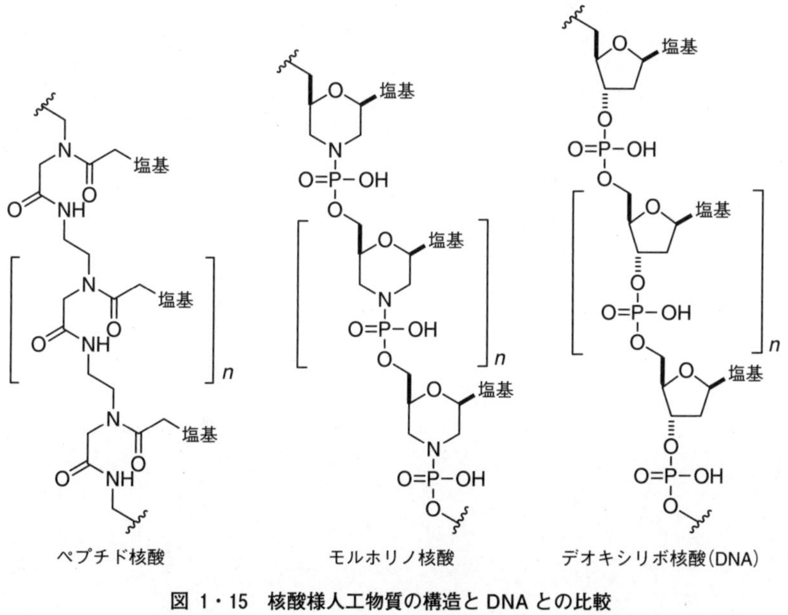

ペプチド核酸　　モルホリノ核酸　　デオキシリボ核酸(DNA)

図 1・15　核酸様人工物質の構造と DNA との比較

世代の医療である．これら核酸医薬品を実用化していくためには化学修飾による高機能化や生体安定化，あるいは核酸医薬品の伝達法などの改良が必要であり有機化学の果たす役割は大きい．ここでは生体有機化学の面からアンチセンス法の一例を解説する．

> **センスとアンチセンス**
> DNA から RNA が転写される際に鋳型となる DNA の配列がアンチセンス鎖であり，その相補配列がセンス鎖である．よって mRNA はセンス鎖となり，その相補鎖がアンチセンス鎖となる．

アンチセンス法はタンパク質に翻訳される mRNA をセンス鎖，それに相補的な塩基配列をもつ核酸をアンチセンス鎖とし，外部からアンチセンス鎖を投与して mRNA に結合させることで翻訳を阻害するものである．実際に臨床の現場で使用されているアンチセンス核酸も存在し，遺伝子特異的な効果を示す医薬品として期待されている（図 1・16）．

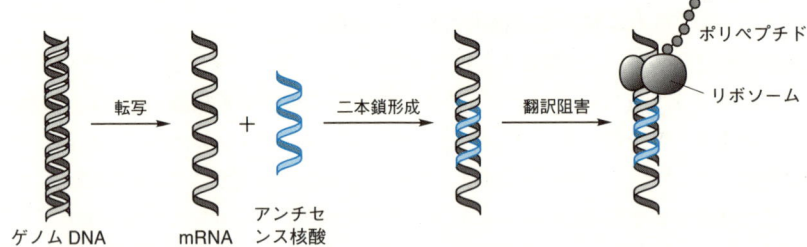

図 1・16 アンチセンス核酸によるタンパク質翻訳の阻害

核酸はその構造解析の面ではエピジェネティクスにおける DNA 修飾の発見やその解析技術の開発，また配列決定においては次世代シークエンサーに代表される高速大規模化など，まだまだ技術革新の余地が残されている．一方，その生体機能においては新しい重大な発見が相次ぎ未解明な部分が多い．それらは分子生物学的な手法で解決できる部分もあるが，有機化学の力を取入れた生体有機化学的手法を用いることでより明快に解決できる，あるいはその後の応用が可能になる部分も多く，今後のこの分野の発展が望まれる．

アミノ酸, ペプチド, タンパク質　2

　タンパク質は生命活動のあらゆる場面に関与し，重要な役割を担っている．酵素として物質の合成，分解，消化に関連し，抗体として細菌感染から体を防御している．温度や圧力を感知するのもタンパク質であり，皮膚や筋肉，骨として体を形づくっているのもタンパク質である．このような多様な機能も，アミノ酸が一定の配列で縮合した物質であるタンパク質が形成する構造と，そこに配置されたアミノ酸側鎖の形成する化学的環境によって生じるものである．したがって，タンパク質の生物学的機能，さらには生命現象の本質をより深く理解するためには，化学の視点からタンパク質を考察することが重要であり，それによって初めて生命活動の全体像の把握が可能となろう．またそこで得られるタンパク質の機能発現機構についての知見は，化学の新たな展開にも大きく貢献するものと期待される．

2・1　アミノ酸

　アミノ酸はアミノ基とカルボキシ基を分子内にもつ化合物であり，生体には α-アミノ酸のみならず，β-アミノ酸や γ-アミノ酸も存在する（図 2・1）．タンパク質を

アミノ酸 amino acid

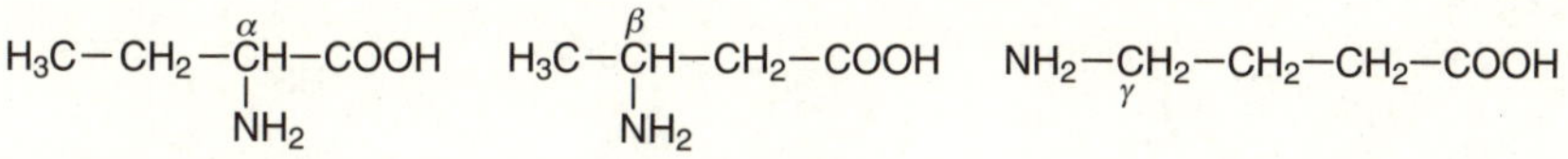

$$H_3C-CH_2-\underset{\underset{NH_2}{|}}{\overset{\alpha}{C}H}-COOH \qquad H_3C-\underset{\underset{NH_2}{|}}{\overset{\beta}{C}H}-CH_2-COOH \qquad NH_2-CH_2-\overset{\gamma}{C}H_2-CH_2-COOH$$

α-アミノ酸　　　　　　β-アミノ酸　　　　　　　γ-アミノ酸
（α-アミノ酪酸）　　　（β-アミノ酪酸）　　　　　（γ-アミノ酪酸）

図 2・1　アミノ基の結合部位とアミノ酸の名称

構成するアミノ酸は α-アミノ酸であり，不斉炭素をもたないグリシンを除いてこれらの α 炭素はいずれも L 型で，システインを除いて α 炭素は S 配置である（図 2・2）．生物科学の分野では，L-アミノ酸の場合には特に L 型と断らないことが多い．すべてのタンパク質は L-アミノ酸から生合成されるが，生物界には D-アミノ酸もさまざまな形態で存在している．哺乳動物の脳内には D-セリンが遊離状態で存在し，多様な生理的役割を果たしている．D-アラニンと D-グルタミン酸は，細菌細胞壁のペプチドグリカンの構成成分である．白内障や動脈硬化などの加齢性疾患に関係するタンパク質中には，D-アスパラギン酸残基や D-セリン残基が見いだされている．

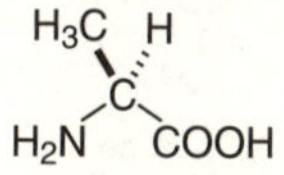

L 型アミノ酸
（L-アラニン）

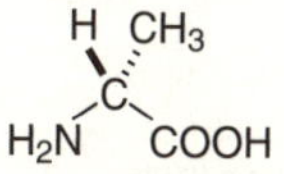

D 型アミノ酸
（D-アラニン）

図 2・2　アミノ酸の立体構造

2・1・1　タンパク質を構成するアミノ酸と分類

　タンパク質がリボソームで生合成される際には，遺伝子にコードされている 20 種類のアミノ酸とともに，セレノシステインとピロリシンが終止コドンをそれぞれ特別なしくみで利用することによりタンパク質生合成に用いられる（図 1・10 および "コラム 遺伝子にコードされた 21 番目と 22 番目のアミノ酸" 参照）．
　タンパク質構成アミノ酸は，図 2・3 に示すように，その側鎖が極性（親水性）か非極性（疎水性）かということに基づいて分類されることが多い．生命活動が水の環

> **RS 表示法**
> R. S. Cahn, C. K. Ingold, V. Prelog によって提案された順位則 (CIP 体系) に従った立体配置表示法. 不斉原子に結合する原子あるいは原子団に順番をつけ, 優先順位の最も低いものを不斉原子の背面に置いて順番をたどったときに, 右回り (時計回り) なら R 配置, 左回りなら S 配置とする絶対立体配置表示法. システイン以外の L-アミノ酸では, 順位則に従ってアミノ基, カルボキシ基, 側鎖とたどっていくと S 配置となり, システインでは, アミノ基, 側鎖, カルボキシ基の順となり R 配置となる.

境下で営まれていることを考えると, この基準は妥当であろう. 疎水性側鎖は疎水性相互作用を通して, 親水性側鎖は水素結合形成や静電相互作用を通してタンパク質の構造の安定化に寄与している. 疎水性のアミノ酸側鎖は, 基本的に炭素と水素から構成されており, 極性の低い原子団でできている. メチオニンには硫黄原子が含まれるが硫黄原子の電気陰性度は炭素原子と同じ値である. トリプトファンには窒素原子が含まれているが, 側鎖の大部分が非極性であるため, 非極性アミノ酸に分類される.

極性アミノ酸の側鎖には炭素原子や水素原子よりも電気陰性度の高い酸素原子, 窒素原子が含まれ, そのために側鎖を形成する原子団は極性をもっている. 酸素原子と窒素原子上の非共有電子対は, 水素結合の形成において水素受容体となり, 一方, これらの原子に結合した水素原子は水素供与体となる. アスパラギン酸とグルタミン酸側鎖のカルボキシ基は, 中性付近でプロトンを放出するため, 酸性アミノ酸とよばれる. リシン側鎖のアミノ基, アルギニン側鎖のグアニジノ基, ヒスチジン側鎖のイミダゾール基は, それらを構成する窒素原子がプロトンを受取ることができるため, 塩基性アミノ酸に分類される. システイン側鎖の SH 基は, 生理的条件下で一部解離するため, 極性アミノ酸に分類した.

図 2・4 に, 球状タンパク質であるニワトリの卵白リゾチームの立体構造のステレオ図を示す. この図では典型的な非極性アミノ酸であるアラニン, イソロイシン, メチオニン, ロイシン, フェニルアラニンおよびバリンの各残基を空間充填モデルで示

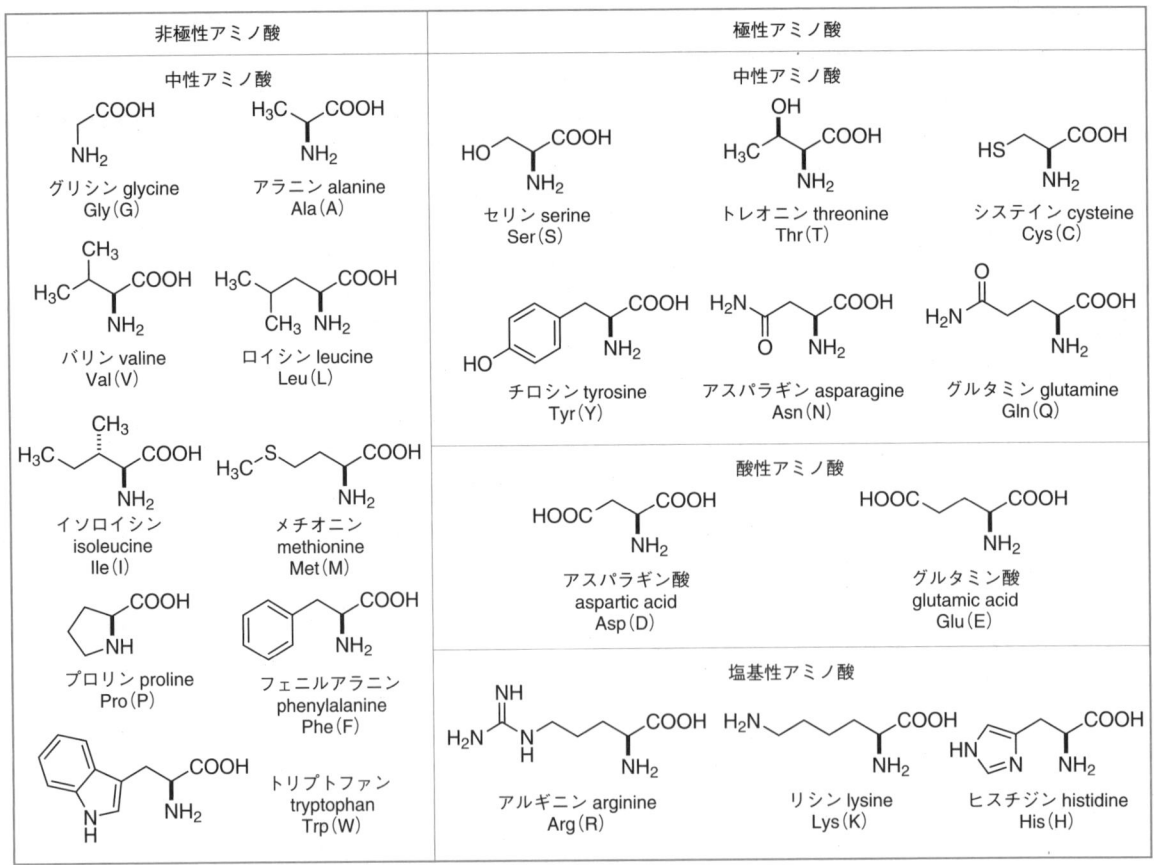

図 2・3 タンパク質を構成するアミノ酸の分類と三文字および一文字表記

2・1 アミノ酸

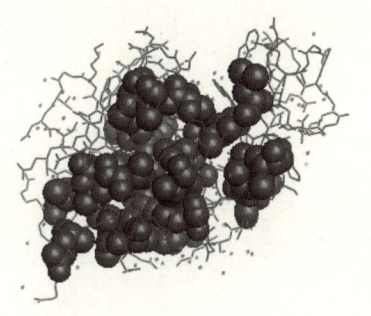 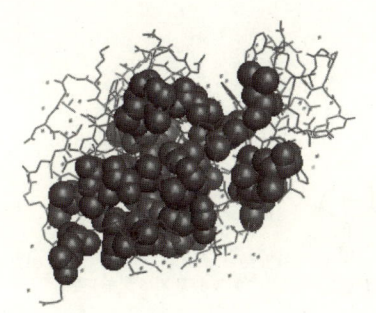

図 2・4 ニワトリ卵白リゾチームの結晶構造のステレオ図．非極性アミノ酸残基を空間充塡モデルで，その他のアミノ酸残基をワイヤーモデルで表示する．40 cm 程度離れたところから右の図を左目で，左の図を右目で見ると立体的に結晶構造を見ることができる．[PDB ID: mmdb, PyMOL で作図．]

している．これらのアミノ酸がタンパク質の内部により多く集まって，疎水性の核を形成している．しかし，非極性アミノ酸の一部もタンパク質表面に露出している．そのため高濃度の水溶液中ではリゾチームは会合する性質がある．それぞれ大きな非極性部分と小さな極性部分を側鎖にもつトリプトファンやチロシンでは，しばしば極性部分を分子表面に覗かせている．

2・1・2 タンパク質中のアミノ酸の翻訳後修飾

生体内のタンパク質の多くは，構成アミノ酸の側鎖が**翻訳後修飾**を受けている．おもな翻訳後修飾の例を図 2・5 に示す．チロシン，セリン，トレオニン，アスパラギン酸，ヒスチジンの各残基のリン酸エステル化，チロシン残基の硫酸エステル化，セリンやトレオニン残基の O-グリコシル化，アスパラギン残基の N-グリコシル化，リシン残基やヒスチジン残基，アルギニン残基のメチル化，リシン側鎖や N 末端グリシン残基アミノ基のアセチル化，プロリン残基やリシン残基のヒドロキシル化，シス

翻訳後修飾 posttranslational modification

遺伝子にコードされた 21 番目と 22 番目のアミノ酸: セレノシステインとピロリシン

遺伝子にコードされた 21 番目のアミノ酸とよばれるセレノシステイン（selenocysteine）は，真正細菌，古細菌および真核生物の酸化-還元に関与する一部の酵素に存在する．セレノシステイン含有酵素では，葉酸脱水素酵素のように，活性中心に存在するセレノシステイン残基をシステイン残基に置換すると活性が著しく低下することが知られている．通常は終止コドンとして使われる mRNA 中の UGA コドンの後ろに，セレノシステイン挿入配列がある場合，UGA がセレノシステインのコドンとして認識される．セレノシステイン tRNA はまずセリンを結合し，セリンのヒドロキシ基がリン酸化された後に酵素によってセレノシステイン残基に変換される．その後，特殊な翻訳伸長因子と結合したのち，セレンタンパク質を翻訳中のmRNA のセレノシステイン挿入配列を認識し，セレノシステインはタンパク質に組込まれる．

遺伝子にコードされた 22 番目のアミノ酸とよばれるピロリシン（pyrrolysine）は，メチルアミンを基質として呼吸し，メタンを生成する古細菌（メタン生成古細菌）のメタン代謝を行う酵素の触媒部位に存在し，その酵素活性を担っている．ピロリシンはアンバーコドンとよばれる終止コドン（UAG）を利用してタンパク質に導入される．つまり，UAG に対するアンチコドンをもつ tRNA（タンパク質合成の停止機能を抑制するためサプレッサー tRNA とよばれている）に，ピロリジル tRNA 合成酵素の作用によってピロリシンが導入され，生成したピロリジル tRNA が翻訳中の mRNA の UAG を認識して結合し，ピロリシンはタンパク質に組込まれる．

セリン → ホスホセリン → セレノシステイン (Sec, U) → タンパク質

ピロリシン Pyl (O)

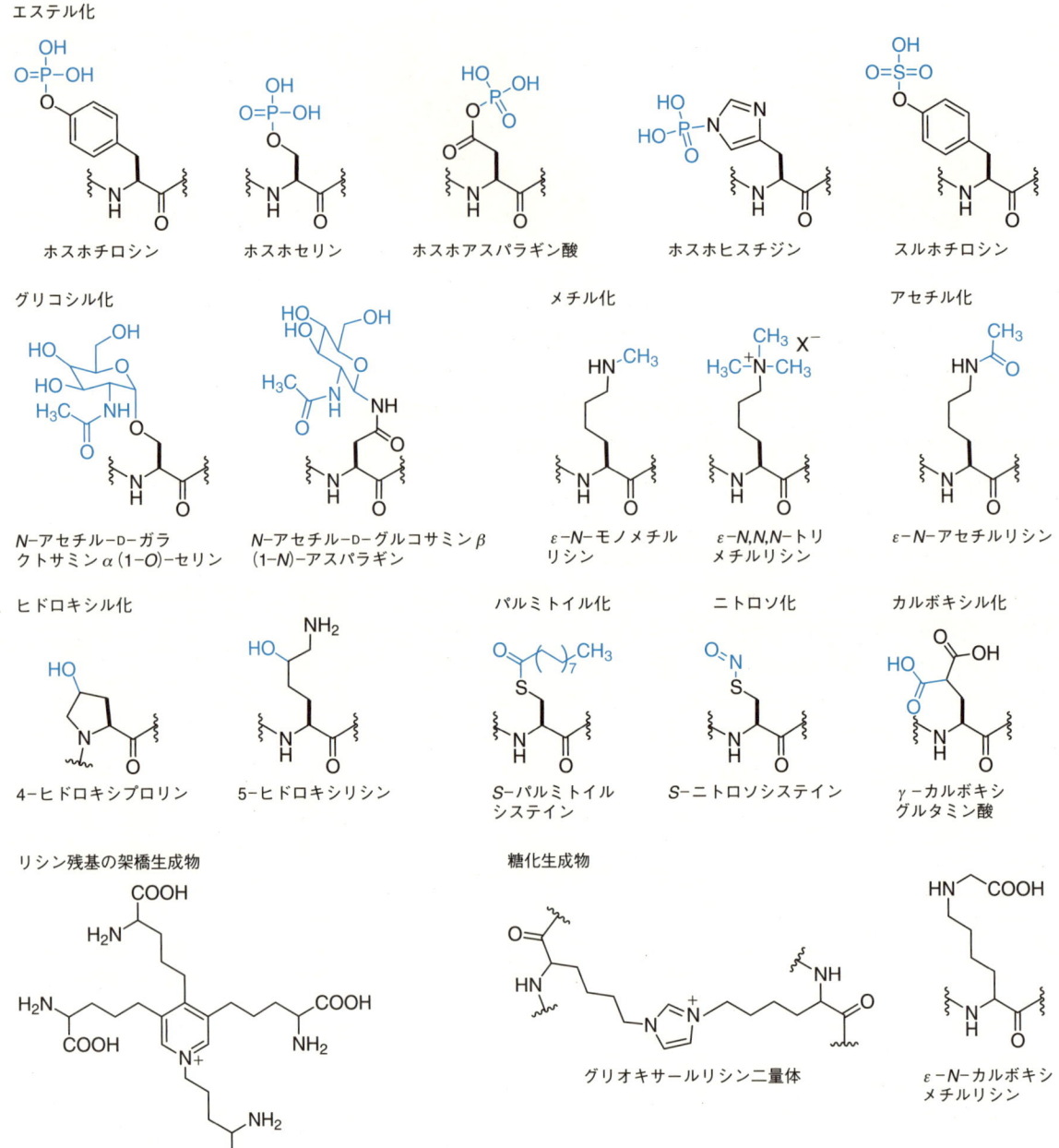

図 2・5 翻訳後修飾されたアミノ酸部分ならびにアミノ酸の糖化生成物部分

テイン残基のパルミトイル化やニトロソ化, リシン残基を介してエラスチン分子を架橋し生成するデスモシンなど, このような修飾は, タンパク質の機能や物性と密接に関連している.

　これらの修飾には, 4-ヒドロキシプロリンや 5-ヒドロキシリシンのように, いったん導入されると元のプロリンやリシンには戻らないものや, 情報伝達に関連したリン酸化やクロマチンリモデリングに関連したメチル化やアセチル化のように, 酵素的

に導入と脱着が繰返し行われているものもある．また，生体内のグルコースなどの糖質により，非酵素的・非特異的にタンパク質が修飾されることも知られている．ε-N-カルボキシメチルリシンやグリオキサールリシン二量体などがこれに該当する．

2・2 ペプチド

アミノ酸が脱水縮合して形成される化合物を**ペプチド**とよぶ．通常はアミノ酸50残基程度までのものをペプチドとよび，より高分子量のペプチドをタンパク質とよぶことが多いが，明確な基準はない．ペプチドには，動植物の産生するペプチドのように，リボソームで合成された前駆体タンパク質が酵素で切断されて生じるものと，微生物などでみられる非リボソームペプチド合成酵素によりアミノ酸が縮合されて生じるものがある（非リボソームペプチド）．動物においては，ホルモン，抗菌物質，成長因子，神経伝達物質などとしてさまざまな機能を担っている．植物においても成長や細胞分化に関与するペプチドが多数見いだされている．微生物由来のペプチドには，イオンチャネル阻害剤，酵素阻害剤，毒素など，さまざまな活性を発現するものがある．生体内には多様なペプチドが存在し，単にタンパク質が酵素消化される途中の断片と今は思われているペプチドであっても，研究が進めば，それらの存在の重要性が見いだされるかもしれない．非リボソームペプチドの構成成分には，タンパク質構成アミノ酸以外にD-アミノ酸やα-N-メチル化アミノ酸，ハロゲン化アミノ酸など，多様なアミノ酸が見いだされており，抗生物質や抗がん剤などとして，あるいはそれらを開発するためのリード化合物として利用されているものがある．

ペプチドは，図2・6に示すように，α位のアミノ基とカルボキシ基がペプチド結合でつながった部位をペプチド主鎖，主鎖のアミノ基側の末端をN末端，カルボキシ基側の末端をC末端とよぶ．各アミノ酸残基の側鎖はペプチド側鎖とよばれる．ペプチドの構造表記法では，特に断らない限りN末端を左側に書く．

実際のペプチドを例として，ペプチドの三文字表記法と対応する構造を表2・1に示す．1)は，アヘン（オピウム）様の作用をもつことからオピオイドペプチドとよばれているメチオニンエンケファリンで，直鎖状ペプチドである．N末端のHとC末端のOHはともに省略してもよい．2)は還元型グルタチオンで，細胞内を還元状態に保ち，過酸化物や活性酸素を還元する．グルタミン酸側鎖のγ-カルボキシ基とシステインのα-アミノ基の結合はイソペプチド結合とよばれる．グルタミン酸残基の側鎖方向に結合を書く．3)は，強い苦みをもつ環状ペプチドで，N末端とC末端がペプチド結合で結ばれている．主鎖の方向に結合を出し，N末端とC末端を結ぶ．アンタマニドのように10残基のアミノ酸からなる環状ペプチドも存在する．4)は脳下垂体後葉から分泌され，子宮筋収縮作用をもつホルモンであるオキシトシンで，分子内にシステイン残基が酸化されて形成されたジスルフィド結合をもつ．ジスルフィド結合はシステインの側鎖方向に結合を出して，それを結んで表す．C末端がアミドの

> **必須アミノ酸**
>
> 栄養分として摂取しなければならないアミノ酸を必須アミノ酸とよぶ．生物種や成長の時期によってもアミノ酸の要求性は異なるが，成人の必須アミノ酸は，バリン，ロイシン，イソロイシン，トレオニン，フェニルアラニン，トリプトファン，メチオニン，リシン，ヒスチジンの9種である．ヒスチジンはかつて小児でのみ不可欠とされたが，成人でも長期間欠乏するとヘモグロビンが減少することなどから現在では必須アミノ酸とされている．アルギニンはニワトリ，ネコでは必須アミノ酸，ブタでは新生児期で必須アミノ酸であるが，ヒトでは可欠アミノ酸とされている．鳥類ではグリシンが必須アミノ酸である．

ペプチド peptide

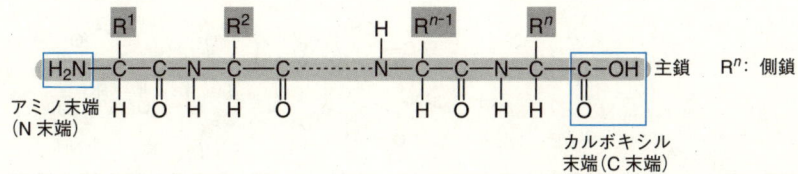

図2・6 ペプチドの各部位の名称

エンドセリンB受容体アンタゴニスト

```
   1                                9
Gly-Asn-Trp-His-Gly-Thr-Ala-Pro-Asp-
Trp-Phe-Phe-Asn-Tyr-Tyr-Trp-OH
```

ラッソペプチド

[R. Katahira, K. Shibata, M. Yamasaki, Y. Matsuda, M. Yoshida, *Bioorg. Med. Chem.*, 3, 1273(1995)より.]

タンパク質 protein

場合にはNH$_2$と標記する．また左はラッソペプチド（投げ縄ペプチド）とよばれるペプチドで，ここでは簡略化のため主鎖のみをリボンで図示する．このラッソペプチドはエンドセリンB受容体に対するアンタゴニスト活性があり，NMRで構造決定されたものである．N末端のアミノ基と9位アスパラギン酸残基の側鎖β位のカルボキシ基がイソペプチド結合で環を形成し，その環の中にC末端側のペプチドが貫入した構造となっている．ジスルフィド結合で形成された環状部位にペプチドが貫入しているものなど，さまざまな構造と活性をもったラッソペプチドが発見されている．

2・3 タンパク質

タンパク質はリボソームでmRNAから翻訳されて合成される．個々のタンパク質は特定のアミノ酸配列を有しており，それに基づいて自身で特定の立体構造を形成したり，相互作用を通して一定の構造をとったりする．

2・3・1 タンパク質の生合成

DNAの遺伝情報は，核でmRNAに転写され，真核生物ではmRNAの5′末端に7-メチルグアノシンの5′位が三リン酸を介して結合した構造（キャップ構造）が形成される．その後，mRNAの5′末端の最初の二つのリボースの2′-ヒドロキシ基がメチ

表2・1 ペプチドの三文字表記法と構造

ペプチドの一次構造の分類	表記法	構造
1) 直鎖状ペプチド	メチオニンエンケファリン H-Tyr-Gly-Gly-Phe-Met-OH	
2) イソペプチド結合を含むペプチド	還元型グルタチオン 　　　┌Cys-Gly-OH H-Glu-OH	
3) 主鎖での環状ペプチド	苦味ペプチド ┌Trp-Leu┐ または cyclo(-Trp-Leu-)	
4) ジスルフィド結合で環化したペプチド	オキシトシン H-Cys-Tyr-Ile-Gln-Asn-Cys-Pro-Leu-Gly-NH$_2$	

ル化され，ひきつづき mRNA の 3′ 末端にポリ A ポリメラーゼによってアデニル酸が約 250 個結合され，ポリ A 尾部が形成される．さらに，mRNA の中のタンパク質のアミノ酸配列情報をもたない領域（イントロン）を切出し，アミノ酸配列情報をもった領域（エキソン）をつなぎ合わせるスプライシングという過程を経て成熟した mRNA となり，核膜孔から細胞質に送られ，リボソームでのタンパク質合成に供される．そこで，遺伝情報に従ってアミノ酸は N 末端側から C 末端側へと順次縮合され，遺伝情報はタンパク質へと翻訳される．この過程は，すべての生物を通してよく似ている．

　図 2・7 に示すように，アミノ酸はまず ATP と反応してリン酸とカルボン酸からなる混合酸無水物であるアミノアシルアデニル酸を生成する．これを基質として，アミノアシル tRNA 合成酵素（aaRS）が，tRNA の 3′ 末端のリボースの 2′ 位あるいは 3′ 位ヒドロキシ基にアミノアシル基を導入する．aaRS は図 2・3 に示した 20 種類のアミノ酸およびセレノシステインとピロリシンに対応して 1 種類ずつ存在する．関与する aaRS によりどちらのヒドロキシ基に導入されるか決まる．

　タンパク質の生合成は，開始複合体の形成，ポリペプチド鎖の伸長，合成の終了の段階からなり，それぞれの段階で，多くのタンパク質性因子や GTP が関与する．ポリペプチド鎖の伸長段階では，アミノアシル tRNA は伸長因子（大腸菌では EF-Tu）ならびに GTP とともに複合体をつくり，リボソーム上のアミノアシル tRNA 結合部位（A 部位）で，アンチコドンを介して mRNA に結合する．GTP が GDP となり，EF-Tu が解離したのち，酵素活性をもつ rRNA であるペプチジルトランスフェラーゼの助けを借りてペプチジル tRNA のエステルのカルボニル炭素をアミノ基が攻撃し，ペプチドはアミノアシル tRNA の方に転移する（図 2・8）．ペプチドが転位した後，アミノアシル tRNA と EF-Tu ならびに GTP の複合体にきわめてよく似た立体構造をもつ伸長因子（EF-G）・GTP 複合体（アミノアシル tRNA・EF-Tu・GTP の分子擬

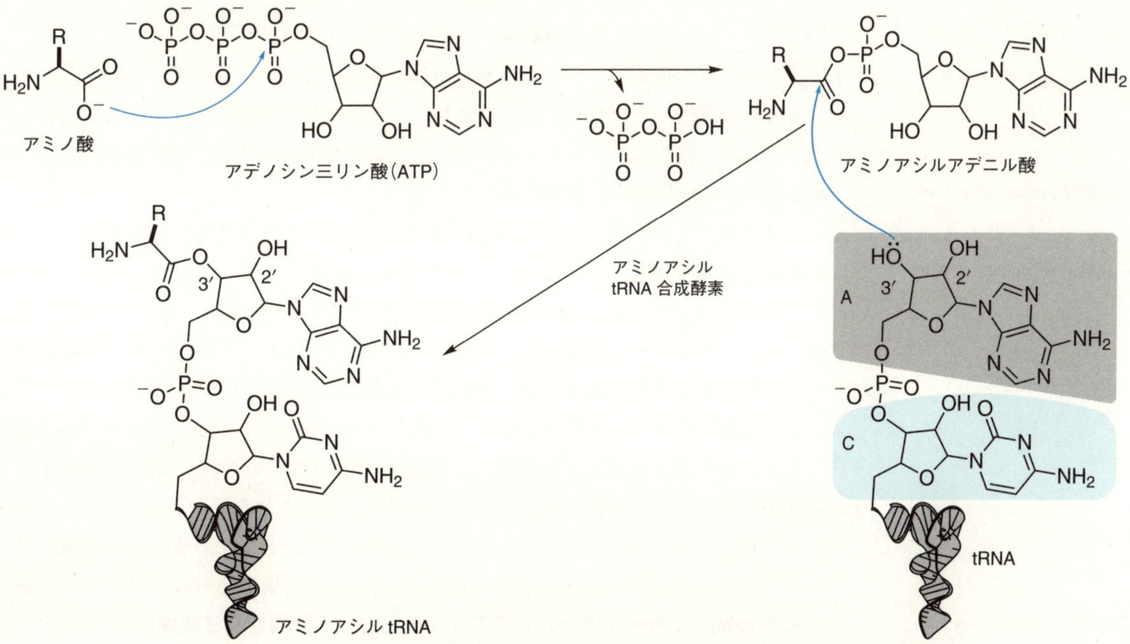

図 2・7　tRNA の 3′ 末端へのアミノ酸の結合

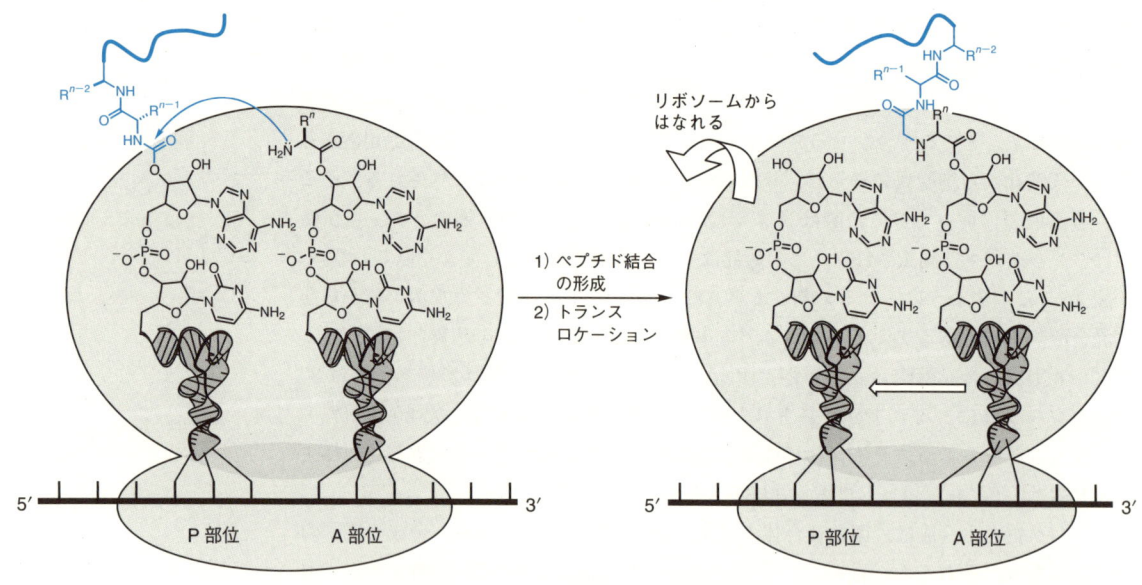

図 2・8 リボソームでのペプチド鎖の伸長

態）がリボソームと結合する．EF-G の GTP 加水分解活性で GTP を GDP にするとともに，空になった tRNA をリボソームから排出し，ペプチジル tRNA は mRNA とともに 1 コドン分の距離移動し，P 部位に移動する．EF-G もリボソームを離れ，次にアミノ酸の結合サイクルに入る．これを繰返し，N 末端側から C 末端側方向にペプチド鎖は伸長されていく．伸長反応が mRNA の終止コドンの位置に達すると，アミノアシル tRNA 結合部位に翻訳終結因子が入り，翻訳複合体は，合成されたタンパク質，tRNA，mRNA，リボソームへと解離し，タンパク質合成が完結する．

2・3・2 タンパク質の構造

タンパク質の構造は，四つの階層に分類される（図 2・9）．ペプチド・タンパク質の共有結合構造，すなわちアミノ酸残基，システイン残基側鎖によって形成されるペプチド主鎖・側鎖，ジスルフィド結合，リン酸基や糖鎖あるいは脂肪酸などによる修飾も含めた化学構造を**一次構造**という．

一次構造 primary structure

ポリペプチド鎖は部分的に規則性のあるヘリックスや β 構造を形成する．これらの構造を**二次構造**という．α ヘリックスでは，主鎖はらせん構造をとり，アミノ酸 3.6 残基で右回りにらせんを一回りする．主鎖のアミドの酸素原子は 4 残基 C 末端側のアミドの水素原子と水素結合を形成する（図 2・9a, b）．したがって，水素結合はらせん軸にほぼ平行に形成され，側鎖はらせん軸に対して外向きに出ている．β 構造では，主鎖はのびきった構造をとり，側鎖はアミノ酸 1 残基ごとにペプチド鎖を挟んで交互に突き出る配置をとっている（図 2・9c）．また，ペプチド結合を構成する水素原子と酸素原子が主鎖に対して交互に外向きに配置される形となる．そのため β 構造を形成しているペプチド鎖どうしが，水素結合を介して平行あるいは逆平行の β シート構造を形成する傾向がある（図 2・9d, e）．二次構造をもつポリペプチド鎖が側鎖の特異的な相互作用を介して形成する稠密な立体構造を**三次構造**という（図 2・9f）．α-アミラーゼのように，タンパク質によってはこの段階で酵素活性などの完結

二次構造 secondary structure

三次構造 tertiary structure

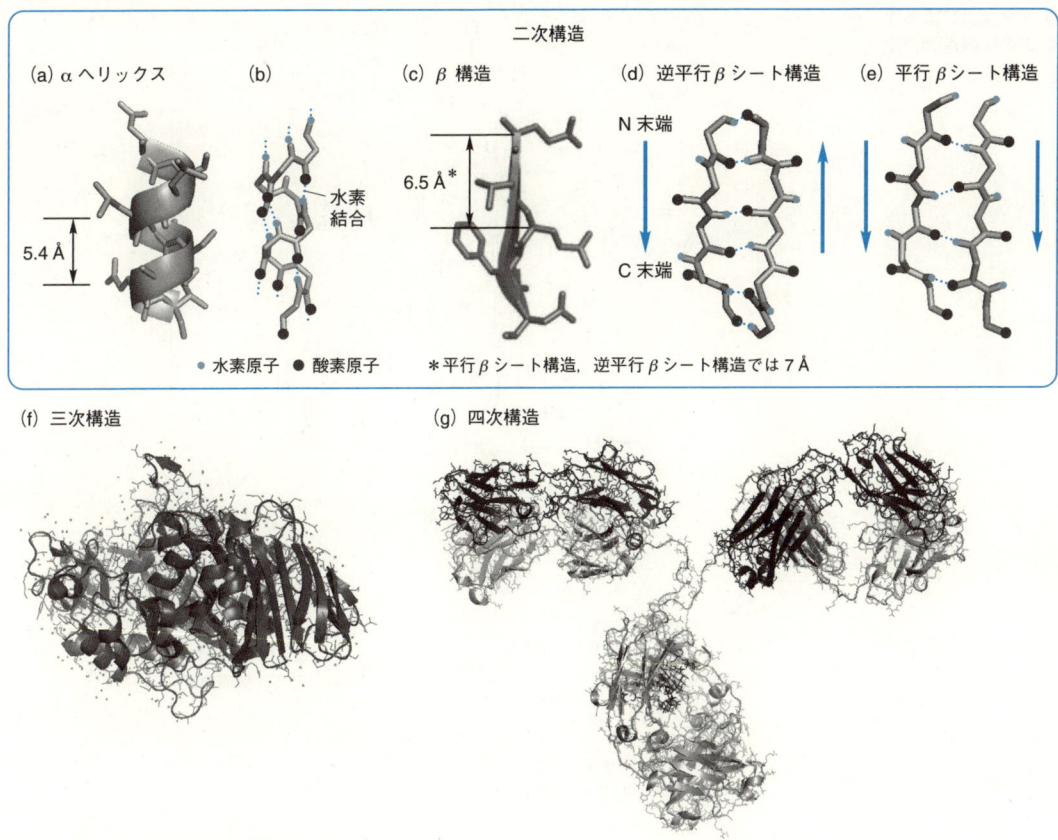

図 2・9 タンパク質の形成する二次，三次，四次構造．(a) αヘリックスの模式図，(b) αヘリックスをとっているペプチド主鎖，(c) β構造の模式図，(d) 逆平行βシート構造，(e) 平行βシート構造，(f) 一本鎖のペプチドからなるブタ膵臓由来αアミラーゼ（PDB ID: 1ppi, PyMOLにより作図），(g) 免疫グロブリンG (IgG)．軽鎖2本と重鎖2本からなる（PDB ID: 1igt, PyMOLにより作図）．

した機能を発現することができるようになる．また，免疫グロブリンのように同一あるいは異なるタンパク質分子がさらにいくつか会合して初めて機能を発現するようなものも存在する．このような会合構造を**四次構造**とよぶ（図2・9g）．三次構造や四次構造は，タンパク質の周囲あるいは内部に存在する水分子や金属イオンも含めた水素結合，疎水性相互作用，およびイオン結合によって保たれている．

四次構造 quaternary structure

2・4 タンパク質の一次構造解析

アミノ酸配列の解析には，アミノ酸配列を一残基ずつ化学的に解析する方法（**エドマン法**）やタンパク質の酵素消化断片の分子質量値をゲノム情報に照らし合わせてタンパク質を類推する方法などがある．

エドマン法 Edman method．エドマン分解（Edman degradation）ともいう．

2・4・1 エドマン法による一次構造解析

図2・10に示すように，フェニルイソチオシアナートを用いてタンパク質のN末端から1残基ずつアミノ酸を切り離す．各段階で得られる3-フェニル-2-チオヒダントインアミノ酸は，逆相HPLCによるクロマトグラフィーで，アミノ酸側鎖によってそれぞれ異なる時間に溶出される．溶出時間からアミノ酸を判定し，アミノ酸配列

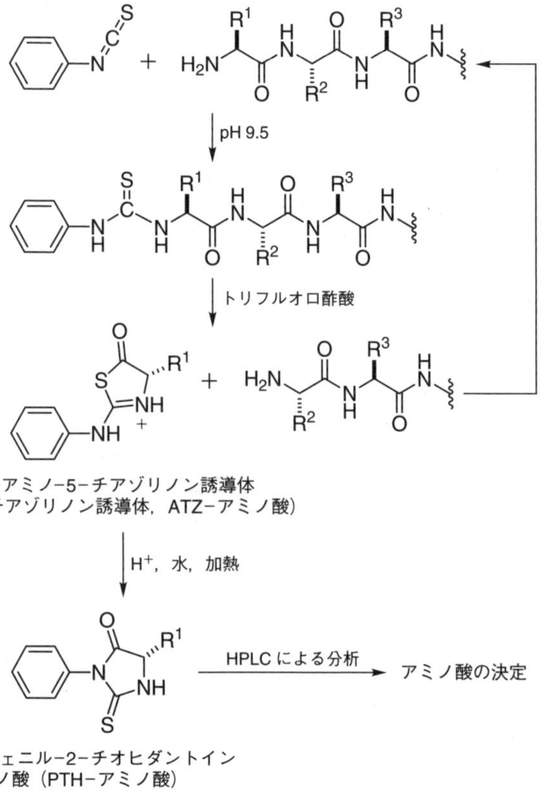

図 2・10 エドマン法によるタンパク質のアミノ酸配列決定法の原理

を決定する．いずれの標準 PTH アミノ酸とも異なる時間に溶出された場合，アミノ酸の側鎖が修飾されている可能性がある．エドマン法だけでは全配列が決められないような大きなタンパク質の場合には，まず，トリプシン（Arg と Lys 残基のカルボキシ基側で切断）やリシルエンドペプチダーゼ（Lys 残基のカルボキシ基側で切断）などの，アミノ酸側鎖選択性の高いタンパク質消化酵素によっていくつかの部分ペプチドに分解してから，それぞれの配列をエドマン法で決める．切断位置の異なる複数の酵素によって得たペプチドの配列の情報を総合し，もとのタンパク質の全配列を決定する．*Staphylococcus aureus* プロテアーゼ（V8 プロテアーゼ，Asp と Glu 残基のカルボキシ基側で切断）や臭化シアン（Met 残基のカルボキシ基側で切断）などもアミノ酸配列の解析にしばしば用いられる．システイン残基やシスチン残基を有するタンパク質の場合，これらのアミノ酸の PTH 誘導体は分解されやすく，同定が困難であるので，あらかじめタンパク質を還元してシステイン残基とし，メルカプト基をカルボキシメチル基などでアルキル化しておく．

2・4・2 質量分析によるタンパク質の同定

ヒト，チンパンジー，マウス，インフルエンザ菌など，多くの生物種のゲノムのデータベースが完成している．つまり，これらの生物の全タンパク質のアミノ酸配列は判明していることになる．したがって，単離したタンパク質がどれに該当するかを知ることができれば，そのタンパク質のアミノ酸配列を決定したことになる．

まず，精製したタンパク質をそのまま，あるいはタンパク質に含まれるジスルフィ

ド結合を還元し，モノヨード酢酸などで S-アルキル化したのちに，特定の酵素あるいは臭化シアンで断片化する．生成したペプチド断片を混合物のまま，あるいは逆相 HPLC で分離したのちに質量分析する．生体から分離してきた未同定のタンパク質由来のペプチド断片の実測質量分析値を解析用ソフトウェアに入れて，データベースにある個々のタンパク質に対応した全消化断片ペプチドの質量の理論値と照合し，一致度を評価する．通常，ペプチドのイオン化効率に差があることや操作上の問題で，消化・生成したすべてのペプチドのシグナルを観測できることはきわめてまれである．そこで，1種類の酵素消化で候補タンパク質を絞りきれないときには，他の酵素でタンパク質を断片化し，候補タンパク質を絞り込む．10種類程度の酵素や臭化シアン分解によって得られるペプチド断片を検索できるソフトウェアが実用化されており，

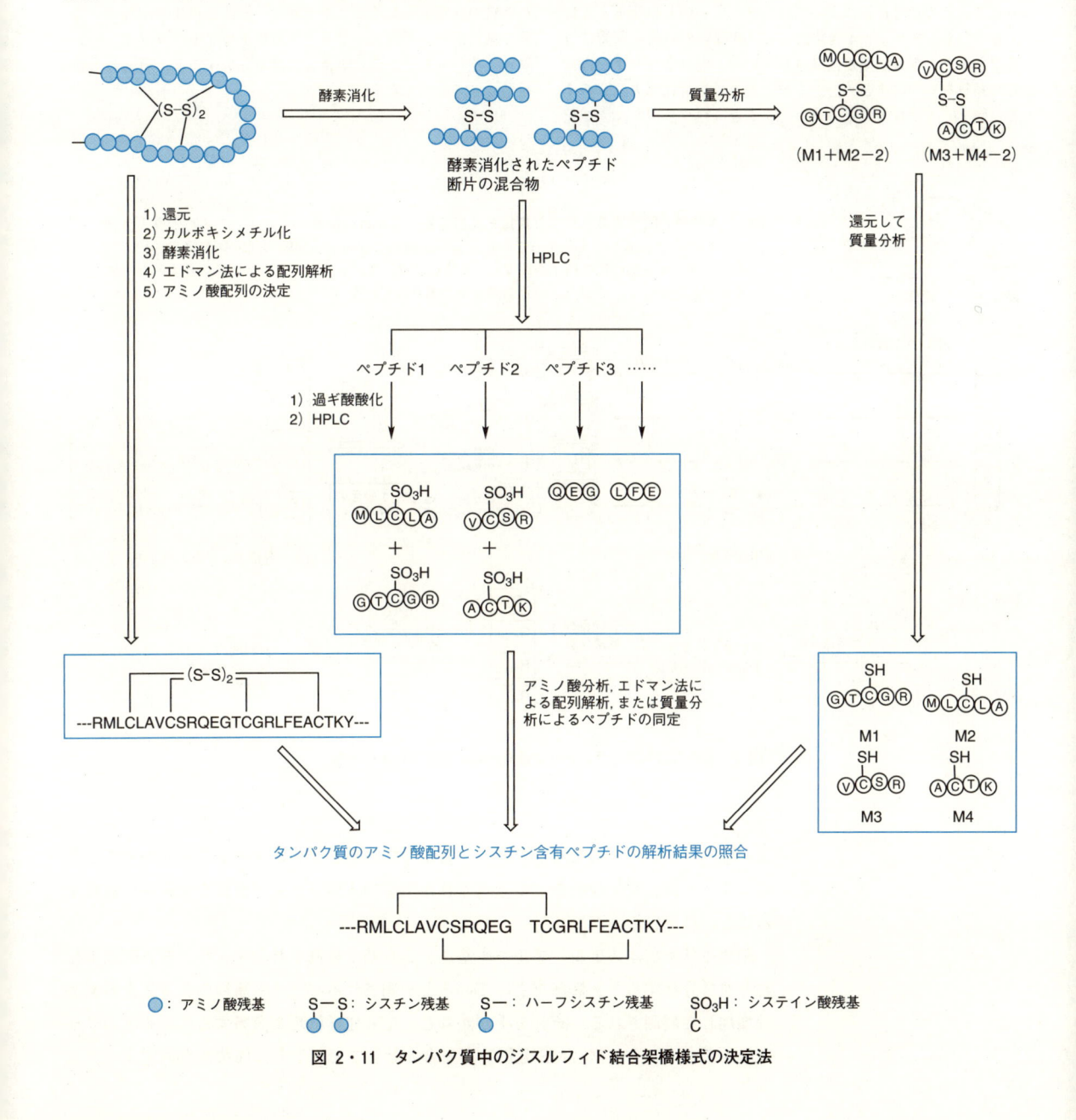

図 2・11　タンパク質中のジスルフィド結合架橋様式の決定法

iTRAQ®法によるタンパク質の定量法

質量分析法で観測されるシグナルの強度は，必ずしも試料中の物質の存在量を反映したものではない．このような特性をもつ質量分析法を用いつつも，試料中のタンパク質（ペプチド）の定量分析を可能とする，iTRAQ® (isobaric tags for relative and absolute quantitation) とよばれる方法が開発され，網羅的タンパク質発現解析に用いられている．この方法では，各試料中のタンパク質を変性し，還元アルキル化したのちにトリプシンで消化し，ペプチド混合物を得る．それぞれの溶液にアミノ基修飾試薬（図1）を加え，^{13}C, ^{15}N, ^{18}O などで標識されたタグを導入する．導入されるタグはレポーター部とバランサー部からなり，その合計質量は，いずれのタグでも同じになるようにデザインされている．4種類あるいは8種類の試料を同時に分析できるタグ導入試薬が開発されている．別べつにタグを導入した試料を一つにまとめ，タンデム質量分析計に導入し分析する（図2）．1段目の質量分析計でタグ導入ペプチドをイオン化すると，個々のタグの質量は同一だから，分析したいペプチドは同一の質量のイオンである．そこで，分離した同一質量をもつイオンをアルゴンなどの不活性ガスが存在する衝突活性化室に導入する．ここで分解・生成したイオンを2段目の質量分析計で検出する．タグの化学構造が同一なので，レポーターイオン発生効率は同じであるが，レポーター部分の質量は安定同位体による標識パターンによって異なる．そのため，観測されるそれぞれの質量のレポーターイオンの強度は各試料中のペプチド量に比例し，基準濃度のタンパク質・ペプチド由来のレポーターイオンの強度と比較することにより，元の試料中でのタンパク質の存在量を知ることができる．量的に可能であれば，事前に試料中のタグ導入ペプチドを液体クロマトグラフィーで分離し，それらをタンデム質量分析計で分析すると，得られる情報量はさらに多くなる．

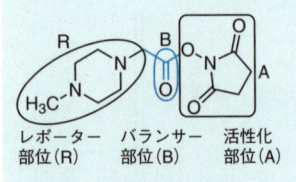

図1 4種類の試料間のタンパク質量を比較定量するための試薬．タグはアミノ基に導入される．レポーター部とバランサー部の合計質量が同じになるように安定同位体が導入されている．バランサー部の化学構造を改変し，8種類の試料間のタンパク質量を比較定量するための試薬が開発されているが，その化学構造は公開されていない．

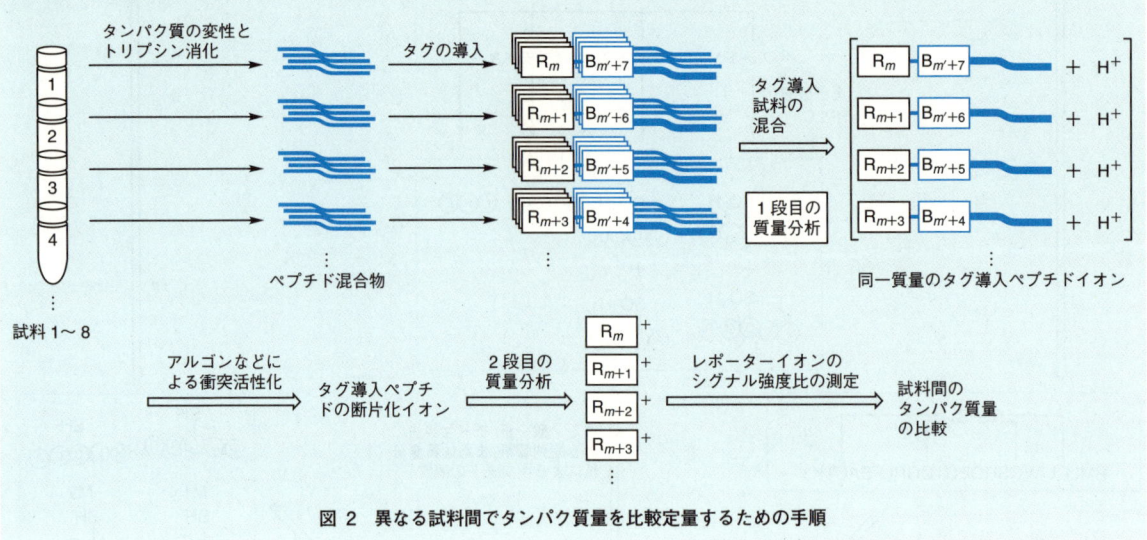

図2 異なる試料間でタンパク質量を比較定量するための手順

高い確率でタンパク質を同定できる．質量分析技術とゲノムデータを組合わせることにより，二次元電気泳動などで分離された微量の未同定タンパク質を網羅的に解析することが可能になった．

糖鎖やリン酸エステル，アルキル基，アシル基で修飾されたタンパク質の酵素消化物を質量分析すると，修飾を受けていると予測されるペプチド断片の質量値が修飾基分増加して観測される．それを手がかりとして，化学処理や該当するペプチドのフラグメンテーション（MS/MS分析）と組合わせることにより，修飾基を同定すること

ができる．

2・4・3 ジスルフィド結合位置の決定

多くのタンパク質はシステイン残基どうしが酸化されてジスルフィド結合（S—S結合）を形成し，タンパク質の立体構造を安定化するとともに，機能の発現にも深く関与している．そのため，S—S結合部位の決定は，タンパク質の機能を理解するうえで重要である．タンパク質中のS—S結合部位の決定は，アミノ酸配列を決定したのちに，図2・11に示す手順で行う．S—S結合はアルカリ性溶液中で不安定で，交換反応を起こしやすい．そのため，酵素消化や消化物の分離などは pH 6.5 以下で行う．また，遊離のチオールはジスルフィド結合の交換反応の触媒となるおそれがあるため，あらかじめタンパク質中のチオールをN-エチルマレイミドなどで修飾しておく．

S—S結合をもつタンパク質を臭化シアンあるいは酵素で処理し，断片化する．ここでは，ペプチド鎖のアミノ酸側鎖特異的切断よりも，ペプチド鎖をできるだけ切断することを主眼とし，酵素を選ぶ．高い酵素活性と広い基質特異性をもつサーモリシンやペプシンなどの酵素がしばしば選択される．単独では消化が十分に進行しないときには，異なる酵素で順次消化する．

化学的にS—S結合の位置を決定する際には，まず，生じたペプチド断片を逆相HPLCカラムによって分離する．分離された各ペプチドを過ギ酸酸化したのち酸加水分解し，アミノ酸分析によってシステイン酸の有無とアミノ酸組成とを調べる．必要であれば過ギ酸酸化によって生じたペプチドの配列をエドマン法により解析し，タンパク質全体のアミノ酸配列と比較してジスルフィド架橋位置を決定する．

分離したペプチドをそのままエドマン法により解析する場合，1サイクルごとに検出されるPTHアミノ酸からS—S結合の位置を推定する．N末端からより近いハーフシスチン残基（半システイン残基）をエドマン分解すると，ペプチド鎖は切断されるものの，もう一方のペプチドにアニリノチアゾリノン誘導体としてS—S結合を介して結合したままとなる．したがってハーフシスチンのPTH誘導体は検出されない．もう一方のハーフシスチンがエドマン分解される段階でシスチンのPTH誘導体が遊離されてくる．しかし，その収量は低く，その同定は多くの場合，困難である．

質量分析法を用いる場合，分離された各ペプチド断片の分子質量値をまず測定し，つづいて還元した後に再び質量分析を行う．1残基のシスチンを含有するペプチドは，還元すると二つのシステイン含有ペプチドのシグナルあるいは水素2原子分大きい分子質量値をもつシグナルを与えることにより確認できる．シスチン含有ペプチドと，還元されて分離されたペプチドの分子質量値をもとのタンパク質の配列から想定される分子質量値と比較し，ジスルフィド結合の架橋様式を決定する．

ハーフシスチン half-cystine. ジスルフィド結合を介してシスチンを形成する2分子のシステイン残基の1残基分．

3 糖　　　質

糖質 sugar. 炭水化物 (carbohydrate) ともいう.

糖質は，核酸，タンパク質，脂質などとともに生体を構成する重要な成分であり，タンパク質，脂質とならぶ三大栄養素の一つでもある．糖質は炭水化物ともよばれ，多くの場合 $C_n(H_2O)_m$ と表される．糖質のみからなる単純糖質に加え，糖タンパク質や糖脂質といった複合糖質が存在し，生体内で重要な働きをしている．天然には，各種の糖がグリコシド結合によってつながった二糖，オリゴ糖（10個程度までのもの），多糖が数多く存在し，あわせて糖鎖と総称される．本章では，糖質の構造と機能，ならびに糖鎖合成法の基礎について述べる．

単糖 monosaccharide

＊ 英語では，炭素数を表す接頭語に -ose をつけて表す．三炭糖は triose となる．

3・1 単　　　糖

単糖は，炭素数に応じて，三炭糖（トリオース），四炭糖（テトロース），五炭糖（ペントース），六炭糖（ヘキソース）などとよばれ＊，末端がアルデヒドのものをア

(a) アルドース

フィッシャー投影式

D-グリセルアルデヒド

D-トレオース　D-エリトロース　D-リボース　D-アラビノース　D-キシロース　D-リキソース

D-アロース　D-アルトロース　D-グルコース　D-マンノース　D-グロース　D-イドース　D-ガラクトース　D-タロース

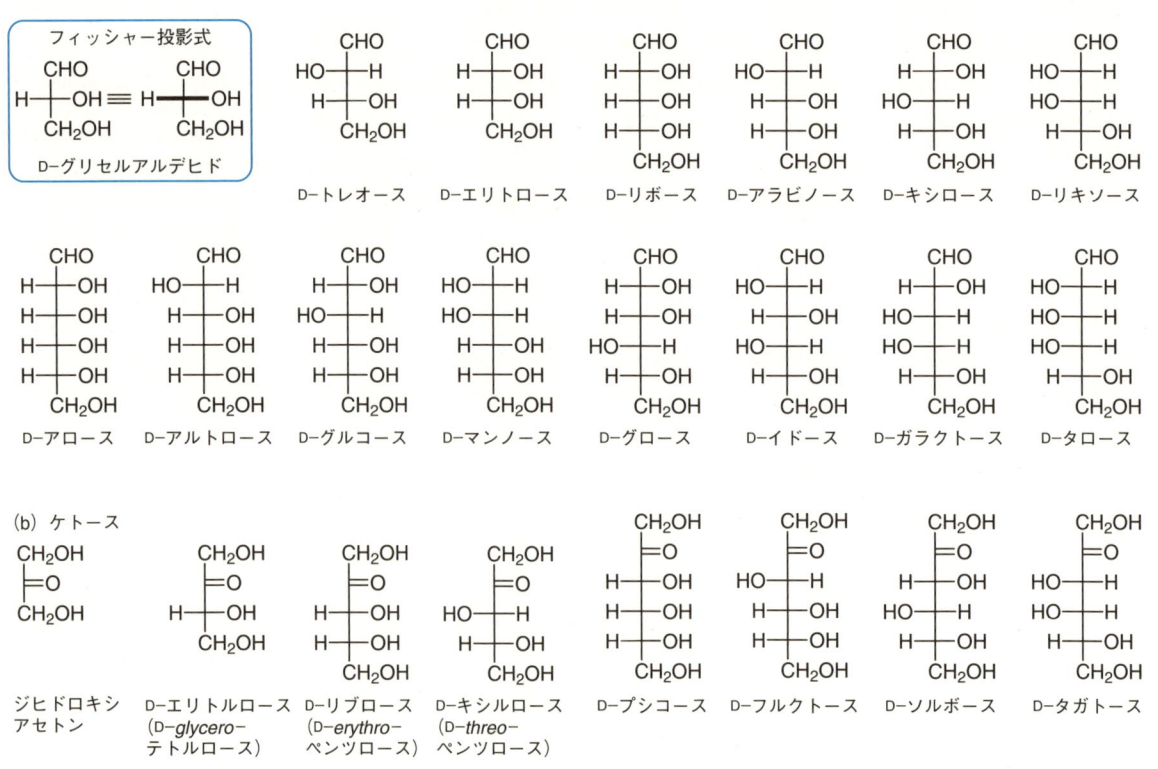

(b) ケトース

ジヒドロキシアセトン　D-エリトルロース (D-*glycero*-テトロース)　D-リブロース (D-*erythro*-ペントロース)　D-キシルロース (D-*threo*-ペントロース)　D-プシコース　D-フルクトース　D-ソルボース　D-タガトース

図 3・1　アルドースおよびケトースのフィッシャー投影式

3・1 単　糖

ルドース，ケトンのものを**ケトース**とよぶ（図3・1）．糖のD, L配置については，フィッシャー投影式（図3・2）において，カルボニル基を上方に置いたときに，そこから最も離れた不斉炭素の右側にヒドロキシ基があるものはD体，左側にあるものはL体である．

単糖は，5員環のヘミアセタール（フラノース）あるいは6員環のヘミアセタール（ピラノース）として存在するものが多い．環状構造を形成した際にカルボニル基由来の炭素は新たな不斉中心を与える．これをアノマー位とよぶ．この**アノマー炭素**に結合したヒドロキシ基の向きによりα体とβ体の2種類の立体異性体が生じる．フィッシャー投影式では，アノマー位のヒドロキシ基とカルボニル基から最も離れた不斉炭素のヒドロキシ基が同じ方向であればα体，反対方向であればβ体である．

ハース投影式（図3・2）では，5員環，6員環を上下に圧縮された五角形または六角形で表す．アノマー位を一番右側におき，時計回りに位置番号順に炭素原子を配置する．フィッシャー投影式で右側に出ている置換基はハース投影式では下側に，左側に出ている置換基は上側になる．

アルドース aldose
ケトース ketose
フィッシャー投影式 Fischer projection

フラノース furanose. furano- は5員環を表す．
ピラノース pyranose. pyrano- は6員環を表す．
アノマー炭素 anomeric carbon

ハース投影式 Haworth projection

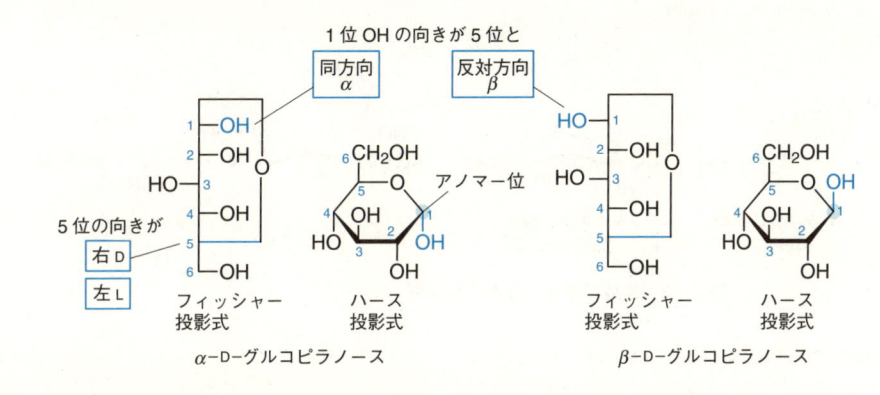

図3・2　D-グルコピラノースのフィッシャー投影式とハース投影式

哺乳類など高等動物においては，糖タンパク質や糖脂質など生体を構成する単糖の種類は限られている（図3・3）．単糖は中性糖，アミノ糖（塩基性糖），酸性糖に分類される．中性糖としては，D-グルコース，D-マンノース，D-ガラクトース，D-キシロース，L-フコースがあげられる（1位に結合しているヒドロキシ基の波線はα体とβ体ともに存在することを示す）．

アミノ糖としてはD-グルコサミン，D-ガラクトサミンが存在する．なおこれらは生体内ではN-アセチル体あるいはN-硫酸体として存在する．

酸性糖としてはウロン酸類（D-グルクロン酸，D-ガラクツロン酸，D-イズロン酸）ならびにシアル酸が存在する．シアル酸とは，分子内にカルボキシ基とアミノ基をもつ九炭糖ノイラミン酸誘導体群の総称で，5位アミノ基がアセチル化されたN-アセチルノイラミン酸（NeuAc），グリコリル化されたN-グリコリルノイラミン酸（NeuGc），O-アセチル体など多種類存在する．ポリシアル酸，オリゴシアル酸として存在するほか，糖タンパク質や糖脂質糖鎖の非還元末端に存在し，細胞の認識など重要な機能を担っている．

ピラノースの多くは，右図に示すように$^4C_1$いす形配座をとるものが多い．ここでCはいす形，上付きの4は4位の炭素がO-C2-C3-C5で規定される平面の上方にあること，下付きの1は1位の炭素が面の下方にあることを示す．グルコース誘導体では通常$^4C_1$配座をとり，特殊な場合を除いて，環反転した$^1C_4$いす形配座，舟形配座，

キシリトール

キシリトール（xylitol）は，キシロースから還元によって得られる糖アルコールである．スクロースと同程度の甘みをもち，冷涼感を示すことが特徴である．キシリトールは，口腔細菌による酸の産生をほとんどひき起こさず，虫歯予防効果があるので，ガムなどに用いられる．

シアル酸 sialic acid. NeuNAc類，そのエステル，N-グリコリル体，他の誘導体の総称（約40種類）．

メチルβ-D-グルコピラノシド

(a) 中性糖

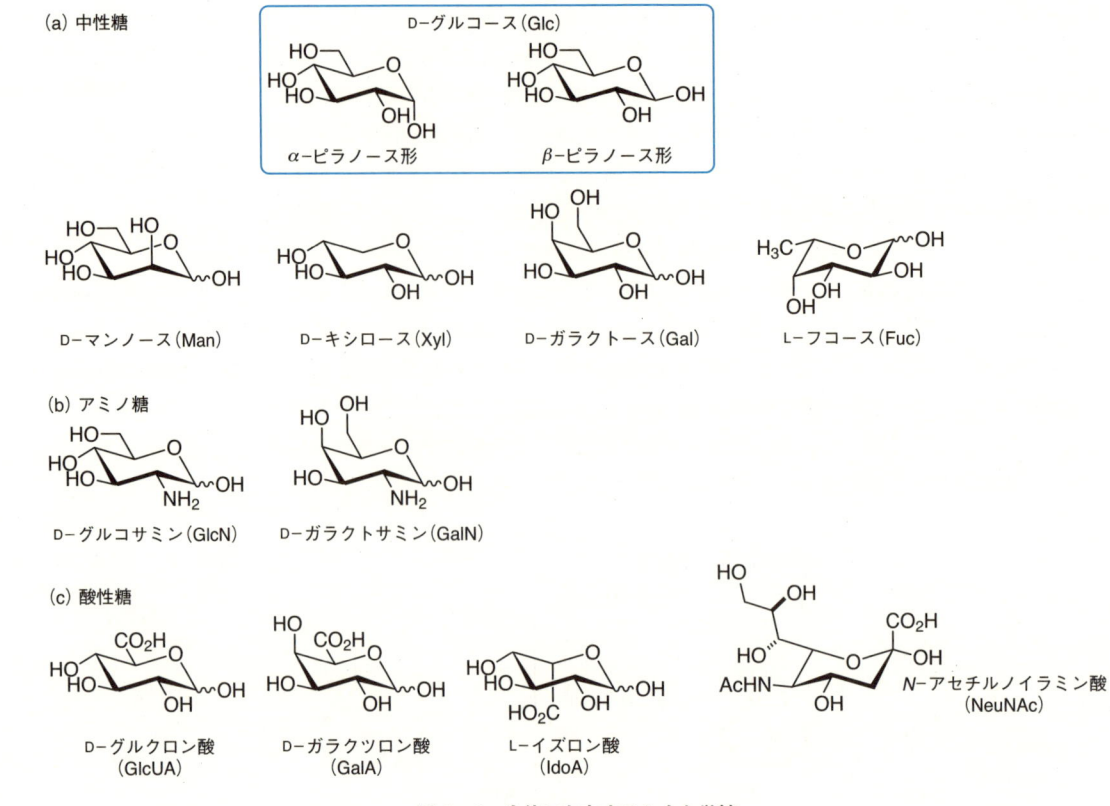

D-グルコース (Glc)
α-ピラノース形   β-ピラノース形

D-マンノース (Man)   D-キシロース (Xyl)   D-ガラクトース (Gal)   L-フコース (Fuc)

(b) アミノ糖

D-グルコサミン (GlcN)   D-ガラクトサミン (GalN)

(c) 酸性糖

D-グルクロン酸 (GlcUA)   D-ガラクツロン酸 (GalA)   L-イズロン酸 (IdoA)   N-アセチルノイラミン酸 (NeuNAc)

図 3・3 生体に存在するおもな単糖

ねじれ舟形配座は存在しない．

3・2 二糖, オリゴ糖

二糖 disaccharide
グリコシド結合 glycosidic bond

　二糖は単糖2分子が脱水縮合して形成される（図3・4）．その結合は**グリコシド結合**とよばれる．グリコシド結合とは，糖どうしだけでなく，糖と他の有機化合物のヒドロキシ基との間で形成されるアセタール構造の呼称である．グリコシド結合においても，α体とβ体の2種類の立体異性体が存在する．代表的な二糖を図3・4に示す．スクロース（ショ糖）は砂糖の主成分である．**トレハロース**はグルコースが1,1-グリコシド結合した二糖である．スクロースと同様に非還元糖であるため安定性が高く，

トレハロース trehalose

スクロース（ショ糖）　　　トレハロース　　　マルトース（麦芽糖）

グリコシド結合

ラクトース（乳糖）　　　D-セロビオース

図 3・4 代表的な二糖

高い保水力をもつ．

オリゴ糖は，複数の単糖類が結合した化合物群である．オリゴ糖の明確な定義はなく，10個程度以上の単糖が結合しているものは多糖とよばれることが多い．機能性のオリゴ糖としては，グルコースが複数個 α(1→4) 結合でつながった環状のオリゴ糖である**シクロデキストリン**が知られている．

オリゴ糖 oligosaccharide

シクロデキストリン cyclodextrin

3・3 多　糖

天然にはさまざまな多糖が存在している（図 3・5）．デンプンはグルコースの重合体（グルカン）であり，**アミロース**と**アミロペクチン**からなる．アミロースはグルコースが α(1→4) 結合でつながった直鎖状の分子であり，分子量が比較的小さい．アミロペクチンは枝分かれの多い分子で，分子量が比較的大きい．直鎖部分はグルコースが 20 個程度 α(1→4) 結合でつながり，5〜8 残基の間隔で α(1→6) 結合での分枝がある．多くのデンプンではアミロースが 20% 程度含まれ，ほかはアミロペクチンである．もち米ではほとんどがアミロペクチンである．**グリコーゲン**は，同様に α(1→4) 結合と α(1→6) 結合からなるグルカンであり，動物における貯蔵多糖として知られ，分枝が多く，樹状構造を有する．デキストランは，乳酸菌などの細菌が生産する α(1→6) グルカンである．植物の細胞壁の主構成成分である**セルロース**は β(1→

アミロース amylose

アミロペクチン amylopectin

グリコーゲン glycogen

セルロース cellulose

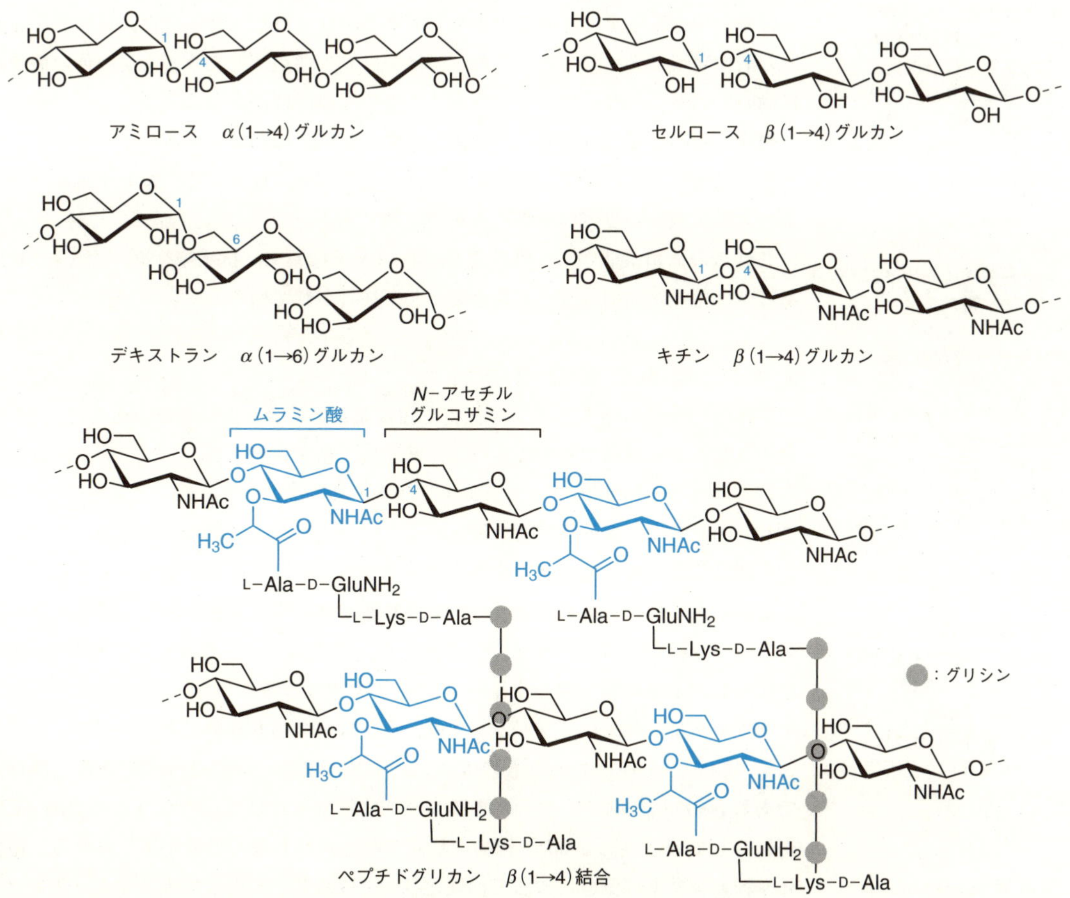

図 3・5　さまざまな多糖

キチン chitin

ペプチドグリカン peptidoglycan

4) グルカン構造を有し，地上で最も存在量の多い有機物である．カビや酵母の細胞壁の主成分はβ(1→3)グルカンからなる．**キチン**はβ(1→4)結合したN-アセチルグルコサミンの重合体で，節足動物や甲殻類の外骨格の主成分である．細菌細胞壁の主成分である**ペプチドグリカン**は，N-アセチルグルコサミンとムラミン酸（N-アセチルグルコサミンの3位に乳酸が結合した糖）が交互にβ(1→4)結合した多糖であり，乳酸基部分でペプチド鎖と架橋構造を形成した強固な網目状構造を有する．

3・4 さまざまな糖鎖の構造と機能

グリコカリックス glycocalyx. 糖衣ともいう．

細胞表層ではさまざまな糖鎖がタンパク質や脂質に結合して糖鎖複合体（複合糖質）を形成しており，これらの糖鎖複合体によって細胞が覆われ，**グリコカリックス**（糖衣）を形成している．グリコカリックスは，細胞の機械的，化学的損傷を防ぐ役割がある．また糖鎖は生体分子に親水性を付与するという重要な機能を有しており，グリコカリックスは細胞の保水や潤滑剤としても働く．グリコカリックスのもう一つの重要な役割として，細胞どうしや生体内分子との認識や接着があげられる．細胞表層の糖鎖は，さまざまな分子種との相互作用に基づく多様な生物機能を有しており，免疫，感染，炎症，がん，老化など生体の防御や恒常性維持にかかわる生命現象において重要な働きをしている．また細胞表層や細胞外に分泌されるタンパク質の多くに糖鎖が結合しており，血中でのタンパク質の寿命などの機能調節に働いている．たとえば赤血球の産生を促進するホルモンであるエリスロポエチンでは，糖鎖部がin vivoでの活性発現に必須である．これらのほかにも，糖鎖はさまざまな受容体の機能調節に働いており，神経系においても多くの重要な機能にかかわる．

> **トレハロース**
> トレハロースは，乾燥耐性や低温耐性の極限環境耐性生物中に高濃度で存在する．無水条件下での細胞膜の保護作用，タンパク質の変性抑制効果，デンプンの老化抑制効果，優れた保水能力を有する．さっぱりとした甘味を呈し，他の食品の炭水化物，タンパク質，脂質に対して品質保持効果をもつことから，機能性食品としてさまざまな食品や化粧品に使用されている．医療分野にも用いられるなどその利用は多分野におよぶ．

細胞表層の糖鎖はウイルスや細菌が感染する際の標的でもある．インフルエンザウイルスは細胞表層のシアル酸を足がかりにして細胞に侵入する．コレラ毒素，ベロ毒素，大腸菌線毛の受容体も細胞表層の糖鎖である．

これらの糖鎖機能から，糖関連化合物は抗炎症薬や，抗感染症薬，がん転移抑制，あるいは免疫増強剤のリード化合物として注目されている．

3・4・1 糖鎖の生合成

> **シクロデキストリン**
> シクロデキストリンは，シクロデキストリングルカノトランスフェラーゼ(CGTase)の作用によってデンプンから合成される．グルコースの重合度は6以上であり，グルコースの結合数によりα(グルコース6個)，β(7個)，γ(8個)-シクロデキストリンとよぶ．環構造に由来する空孔内の疎水的性質による包接形成能が特徴であり，シクロデキストリンやその誘導体は分子認識能を利用した超分子化学研究，酵素モデル研究などの研究分野で用いられるだけでなく，食品，医薬品，化粧品の添加剤，安定化剤として幅広く用いられている．

糖転移酵素 glycosyltransferase. グリコシルトランスフェラーゼともいう．

生体内の糖鎖の多くはタンパク質や脂質などと結合した複合糖質として存在する．動物に存在する糖鎖で重要なものは，糖脂質，糖タンパク質，プロテオグリカン，ならびにグリコシルホスファチジルイノシトール(GPI)アンカータンパク質である．これらの糖鎖は，糖転移酵素の働きによって合成される．糖転移酵素は，グリコシル基を糖供与体である糖ヌクレオチドから受容体に転移させる酵素である．糖供与体として働くためには，糖のアノマー位に脱離基が結合する必要がある．動物には糖供与体として9種の糖ヌクレオチドが存在する．脱離基としてウリジン二リン酸(UDP)を使っているものは，ガラクトース，N-アセチルガラクトサミン，グルコース，N-アセチルグルコサミン，グルクロン酸，キシロースの6種類であり，グアノシン二リン酸(GDP)を使っているものはマンノース，フコースの2種類である．ウロン酸であるN-アセチルノイラミン酸については脱離基としてシチジン一リン酸(CMP)が結合している（図3・6）．植物や細菌ではほかにも多くの糖が用いられる．糖供与体が糖転移酵素の働きによって活性化され，脱離基が脱離してカチオン（オキソカルベニウムイオン）中間体を与え，糖受容体が上面（β面）あるいは下面（α面）から

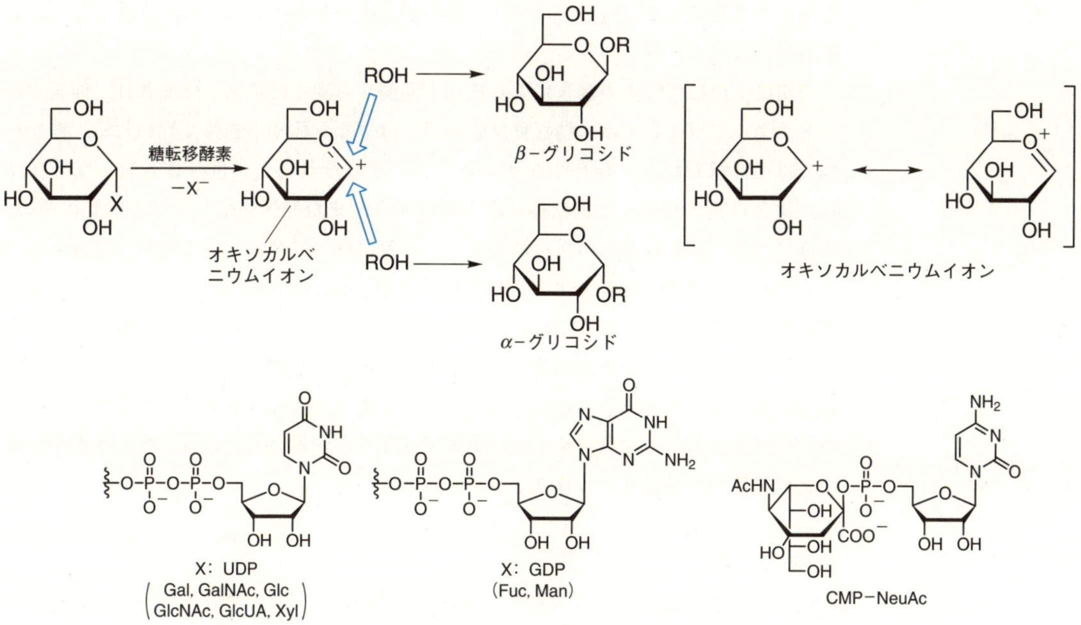

図 3・6 糖転移反応と糖転移酵素の供与体基質

インフルエンザウイルス

　多くのウイルスは細胞表層の糖鎖を認識して細胞に感染する．インフルエンザウイルスにおいてはヘマグルチニンタンパク質がシアル酸含有糖タンパク質あるいは糖脂質を認識する．トリインフルエンザウイルスは NeuAcα2-3Gal 構造を認識し，ヒトインフルエンザウイルスは NeuAcα2-6Gal 構造を認識する．ただしヒトの肺深部においても NeuAcα2-3Gal 構造が発現しているので，トリインフルエンザウイルスはヒトに感染しうる．ブタは両方の糖鎖を有するため，トリウイルスおよびヒトウイルスの中間宿主となる．ヘマグルチニン分子内の一つのアミノ酸変異により糖鎖認識が変化する（トリ型からヒト型）ので，高病原性トリインフルエンザの変異が恐れられている．

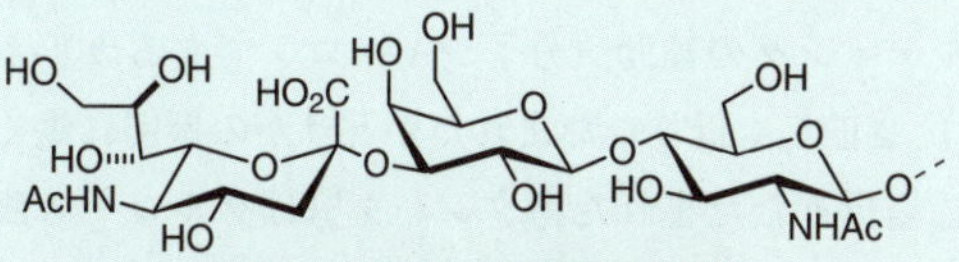

ので，インフルエンザは気道感染が一般的である．また細菌由来の酵素によってもヘマグルチニンは活性化を受けてインフルエンザウイルスの感染力を亢進するので，抗生物質の投与は感染性の抑制に期待できる．また細菌による二次感染の予防も期待できる．高病原性トリインフルエンザではヘマグルチニンが変異しており，体中にあるタンパク質分解酵素によって活性化を受け，全身感染が起こる．インフルエンザウイルスが細胞内で増殖した後に細胞から周辺に放出されるためには，ウイルスのシアリダーゼ（ノイラミニダーゼ）によって細胞表層状のシアリルグリコシド結合を切断する必要がある．この酵素を阻害することにより，ヘマグルチニンと糖鎖の相互作用により，細胞からウイルスの放出を抑制し，感染を抑制することができる．ヒトは4種類のシアリダーゼをもつので，ウイルスシアリダーゼに選択的な薬剤が必要とされる．タミフル®ならびにリレンザ®は代表的な抗インフルエンザ医薬である．タミフル®は経口投与が可能であり，体内でエステル部分が加水分解されることによりシアリダーゼの阻害剤として働く．リレンザ®は経口では吸収されないため吸入投与する．

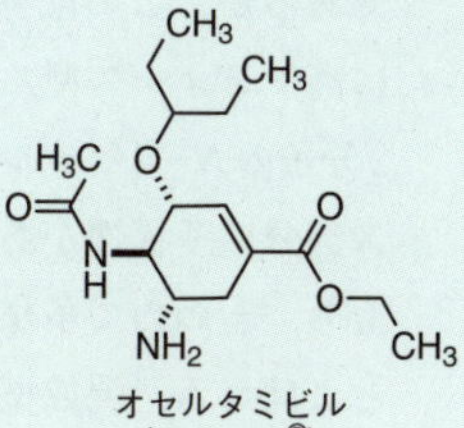

トリインフルエンザの認識する糖鎖
(NeuAcα2-3Gal)

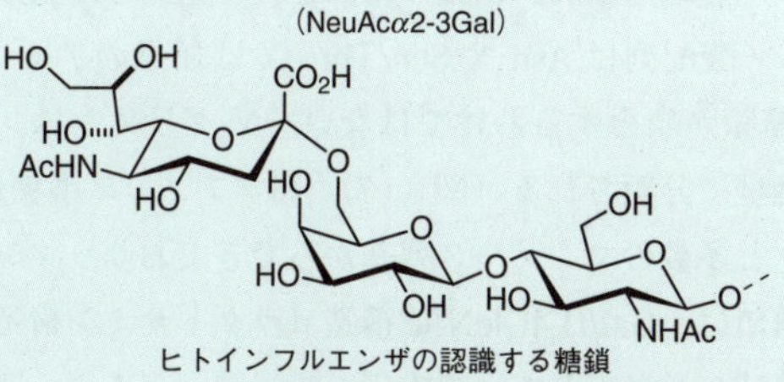

ヒトインフルエンザの認識する糖鎖
(NeuAcα2-6Gal)

オセルタミビル
（タミフル®）

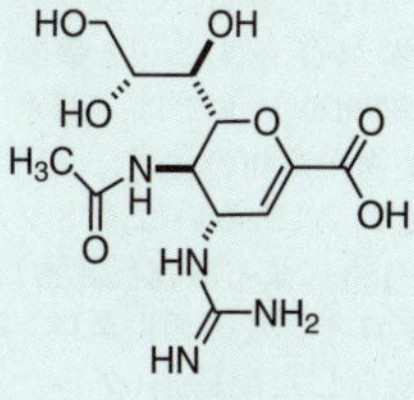

ザナミビル
（リレンザ®）

ヘマグルチニンは気道に存在する酵素によって活性化される

A, B, O式血液型は赤血球表面上の糖鎖抗原によって決定される.

攻撃することにより，対応するグリコシドが形成される．このさい，位置ならびに立体選択性は完全に制御される．

糖鎖は，糖転移酵素の働きにより還元末端側から順番に単糖が付加され，伸長することによって形成される．糖転移反応の多くはゴルジ体や小胞体で行われる．糖転移酵素は200種類以上が存在すると考えられ，それぞれ特定の供与体基質や受容体基質，結合様式に対応した糖転移反応を触媒する．また個体発生の時期や細胞の種類，組織によって糖転移酵素の発現は変動し，それに伴って合成される糖鎖の構造も変動する．たとえば細胞ががん化すると細胞表層や分泌される糖鎖構造が変化する．また糖鎖構造の変化ががんの転移能と関連することも明らかにされている．糖認識タンパク質であるレクチンや抗糖鎖抗体を用いて細胞表層に発現している糖鎖構造ならびに細胞の識別が可能であり，たとえばレクチンをチップ化したレクチンマイクロアレイを用いて幹細胞の分化状況を正確に把握できることが示されている．また血液型糖鎖など個体間で糖鎖構造の多様性が認められる．

3・4・2 糖タンパク質

糖タンパク質は，タンパク質に比較的短い糖鎖が結合した化合物である．糖鎖の数は，タンパク質によって1本から数十本までさまざまである．糖タンパク質糖鎖は，糖鎖が結合するアミノ酸残基により，アスパラギン (Asn) に結合する N-グリカン (N 結合型糖鎖) とセリン/トレオニン (Ser/Thr) に結合する O-グリカン (O 結合型糖鎖) に分類される．タンパク質部分が同一でも，グリコフォームとよばれる多様な糖鎖構造があるが，その生理学的意義は十分には解明されていない．エリスロポエチンや抗体医薬などの糖タンパク質医薬は動物培養細胞によって生産されるが，グリコフォームが糖タンパク質の動態や in vivo の活性に大きく影響するため，生産にあたってはその制御が必要である．

N-グリカンは Asn 残基の側鎖アミドの窒素原子に結合する．真核生物の場合，N-グリカンの生合成は，まず小胞体で行われる．ポリイソプレノイドアルコールであるドリコールにリン酸が結合したドリコール−リン酸 (Dol-P) に対して，N-アセチルグルコサミンが2残基転移した後，マンノースが9残基，さらにグルコースが3残基転移して，14糖の Dol-P となる．この14糖がリボソームで生合成されたポリペプチドに転移する．この後にタンパク質はフォールディング（折りたたみ過程）を受けるが，この N-グリカンはフォールディングの補助（分子シャペロンであるカルネキシンやカルレティキュリンの作用）と正しく折りたたまれたかどうかの選別に働く（糖タンパク質品質管理機構）．正しく折りたたまれた糖タンパク質はグルコース残基がすべて切断された後に，ゴルジ体へと輸送され，糖鎖の修飾を経て完成した糖鎖となる．N-グリカンの結合するアミノ酸配列は Asn-X-Ser/Thr (X は任意のアミノ酸) であるが，この配列のすべてに糖鎖が結合するわけではない．N-グリカンは，さらに高マンノース型，混成型，複合型に分類される（図3・7）．高マンノース型糖鎖は，2分子の N-アセチルグルコサミンと多数のマンノース残基からできており，マンノース部分に多様性がある．複合型糖鎖は，Galβ1-4GlcNAc 構造（ラクトサミン構造）をもち，きわめて多様性に富む．分枝の数に応じて，一本鎖，二本鎖，三本鎖，四本鎖とよばれる．混成型糖鎖は，上記2種の混ざったような構造である．

O-グリカンはタンパク質のセリンまたはトレオニンのヒドロキシ基に結合してい

配糖体

糖と糖以外の物質が結合した化合物は，"配糖体(glycoside, グリコシドともいう)" とよばれる．糖部分をグリコン (glycone)，糖以外の部分をアグリコン (aglycone) という．植物では，ステロイド，テルペン，フラボン，アルカロイド，フェノール類，キノシン類，リグナンなど多様な二次代謝産物に糖が結合した配糖体が多く知られている．抗生物質においても，アミノグリコシド系抗生物質，マクロライド系抗生物質，グリコペプチド系抗生物質など多くの配糖体が存在する (17章参照)．動物やヒトでは，疎水性の薬物や毒物の代謝において，それら（あるいはシトクロム P450 による酸化代謝物）のヒドロキシ基にグルクロン酸が結合した配糖体（グルクロン酸抱合）が体外に排泄される．

3・4 さまざまな糖鎖の構造と機能

(a) N-グリカンの構造

高マンノース型

Manα1-2Manα1＼
　　　　　　　　 ⁶Manα1＼
Manα1＼　　　　³　　　　 ⁶Manβ1-4GlcNAcβ1-4GlcNAcβ1-Asn
　　　 ³　　　　　　　　 ³
Manα1-2Manα1／

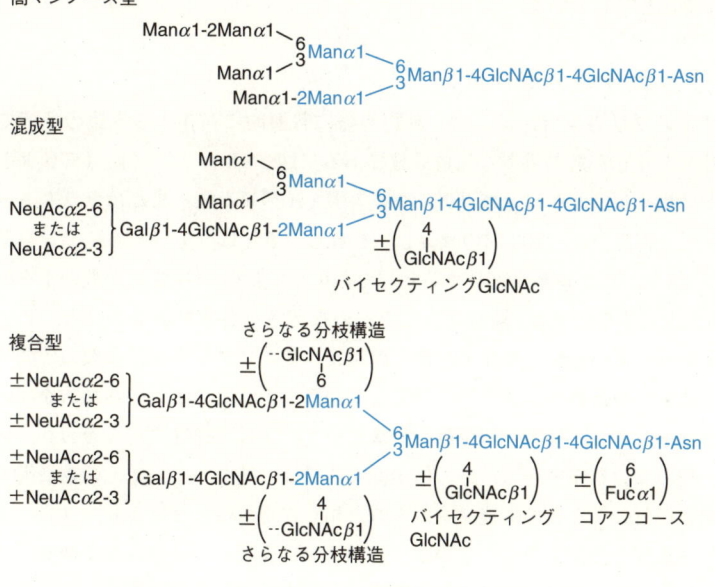

混成型

　　　　　　　　　Manα1＼
　　　　　　　　　　　　 ⁶Manα1＼
　　　　　　　　　Manα1／　　　 ⁶Manβ1-4GlcNAcβ1-4GlcNAcβ1-Asn
NeuAcα2-6 ⎫　　　　　　 ³　　 ³
または　 ⎬Galβ1-4GlcNAcβ1-2Manα1／±(⁴)
NeuAcα2-3 ⎭　　　　　　　　　　　 GlcNAcβ1
　　　　　　　　　　　　　　　　　バイセクティングGlcNAc

複合型

　　　　　　　　　　さらなる分枝構造
　　　　　　　　　±(··GlcNAcβ1)
　　　　　　　　　　　　 ⁶
±NeuAcα2-6 ⎫　　　　　　　　　
または　 ⎬Galβ1-4GlcNAcβ1-2Manα1＼
±NeuAcα2-3 ⎭　　　　　　　　　　 ⁶Manβ1-4GlcNAcβ1-4GlcNAcβ1-Asn
　　　　　　　　　　　　　　　　³
±NeuAcα2-6 ⎫　　　　　　　　　　 ±(⁴)　±(⁶)
または   ⎬Galβ1-4GlcNAcβ1-2Manα1／　GlcNAcβ1　Fucα1
±NeuAcα2-3 ⎭　±(··GlcNAcβ1)　　 バイセクティング　コアフコース
　　　　　　　　　 ⁴　　　　　　　GlcNAc
　　　　　　　さらなる分枝構造

(b) O-グリカンの構造

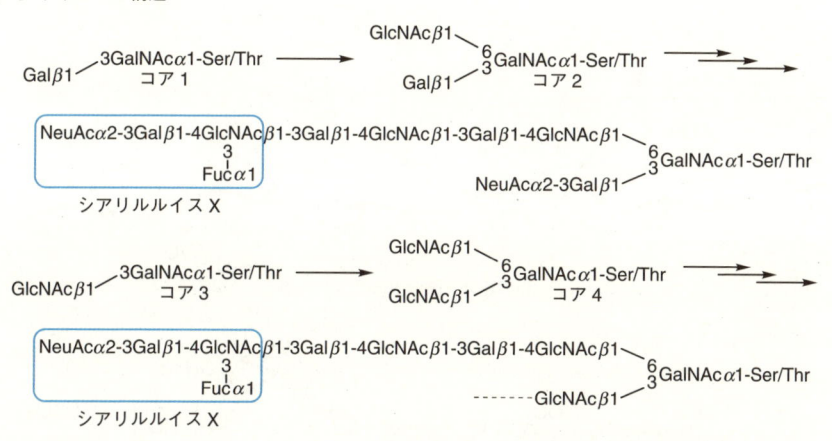

Galβ1－³GalNAcα1-Ser/Thr　→　GlcNAcβ1＼
　　　　コア1　　　　　　　　　　　　 ⁶GalNAcα1-Ser/Thr　⇒
　　　　　　　　　　　　　　　 Galβ1／³　コア2

┌NeuAcα2-3Galβ1-4GlcNAc┐β1-3Galβ1-4GlcNAcβ1-3Galβ1-4GlcNAcβ1＼
│　　　　　　　　　 ³　 │　　　　　　　　　　　　　　　　　　 ⁶GalNAcα1-Ser/Thr
│　　　　　　　　 Fucα1 │　　　　　　　　　　　　NeuAcα2-3Galβ1／³
└シアリルルイスX────────┘

GlcNAcβ1－³GalNAcα1-Ser/Thr　→　GlcNAcβ1＼
　　　　　コア3　　　　　　　　　　　　　⁶GalNAcα1-Ser/Thr　⇒
　　　　　　　　　　　　　　　GlcNAcβ1／³　コア4

┌NeuAcα2-3Galβ1-4GlcNAc┐β1-3Galβ1-4GlcNAcβ1-3Galβ1-4GlcNAcβ1＼
│　　　　　　　　 ³　　 │　　　　　　　　　　　　　　　　　　 ⁶GalNAcα1-Ser/Thr
│　　　　　　　 Fucα1   │　　　　　　　　　　　　------GlcNAcβ1／³
└シアリルルイスX────────┘

図3・7 N-グリカンおよびO-グリカンの構造

る糖鎖で, N-アセチルガラクトサミン (GalNAc) が α 結合した GalNAcα-Ser/Thr 構造を有する. O-グリカンは, ゴルジ体において, 一残基ずつ糖が付加される逐次的な伸長反応により合成される. O-グリカンは主要な四つのコア構造に分類され, 末端にさまざまな糖鎖構造が結合することにより, その構造に起因する種々の機能を発現しシアリルルイス X, および硫酸化シアリルルイス X が結合する (図3・7).

ムチンとよばれる粘液に含まれる巨大な糖タンパク質も O 結合型糖鎖構造を有している. ムチンは, コアタンパク質に多数の糖鎖が結合した分子量100万〜1000万の巨大分子の総称であり, 分泌型ムチンと膜結合型ムチンがある. ムチンは口腔, 胃, 腸などの粘膜を覆っており, 細胞の保護剤や潤滑剤として働いている. このほかにも O-グリカンとしてはセリン/トレオニンに単糖の N-アセチルグルコサミンが結合したもの, マンノースを介してオリゴ糖が結合したものが見いだされている.

このように, 糖タンパク質糖鎖は, タンパク質の溶解性の向上, 凝集の阻止, タンパク質分解酵素による分解の抑制, 抗原性の被覆, 血清タンパク質の品質管理 (糖タ

白血球にはシアリルルイスXとよばれる糖鎖が発現しており, 炎症時には血管内皮細胞にその受容体であるEセレクチンが発現して, セレクチン-シアリルルイスXの相互作用により白血球が炎症局所に集まる.

ムチン mucin

ンパク質の血中からのクリアランスの制御），血清タンパク質の体内動態の制御などさまざまな働きを有している．

3・4・3 グリコサミノグリカン

グリコサミノグリカン（GAG）は，動物組織に普遍的に存在する直鎖の多糖であり，細胞外マトリックスの重要な構成成分である（図3・8）．アミノ糖（ガラクトサミン，グルコサミン）とウロン酸（グルクロン酸，イズロン酸）またはガラクトースの二糖の繰返し構造（40〜100回の繰返し）を有し，多くはコア（中心）タンパク質にGAG鎖の結合したプロテオグリカンとして存在しており，GAG鎖の数が1本のもの，100本以上の多数のGAG鎖が結合したものなどさまざまである．一方，ヒアルロン酸はタンパク質部分をもたない．多くのグリコサミノグリカンは多数の硫酸基とカルボキシ基をもつために，強く負に帯電しており，ポリアニオンに特徴的な高い親水性と保水性を有する．硫酸化の位置や硫酸化パターンは多様性に富んでおり，構造的に不均一性の高い糖鎖である．その構造的な多様性に基づいて，多くの成長因子や受容体や細胞接着分子などの機能タンパク質と相互作用することにより，タンパク質の機能調節に重要な役割を果たしている．ヘパリンは肝臓でつくられる多糖で，アンチトロンビンを活性化することにより血液凝固を阻止する作用を示す．

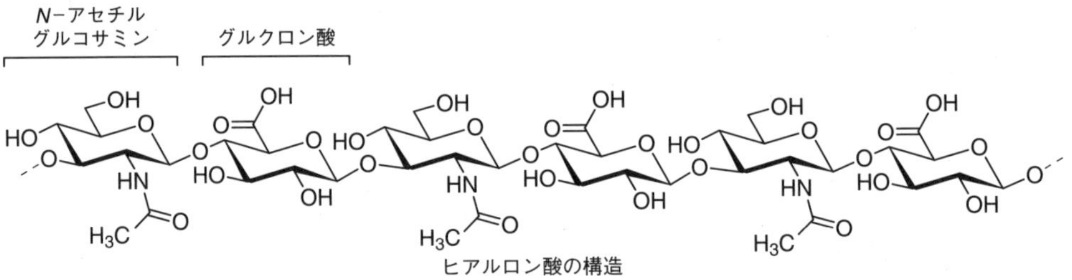

がんと糖鎖
がん細胞では細胞表層の糖鎖構造が正常細胞のものから変化するが，がん転移を促進させる糖鎖構造や逆にがん転移を抑制する糖鎖構造が知られている．たとえば進行性の大腸がんでは，細胞表面にシアリルルイスA/X糖鎖が発現し，血管内皮細胞のEセレクチンとの結合によって血管内皮への接着を経て，転移を促進させる．

グリコサミノグリカン
glycosaminoglycan．略称GAG．

ヒアルロン酸の構造

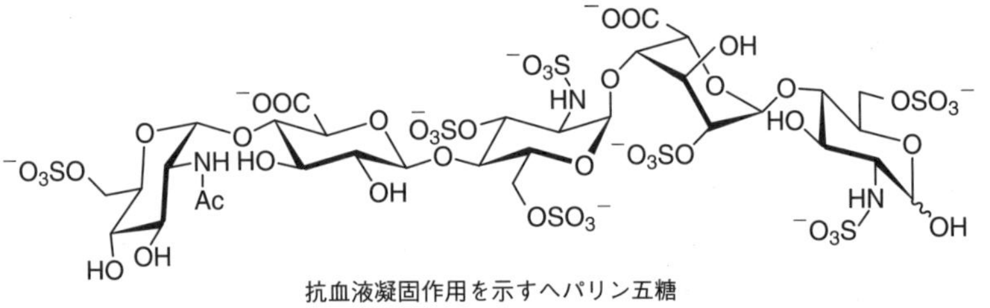

抗血液凝固作用を示すヘパリン五糖

図3・8 グリコサミノグリカンの構造

3・4・4 スフィンゴ糖脂質

動物の産生する糖脂質は**スフィンゴ糖脂質**である．スフィンゴ糖脂質は糖鎖部分とセラミドとよばれる疎水性部分からなり，セラミドは長鎖アミノアルコールであるスフィンゴシンに脂肪酸が結合した構造を有している（図3・9）．スフィンゴシン塩基，脂肪酸ともに二重結合の数，鎖長，ヒドロキシル化の度合いに多様性がある．スフィンゴ糖脂質は，細胞膜外層に存在し，スフィンゴリン脂質，コレステロール，グリコシルホスファチジルイノシトール（GPI）型糖タンパク質などと脂質ラフトとよばれるミクロ（微小）ドメインを形成し，細胞内・細胞間の情報伝達，接着，増殖，分化

スフィンゴ糖脂質
glycosphingolipid
セラミド ceramide

などを制御している（図 4・7 参照）．スフィンゴ糖脂質も，発現している糖鎖構造によるさまざまな生理機能を有する．たとえば ABO 式血液型糖鎖やシアリルルイス X も発現する．

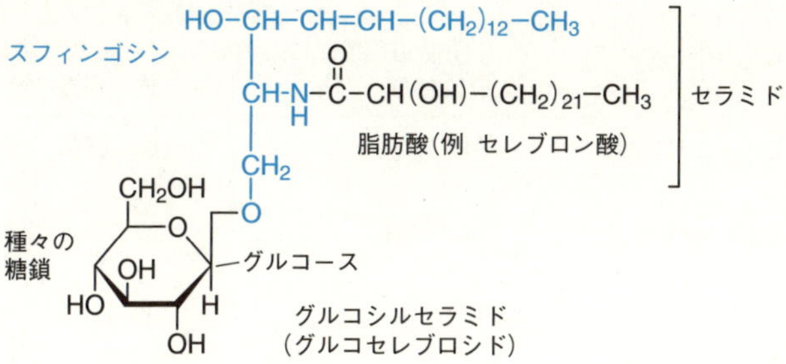

図 3・9 スフィンゴ糖脂質の構造

ガングリオシドは，脳・神経系に豊富に含まれるスフィンゴ糖脂質であり，分子内にシアル酸を有する．ガングリオシドは神経系において重要な生理機能を有しており，神経栄養因子作用，神経突起伸長作用，神経組織修復作用などの作用をもつ．またガングリオシドは，細胞の分化・増殖に関与し，細菌毒素やウイルスによっても認識される．

ガングリオシド ganglioside

3・5 糖鎖の化学合成

糖鎖は構造が複雑であるだけでなく，多様性に富み，一般に不均一な形で存在するなどの理由により，化学構造に基づいた機能研究は十分には行われていなかった．糖鎖の機能をその構造に基づいて分子レベルで解明するためには均一な構造をもつ化合物を用いて解析することが望ましいが，天然から単一糖鎖を得ることは困難であることが多い．そこで糖鎖合成は化学的に単一な糖鎖を十分量供給することで，糖鎖の

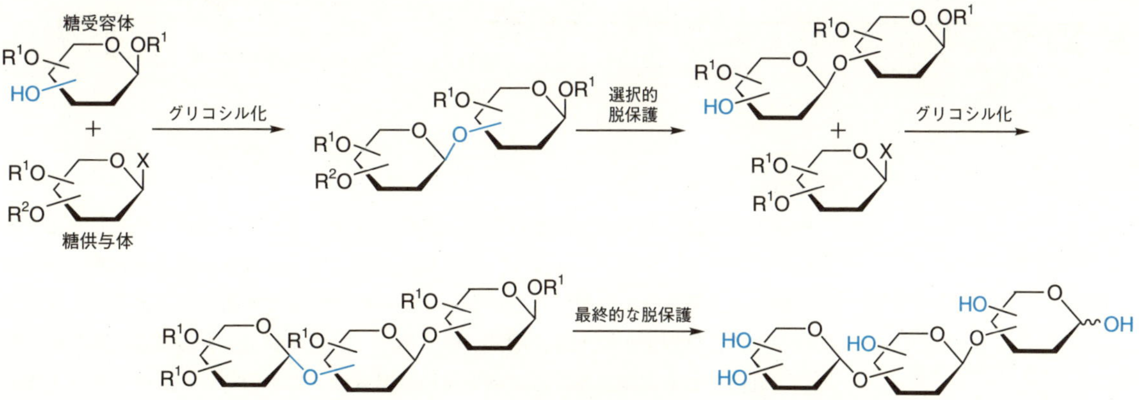

半永久的保護基と一時的な保護基の組合わせ

R^1（半永久的保護基）		R^2（一時的保護基）				
ベンジル	アシル	MPM	シリル	Fmoc	Troc	Alloc
アシル		MPM	シリル	Fmoc	Troc	Alloc
Alloc		MPM	シリル	Fmoc	Troc	

図 3・10 糖鎖化学合成のストラテジー．表中の略称については表 3・1 を参照．

表 3・1 代表的なヒドロキシ基の一時的保護基

	保護基		切断法	特徴
エーテル系（ベンジル系）	p-メトキシベンジル (MPM)	$CH_3OC_6H_4CH_2-$	DDQ 酸化[†1]	塩基に安定，トリフルオロ酢酸(TFA)，$BF_3 \cdot OEt_2$ などの強酸で切断
エーテル系	アリル	$CH_2=CH-CH_2-$	i) $[Ir(cod)(PCH_3Ph_2)_2]PF_6$ ii) I_2, H_2O	酸，塩基に安定，アノマー位の保護に汎用
炭酸エステル系	アリルオキシカルボニル (Alloc)	$CH_2=CHCH_2OCO-$	$Pd(PPh_3)_4$ など	酸に安定
	2,2,2-トリクロロエトキシカルボニル (Troc)	CCl_3CH_2OCO-	Zn/AcOH	酸に安定，塩基に弱い
	9-フルオレニルメトキシカルボニル (Fmoc)	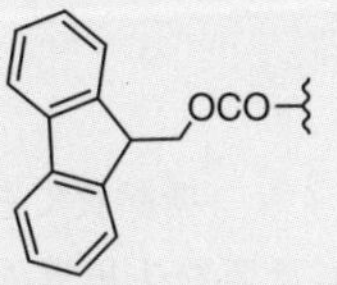 フルオレニルメチル-OCO-	$(C_2H_5)_3N$ など	酸に安定
アセタール系	ベンジリデン	$C_6H_5-CH=$	酸加水分解（AcOH, TFA, HCl など）	塩基に安定
ケタール系	イソプロピリデン	$(CH_3)_2C=$	酸加水分解	塩基に安定
シリル系	t-ブチルジメチルシリル (TBS, TBDMS)	$(CH_3)_3C-Si(CH_3)_2-$	フッ素イオンで切断	置換基の嵩高さによって，耐酸性，耐塩基性が調整される．ほかにトリエチルシリル基やt-ブチルジフェニルシリル基も用いられる
	メトキシフェニル (MP)	$CH_3OC_6H_4-$	CAN 酸化[†2]	酸，塩基に安定，アノマー位の保護基
	トリクロロエチル (TCE)	Cl_3C-CH_2-	Zn/AcOH	アノマー位の保護基
	2-(トリメチルシリル)エチル (TMSE)	$(CH_3)_3Si-CH_2CH_2-$	トリフルオロ酢酸(TFA)	塩基に安定，アノマー位の保護基

[†1] DDQ: 2,3-ジクロロ-5,6-ジシアノ-p-ベンゾキノン
[†2] CAN: 硝酸セリウムアンモニウム

機能解明に大きく貢献してきた．

糖鎖の合成法としては，酵素合成法，化学合成法，ならびに両方を併用した化学酵素合成法がある．酵素合成法では，糖鎖生合成酵素である糖転移酵素を利用する方法と，糖加水分解酵素を利用する方法がある．糖転移酵素を利用する方法では，立体選択性ならびに位置選択性ともに制御可能であり，酵素が利用できる場合はきわめて有用な合成法である．糖加水分解酵素を用いる場合は，加水分解の逆反応を利用する方法とニトロフェニルグリコシドなどの酵素基質を糖供与体に用いて，糖転移反応を行う二つの方法がある．位置選択性の制御がむずかしい場合は，部分保護糖を用いることで位置選択性を制御することも可能である．

糖鎖を化学合成するためには，1) 立体選択的なグリコシド結合形成反応と，2) ヒドロキシ基の保護法（位置選択的な保護，選択的な脱保護）が重要である（図3・10）．

保護基については，最終目的化合物の化学的性質によって，一時的な保護基と最終

一時的な保護基 temporary protective group. グリコシル化などの反応には安定で選択的脱保護により切断される保護基.

3・5 糖鎖の化学合成

段階までは脱保護を行わない半永久的保護基の組合わせを選択する（図3・10下表）．アルケン部をもたない糖鎖や複合糖質（アシル化糖鎖や糖脂質）の合成においては半永久的保護基としてベンジル（Bn）基がよく用いられる．最終脱保護はPd触媒を用いた接触還元で行う．糖アミノ酸，糖ペプチド，スフィンゴ糖脂質（アルケン部を有する）の合成においては，半永久的保護基として，アセチル（Ac）基，ベンゾイル（Bz）基，ピバロイル（Piv）基などのアシル基がよく用いられる．最終脱保護はメタノール中で，CH_3ONa，トリエチルアミン，またはヒドラジンで処理することにより行われる．アルケンとアシル基が共存する分子では，半永久的保護基としてアリルオキシカルボニル（Alloc）基が用いられる．最終脱保護は$Pd(PPh_3)_4$などのような0価Pd触媒を用いて行う（図3・10）．

一時的保護基は，半永久保護基を傷つけないように，選択的に脱保護する必要がある．また後述するようにグリコシル化反応においては，活性化にルイス酸がしばしば用いられるので，その条件に安定であることも要求される．代表的なものを切断法，特徴とともに表3・1にまとめた．

半永久的保護基 semi-permanent protective group. 最終段階までは安定で，最終脱保護によって切断される保護基．

グリコシル化 glycosylation. グリコシド化（glycosidation）ともいう．本来はglycosidation of donor with acceptor, glycosylation of acceptor with donorという用法であるが，厳密に区別されてはいない．

3・5・1 フィッシャーグリコシド化とアノマー効果

グリコシド結合形成反応は**グリコシル化**または**グリコシド化**とよばれる．最も古典的なグリコシド化法は，図3・11に示すフィッシャー法である．アルコール溶媒中で酸触媒を用いて加熱すると，α体とβ体の平衡混合物を与える．

フィッシャー法 Fisher method

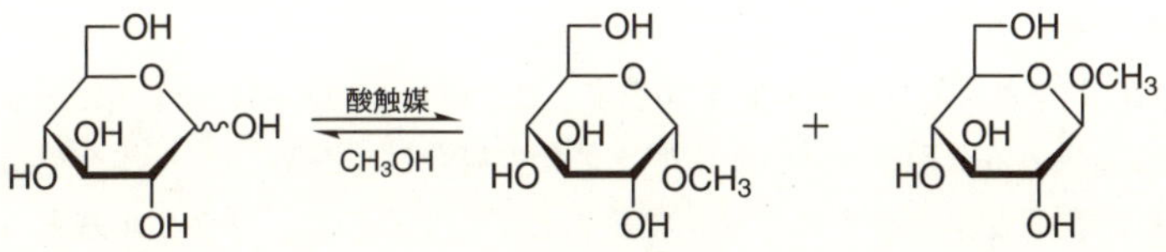

図3・11 フィッシャー法

グルコース　　メチルα-グルコピラノシド　　メチルβ-グルコピラノシド

ここでアノマー効果によりα体のほうがβ体よりも熱力学的に安定であるので，優先して生成する（図3・12）．環内酸素の非共有電子対とグリコシド結合C–Oの反結合性軌道の相互作用によるα-グリコシドの安定化（a），あるいは双極子モーメントの反発によるβ-グリコシドの不安定化（b）によって説明される．より電子求引性の置換基がより強い効果をもたらす．

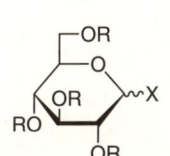

平衡条件でのアキシアル異性体（α体）の比率

R	X	比率%
H	OH	36
	OCH_3	67
Ac	OAc	86
	Cl	94

(a) $n-\sigma^*$相互作用　α-グリコシド

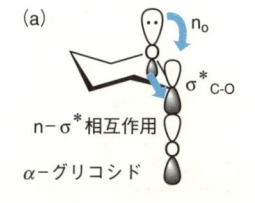

(b) α-グリコシド　β-グリコシド

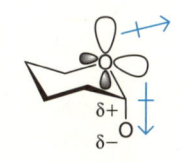

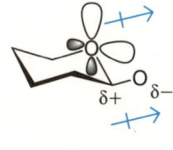

図3・12 アノマー効果

3・5・2 ケーニッヒ-クノール法と1,2-トランスグリコシル化

ハロゲン化グリコシル（塩化グリコシル，臭化グリコシル）を糖供与体として用い

ケーニッヒ-クノール法 Königs-Knorr method

図 3・13 ハロゲン化グリコシルを用いるグリコシル化

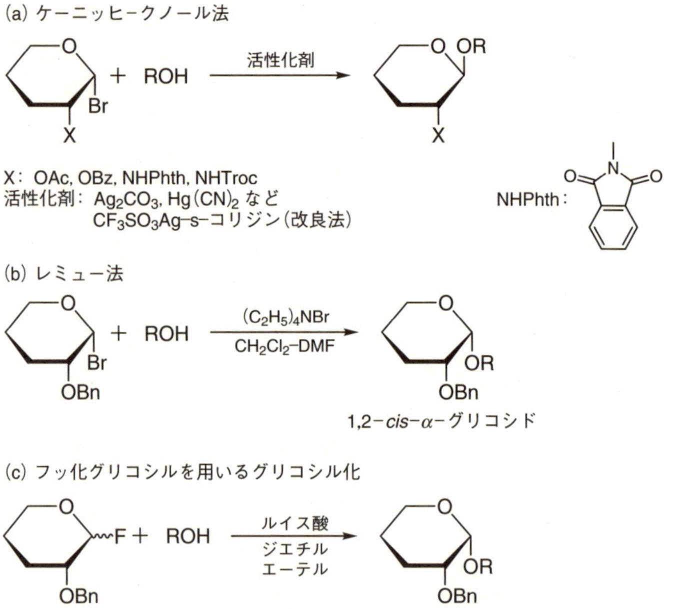
(a) ケーニッヒークノール法
ROH
活性化剤
Br
X
OR
X: OAc, OBz, NHPhth, NHTroc
活性化剤: Ag2CO3, Hg(CN)2 など
CF3SO3Ag–s–コリジン(改良法)
NHPhth:
(b) レミュー法
(C2H5)4NBr
CH2Cl2–DMF
OBn
1,2–cis–α–グリコシド
(c) フッ化グリコシルを用いるグリコシル化
ルイス酸
ジエチル
エーテル

るケーニッヒ-クノール法は 1901 年に開発されたグリコシル化の古典的な方法である．活性化には銀塩や水銀塩が用いられる．トリフルオロメタンスルホン酸銀とコリジン（あるいはルチジン）を用いた改良法は，反応性が高く，収率も良いので有用な方法である（図 3・13 a).

なお 2 位ヒドロキシ基をアシル基で保護すると，隣接基効果によって 1,2-トランス体を選択的に与える（図 3・14)．2 位アミノ糖の場合は，2-*N*-アシル体を糖供与体に用いると比較的安定なオキサゾリンで停止してしまうので，フタリル基あるいは Troc 基のようなカルバマート系保護基を用いることで，隣接基効果を利用した 1,2-トランスグリコシル化を行うことができる（図 3・13a).

図 3・14 隣接基関与を利用した 1,2-トランスグリコシル化

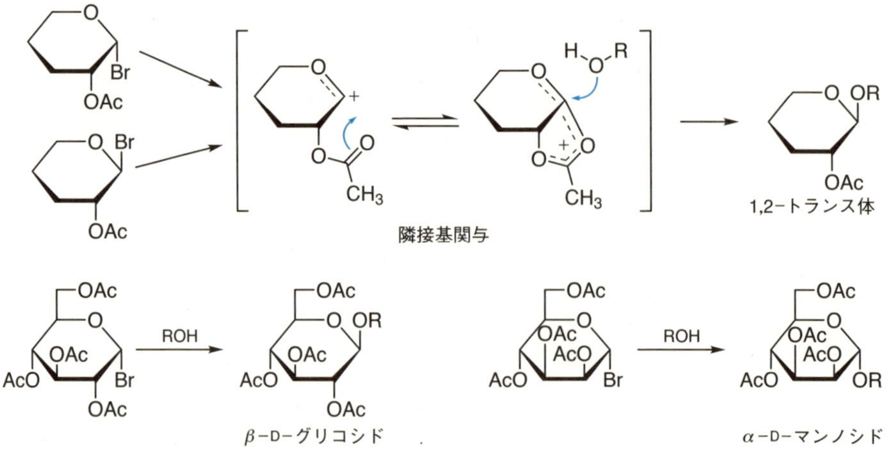
Br
OAc
H–O–R
CH3
OR
1,2–トランス体
隣接基関与
ROH
β–D–グリコシド
α–D–マンノシド

レミュー法 Lemieux method

3・5・3 レミュー法と 1,2-シスグリコシル化

1,2-シスグリコシル化を行うためには，一般に 2 位ヒドロキシ基を隣接基関与しな

いベンジル基やアリル基などのエーテル系保護基で保護する必要がある．グルコサミンやガラクトサミンなどの 2-アミノ糖の 1,2-シスグリコシドの合成においては，隣接基関与のない 2-アジド糖や 2 位アミノ基と 3 位ヒドロキシ基間を環状カルバマートで保護した糖供与体が用いられる．

R. U. Lemieux はハロゲン化グリコシルに第四級アンモニウム塩を作用させて，in situ で高活性な β-ハロゲン化物を発生させ，これに S_N2 反応を行って，α 選択的なグリコシル化を行う方法を開発した（図 3・13b）．

3・5・4 フッ化グリコシルを用いるグリコシル化と 1,2-シス-α-グリコシル化

フッ化グリコシルは中性条件，塩基性条件で比較的安定であり，取扱いやすい糖供与体である．フッ化グリコシルは 1 位のみが遊離の保護糖に対して三フッ化 N,N-ジエチルアミノ硫黄〔$(C_2H_5)_2NSF_3$, DAST〕などのフッ素化反応剤を作用させることによって得られる．フッ化グリコシルは種々のハードなルイス酸によって容易に活性化される．エーテルの溶媒効果を利用した熱力学的な条件で反応を行うことによって α-グリコシドを優先的に得ることができる（図 3・13c）．

ルイス酸 Lewis acid

3・5・5 チオグリコシドを用いるグリコシル化

チオグリコシドは酸や塩基に対して安定であるので，1 位の保護基として使用することができる．一方，アルキル化剤，メチルスルフェニル化剤，ハロゲン化剤（図 3・15a に NIS-TfOH の例を示した）などさまざまな反応剤によって活性化することで，グリコシル化に用いられる．いずれの反応剤の場合もスルホニウムイオン中間体を経るものと考えられる．低温の NMR でグリコシルトリフラート中間体も観測されている．

3・5・6 グリコシルイミダートを用いるグリコシル化

トリクロロアセトイミダートは高い反応性を有する優れた糖供与体であり，種々の

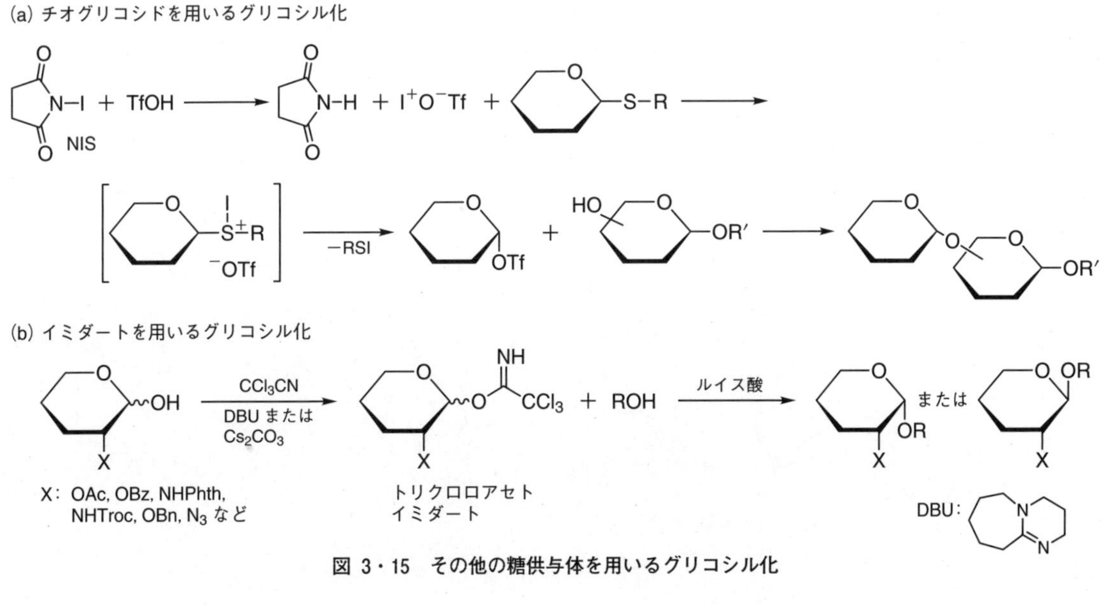

図 3・15 その他の糖供与体を用いるグリコシル化

ルイス酸によって容易に活性化される（図3・15b）．糖受容体ヒドロキシ基の反応性が低い場合はグリコシル化が低収率のこともあるが，一般に良好なグリコシル化の収率を与える．隣接基関与を利用した1,2-トランスグリコシル化，ニトリルの溶媒効果を利用した速度支配によるβグリコシル化に優れているが，反応性が高いことから熱力学支配のαグリコシル化には向いていないことも多い．

複合糖質の合成法は近年大きく進歩しており，合成糖鎖を用いた機能解析研究も大きく進展した．糖タンパク質のような巨大な複合糖質の合成も可能となり，糖鎖構造の均一な糖タンパク質を用いることで，グリコフォームの生理的意義を調べることが可能となりつつある．しかし糖鎖は構造が複雑であることに加え，不均一性が大きいので，特に微量糖鎖については生物機能の解析が進んでいない．そこで質量分析による微量糖鎖の構造決定に加え，レクチンマイクロアレイを用いた糖鎖の検出と解析，糖鎖マイクロアレイを用いた糖鎖認識分子の検出と解析が進められている．これに糖鎖遺伝子の解析をあわせ，疾患関連糖鎖の解析やがんなどの疾患バイオマーカーの探索が重要な課題となっている．糖鎖のバイオイメージングによる動態解析やNMRやX線結晶構造解析による糖鎖や糖タンパク質の構造生物学的研究も進展しつつある．これらを総合することで糖鎖関連医薬の開発につながるものと期待される．

ペプチドグリカン

細菌やカビなどの病原微生物由来の多糖は免疫増強作用を示すものが多い．この作用は自然免疫の働きを反映しており，抗体生産などの獲得免疫の成立にも重要である．細菌由来のペプチドグリカンは動物に対して強い免疫増強作用を示す．細菌はペプチドグリカンのフラグメントを環境中に放出しており，それらも強い免疫増強作用をもつ．納豆菌や乳酸菌もこれらの免疫増強糖鎖を生産しており，納豆，ヨーグルト，みそ，醤油などさまざまな発酵食品中にも相当量の免疫増強糖鎖が含まれている．その最小活性構造はムラミルジペプチドであり，自然免疫受容体の一種であるNod2（nucleotide-binding oligomerization domain 2）と相互作用して，これを活性化する．グラム陰性菌や*Bacillus*属の細菌においてはペプチド中にジアミノピメリン酸を含み，Nod1（nucleotide-binding oligomerization domain 1）はその部分構造であるγ-D-グルタミルジアミノピメリン酸を認識して，免疫系を活性化する．納豆菌は*Bacillus*属であり，その生産する免疫増強糖鎖（Nod1リガンド）の構造が明らかにされた．

グラム陰性菌の外膜には，リポ多糖（LPS）とよばれる糖脂質と多糖の複合体が存在する．リポ多糖はきわめて強い免疫増強作用と炎症惹起作用を有しており，致死作用から内毒素（エンドトキシン）としても知られる．リポ多糖は，リピドAとよばれる糖脂質，共通性の高いコア多糖，および多様性に富むO抗原多糖から構成される．O抗原多糖は，数種のヘキソースやペントースからなる基本構造が4〜40回繰返した構造を有し，菌の抗原性を決定する．リピドAは免疫増強作用の活性中心であり，自然免疫受容体であるToll様受容体4（TLR4）とMD-2の複合体によって認識され，受容体の二量体化を誘導する．

脂肪酸と膜脂質

4

　脂質は，疎水的な炭化水素部分を主体とする生体分子に与えられた総称であり，長いアルキル鎖を有する**脂肪酸**（アルコールの場合もある）を含むものと，**ステロール**とよばれるおもに四つの炭素環を有するものに大別できる（図4・1）．脂質は，生物にとって必須の構成成分であり，細胞膜の構成成分であると同時に，エネルギー貯蔵，細胞内外における情報伝達にも重要な役割を果たしている．生体における脂質の

脂質 lipid
脂肪酸 fatty acid
ステロール sterol

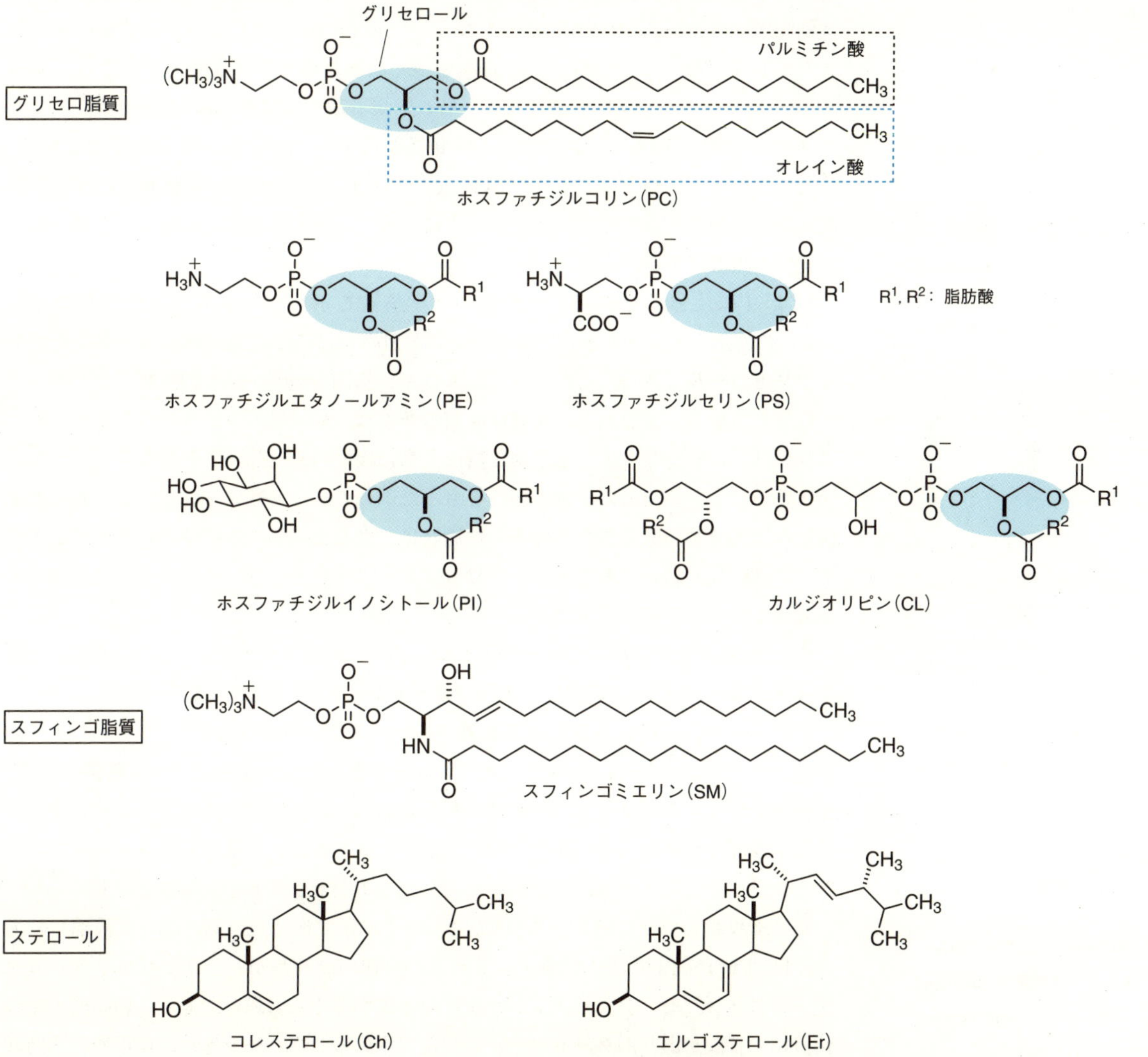

図 4・1　おもな膜構成脂質の構造

4・1 脂肪酸と膜脂質の構造

役割については最近急速に理解が進んできたが，それでも核酸やタンパク質に比べてかなり遅れている．今後も，細胞間などで機能している脂質の実態が次つぎと解明されるものと思われるので，本書で取上げる内容は脂質の全体像のほんの一部にすぎないと考えるべきであろう．本章ではおもに生体膜を形成する脂質に焦点を絞って，有機化学および構造生物学の視点から，脂質と脂質膜の構造，脂質の生合成，脂質二重膜の性質と機能について解説する．

4・1 脂肪酸と膜脂質の構造

脂肪酸の構造上の特徴は，長い炭化水素鎖をもつことである．哺乳類の細胞膜を形成している脂質に含まれる脂肪酸の炭素数は 16〜22 の間にあり，ほとんどが偶数である．その理由は，生合成のところで述べるように，炭素数 2 の酢酸が縮合してつくられるので，2 の倍数になるからである．炭素鎖が長くなるほど二重結合を多く含むようになる．二重結合を含まない脂肪酸を**飽和脂肪酸**といい，シス形二重結合を一つ以上含む脂肪酸を**不飽和脂肪酸**とよぶ．比較的短い鎖長のミリスチン酸（炭素数 16）は飽和脂肪酸であるが，炭素数 18 になると，飽和のステアリン酸，二重結合を一つ含むオレイン酸，二つ含むリノール酸が多く含まれるようになり，ヒトでは炭素数 20 以上はすべて不飽和脂肪酸になる．特に，炭素数 22 の脂肪酸のなかでは，ドコサヘキサエン酸（DHA）とよばれる不飽和脂肪酸を六つ有するものが多く含まれる．また，アラキドン酸とよばれる炭素数 20 で二重結合を四つ含む脂肪酸は，プロスタグランジンやロイコトリエンといった生体で重要な機能を発揮する物質に変換されることでも重要である．

図 4・1 に生体膜を構成する脂質の化学構造を示した．**ホスファチジルコリン**（PC）の構造をよく見ると，三つの部分に分けられることに気づく．青で囲んだ部分は**グリセロール**であり，この三つのヒドロキシ基にリン酸一つと脂肪酸二つがエステル結合している．すなわち，膜構成脂質の多くは，リン酸エステルでつながった極性の高い部分，脂肪酸や炭化水素鎖で構成された極性の低い部分，それらをつなぐエステル基やアミド基などの多少の極性をもった部分の三つで構成されている．成人性肥満との関連でよく取りざたされる中性脂肪は，グリセロールの三つのヒドロキシ基すべてに脂肪酸が結合した脂質**トリグリセリド**を主成分とする．料理に使う植物油の主成分はこのトリグリセリドである．

PC，ホスファチジルエタノールアミン（PE），ホスファチジルセリン（PS），ホスファチジルイノシトール（PI），カルジオリピン（CL）のように脂肪酸の結合したグリセロールを含む脂質が**グリセロ脂質**であり，スフィンゴミエリン（SM）のようにグリセロールの代わりに長鎖アミノアルコールを含むものが**スフィンゴ脂質**である．生体膜を構成するスフィンゴ脂質はグリセロ脂質と同様に頭部にホスホコリンなどのイオン性部分が結合している．また，このアミノアルコール部分のみを**スフィンゴシン**とよび，そのアミノ基に脂肪酸が結合したものを**セラミド**とよぶことがある．

グリセロ脂質で異なっている点は，図 4・1 に示す構造式左端の部分（**頭部**）であり，PC, PE, PS, PI ではリン酸ジエステルの左側の置換基が，それぞれコリン，エタノールアミン，セリン，イノシトールになっているのみの違いである．脂肪酸の結合位置にも特徴があり，グリセロールの 2 位（中央のヒドロキシ基）には不飽和脂肪酸が結合することが多く，3 位には飽和脂肪酸が結合することが多い．生体膜を形成す

飽和脂肪酸 saturated fatty acid
不飽和脂肪酸 unsaturated fatty acid

ホスファチジルコリン phosphatidylcholine. 略称 PC.

グリセロール glycerol

トリグリセリド triglyceride. トリアシルグリセロールともいう.
ホスファチジルエタノールアミン phosphatidylethanolamine. 略称 PE.
ホスファチジルセリン phosphatidylserine. 略称 PS.
ホスファチジルイノシトール phosphatidylinositol. 略称 PI.
カルジオリピン cardiolipin. 略称 CL.
グリセロ脂質 glycerolipid
スフィンゴミエリン sphingomyelin. 略称 SM.
スフィンゴ脂質 sphingolipid
スフィンゴシン sphingosine
セラミド ceramide
頭部 head group

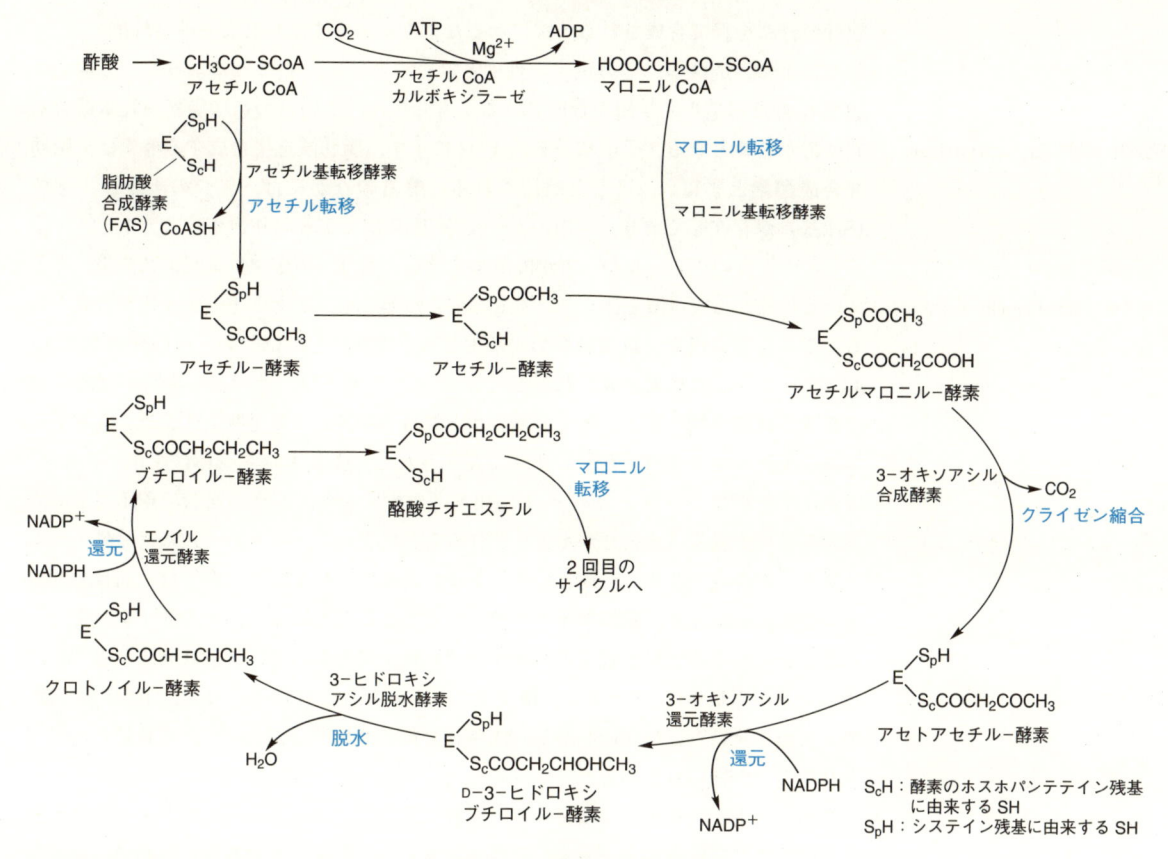

図 4・2 脂肪酸の生合成経路

る主要な脂質には，リン酸エステルがある．リン酸部分はジエステルを形成した状態でも，中性付近で一価のアニオンとして存在し，PC, PE, SM では，その先のアンモニウム基もしくはアミノ基が正電荷を有しているので，分子内塩を形成し，電気的には中性である．また，PS, PI, CL では全体として負電荷を帯びることになり，酸性リン脂質とよばれる．

　これらのリン脂質以外では，**ステロール**が重要な生体膜の構成成分である．ステロールは，図 4・1 に示したように，6/6/6/5 員環の炭素鎖が融合した構造をとっており，炭素数 8〜10 個の側鎖が 5 員環に置換している．特に左端の環にヒドロキシ基が置換しているものをステロールと称する．ステロールは真核生物に広く分布しており，膜の構成成分として生命活動に欠くべからざる機能を担っている．一例として，カビや酵母の細胞膜に含まれる**エルゴステロール**を図 4・1 に示した．ヒトのステロールはもちろん**コレステロール**であるが，赤血球膜では膜脂質重量の約 30% を占めており，量においてもリン脂質と並んで主要成分のひとつである．コレステロールは脊椎動物に広く分布しているが，植物ではフィトステロールという一群のステロールが含まれている．

ステロール sterol．アルコールの語尾 -ol をもつ．

エルゴステロール ergosterol
コレステロール cholesterol

4・2 脂肪酸などの生合成

次に，脂肪酸の長いアルキル鎖がどのように生合成されるかをみていく（図 4・2）．脂質はその疎水性の部分により，他の生体分子と異なる性質をもつが，生体内で

脂肪酸合成酵素 fatty acid synthase. 略称 FAS.

クライゼン縮合 Claisen condensation

独特の経路を経て合成される．図に示したように，まず原料となるのは酢酸である．驚くことに，酢酸の二つの炭素を幾度となくつなげていくことによって，ときには 22 個にも及ぶアルキル鎖が合成される．もちろん，このためには炭素－炭素結合形成反応が必要となる．その様子を図 4・2 に示す．脂肪酸を生合成する酵素は，**脂肪酸合成酵素**とよばれ，FAS と略記される．酵素のなかには，二つのチオール部位（SH 基）が存在しており，図中の E－SCOCH$_2$R は文字どおりチオエステルを意味する．この二つのチオールの一方が酢酸エステル，もう一方がマロン酸エステルになっている状態から脱炭酸を伴うクライゼン縮合が起こり，アセトアセチル体が合成される．このときに炭素－炭素結合形成が生じる点に注目してほしい．その機構を図 4・3 に示した．この結果合成される β-ケトチオエステルは，その後 3 段階の反応を経て還元されて酪酸になる．すなわち，ケトンは NADPH（還元型ニコチンアミドアデニンジヌクレオチドリン酸）によって還元されて，β-ヒドロキシ体になり，その後，脱水反応を経て，トランス-α,β-不飽和エステルになる．もう一回 NADPH によって還元を受けて炭素二重結合が水素化されることによって，ブチロイル基（酪酸チオエステル）が合成される．二周目のサイクルも同様に進行するが，今度は一周目の酢酸エステルにかわって，酪酸チオエステルから始まることになる．このサイクルをもう一度まわってくると炭素数 6 のヘキサノイル体ができるので，合計 8 回まわることによって，炭素数 18 のステアリン酸が生合成されることになる．なお，不飽和脂肪酸のシス形二重結合は飽和脂肪酸が合成された後に酸化酵素によって，二重結合が導入されることが知られている．

なお，ヒトが栄養として取込んだ，脂質は効率的にエネルギーにかわる．このときに，化学的に安定なアルキル鎖の炭素－炭素結合を開裂しなければならない．この反

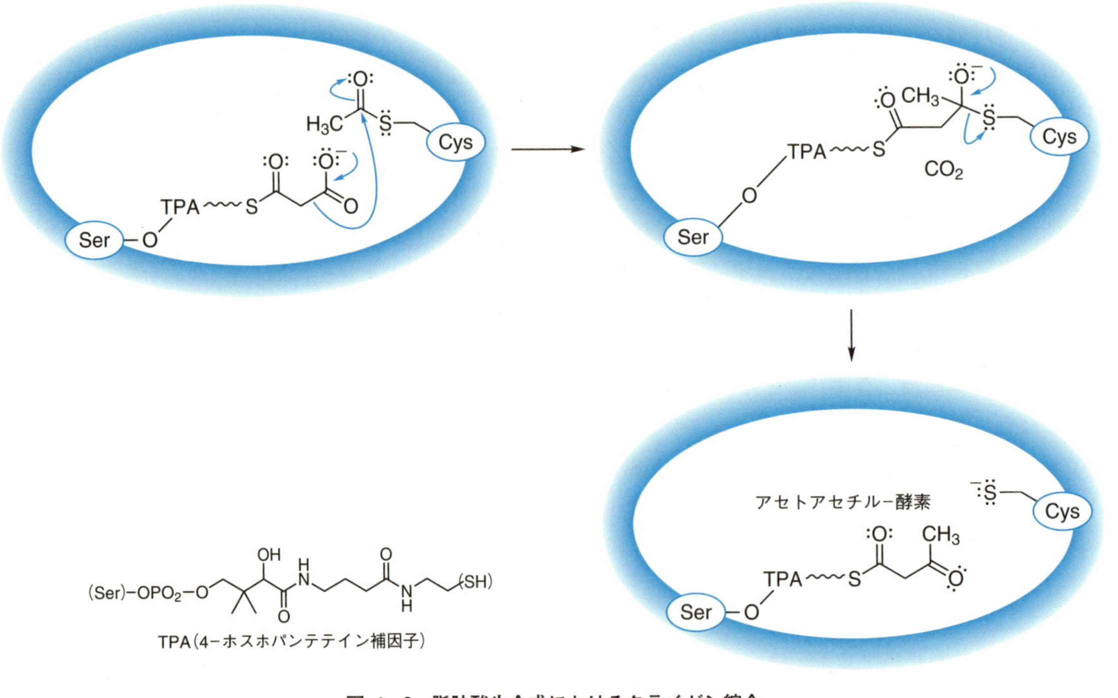

図 4・3 脂肪酸生合成におけるクライゼン縮合

応も生合成のクライゼン縮合の逆反応を介して起こる．すなわち，β-ケトエステルが逆反応を起こして，酢酸が遊離する．この重要な中間体にちなんで一連の代謝反応は**β酸化**とよばれている．1分子のステアリン酸から，β酸化経路によって9分子の酢酸が得られることになる．

β酸化 β oxidation

ステロールは，異なる経路によって生合成される．酢酸を原料とするのは同じであるが，酢酸から枝分かれをもったC5ユニット（イソプレン単位ともいう）がまず生合成され，それが重合して前駆体が合成される．複雑な経路をたどって合成されるステロールがさらに代謝されて，11章で述べるステロイドホルモンや胆汁酸などがつくられる．これらステロール誘導体は末端にヒドロキシ基をもたないのでステロイドとよばれており，生体膜の構成成分としての役割とは別の重要な機能を担っている．

イソプレン単位
(isoprene unit)

4・3　脂質集合体としての膜の性質と機能

真核生物の生体膜は，大雑把にいうとリン脂質とステロールが表裏で逆向きに集合し，そこにタンパク質が結合したものである．ホスファチジルコリンやスフィンゴミ

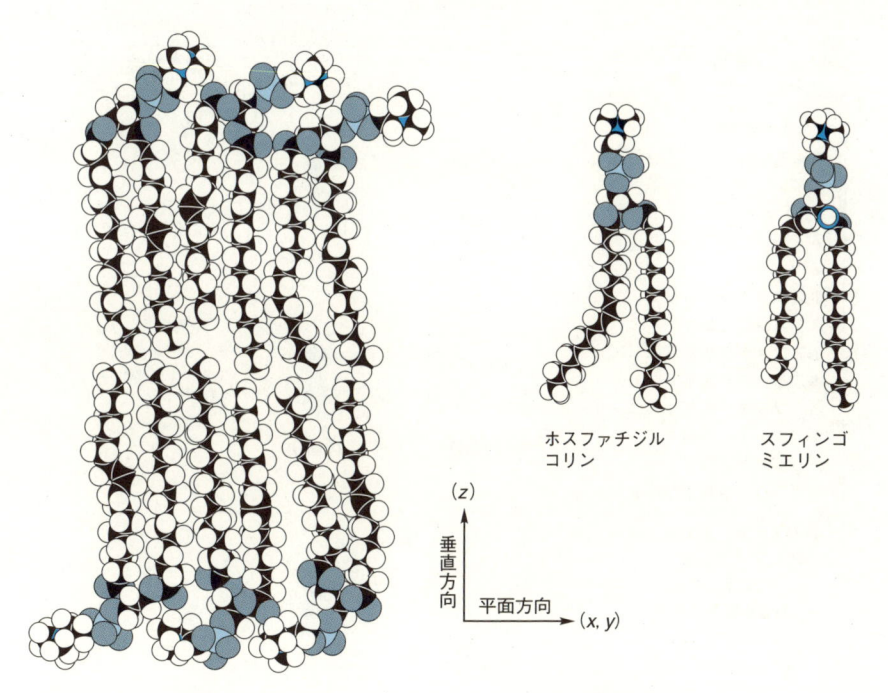

図 4・4　ホスファチジルコリンによる脂質二重膜のモデル

エリンなどのリン脂質やステロールだけでも同様の集合体を形成し，これを**脂質二重膜**とよぶ．この脂質二重膜は，温度依存的に異なった物理的性質を示すが，生体膜は液晶相とよばれる高温側で現れる流動性の高い状態をとっている．低温側にはゲル層とよばれる状態があり，流動性は低くなる．ステロールを含まない単一の脂質二重膜ではこの二つの相の境界がはっきりしており，その温度を**相転移温度**とよぶ．ここでいう高い流動性とは，個々の脂質分子が膜平面上をすばやく動き回っている状態と考えればよい．脂質二重膜は図4・4に示したように，個々の脂質分子の垂直方向（z方向）の自由度は少なく，大きく傾いたり反対向きになったりすることはほとんどない．一方で，平面方向（x, y方向）の運動速度は液体に匹敵する．リン脂質とコレス

脂質二重膜 lipid bilayer membrane

相転移温度 phase transition temperature

テロールで構成される脂質二重膜の厚さは約 4 nm であり，2.5〜3 nm 程度の疎水的な領域をもつ．この疎水的な部分は，生体中のイオンをほとんど通さないので，細胞内外のイオン組成が違っていても，イオンチャネルの働きによって細胞膜内外に電位差が発生しても，脂質膜の絶縁性のために細胞内外の濃度差や電位差が保たれている．これが，細胞が生きていることの証のひとつである．一方で，脂質二重膜は非イオン性の小分子の透過は妨げない．たとえば水分子はある程度自由に膜を透過することができる．ただし，水の吸収などに携わっている細胞では，アクアポリンという水のチャネルが存在する．また，薬物などある程度の疎水性がある小分子は容易に細胞膜を通過できる．一方で，タンパク質や糖質，核酸など細胞に必須の生体高分子は通常，生体膜を通過できない．これら分子の膜通過のために，特殊なしくみが細胞膜には存在しており，これらをうまく利用して生物は情報伝達などの生命活動が営まれている．細胞膜のほかに細胞小器官を形づくる内膜系とよばれるさまざまな膜が存在する．たとえば，核のまわりにある核膜やミトコンドリアの膜などもそれぞれ独自の機能をもっているが，脂質膜としての構造と性質は基本的に同じである．

> 細胞膜は細胞の表面にある膜で形質膜ともいう．

図 4・5　さまざまな脂質の多型相，分子の形と限界充填パラメーター．[R. B. Gennis, "Biomembranes: Molecular Structure and Function", p. 64 Springer (1989) を改変．]

脂　　質	相	分子の形	限界充填パラメーター†
リゾリン脂質 界面活性剤	 ミセル	 逆コーン	< 1/3（球） 1/3〜1/2 （球状または桿状）
ホスファチジルコリン スフィンゴミエリン ホスファチジルセリン ホスファチジルイノシトール ホスファチジルグリセロール ホスファチジン酸 カルジオリピン ジガラクトシルジグリセリド	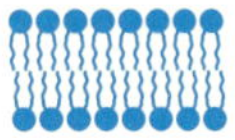 二重層	 円筒状	1/2〜1
ホスファチジルエタノール 　アミン (不飽和) カルジオリピン-Ca^{2+} 　（pH 6.0 以下のとき） ホスファチジン酸 　（pH 3.0 以下のとき） ホスファチジルセリン 　（pH 4.0 以下のとき） モノガラクトシルジグリセリド	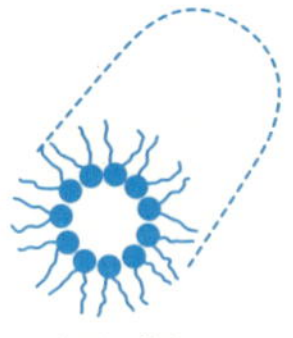 ヘキサゴナル H$_{II}$	 コーン	> 1

†　限界充填パラメーターは疎水性部分と親水性部分の膜平面に沿った断面積の比．値が大きいほど疎水部分が大きい．

　リン脂質を含めた両親媒性分子の集合体は，必ずしも平面状になるとは限らない．図 4・5 には，脂質分子の集合体の形状をまとめて示した．グリセロ脂質の脂肪酸が一つだけ残ったリゾリン脂質などのように，頭部に比べて，疎水的な部分が小さくなると，平面構造を保てなくなって，球状の集合体を形成するが，これを**ミセル**とよぶ．石けんなどよく知られる界面活性剤は水中でミセルを形成する．また，逆に頭部が疎水性部分に比べて相対的に小さくなった場合には，逆ミセルとなり，ヘキサゴナ

> ミセル micelle

ル H_{II} とよばれる状態になることが多い．したがって，脂質二重層に異物が混入すると，局部的にこのような状態変化が生じて，膜の絶縁状態を保つことができなくなる．これが生体で生じると，しばしば溶血（赤血球膜が破れる状態）が起こる．溶血とは赤色タンパク質であるヘモグロビンが赤血球から漏れ出した状態をいうが，分子量 64 kDa のこのタンパク質が漏れ出すためには，大きな穴が開く必要がある．しかし実際は，K^+ や Na^+ がやっと通過できる小さな穴でも溶血は起こる．これは，浸透圧が関係しており，細胞内のタンパク質が穴を通過できなくても，小さな分子は関係なく濃度勾配に従って穴を通過する．生理的条件では，Na^+ が細胞内に流入し，K^+ が流出することが多いが，そのとき細胞内の溶質濃度が上昇するので水が細胞内に流入する．これによって細胞膜が支えられる限界を超えて水が流入し，細胞が破裂してしまうのである．細胞膜が破れると分子量の大きいタンパク質も容易に漏れ出す．自然免疫においてわれわれを感染微生物から守ってくれているペプチドは，微生物の細胞膜に取りついて，比較的小さな穴を開けることによって作用を発現するものが多い．また，臨床使用されている抗生物質のなかにも，タンパク質ではなく感染微生物の細胞膜に存在するエルゴステロールを認識して，穴をあけることによって薬効を示すものも知られている．

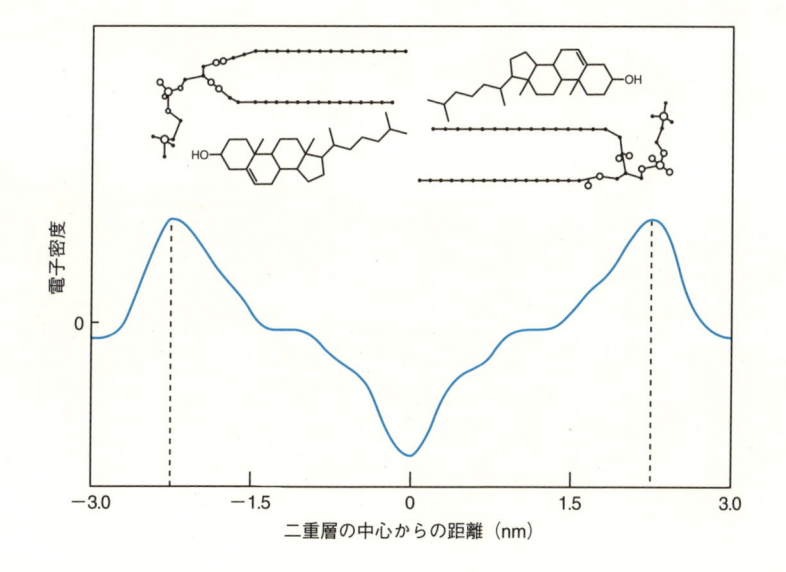

図 4・6 X 線散乱回折による卵黄ホスファチジルコリンとコレステロールの水和二重層の電子密度プロフィール．膜面に垂直な面に沿った距離に対する電子体積密度の変化．[R. B. Gennis, "Biomembranes: Molecular Structure and Function", p. 73, Springer (1989) を改変．]

　脂質二重膜のなかはどのようになっているのであろうか．図 4・6 には，膜の z 方向の電子密度の分布を示している．最も密度が高いところはリン原子に相当し，頭部の位置を表す．また，電子密度が中心にいくほど減少しているが，これは脂肪酸の末端の運動性のほうが高いことを示している．1.2〜1.5 nm のところに，なだらかな部分がみえるが，これは脂肪酸のアルキル鎖がステロールの環状部分と共存することによって充填度が高くなることを表している．これも，コレステロールが細胞膜において果たす役割の一つである．

　細胞膜は流動性の高い溶液のような状態，すべての膜構成脂質が混じり合った均質な状態なのだろうか．答えは否である．1990 年代に，**脂質ラフト**という概念が広まり，それまでは比較的均質と考えられていた細胞膜上に脂質組成が異なる微小部分（マイクロドメイン）が存在することがわかってきた（図 4・7）．また，脂質ラフト

脂質ラフト lipid raft

図 4・7 脂質ラフト

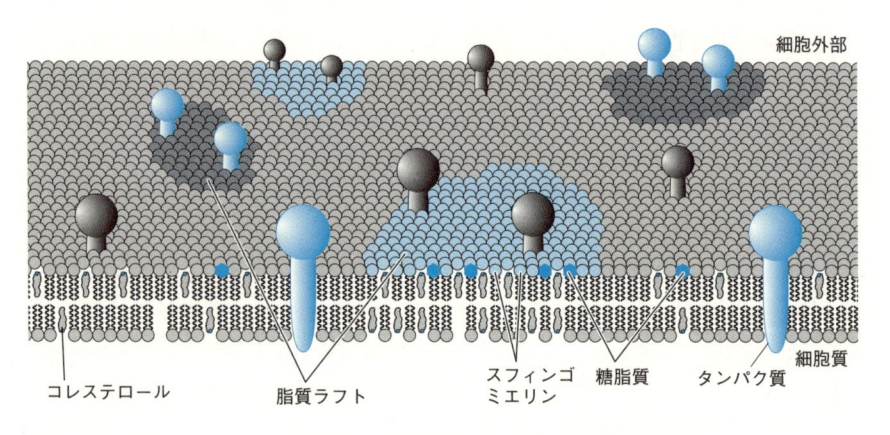

に似たドメインは，スフィンゴミエリンとコレステロールでも形成されるので，タンパク質の働きによる特異的現象ではなく，膜脂質がもつ基本的性質であると考えられている．脂質ラフトには情報伝達にかかわるタンパク質が集合しており，必要に応じて形成したり，解消したりする．細胞が情報伝達の制御をラフトの消長で行っていると一般に認められるようになり，細胞の構成材料とのみ考えられていた膜脂質が生命現象の動態に関与することが明らかになってきた．

生命現象の化学 II

　第Ⅰ部では，生体を構成する高分子と小分子について基本的な事項を取上げ，生体分子の構造がどのように機能に関係しているか，また，生体分子の有機化学が，いかにして生命科学の研究に役立っているかを解説した．第Ⅱ部では，それらの動的な面に着目する．5章では酵素反応，6,7章で高分子と小分子の相互作用について解説する．読者にはやや趣向を異にする感があるが，避けて通れない重要な内容を含んでいるので，積極的に学習してほしい．さらに8章で高分子の相互作用を取上げる．生体分子が機能を発現するときに，どのような変化が起こり，また，いかに分子複合体が生じるかについては未解明の部分がまだ多く，残念ながら生命現象の全体像を化学の言葉で解説するには至っていない．一方で，化学生物学，分子生物学，遺伝子工学の大発展に伴って，これら複雑な事象に対しても断片的な情報が得られるようになった．詳しくは，第Ⅳ部と第Ⅴ部において個別のトピックについて解説するが，ここでは，それらに共通する基礎的知識を取上げる．

　有機化合物全体のなかでみると，生体分子はユニークな存在であり，相互作用もこれら構造上の特徴によって可能となっている．まず，大部分の生体分子には不斉炭素が存在する．また，生体分子は基本的には室温で安定に存在するが，酵素反応によって容易に分解され，修飾される．すなわち，相反する安定性と反応性を両方兼ね備えている．これら生体分子が生体内で機能を発揮するわけであるが，それを理解するには化学の考え方が大変役立つ．一方で，化学的には特殊な生体分子が水中でタンパク質などと結合したり，反応したりするので，これらに関する化学の側面を詳しく知る必要がある．第Ⅱ部では，一般的な化学の概念を生体分子の特異性に拡張することを目指し，そのために必要な基礎知識を提供することを目的とした．

生体における化学反応 5

5・1 生体内有機反応

基本的に生体内における化学反応は有機反応である．生体分子は炭素，水素，酸素，窒素，硫黄，リンなどを含む有機化合物であり，多くの場合，通常の有機化学実験で用いられる化合物よりは，分子量が巨大で複雑な構造をもつものが多い．しかし，分子中の官能基の性質は同じであり，有機化学反応の基本は生体反応にもあてはまる．

生体における化学反応では，反応温度（たとえば，ヒトでは 37 ℃ 前後），溶媒（水），pH（通常 6～8）などの条件が厳しく制限される．このような条件下で反応速度を増大させるには触媒の働きが不可欠である．生体反応における触媒は**酵素**であり，酵素はおもにタンパク質である．酵素は有機化合物を取込んで反応遷移状態を安定化する三次元構造をつくり出すことにより反応を速やかに進行させている．本章では，生体における化学反応の代表的な例について，おもに有機化学反応（フラスコ内反応）と関連づけながら紹介する．

酵素 enzyme

5・2 置換反応
5・2・1 アミンのメチル化

最初の例として，アミンのメチル化反応を考えてみよう．フラスコ内では次の例のように，第三級アミンはヨウ化メチルと反応し，第四級アンモニウムイオンを生成する．

$$C_6H_5CH_2N(CH_3)_2 + CH_3I \longrightarrow C_6H_5CH_2N^+(CH_3)_3I^-$$

生体内でのアミンのメチル化では，***S*-アデノシルメチオニン**（SAM）がヨウ化メチルの代わりとなる．正電荷をもった硫黄原子に結合したメチル基は，アミンのような求核剤との反応を起こしやすい．この置換反応では *S*-アデノシルホモシステインがよい脱離基として働く．

S-アデノシルメチオニン *S*-adenosylmethionin. 略称 SAM.

たとえば，ノルエピネフリンが *S*-アデノシルメチオニンによりメチル化されるとエピネフリンが生成する．

また，ホスファチジルエタノールアミンより S-アデノシルメチオニンによるメチル化を3回繰返すことによりホスファチジルコリンが得られる．

5・2・2　S-アデノシルメチオニンの生成

アデノシン三リン酸 adenosine tri-phosphate. 略称 ATP.

上述の S-アデノシルメチオニンも，置換反応によりメチオニンとアデノシン三リン酸（ATP）から生成する．この置換反応では，リン酸基がよい脱離基として働く．

ここでは，三リン酸 $P_3O_{10}^{5-}$ が脱離基であるが，一リン酸 PO_4^{3-}，二リン酸 $P_2O_7^{4-}$ が脱離基となる反応もある．

たとえばテルペン生合成における次のような例がある．ジメチルアリル二リン酸から二リン酸イオンが脱離して，共鳴安定化されたアリルカルボカチオンを生じ，これがイソペンテニル二リン酸に求電子付加することによりゲラニル二リン酸が生成する．これは S_N1 反応であり，アリルカチオンは酵素活性部位に存在する負電荷をもっ

たアミノ酸残基によって安定化されている．

5・3 酸化と還元
5・3・1 アルコールの酸化
　生体内における代謝や生合成においてアルコールの酸化は重要な反応である．この反応で鍵となるのが**ニコチンアミドアデニンジヌクレオチド**（NAD$^+$）という**補酵素**である．補酵素とは，酵素が化学反応を触媒するときに必要な化合物であり，反応の進行に必須な電子の受け渡しや原子団の授受などの役割を担う．NAD$^+$ は次に示すような構造をもち，アルキル化されたピリジニウム環を含んでいる．NAD$^+$ のアデノシン側リボースの2位にリン酸基が結合したものが NADP$^+$ であり，NADP$^+$ も NAD$^+$ と類似した働きをもつ．

ニコチンアミドアデニンジヌクレオチド nicotinamide adenine dinucleotide. 略称 NAD$^+$.

補酵素 coenzyme

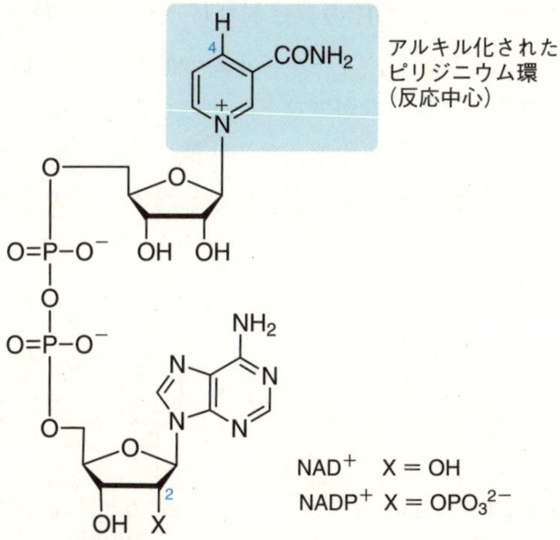

NAD$^+$　X = OH
NADP$^+$　X = OPO$_3^{2-}$

　NAD$^+$ または NADP$^+$ において，アルキル化されたピリジニウム環はヒドリドイオンの受容体として働く．すなわち，アルコールの α 炭素上の水素原子がピリジニウム環の4位に移動し，N-アルキル-4,4-ジヒドロピリジン誘導体（NADH または NADPH）に還元される．アルコールのヒドロキシ基は酵素中の塩基性基（ヒスチジン残基中のイミダゾール基など）により脱プロトン化される．

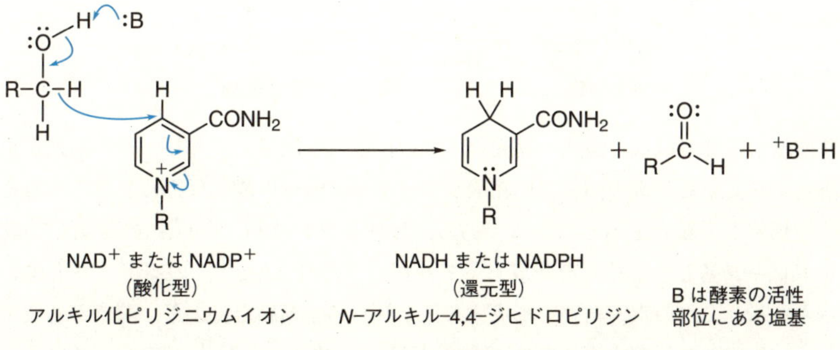

NAD$^+$ または NADP$^+$
（酸化型）
アルキル化ピリジニウムイオン

NADH または NADPH
（還元型）
N-アルキル-4,4-ジヒドロピリジン

B は酵素の活性部位にある塩基

　NAD$^+$ が補酵素としてアルコールをケトンに酸化する代謝反応の例を次に示す．この二つの酸化反応はいずれも**クエン酸回路**に含まれるものである．

クエン酸回路 citric acid cycle

クエン酸回路

クエン酸回路はトリカルボン酸回路，TCA回路，クレブス回路などともよばれ，糖，脂肪酸，アミノ酸が代謝を受けて二酸化炭素へ酸化される最終共通経路．同時に各種生合成反応の中間体もつくられる．

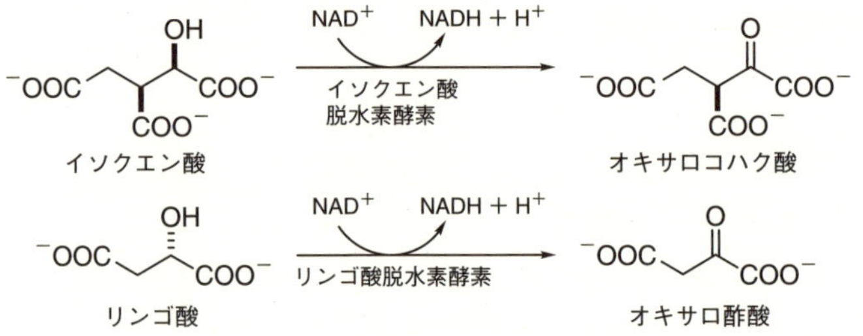

イソクエン酸 →(NAD⁺ → NADH + H⁺, イソクエン酸脱水素酵素)→ オキサロコハク酸

リンゴ酸 →(NAD⁺ → NADH + H⁺, リンゴ酸脱水素酵素)→ オキサロ酢酸

5・3・2 カルボニル基の還元

次に生体における還元反応について考えてみよう．予想されるように生体におけるカルボニル基の還元反応は上述の酸化反応の逆の過程で起こる．すなわちヒドリドイオンが NADH（または NADPH）からカルボニル基に移動することにより還元反応が進行する．次の図のように，NADH のジヒドロピリジン環4位からヒドリドイオンがカルボニル基の炭素上に移動し，カルボニル基の酸素原子に近い位置にあるアミノ酸の酸性側鎖によりカルボニル酸素がプロトン化される．その結果，ケトンやアルデヒドは還元されてアルコールが生成する．アミノ酸の酸性側鎖とは，たとえば下図に B として示したヒスチジン側鎖中のプロトン化されたイミダゾール環などである．

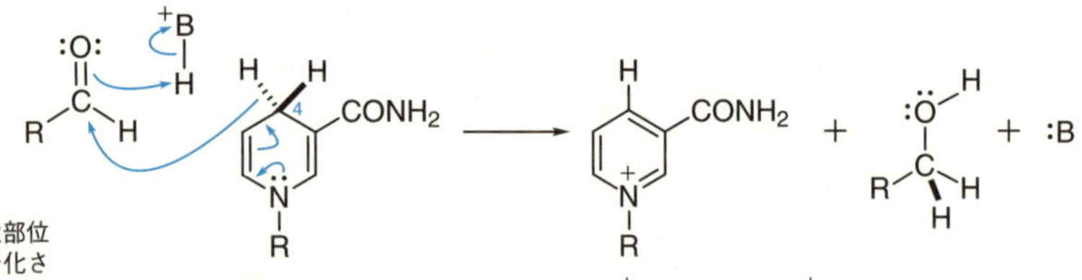

B は酵素の活性部位にあるプロトン化されたイミダゾール環など

NADH または NADPH（還元型） → NAD⁺ または NADP⁺（酸化型）

5・3・3 乳酸脱水素酵素

乳酸脱水素酵素

乳酸脱水素酵素（lactate dehydrogenase）は，乳酸デヒドロゲナーゼともいう．略称LDH．肝細胞，心筋，血球などほとんどすべての細胞に存在する．血液検査項目の一つであり，肝機能やその他の臓器の障害があると高値になる．

上述のような還元反応は生体内でごく一般的に起こる．たとえば，ピルビン酸は，酸素が不足すると NADH によって乳酸に還元される．この反応は可逆的であり，**乳酸脱水素酵素（LDH）**によって触媒される．

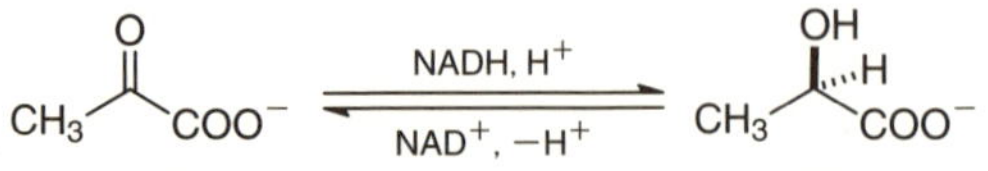

ピルビン酸 ⇌(NADH, H⁺ / NAD⁺, −H⁺) L-乳酸

乳酸脱水素酵素はこの酸化，還元いずれの反応にも関与しており，その構造が正確に決定されている．次の図は，L-乳酸からピルビン酸への酸化反応における基質と酵素活性部位との結合を示したものである．ヒスチジン-195（His[195]）の側鎖が L-乳酸のヒドロキシ基と水素結合を形成し，アルギニン-171（Arg[171]）の側鎖は L-乳酸のカルボキシ基と二つの水素結合を形成する．これらの水素結合により，酵素が基質を認識し，L-乳酸の2位の水素原子が補酵素 NAD⁺ へ移動する反応がスムーズに進行する．もし基質が光学異性体である D-乳酸の場合には，His[195] と Arg[171] の両方に水素結合を形成することがむずかしいため，この酸化反応は遅いか，進行しない．ラセミ混

合物を基質に用いた場合には，L-乳酸がD-乳酸より優先して反応し，L-乳酸が消費されてピルビン酸が生成するとともに，未反応のD-乳酸が残る．これはラセミ混合物の**速度論分割**の一つの例である．

速度論分割 kinetic resolution

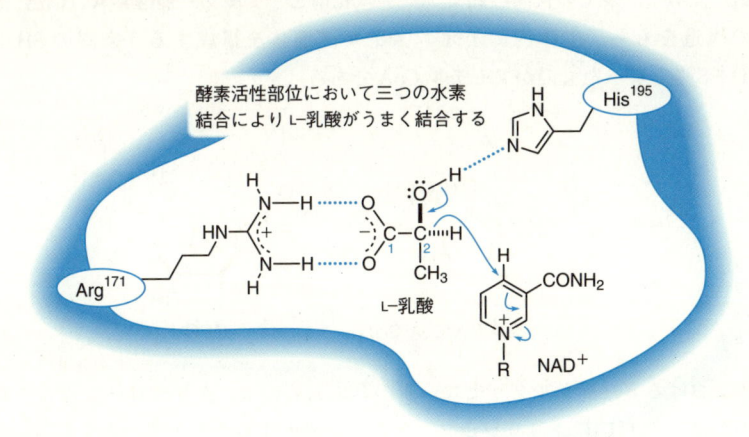

酵素活性部位において三つの水素結合によりL-乳酸がうまく結合する

5・4 エステル化とアミドの加水分解

5・4・1 エステル化

カルボン酸誘導体を求核剤と反応させると，**四面体中間体**を経て，付加脱離反応が進行する．求核剤がアルコールの場合はエステル，アミンの場合はアミドが生成する．

Nu = 求核剤
X⁻ = 脱離基

四面体中間体
カルボン酸誘導体に求核剤が付加すると，カルボニル基のπ結合が切れることにより炭素原子がsp^2混成（三角形）からsp^3混成（四面体）へと変わる．この四面体中間体は通常不安定なため，酸素原子の電子対がX基を置換し，炭素－酸素π結合が再生する．

チオエステル thioester

生体におけるエステル化反応では，しばしば反応性の高いカルボン酸誘導体として**チオエステル**が用いられる．上式の段階1において，アルコールなど求核剤の付加に対するカルボン酸誘導体の反応性の違いを次に示す．

アミド < エステル < チオエステル < 酸無水物 < 酸塩化物

低 ← 求核付加に対する反応性 → 高

また，段階2において，四面体中間体から脱離するヘテロ原子置換基の脱離能の違いは次のとおりである．

R′NH⁻ < R′O⁻ < R′S⁻ < RCOO⁻ < Cl⁻

低 ← 脱離能 → 高

このように，チオエステルは酸塩化物や酸無水物よりは反応性が低く，エステルやアミドより反応性が高い．また，チオラートイオンは脱離基としてもアルコールやア

アセチル補酵素A acetyl coenzyme A. 略称アセチル CoA.

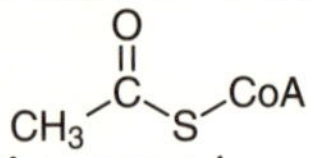

$CH_3-\overset{\overset{O}{\|}}{C}-S-CoA$

補酵素A coenzyme A

ミンより優れている．酸塩化物や酸無水物は生体物質に存在する求核性部位と無差別に反応するが，チオエステルでは反応が制御しやすい．

生体内において最もよく知られているチオエステルが，**アセチル補酵素A**（アセチル CoA）である．多くの代謝経路でアセチル化剤として働く．**補酵素A**（CoA−SH）は次の構造をもち，生体内でチオエステル誘導体を構成する．末端の SH 基が CH_3CO-S 基となったものがアセチル CoA である．

補酵素 A(CoA−SH)

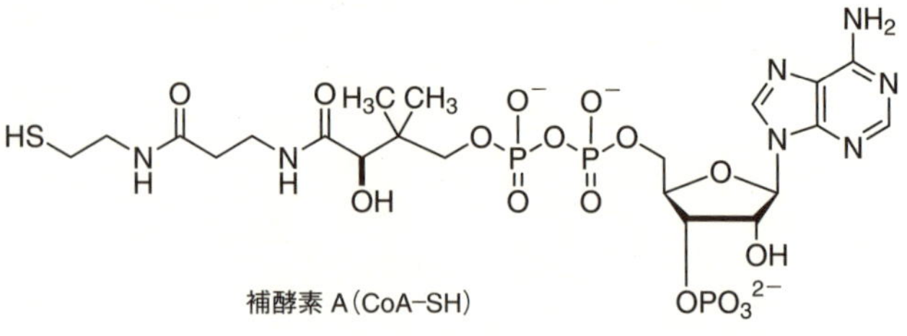

生体におけるトリアシルグリセロールの合成過程には，グリセロール 3-リン酸とアシル CoA との反応によりリゾホスファチジン酸が生成する工程が含まれる．この反応におけるアシル CoA（RCO−SCoA）はパルミトイル CoA〔$CH_3(CH_2)_{14}CO-SCoA$〕などの脂肪酸誘導体であり，グリセロール-3-リン酸アシルトランスフェラーゼによって触媒される．

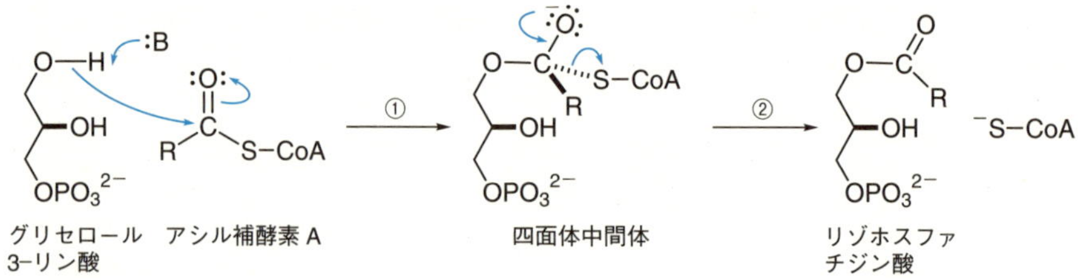

グリセロール アシル補酵素A   四面体中間体   リゾホスファ
3-リン酸   チジン酸

段階 1 で，酵素活性部位の塩基がアルコールの OH 基の水素を引抜き，アルコールがアシル補酵素 A のカルボニル基へ付加することにより，四面体中間体が生成する．つづいて段階 2 で，カルボニル基が再生するとともに，チオラートイオン ^-SCoA が脱離し，エステルが生成する．

5・4・2 アミドの加水分解

タンパク質のアミド結合は，タンパク質分解酵素（プロテアーゼ）によって加水分解される．アミドは本章で登場するカルボン酸誘導体のなかで最も反応性が低い（§5・4・1）．タンパク質分解酵素では，反応性の低いアミド結合の切断を加速するために活性部位構造がきわめて効率よく構築されている．ここでは，セリンプロテアーゼの一つである**キモトリプシン**が触媒する次のようなペプチド鎖の加水分解反応について考えてみよう．

キモトリプシン chymotrypsin

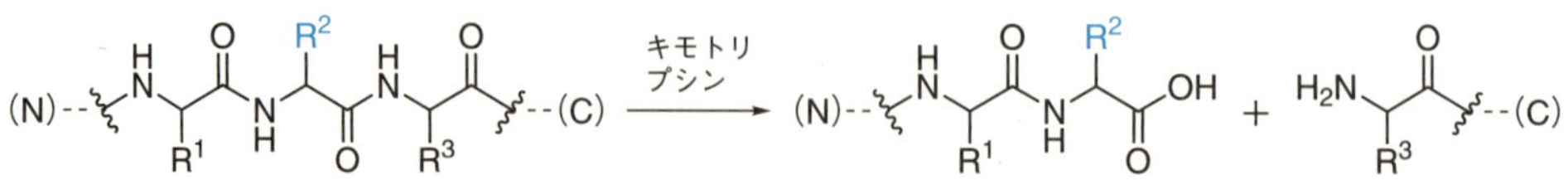

(N)：N 末端，(C)：C 末端

5・4 エステル化とアミドの加水分解

セリンプロテアーゼは，酵素中のセリン残基の側鎖ヒドロキシ基が求核反応を起こすことにより基質のアミド結合を切断する．キモトリプシンの反応ではアスパラギン酸-102 (Asp^{102})，ヒスチジン-57 (His^{57})，セリン-195 (Ser^{195}) が集まった領域で酵素-基質複合体を形成する．このとき，酵素が形成する疎水性ポケットに基質ペプチドの側鎖の一つである R^2 がうまく結合する必要があるが，この特異的な結合を形成するためには，R^2 が芳香族アミノ酸，フェニルアラニン (Phe)，トリプトファン (Trp)，チロシン (Tyr) の側鎖である必要がある．したがって，キモトリプシンは Phe, Trp, Tyr 残基の C 末端側のアミド結合を選択的に加水分解する．

図 5・1 には，キモトリプシンによるアミド鎖の加水分解の概略を示す．まず，R^2 残基の疎水性ポケットへの結合によって酵素-基質複合体が形成される．一方，酵素活性部位の His^{57} がセリン側鎖 OH 基からプロトンを引抜く．このとき Asp^{102} のカルボキシ基はヒスチジン側鎖の窒素原子をセリンのヒドロキシ基へ方向づける役割を果たしている．次に，生成したセリンのアルコキシドイオンがカルボニル基へ求核付加することにより四面体中間体が形成される．この四面体中間体は，アニオン性酸素原子と Ser^{195} および Gly^{193} のアミド NH 基との間の水素結合により安定化される．四面体中間体が生成する前のカルボニル基の段階ではこの水素結合は形成されないため，未反応基質よりも反応遷移状態が確実に安定化される．

次に，四面体中間体から，カルボニル基の再生によりアミド結合の加水分解が起こり，新しい N 末端をもつペプチド鎖が生じる．この加水分解ではプロトン化された His^{57} が酸として働き，アミンを効率よく脱離させる．この段階では，新たな C 末端側はまだ酵素活性部位のセリンとエステル結合を形成している．次に，切断されたペ

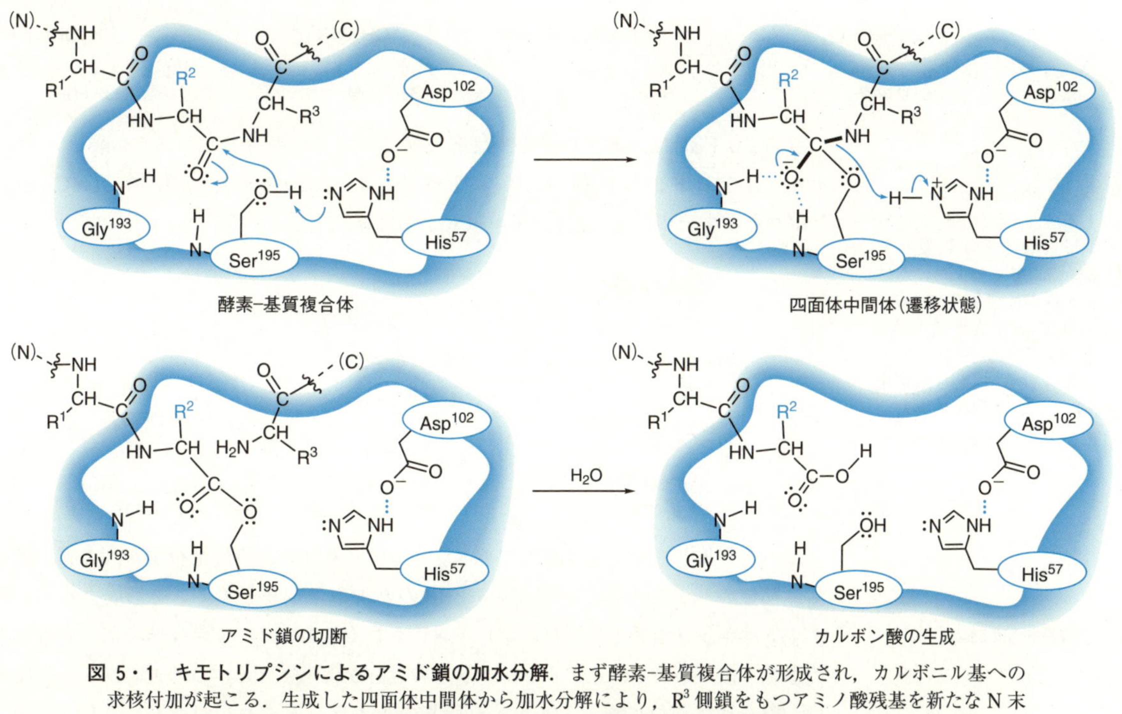

> **セリンプロテアーゼ**
>
> トリプシン，キモトリプシン，トロンビン，プラスミン，エラスターゼなど種々のセリンプロテアーゼ (serine protease) が存在し，消化，血液凝固，免疫反応，卵成熟などにかかわることが知られている．この酵素の活性を阻害するセリンプロテアーゼ阻害剤には止血剤などの用途がある．

図 5・1 キモトリプシンによるアミド鎖の加水分解． まず酵素-基質複合体が形成され，カルボニル基への求核付加が起こる．生成した四面体中間体から加水分解により，R^3 側鎖をもつアミノ酸残基を新たな N 末端とするペプチド鎖が生じ，酵素活性部位から離れる．最後に水分子が活性部位に入り，Ser^{195} の側鎖 OH 基が再生し，R^2 側鎖をもつアミノ酸残基を新たな C 末端とするペプチド鎖が生じる．

プチド鎖の代わりに水分子が活性部位に入り，エステル結合の加水分解が起こる．このときも，図には示していないが，初めにヒスチジン残基が塩基として働き，水酸化物イオンがカルボニル基に求核付加することにより四面体中間体が生成する．最後にまたヒスチジン残基が酸として働くことによりカルボニル基が再生し，新たなC末端となるカルボン酸が生成する．ヒスチジンはpH 7付近で酸と塩基の両方として働くことができるため，多くの酵素活性部位に含まれている．

5・5　炭素−炭素結合の生成と切断

5・5・1　アルドラーゼとトランスアルドラーゼ

アルドラーゼ aldolase

トランスアルドラーゼ transaldolase

炭素−炭素結合を生成する反応として重要なアルドール反応は生体内においても起こっている．生体内でのアルドール反応および逆アルドール反応の鍵となる酵素は**アルドラーゼ**および**トランスアルドラーゼ**とよばれるものである．

例として，**解糖**の過程で起こる逆アルドール反応を考えてみよう．エネルギーの源となるD-グルコースの6位がリン酸化されたD-グルコース6-リン酸はエンジオール中間体を経るカルボニル移動反応によりD-フルクトース6-リン酸へと異性化する．次に1位もリン酸化され，D-フルクトース1,6-ビスリン酸（1,6-FBP）が生成する．

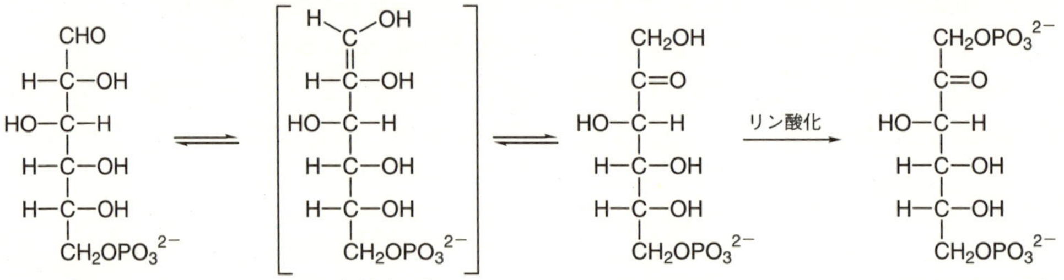

D-グルコース 6-リン酸　　エンジオール中間体　　D-フルクトース 6-リン酸　　D-フルクトース 1,6-ビスリン酸（1,6-FBP）

解　糖
解糖(glycolysis)は，グルコース1モルが酸化分解されてピルビン酸2モルに変わる代謝経路．多くの生物におけるエネルギー供給系である．10連続酵素反応からなり，一連の過程で，ATP 2モルが消費されATP 4モルが生産される．したがって合計でATP 2モルが生産される．

この1,6-FBPは，逆アルドール反応を経てジヒドロキシアセトンリン酸とD-グリセルアルデヒド3-リン酸（G3P）に分解される．このとき1,6-FBPのC1〜C3がジヒドロキシアセトンリン酸に，C4〜C6がG3Pになる．

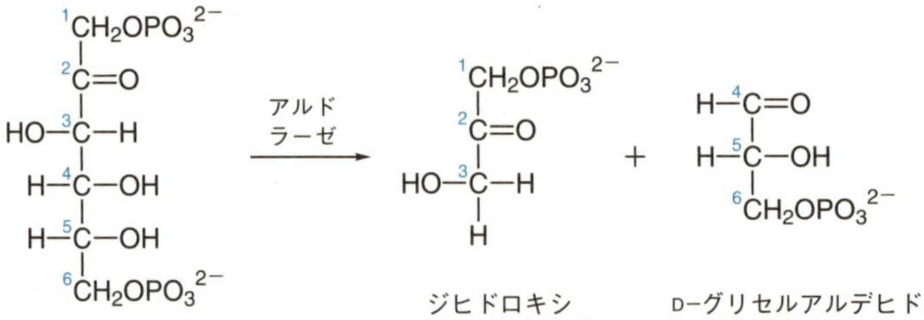

1,6-FBP　　ジヒドロキシアセトンリン酸　　D-グリセルアルデヒド 3-リン酸(G3P)

シッフ塩基 Schiff base

この逆アルドール反応は酵素アルドラーゼにより次のように進行する．まず，酵素活性部位のリシンのアミノ基が1,6-FBPのカルボニル基とイミンを形成する．このイミンは**シッフ塩基**とよばれ，プロトン化されることによりC=N結合部の炭素原子の求電子性が高まり，逆アルドール反応の進行が促進される．この逆アルドール反応は，酵素活性部位にあるシステイン残基のチオラートイオンがイミンのβ位のヒドロキシ基のプロトンを奪うところから始まり，図5・2に示した電子移動により，グ

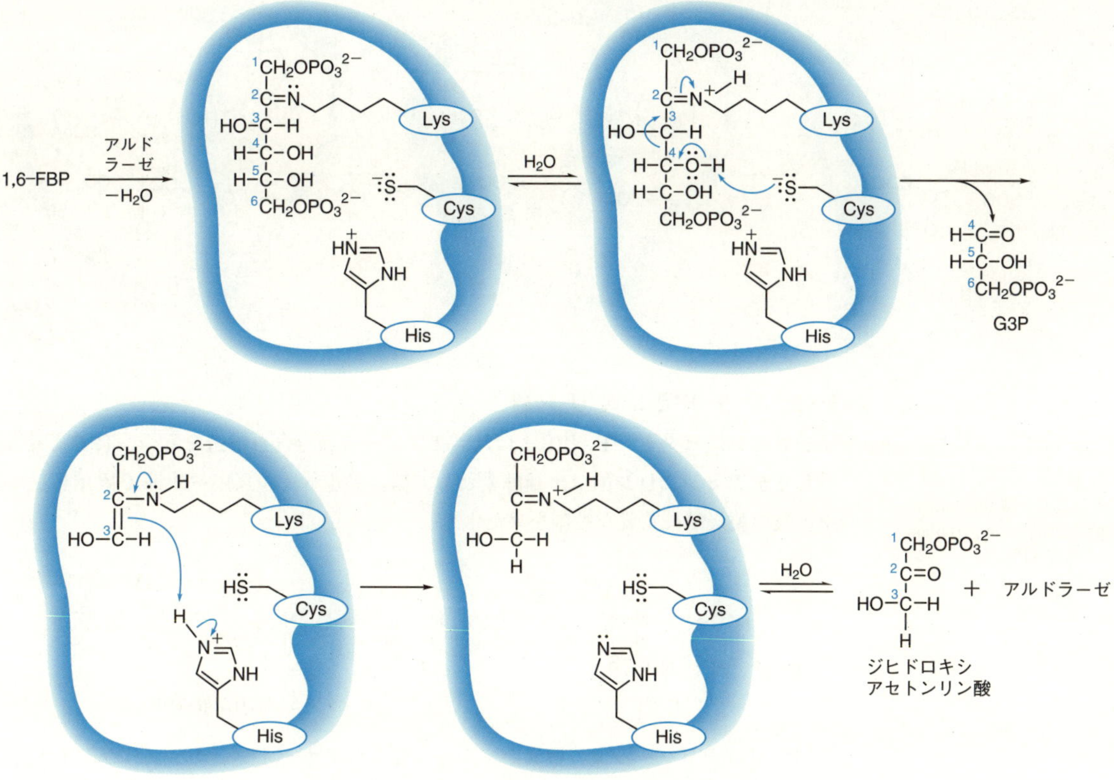

図 5・2 アルドラーゼによる D-グルコース 6-リン酸の逆アルドール反応

リセルアルデヒドのカルボニル基の生成，C3–C4 結合の切断，2 位と 3 位間でのエナミンの生成が連続して起こる．生成したグリセルアルデヒド 3-リン酸（G3P）は酵素活性部位から離れ，残ったエナミンの β 位（3 位）炭素はカルボアニオン性をもつため，塩基性あるいは求核性を帯びる．そこでこの炭素が，プロトン化されたヒスチジン残基からプロトンを奪い，その結果生成するイミニウムイオンが最後に加水分解されることにより，ジヒドロキシアセトンリン酸が生じる．

5・5・2 クエン酸合成酵素

クエン酸合成酵素はオキサロ酢酸とアセチル CoA からクエン酸を生成する反応を触媒する酵素である．この反応もアルドール反応である．

クエン酸合成酵素 citrate synthase. クエン酸シンターゼともいう．

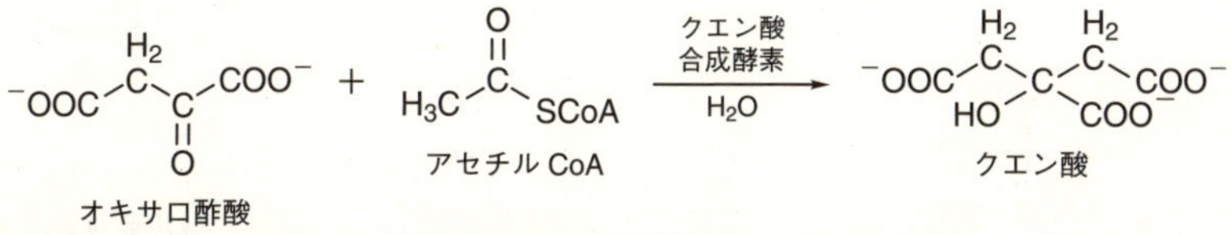

アセチル CoA のカルボニル基の α 位はチオエステルにより酸性が高くなっているため，酵素中のヒスチジンが塩基となってこの水素を引抜き，エノラートイオンを生成する．このエノラートイオンがオキサロ酢酸のケトンに求核付加することによりシトリル CoA が生成し，最後にチオエステルが加水分解されることによりクエン酸が生成する．

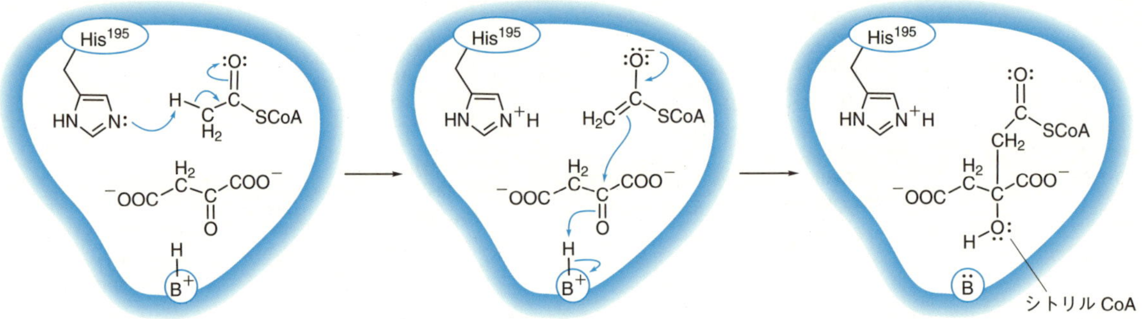

シトリル CoA

5・5・3 チアミンニリン酸

チアミンはビタミン B_1 ともよばれ，チアゾール環を含む構造をもつ．TPP と略記されるチアミンニリン酸は，補酵素として糖のアルドール反応や次節で紹介する α-ケト酸の脱炭酸に重要な役割を果たす．

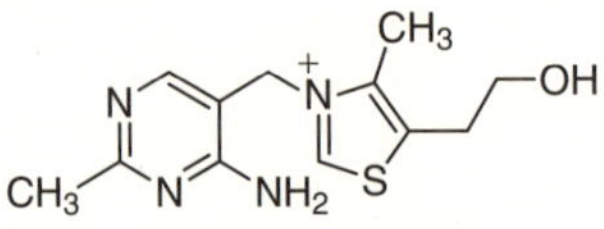

チアミン thiamine. ビタミン B_1 ともいう．

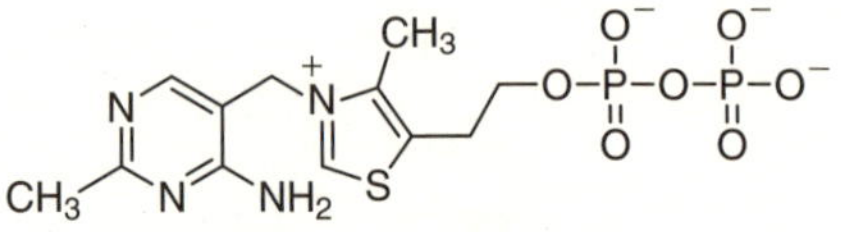

チアミンニリン酸 thiamine diphosphate, thiamine pyrophosphate. 略称 TPP.

チアミン

チアミンニリン酸 (TPP)

TPP ではチアゾール環の窒素がアルキル化されてカチオン（チアゾリウムイオン）となっている．このチアゾリウムイオンの 2 位の水素の pK_a は約 20 であり，カルボニル基の α 水素と同程度に酸性が高く，脱プロトン化されてカルボアニオンを生成しやすい．このカルボアニオンは TPP イリドとよばれ，次のような共鳴安定化を受ける．

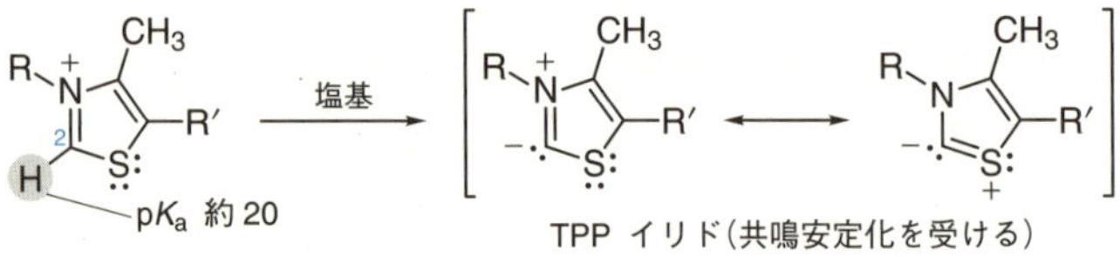

pK_a 約 20

TPP イリド（共鳴安定化を受ける）

TPP はトランスアルドラーゼによる糖の相互変換に関与する．まず TPP イリドが酵素活性部位において D-キシルロース 5-リン酸と反応し，逆アルドール反応を経てチアゾリウム-エナミンと D-グリセルアルデヒド 3-リン酸（G3P）を生成する．

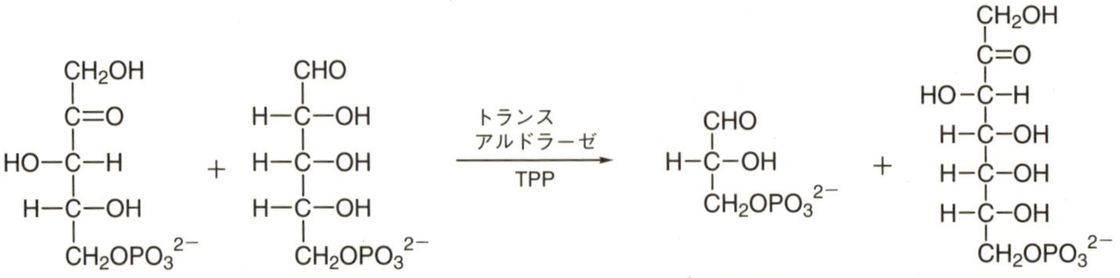

D-キシルロース
5-リン酸
（五炭糖）

D-リボース
5-リン酸 (R5P)
（五炭糖）

トランス
アルドラーゼ
TPP

D-グリセルアルデヒド
3-リン酸 (G3P)
（三炭糖）

D-セドヘプツロース
7-リン酸 (S7P)
（七炭糖）

次にこのチアゾリウム-エナミンが D-グリセルアルデヒド 3-リン酸（G3P）と置き

換わった D-リボース 5-リン酸 (R5P) のアルデヒドに求核付加する．続いて，ここで生じたアルドール反応生成物の 2 位にカルボニル基が再生すると D-セドヘプツロース 7-リン酸 (S7P) が生成する．最後の段階では TPP イリドが脱離基として働いている．

上記の反応は全体として，五炭糖と五炭糖から三炭糖と七炭糖へ炭素の再配分が起こっている．

5・6　α-ケト酸がかかわる反応
5・6・1　α-ケト酸の脱炭酸

前節で紹介したチアミン二リン酸 (TPP) は α-ケト酸の脱炭酸においても補酵素として働く．代表的な例はピルビン酸からアセトアルデヒドへの変換である．

α-ケト酸 α-ketoacid. 2-オキソ酸 (2-oxoacid) ともいう．

$$CH_3-\underset{O}{\overset{\|}{C}}-COO^- \xrightarrow[TPP]{ピルビン酸脱炭酸酵素} CH_3-\underset{O}{\overset{\|}{C}}-H + CO_2$$

ピルビン酸　　　　　　　　　　　　　アセトアルデヒド

この反応はピルビン酸脱炭酸酵素によって触媒される．まず酵素の活性部位において TPP が脱プロトン化されて生成した TPP イリドがピルビン酸のケトンに求核付加する．付加反応を受けたカルボニル基の酸素はプロトン化されてアルコールができ

る．ここでカルボキシラートイオンからチアゾリウム環への電子移動が起こることにより脱炭酸が進行する．その結果生成するチアゾリウム-エナミンは共鳴安定化を受け，プロトン化されると 2-(1-ヒドロキシエチル)チアゾリウムイオンを生じる．最後に酵素活性部位の塩基からヒドロキシ基のプロトンが奪われ，アセトアルデヒドと TPP イリドが再生する．ここでも TPP イリドは脱離基として働いている．

このようにして生成したアセトアルデヒドはさらにアルコール脱水素酵素と補酵素 NADH の作用によりエタノール CH_3CH_2OH へと還元される．この一連の過程は**発酵**としてよく知られているものである．

5・6・2 アミノ酸代謝

アミノ酸の代謝により α-ケト酸が得られ，またその逆反応により α-ケト酸からアミノ酸が得られる．この相互変換反応は**アミノ基転移酵素**により触媒され，また補酵

発　酵
発酵 (fermentation) とは嫌気的な生物反応過程である．酵母では解糖の延長としてピルビン酸の還元により，アセトアルデヒドを経てエタノールと二酸化炭素を生じる．§5・3・3 の乳酸脱水素酵素の反応も，活発に活動中の筋肉における酸素不足 (嫌気的条件) により起こり，ホモ乳酸発酵とよばれる．

アミノ基転移酵素 aminotransferase. アミノトランスフェラーゼ，トランスアミナーゼ (transaminase) ともいう．

5・6 α-ケト酸がかかわる反応

素として**ピリドキサール 5′-リン酸**（PLP）が必要である．PLP はビタミン B_6（ピリドキシン）の誘導体であり，アミノ酸代謝の過程で PLP はピリドキサミン 5′-リン酸（PMP）との間で相互に変換される．

まず酵素活性部位のリシンの側鎖アミノ基と PLP との間でイミノ結合が形成される．得られる酵素-PLP シッフ塩基は PLP のリン酸基の負電荷と酵素活性部位の正電荷との間の相互作用によってもさらに安定化され，酵素-補酵素複合体として反応を触媒できるようになる．

α-アミノ酸が酵素活性部位に入ると，そのアミノ基が酵素-PLP シッフ塩基のイミノ炭素に求核付加し，アミノ交換反応が起こる．その結果，リシンの側鎖アミノ基が脱離し，代わりにアミノ酸-PLP シッフ塩基が生成する．このシッフ塩基ではイミン窒素上の正電荷によりアミノ酸の α 水素の酸性度が高くなるために，リシンのアミノ基によってこの水素が引抜かれやすくなる．このとき C−H 結合からの電子の流れ

ピリドキサール 5′-リン酸
pyridoxal 5′-phosphate.
略称 PLP.

ピリドキサミン 5′-リン酸
pyridoxamine 5′-phosphate.
略称 PMP.

によりピリジン環が NAD$^+$ に類似した構造変化を起こすとともにアミノ酸の α 炭素が酸化される．次にピリジン環窒素から電子が逆に流れ，ピリジン環の隣の炭素（PLP の 4′ 位炭素）がプロトン化されることにより α-ケト酸-PMP シッフ塩基へと変わる．最後にこのシッフ塩基の C=N 結合が加水分解されて，α-ケト酸と PMP が生成する．

上記の一連の反応により R^1 基を側鎖にもつ α-アミノ酸が α-ケト酸に変換されるとともに PLP が PMP に変化する（段階 1）．しかしこの一連の反応は可逆であり，生成した α-ケト酸 R^{1}COCOOH が酵素活性部位から離れて，代わりに別の α-ケト酸 R^{2}COCOOH が入ってくると，上記反応が逆方向に進行して R^2 基を側鎖にもつ α-アミノ酸が生成する．またこのとき PMP から PLP が再生する（段階 2）．

$$\text{段階 1}\quad R^1-\underset{\underset{NH_2}{|}}{CH}-COOH + PLP \longrightarrow R^1-\underset{\underset{O}{\|}}{C}-COOH + PMP$$

$$\text{段階 2}\quad R^2-\underset{\underset{O}{\|}}{C}-COOH + PMP \longrightarrow R^2-\underset{\underset{NH_2}{|}}{CH}-COOH + PLP$$

段階 1 および 2 の反応を連続して考えると，次のように二つのアミノ酸の間でアミノ基の交換が行われていることがわかる．

$$R^1-\underset{\underset{NH_2}{|}}{CH}-COOH + R^2-\underset{\underset{O}{\|}}{C}-COOH \xrightarrow{\text{アミノ基転移酵素}} R^1-\underset{\underset{O}{\|}}{C}-COOH + R^2-\underset{\underset{NH_2}{|}}{CH}-COOH$$

段階 1 において個々の基質アミノ酸は対応するアミノ基転移酵素によって相当する α-ケト酸に変換される．しかし段階 2 の α-ケト酸は多くの場合 2-オキソグルタル酸（R^2 = CH$_2$CH$_2$COOH）であり，生成するアミノ酸はグルタミン酸である．言いかえると，多くのアミノ酸の代謝によりアミノ基がグルタミン酸へと移る．グルタミン酸は別の経路，すなわち，グルタミン酸脱水素酵素という酵素により酸化的に脱アミノ化され 2-オキソグルタル酸に戻る．

5・6・3 カルボキシル化

自然界の豊富な炭素源である二酸化炭素はカルボキシル化により生体に利用される．この反応には補酵素**ビオチン**の働きが重要である．ビオチンはイミダゾリン環と吉草酸側鎖をもつテトラヒドロチオフェン環がシス縮合した構造をもつ．

ビオチン biotin

[ビオチンの構造: イミダゾリン環（HN^1-C^2(=O)-N^{3}H）とテトラヒドロチオフェン環（位置 4, 5, 6 を含む S 環）がシス縮合し，吉草酸側鎖 CH$_2$CH$_2$CH$_2$CH$_2$COOH をもつ]

ここでは，ピルビン酸のカルボキシル化によるオキサロ酢酸の生成について考えてみよう．オキサロ酢酸はクエン酸回路の中間体の一つであり，またグルコースの生合

$$CH_3-\underset{\underset{O}{\|}}{C}-COO^- \xrightarrow[\text{カルボキシラーゼ}]{CO_2,\ \text{ピルビン酸}} {}^-OOC-CH_2-\underset{\underset{O}{\|}}{C}-COO^- + H^+$$

ピルビン酸　　　　　　　　　　　　　　オキサロ酢酸

成の原料にもなる.

　酵素ピルビン酸カルボキシラーゼのリシン残基にビオチンの吉草酸側鎖がアミド結合で結合し，酵素活性部位を形成する．二酸化炭素はビオチンのイミダゾリン環の1位の窒素にカルバミン酸誘導体として結合する．ピルビン酸のエノラートイオンが酵素活性部位に入り，ビオチンの1位窒素に結合したカルボキシ基に付加する．次に，四面体中間体を経て，カルボニル基の再生と同時にオキサロ酢酸とビオチンのエノール体を生成する．ビオチンのエノール体は再び二酸化炭素と反応して二酸化炭素付加体を再生する（図5・3）．

> **ピルビン酸カルボキシラーゼ**
> ピルビン酸カルボキシラーゼ（pyruvate carboxylase）の欠損症は，乳児に精神運動遅滞や乳酸アシドーシス（血液中に乳酸が増えて血液が酸性となる状態）を起こす．

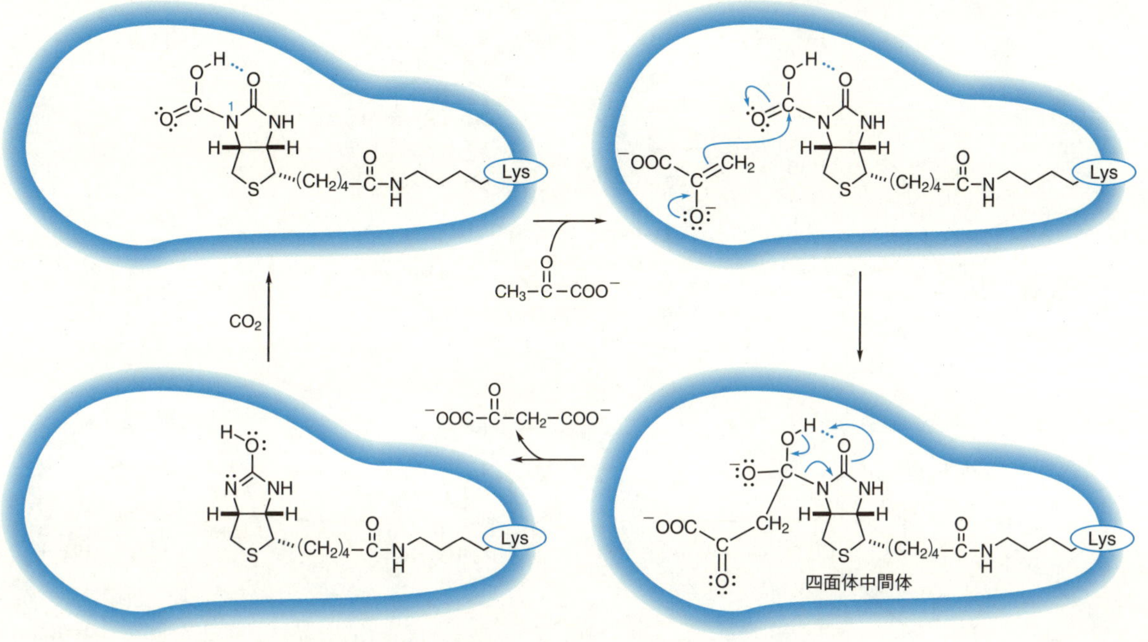

図 5・3　ピルビン酸カルボキシラーゼによるカルボキシル反応

　このカルボキシル化は α-ケト酸に限らず，たとえばアセチル CoA のカルボキシル化によるマロニル CoA の生成などにおいても同様に起こっている.

5・7　共役付加

　フラスコ中で不飽和カルボニル化合物に有機銅試薬を共役付加させた後，酸で後処理する代わりにハロゲン化アルキルのような求電子剤を作用させると，出発物に二つの置換基が結合した生成物が得られる．これを連続付加アルキル化という．

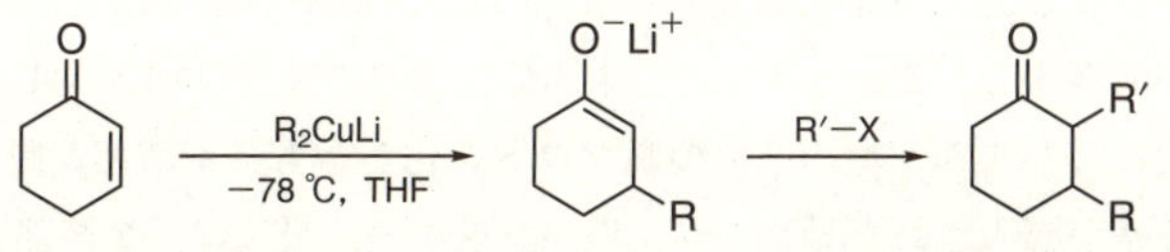

> **チミジル酸合成酵素**
> がん細胞ではDNAの合成が盛んであるが，正常細胞ではDNA合成が活発でないことが多い．チミジル酸合成酵素（thymidylate synthase）阻害剤はチミンの合成を阻害するため抗がん剤として利用される．5-フルオロウラシル（5-fluorouracil, 5-FU）などが知られている（10 章参照）．

> **チミジン−リン酸** thymidine monophosphate．略称 TMP．
> **2′-デオキシウリジン−リン酸** 2′-deoxyuridine monophosphate．略称 dUMP．

　これと同様の反応が生体内でも起こる．たとえば，DNA塩基の一つであるチミジンの生合成過程では次のような反応が起こる．すなわち，チミジン−リン酸（TMP）は2′-デオキシウリジン−リン酸（dUMP）の5位がメチル化されることによって生成する．この反応は**チミジル酸合成酵素**によって触媒され，補酵素として N^5,N^{10}-メ

5. 生体における化学反応

2′-デオキシウリジン一リン酸 (dUMP) → チミジン一リン酸 (TMP)

N^5, N^{10}-メチレンテトラヒドロ葉酸 (MeTHF)

N^5, N^{10}-メチレンテトラヒドロ葉酸 N^5, N^{10}-methylenetetrahydrofolate. 略称 MeTHF.

ジヒドロ葉酸 dihydrofolate. 略称 DHF.

チレンテトラヒドロ葉酸（MeTHF）を必要とする．

　まず，酵素活性部位のシステインのチオラートイオンがピリミジン環の6位に共役付加する．次に生成したエノラートイオンがMeTHFの5位と10位の窒素原子に挟まれたメチレン炭素と求核的に反応し，10位の窒素原子が脱離基として働くことにより5員環が開環する．このとき生じた中間体は前述の連続付加アルキル化生成物に相当する．次にピリミジン環の5位の脱プロトン化とともに葉酸部が脱離し，5位に環外メチレン基が導入されたピリミジン環が生成する．最後に，葉酸部5位窒素上のアニオンから始まる電子移動により，葉酸の6位からのヒドリドイオンによる環外メチレン基の共役還元，チオラート基の脱離が連続して起こり，チミジン一リン酸が生成する．このとき，テトラヒドロ葉酸部はジヒドロ葉酸（DHF）となる．

6 タンパク質と生体小分子の相互作用 1

6・1 相互作用において働く引力と斥力

本章では，分子間の弱い相互作用に着目する．タンパク質の立体構造を安定化するために働いている相互作用としては，静電相互作用，水素結合，疎水性相互作用が知られており，生化学の教科書にも詳しく記載されている．これらの力は，タンパク質の分子内に働くものであるが，同時にタンパク質と小分子との相互作用を理解するうえでも重要である．ホルモンや薬物などのタンパク質と相互作用する**小分子**は，ほとんどの場合，共有結合を形成することなく，弱い結合を介して結合する．この弱い結合は可逆的であり，結合と解離が平衡によって支配されている．すなわち，小分子の濃度，および生体高分子の構造変化による親和性の変化によって，結合状態と非結合状態の割合が異なる．生物は，相互作用の動的な平衡を利用して，酵素反応や遺伝子発現，情報伝達などを含むほとんどの生命現象を実現している．

小分子 small molecule. 低分子ともいう．

生体内における相互作用には常に水が関与している．生体は水で満たされており，タンパク質表面の大部分は水に覆われている．すなわち，ホルモンや薬物などの小分子がタンパク質と結合するときには，水を押しのけて結合したり，水を介して結合することが多い．たとえば，次章で詳しく解説する薬物と受容体の結合については，基礎化学の教科書にある水素結合の結合エネルギーとかなり異なった値が現れるが，これは水が結合した受容体と薬物が結合した受容体における両水素結合の差をみているからである．このように，生体内は水の存在によって，ある種特殊な環境になっており，基礎化学で学ぶ一般的条件とは大きく異なっている．本章では，タンパク質と生体小分子の相互作用を分子構造に注目して解説し，さらに，定量的・物理化学的取扱いについては次章で取上げる．

6・1・1 静電相互作用

タンパク質と結合分子の相互作用のなかで，最も強い引力（あるいは斥力）を発揮するのが**静電相互作用**である．正電荷を有する官能基と負電荷を有する官能基が**クーロン力**によって互いにひき合うこと，あるいは同じ電荷をもち反発することによって力が生じる．クーロンの法則に従って引力および斥力は電荷間の距離を r とすると r^{-2} に比例する．表6・1に示したように，最大で 40 kJ mol^{-1} 程度の安定化エネルギーに相当する引力を示す．静電相互作用と水素結合などの極性をもつ結合に由来する相互作用は，比較的類似している．一般に静電相互作用とは，電気素量（電子の電荷）の1倍か2倍の電荷による相互作用のことを指し，極性結合に現れる部分電荷（δ+ やδ−）とは区別される．また，電荷量以外に静電相互作用と水素結合が異なる点として，一般に方向性がない点があげられる（次項でみるように水素結合は方向によって強さが異なる）．

静電相互作用 electrostatic interaction

クーロン力 Coulomb force

生体有機分子では，カチオンを有する官能基は比較的限られており，大部分は窒素

表 6・1　タンパク質の構造を安定化する相互作用

相互作用		安定化エネルギー kJ mol^{-1}(kcal mol^{-1})
弱い相互作用		
静電相互作用	—NH$_3^+$　　$^-$O-C— ‖ O	42(10)
	—NH$_3^+$　　$^+$H$_3$N—	−20(−5)
水素結合	>C=O……H−O−	8〜21(2〜5)
疎水性相互作用	—R　　R—	4〜8(1〜2)
ファンデルワールス相互作用	近接する2原子	4(1)
参考　炭素間結合	共有結合エネルギー	330(80)
紫外光		230(55)
室温		2.5(0.6)

を有するものである．生体分子に現れる代表的なものでは，アミノ基，グアニジノ基であり，それらがプロトン化することによってイオン化したものをアンモニウム基，グアニジウム基とよぶ．核酸ではアデニンが酸性 pH においてカチオン化する．薬物では，同様に窒素化合物であるピリジンやイミダゾール，それらがイオン化した状態のピリジニウム，イミダゾリウムなどが含まれることが多い．また，生体内に存在する2価の金属イオンも相互作用に重要である．細胞質の2価カチオンとしては，マグネシウムが最も高濃度で存在する．2価カチオンは1価のアニオン二つと静電相互作用をすることができるので，結果的にアニオンどうしの相互作用を促進する働きがある．

アニオンは，カチオンに比べてはるかに多様である．すべてのアミノ酸に含まれるカルボキシ基，フェノール類，リン酸基，硫酸基があげられる．また，酸素以外に電荷が存在する例としてチオール類も重要である．特に，リン酸エステルは特殊である．モノエステルは中性付近で2価に帯電しており，酸性では1価となる．また，核酸やリン脂質などに含まれるリン酸ジエステルは，通常1価に帯電している．

生体内の pH は，リソソームなど一部の細胞小器官を除き，中性付近なので，上述の官能基は大部分イオン化している．これらの対イオンは，アニオン性官能基の場合は1価のカチオンである Na$^+$, K$^+$ が多いので，電荷は打消されている．また，スペルミンやスペルミジンといったポリアミンは，細胞内に比較的多く含まれる成分で4価もしくは3価の正電荷を帯びる．

一方，カチオン性官能基の場合は，対イオンが1価アニオンである Cl$^-$ となることもあるが，それ以外の多様な生体アニオン分子の塩となることができる．たとえば，ATP は細胞質の mmol（ミリモル）桁の高濃度で含まれており，通常，3,4価のアニオンである．また，RNA や DNA もアニオンである．一般的に，細胞内の電解質は小さなカチオンと大きなアニオンからなると考えてもよい．これが，膜電位の維持などにも役立っていると考えられている．

生体内では，水分子がイオンを取囲んでいるので（図6・1），実際のクーロン力は真空中のように強力ではなく，かなり弱められている．また，対イオンや分子内に存在する近接官能基の影響も考えなければならない．これらは，ほとんど静電相互作用

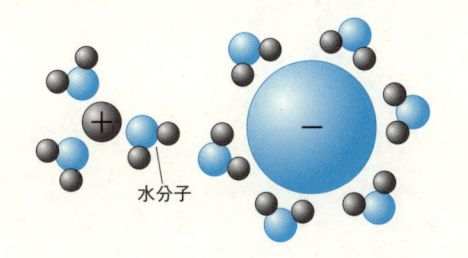

図 6・1 イオンの水和構造．カチオンとアニオン．一般に小さい金属カチオンは小さいイオン半径をもち，強く水和する．大きなアニオン（塩化物イオンなど）は比較的水和が弱い．カチオンでは，水分子の水素側がイオンに近く，アニオンでは酸素側が近いことに注意．

を弱める方向に働く．

6・1・2 水素結合

　水素結合は，生体分子では支配的な分子間力である．生体分子には，酸素と窒素を含む官能基が数多く存在する．**水素結合の供与体**としては，ヒドロキシ基，アミド基，カルボキシ基があげられ，大きい極性をもつ H–O 結合や H–N 結合を有する．**受容体**としては，おもに上述の官能基のほか，エステル，ケトン，アルデヒド，エーテルの酸素原子である．特に，薬物の場合は，ハロゲン原子を含め上記以外のさまざまな官能基が水素結合に関与することがある．水素結合の原動力は，極性をもつ結合原子対に現れる部分電荷間の引力である．このことは，前項の静電相互作用と基本的には同じであるが，両者の顕著な違いは方向性である．水素結合は，図 6・2 に示すように方向性がある．この理由については二つの解釈が可能である．代表的な例として，アミド基どうしの水素結合を考えてみる．供与体である N–H では，電気陰性度の差によって N 上に δ−，H 上に δ+ の部分電荷が存在する．同様に，受容体である C=O でも，O 上に δ′−，C 上に δ′+ の部分電荷が存在する．すなわち，末端に存在する H と O が互いに近づくことができ，また，正電荷と負電荷でひき合うこともできる．しかし，N と O は互いに負電荷であり（H と C は互いに正電荷であり），反発することになる．これらの条件を満たすためには，N–H⋯O が一直線になったほうがよい．これがまず水素結合の方向性の第一の原因となる．それでは H⋯O=C も直線状になるのだろうか．答は否であるが，それが方向性の第二の原因に起因する．アミド酸素は sp² 混成の三つの電子対（一つは σ 結合，二つは非共有電子対）と一つの π 結合をもつ．この三つの電子対が互いに最も離れた方向に結合が向くので，三つの結合は平面上にあり，結合角は 120° である．したがって，この非共有電子対の電子密度が高い角度で相互作用が最も強くなるので，H⋯O=C は 120° のときが最も安定であることになる．しかし，この方向の制限はそれほど強くないので，120° からかなり離れた方向でも水素結合は形成可能である．また，水素結合は，長さについても比較的フレキシブルである．アミドの N–O 距離でいうと，最も安定なのは N と O の距離が 3 Å 付近であるが，4 Å 以上でも有効に働くこともある．以上はアミド基の例をみてきたが，ヒドロキシ基は水素結合の供与体としても受容体としても働くし，イオン化していないアミノ基も同様である．

　生体内での相互作用においては，常に水分子を意識しなければならない．もちろん，水は水素結合の供与体にも，受容体にもなる（図 6・3）．すなわち，生体分子における水素結合による安定化は，水分子を押しのけてタンパク質と小分子が水素結合したときに，エネルギー的（エントロピーも重要である）に有利になる場合に，親和性は発揮される．同様に，水素結合対の間に水分子が挿入されることもしばしば生じ

水素結合 hydrogen bond
水素結合供与体 hydrogen bond donor
水素結合受容体 hydrogen bond acceptor

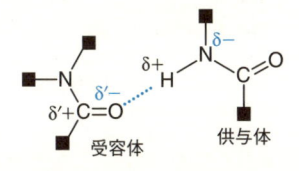

図 6・2 水素結合の方向性．O⋯H–N は，O と H の引力および O と N の斥力のために一直線上に並ぶのが安定である．C=O⋯H は O 上の非共有電子対の角度に従って，120° に位置するのが比較的安定である．

図 6・3 水の水素結合ネットワーク（ダイヤモンド格子）

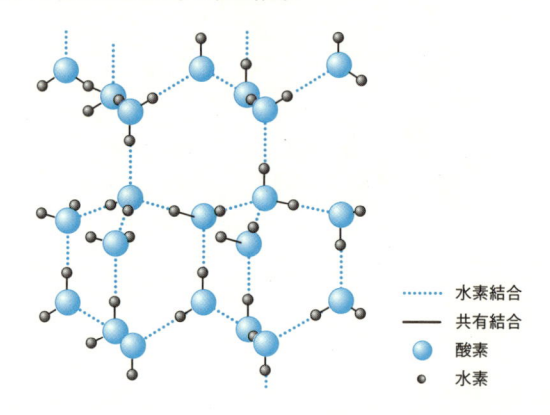

······ 水素結合
── 共有結合
● 酸素
● 水素

るが，この場合も，供与体，受容体に水分子を加味して，安定化が得られるかどうかで水素結合が形成されるかどうかが決まる．

6・1・3 疎水性相互作用

疎水性相互作用 hydrophobic interaction

分散力 dispersion force. ロンドン力 (London force) ともいう．

ファンデルワールス相互作用 van der Waals interaction

静電相互作用や水素結合と違って**疎水性相互作用**は，直感的には理解しにくい．まず，疎水性の原子団（官能基ということもある）どうしの引力と，水分子による"押しのけ効果"に分けて考えると理解しやすくなる．すなわち，**分散力**という，誘起双極子による引力がある．この力は**ロンドン力**ともよばれ，化学結合の原子間距離を決める**ファンデルワールス相互作用**の引力部分に相当する．原子間距離は，この引力と斥力の釣合ったところで決まる．疎水性の官能基，たとえばアルカンを考えてみる．ある程度移動できる電子があるアルキル基どうしが近づいていくとすると，偶然生じた電子密度が高い場所は負電荷をもつことになるが，相手のアルキル基のその負電荷に近接した部分からは電子が逃げだして，結果的には正電荷になる（図 6・4）．このように，ある程度電子が移動できて，水などの大きな双極子をもつ分子と接触しないところでは，この誘起双極子（分散力）が引力として働くことになる．分散力は，非常に近接した場合にのみ現れる．原子間距離のマイナス 6 乗に比例するとされており，10%遠ざかると分散力は約半分になる．疎水性部分がファンデルワールス半径に近い距離で接触している状況では有効な力と考えてもよい．

前項で説明したように，水分子は互いに集まる性質がある．これは結果的には水以外（もしくは水和しないもの）が排除されて別のところに集まらざるをえない状況を生む．これが押しのけ効果であり，第二の疎水性相互作用であるが，生体系ではこの

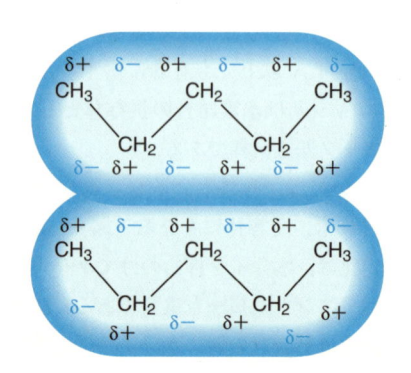

図 6・4 分散力（ロンドン力）がペンタン 2 分子に働いている様子

ほうが分散力より重要であることが多い（厳密には，疎水性分子を取囲んだ水分子が規則的な形をとるので，エントロピー的に不利になると考える）．

これらの二つの相互作用と似ているようにみえるが，違った観点から考えたほうがよいものがある．それは，π電子とσ結合の相互作用であり，生体内では弱いながらも看過できない役割を果たすことがある．たとえば，芳香族アミノ酸が抗体の抗原認識部位において高頻度で見いだされる事実は，π電子が関与する分子間相互作用が分子認識において中心的な役割を果たしていることを示す事例である．

このように，疎水性相互作用とは非極性基による直接，間接の親和性を総称している．その中身は，少しニュアンスの異なる複数の概念から成立っているので，原子レベルで相互作用を考えるときには注意すべきである．

6・2　タンパク質と生体小分子の相互作用の例

6・2・1　酵素と基質

前章で述べたように酵素反応においても，タンパク質と小分子（基質）の相互作用が重要である．しかしこの場合は，酵素反応が進行すると，基質が酵素による化学変化を受けて，生成物として放出される．すなわち，薬物と受容体の相互作用とは異なり，以下のような平衡式となる．

$$E + S \rightleftharpoons ES \longrightarrow E + P$$

ここで，Eは酵素，Sは基質，ESは酵素-基質複合体，Pは生成物である．すなわち，左から右にみていくと，EがSと結合して，複合体ESとなって，酵素反応が起こり，SがPに変換されたと同時にEから離れていくという過程を表している．9章で述べるように，この場合重要であるのは，酵素Eと基質S（第一段階）の親和性であり，これを表す指標を**ミカエリス定数** K_m とよぶ．いくつかの酵素の K_m を表6・2に示した．この値は，解離定数 K_d と同様に濃度の単位で示され，値が小さいほど親和性が強いことを表す．また，酵素反応で重要な指標は，反応速度であるが，これを最大速度 V_{max} として表す．酵素反応が円滑に進行するためには，基質と効率的に結合し，即座に化学反応を起こし，生成物をすばやく放出することが重要である．表6・3に示すように，酵素は一般に高い効率で化学反応を触媒することができるが，これはEP → E + Pの速度定数 k_{cat} で表される．表6・3では1秒当たりの反応回数（代謝回

ミカエリス定数 Michaelis constant

表6・2　おもな酵素の基質親和性（K_m 値）[†]

酵素	基質	K_m (μM)
キモトリプシン	N-アセチルトリプトファン	5000
リゾチーム	N-アセチルグルコサミン六量体	6
β-ガラクトシダーゼ	ラクトース	4000
炭酸脱水酵素	CO_2	8000
ペニシリナーゼ	ベンジルペニシリン	50
ピルビン酸カルボキシラーゼ	ピルビン酸	400
	HCO_3^-	1000
	ATP	60

[†]　[J. M. Berg, J. L. Tymoczko, L. Stryer, "Biochemistry", 6th Ed., table 8.4, p.220, W. H. Freeman, New York (2007) より.]

表 6・3　おもな酵素の反応回数(代謝回転速度)†

酵　素	反応回数(s^{-1})	酵　素	反応回数(s^{-1})
炭酸脱水酵素	600,000	DNAポリメラーゼ	15
アセチルコリンエステラーゼ	25,000	トリプトファン合成酵素	2
ペニシリナーゼ	2000	リゾチーム	0.5
キモトリプシン	100		

† [J. M. Berg, J. L. Tymoczko, L. Stryer, "Biochemistry", 6th Ed., table 8.5, p.221, W. H. Freeman, New York (2007) より.]

転速度)で反応速度を示した．この高い効率はしばしば生成物が速やかに酵素から脱離する段階が重要であるといわれており，ここではEとP間の親和性が低いことが必要となる．酵素反応速度の定量的な扱いは9章で解説する．

　酵素反応は，生体における大部分の化学反応を司っており，生命機能に必要不可欠である．一方で，疾病の原因ともなる．したがって，薬物によって，酵素反応を抑制することによって，痛みを和らげたり，炎症を鎮めたり，あるいは病原微生物の酵素では感染症の治療が可能である．たとえば，§17・2・3にはアスピリンの例が，§17・3・1には抗マラリア薬の例が示されている．

6・2・2　情報伝達物質と受容体

　前項では酵素をみてきたが，次は受容体タンパク質を取上げる．酵素は，化学反応を触媒する働きをもつが，受容体は情報を伝える働きをもち，通常はリガンド（結合分子ともよばれる）が可逆的に結合するが，化学反応は起こらない．では，受容体ではどのように情報を伝えているのであろうか．代表的な情報伝達物質の受容体で，神経細胞間のシナプスで働くアセチルコリン受容体を例にとって説明する．ニコチン性の受容体にアセチルコリンが結合することによって，受容体がイオンチャネルとなってカチオンが細胞内に流れ込むことが知られている．これによって膜電位が正に傾く**脱分極**という現象が生じる．すなわち，受容体の多くは，リガンドの結合によって構造が可逆的に変化する．この変化によって，リガンドと受容体の結合親和性が変化することも，変化しないこともあるが，一般には変化しないと仮定する．本書における相互作用の大部分はこの仮定に基づいている．したがって，平衡式は以下のように単純な形で表すことができる．

脱分極 depolarization

$$P + L \rightleftharpoons PL$$

ここで，Pは受容体タンパク質，Lはリガンド，PLは複合体である．アセチルコリンの受容体に対する親和性は比較的低く，解離定数では数mM程度である．通常の薬物の解離定数はnMくらいであるので，この値の親和性はかなり低いといえる．神経伝達物質もそうであるが，信号は短い間隔で繰返し伝達される必要があるので，信号をすばやくオフにすることが重要である．すなわち，親和性が低ければ速やかに受容体からリガンドが離れていくので速いオフが可能になる．このように，生体固有のリガンドは働きによって，抗原‐抗体反応やある種のホルモン受容のように非常に高い親和性で長期にわたって情報をもつものと，神経伝達物質のように短期でオン・オフする必要があるものとで使い分けが行われている．

次項でみるように，リガンドとして薬物を想定すると，この関係は，薬物と作用標的タンパク質の相互作用と同じであるので，薬物の効き目，すなわち作用標的に対する親和性を評価するときに利用することができる．

6・2・3 薬物と受容体

薬物と受容体の関係も前項と基本的には同じである．もともと生体に備わった神経伝達物質などと異なり，薬物は化学合成によって自由自在な構造にできるので，薬物の化学構造を変化させることによって，受容体との親和性を向上させることが可能である．薬物では，nM 桁の解離定数が求められることもある．すなわち，少量で高い効き目を示すためには，高い親和性が必要となる．したがって，受容体との親和性を評価する実験方法がいろいろと考案されており，膨大なデータが蓄積している．換言すれば，現在までに得られているタンパク質に対する小分子化合物の親和性の定量値は，このような実験から得られたものである．したがって，比較的高い親和性を示す薬物などに対してはこれらの値の信頼性が高いが，低い親和性については実験手法の制限から正確な値を求めることが困難である．親和性の求め方は 7 章で詳細に述べる．

強い親和性のみならず，薬物は作用標的タンパク質に対する選択性もある程度求められる．最近の創薬の考え方では，疾病が起こる原因となるタンパク質に直接結合する薬物の開発を目指すのが主流となっている．したがって，作用標的タンパク質のみに結合する小分子は，優れた薬物となる可能性が高い．他方，さまざまなタンパク質に結合する小分子は，その分副作用を示す危険性も高くなる．しかし，現実はその逆もしばしば起こっており，後半でも詳しく述べるように，同じ化合物が複数の作用標的分子をもち，異なった疾病の治療に用いられることがある．代表的な例としては，ED の治療薬として知られるクエン酸シルデナフィル（バイアグラ®）は，当初狭心症の治療薬として開発されていたものである．また，養毛剤のミノキシジル製剤（リアップ®）も，もとは高血圧治療を目的に開発された．このように，リガンドと受容体の単純な結合以外にも，未解明な部分を多く含む複雑な相互作用が生体内には存在しており，現在でも医薬品の開発は偶然と運に左右される部分が大きい．薬物ならではの特徴や求められる性質などは，17 章で説明する．特に，§17・3・1 には，現在瀕用されているヒスタミン H_2 受容体拮抗薬の例が示されている．

7 タンパク質と生体小分子の相互作用 2

　核酸，糖質，脂質，ビタミン，金属イオンなどの生体に内在する小分子がタンパク質と相互作用することにより，さまざまな生体反応がひき起こされる．一方，小分子医薬品による薬効発現とは，小分子化合物が標的タンパク質に結合してその機能発現を変調させることととらえることができる．したがって，タンパク質と小分子化合物の相互作用の実態を，精度良く，定量的に知ることは，生命科学の基礎・応用研究の両面において重要である．

　本章では，タンパク質と小分子化合物（ここではリガンドとよぶ）の相互作用を特徴づける物理化学的パラメーター，および結合強度を実験的に解明するアプローチ，その注意点などについて概説していく．

7・1　結合・解離平衡反応の物理化学

　タンパク質(P)1分子に小分子化合物（リガンド，L）1分子が結合する反応を，図7・1のように表現する．

$$P + L \rightleftharpoons PL \tag{7・1}$$

PLはタンパク質-リガンド複合体状態を表す．(7・1) 式は平衡反応として一般化され，その平衡定数は，結合の強度を示す指標である**結合定数** K_a とよばれ，(7・2) 式のように表される．

結合定数 association constant

$$K_a = \frac{[PL]}{[P][L]} \tag{7・2}$$

ここで，[PL] はタンパク質-リガンド複合体のモル濃度，[P] は遊離状態の（リガンドが結合していない）タンパク質濃度，[L] は遊離状態の（タンパク質に結合していない）リガンド濃度を示す．よって，二分子結合の結合定数の単位はモル濃度の逆数（M^{-1}, $L\,mol^{-1}$）となる．結合定数は，結合が強いほど大きな値を示すため，直感的に結合強度の強さを理解しやすい指標であるといえる．

　一方で，結合強度の指標として，結合定数の逆数である**解離定数** K_d が用いられることも多い．

解離定数 dissociation constant

$$K_d = \frac{1}{K_a} = \frac{[P][L]}{[PL]} \tag{7・3}$$

二分子反応の解離定数の単位は，モル濃度（M, $mol\,L^{-1}$）となる．解離定数の場

図7・1　タンパク質とリガンドの結合スキーム（1：1の二分子反応）

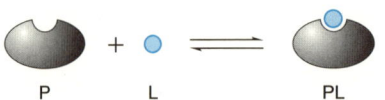

P：タンパク質
L：リガンド（小分子）
PL：タンパク質-リガンド複合体

合，タンパク質-リガンドの結合強度が強いほど小さな値を示すことになるが，その単位がモル濃度であることから，結合強度を調べる実験では，試料濃度との関係がつかみやすい指標であるといえる．本章では，結合強度の指標として解離定数を用いて説明する．

(7・1) 式のタンパク質とリガンドの結合を表す平衡式は，可逆反応として反応速度論的にとらえることができる．P＋L→PL の結合反応の速度定数を k_{on} ($M^{-1}s^{-1}$)，PL→P＋L の解離反応の速度定数を k_{off} (s^{-1}) とすれば，結合反応速度，解離反応速度は，遊離型タンパク質 (P)，遊離型リガンド (L)，タンパク質-リガンド複合体 (PL) の濃度に依存した以下の式で表される．

$$\frac{d[PL]}{dt} = k_{on}[P][L] \qquad (7・4)$$

$$-\frac{d[PL]}{dt} = k_{off}[PL] \qquad (7・5)$$

反応が十分に進み平衡状態になると，(7・4) 式と (7・5) 式が等しくなることから，

$$K_d = \frac{[P][L]}{[PL]} = \frac{k_{off}}{k_{on}} \qquad (7・6)$$

となる．よって，タンパク質とリガンドの相互作用における結合速度定数，および解離速度定数を計測することができれば，その値から解離定数を算出することが可能となる (§7・2・3 参照).

(7・1) 式のタンパク質とリガンドの相互作用は，熱力学的な視点でとらえることもできる．熱力学的な意味での反応の自発性は**ギブズの自由エネルギー変化** (ΔG, 自発的反応では負の値となる) で表される．このギブズ自由エネルギー変化と解離定数は，

> ギブズ自由エネルギー Gibbs free energy

$$\Delta G = RT \ln K_d \qquad (7・7)$$

の関係 (R は気体定数，T は絶対温度) で結びつけられている．さらに，タンパク質-リガンド結合に伴うギブズ自由エネルギー変化は，他の熱力学的パラメーターとの間に (7・8) 式の関係がある．

$$\Delta G = \Delta H - T\Delta S \qquad (7・8)$$

ここで，ΔH は**エンタルピー変化**であり，ΔS は**エントロピー変化**を表す．

> エンタルピー enthalpy
> エントロピー entropy
> それぞれのパラメーターのもつ熱力学的意味合いについては，物理化学の教科書などを参照．

タンパク質とリガンドが相互作用した際，これらのパラメーターの変化と，タンパク質-リガンドの原子レベルでの相互作用様式については，以下のようにまとめられる．

・分子間における非共有結合性の相互作用 (水素結合，静電相互作用，ファンデルワールス相互作用) の形成により負のエンタルピー変化 ($\Delta H < 0$) が生じる．
・分子間での疎水性相互作用の形成，つまり疎水表面で拘束された状態 (低エントロピー状態) にあった水分子が，リガンド結合に伴い解放 (高エントロピー状態) されることにより正のエントロピー変化 ($\Delta S > 0$) が生じる．
・結合部位における運動性の抑制により負のエントロピー変化 ($\Delta S < 0$) が生じる．

さまざまなタンパク質-リガンドの相互作用を結合強度（解離定数）のみで判断するのではなく，これらの熱力学的パラメーターを実験的に得ることができれば，研究対象となるタンパク質-リガンド複合体の相互作用の特徴づけ（結合がエンタルピー駆動かエントロピー駆動か）ができる*．特に，X線結晶構造解析や核磁気共鳴（NMR）法などでタンパク質-リガンド複合体の立体構造が得られている場合は，このような熱力学的パラメーターの情報を併用することで，親和性を生み出す主要な相互作用様式を推定することが可能となる．

詳細は示さないが，(7・7)式，(7・8)式をもとにして，解離定数の温度依存性の関係式（ファントホッフの式）

$$\frac{\mathrm{d}\ln K_\mathrm{d}}{\mathrm{d}T} = -\frac{\Delta H}{RT^2} \tag{7・9}$$

を導き出すことができ，$\mathrm{d}(1/T) = -\mathrm{d}T/T^2$ から

$$\frac{\mathrm{d}\ln K_\mathrm{d}}{\mathrm{d}(1/T)} = \frac{\Delta H}{R} \tag{7・10}$$

となる．(7・10)式は，複数の温度で測定した解離定数の自然対数値を，測定温度の逆数に対してプロットすると，その傾きの値が $\Delta H/R$ に相当することを意味している．このようにして，解離定数の温度依存性から結合反応のエンタルピー変化（ファントホッフエンタルピー，ΔH）を実験的に求めることができる（図7・2a）．

相互作用の反応速度に関しては S. A. Arrhenius により，速度定数の対数が温度の逆数に比例することが明らかにされており，

$$\ln k = -\left(\frac{E_\mathrm{a}}{RT}\right) + \ln A \tag{7・11}$$

あるいは，

$$k = A\exp\left(-\frac{E_\mathrm{a}}{RT}\right) \tag{7・12}$$

と表現される．E_a は反応の**活性化エネルギー**，A は**頻度因子**とよばれている．実験

---

* これらは，たとえば相互作用の親和性を高める改変を行う際の指針となる．

核磁気共鳴 nuclear magnetic resonance．略称 NMR．

活性化エネルギー activation energy

頻度因子 frequency factor

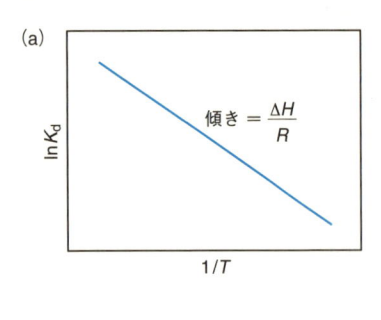

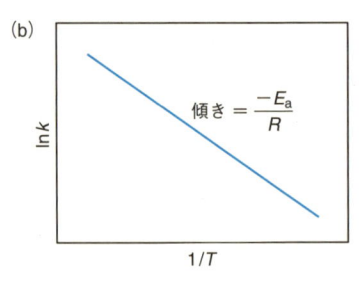

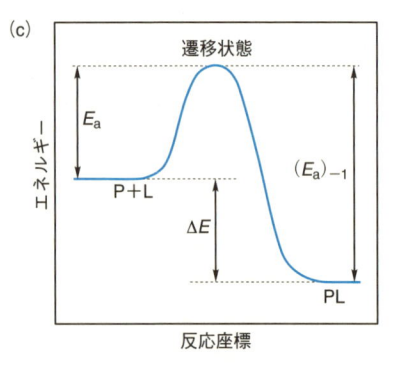

図 7・2 解離定数および反応速度の温度依存性．(a) ファントホッフプロット．(b) アレニウスプロット．(c) 活性化エネルギーのイメージ図．E_a は結合反応の活性化エネルギー，$(E_\mathrm{a})_{-1}$ は解離反応の活性化エネルギーを示す．結合反応のエネルギーは $\Delta E = E_\mathrm{a} - (E_\mathrm{a})_{-1}$ で表されることになる．

的には，速度定数の温度依存性を計測し，(7・11) 式の対数プロットから，活性化エネルギーを求めることが行われる（アレニウスプロット，図 7・2b）．活性化エネルギーは，(7・1) 式で示される素反応で，反応物と生成物の間に，図 7・2(c) で示すような，エネルギー障壁が存在するイメージで理解される．この活性化エネルギーの大きさもタンパク質–リガンド分子間の相互作用を特徴づけるパラメーターの一つであるといえる．

アレニウスプロット Arrhenius plot

以上のような物理化学的視点から，分子間相互作用を定量的に扱うことで，多くの情報を得ることが可能となる．以下，相互作用の基本的パラメーターである，解離定数を実験的に求める手法や，その考え方について解説する．

7・2 解離定数を求めるアプローチ

本項ではいくつかのタンパク質とリガンド分子の解離定数測定・解析アプローチを取上げ，その理論的背景，および解析を行ううえでの注意点などについて述べる．

7・2・1 平衡透析法による解離定数の算出
（スキャッチャードプロットによる解析）

平衡透析法は，さまざまな薬物と血漿アルブミン分子の結合を定量的に解析する方法の一つとして用いられてきた．平衡透析法では小分子は自由に通過するが，高分子の通過はさえぎる半透膜で区切られた区画の一方に，高分子であるタンパク質溶液を入れ，他方に小分子リガンド溶液を入れる（図 7・3）．数時間程度の十分な時間が経ち，半透膜を通過するリガンド分子が両区画間で平衡に達した際の遊離リガンド濃度 [L] を測定し，さらにその値を利用してタンパク質–リガンド複合体濃度 [PL] が算出できる（図 7・3）．通常は，リガンド濃度を系統的に変化させた実験を行い，以下の解析によりこの相互作用系の解離定数を得ることが可能となる．

平衡透析法 equilibrium dialysis method

総タンパク質濃度 $[P_t]$，総リガンド濃度 $[L_t]$ はそれぞれ，

$$[P_t] = [P] + [PL] \qquad (7 \cdot 13)$$

$$[L_t] = [L] + [PL] \qquad (7 \cdot 14)$$

で表し，本解析に適した形で，(7・3) 式を変形すると，リガンド結合型タンパク質の比率 P_b は，

$$P_b = \frac{[PL]}{[P_t]} = \frac{[L]}{K_d + [L]} \qquad (7 \cdot 15)$$

のように表せる．同一タンパク質分子上に同種の n 個のリガンド結合部位がある場合を一般化すると，(7・16) 式が得られる．

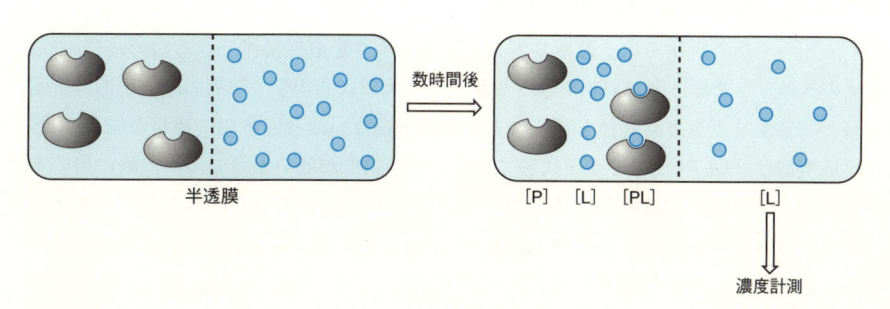

図 7・3 平衡透析法の原理

図 7・4 スキャッチャードプロット．(a) 解離定数 K_d，リガンド結合数 n とした場合のスキャッチャードプロット．(b) 標的タンパク質に高親和性，低親和性の 2 種類の結合部位が存在する場合のスキャッチャードプロット．

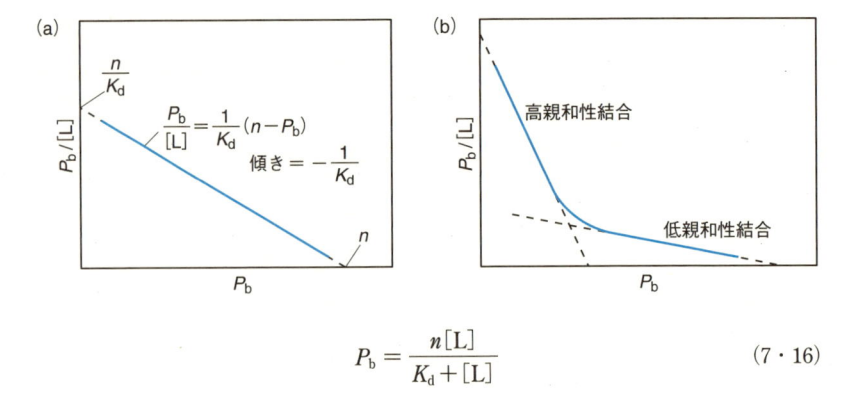

$$P_b = \frac{n[L]}{K_d+[L]} \qquad (7 \cdot 16)$$

上述の平衡透析法による結合実験は，(7・16) 式により解析できるが，より視覚的に解析しやすいように変形できる．

$$\frac{P_b}{[L]} = \frac{1}{K_d}(n-P_b) \qquad (7 \cdot 17)$$

スキャッチャードプロット
Scatchard plot

(7・17) 式の左辺を P_b に対してプロットしたものは**スキャッチャードプロット**とよばれる．通常のタンパク質-リガンド相互作用系の場合，そのプロットは直線となることから，直線の傾きと x 軸切片の値から，解離定数およびリガンド結合数を求めることが可能となる（図 7・4a）．

スキャッチャードプロットが特に有効なのは，解析対象のタンパク質に複数のリガンド結合部位が存在し，それぞれ結合力が異なると考えられる場合である．この場合は，スキャッチャードプロットが単純な直線にならず，複数の傾きの異なる多相性の直線プロットとなる（図 7・4b）．直線回帰された傾きと x 軸切片の値から，おのおのの解離定数やリガンド結合数 n を見積もることもできる．

ここで述べた平衡透析法による解離定数の算出法にはいくつかの注意点がある．実験的には，半透膜により分画できる低分子量リガンドと高分子量タンパク質の相互作用系にしか利用できない点，また，対象によっては半透膜に対するリガンド，タンパク質の吸着が起こる点である．また，スキャッチャードプロットを用いた解析法は，実験的に定量的な解離定数を得る手法としては，望ましいものではないと考えられている．それは，(7・17) 式にするために行った式変形操作の影響で，個々の実験データの誤差が均一ではなくなってしまうからである．しかし，スキャッチャードプロットは，上述の複数結合部位の判別などを視覚的に行えるという大きな利点もあることから，上記の注意点を踏まえたうえで適切かつ有効に利用すべきである．

7・2・2 簡便な解離定数算出法

上述の平衡透析法では，遊離リガンド濃度値 $[L]$ を直接計測できるため，(7・17) 式のスキャッチャードプロットなどの解析が行える．しかし，一般の結合反応解析実験では遊離リガンド濃度値を得ることが容易ではない場合も多い．通常の結合-解離反応溶液は，図 7・5 のような状態にあり，その濃度が明らかなのは，実験に用いるタンパク質溶液の総濃度 $[P_t]$ およびリガンド溶液の総濃度 $[L_t]$ のみであることが多い．一般的な相互作用解析法では，タンパク質溶液にリガンド溶液を数段階に分けて添加していき，複合体形成を反映した物理量*により，複合体濃度 $[PL]$ を計測し，

* 複合体形成によるパラメーター変化としては，1) 分光学的パラメーター（吸光度や蛍光強度など）の変化，2) 分子量の増大（表面プラズモン共鳴法による応答変化，拡散速度の減少などにより計測される），3) 核磁気共鳴 (NMR) 法による化学シフト変化，4) 熱測定による熱量変化などがある．

7・2 解離定数を求めるアプローチ

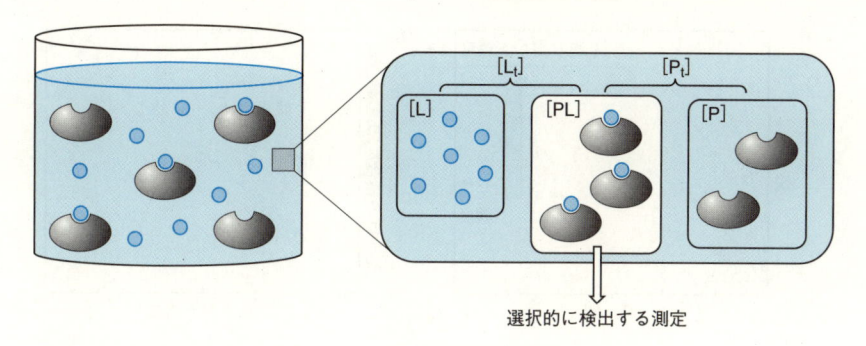

図7・5 結合反応解析における，反応水溶液の状態イメージ

選択的に検出する測定

理論式に基づきこれを解析することで解離定数を決定している．

リガンド滴定実験により計測された値が，複合体濃度 [PL]（あるいは P_b）に比例した値（Yとする）であれば，(7・15) 式は以下のように表される（α は比例定数）．

$$Y(計測値) = \alpha \frac{[PL]}{[P_t]} = \frac{\alpha[L]}{K_d + [L]} \quad (7・18)$$

本式における [L] は遊離型リガンド濃度であり，直接その値は計測できないことが多い．しかし，リガンド濃度をタンパク質濃度に対し過剰にするという実験条件が設定できれば，$[L] \approx [L_t]$ とできることから，

$$Y \approx \frac{\alpha[L_t]}{K_d + [L_t]} \quad (7・19)$$

の式により結合反応解析を行うことが可能になるはずである．本式は，前述のスキャッチャードプロットなどの直線回帰解析に展開することもできるため，簡便な解析法として古くから活用されている．近年では，多くの数値解析，グラフ作成，表計算ソフトウェアなどに，非線形回帰（カーブフィッティング）機能があり，それらを用いることで，リガンド添加量とそれに対応した計測値（上述の実験データ Y）の値を，直接 (7・19) 式に回帰させ，解離定数 K_d を得ることが可能となっている．この解離定数算出法は，$[L] \approx [L_t]$ が成り立つ実験条件が必要であるが，より一般的かつ厳密な解離定数算出方法については"コラム 一般的かつ厳密な解離定数算出法"に示しているので参照してほしい．

7・2・3 速度定数から解離定数を求めるアプローチ

金薄膜上に樹脂などを通してタンパク質を固定化し，その上にリガンド溶液を加え，リガンド結合に伴い生じる薄膜における**表面プラズモン共鳴**（SPR）の変化を観測して，結合・解離反応速度を求め，その値から解離結合定数を求めることも行われている．

(7・1) 式のような二分子結合反応系の場合，リガンド溶液を加えタンパク質-リガンド複合体を形成させた後，大過剰のリガンドを含まない溶液に置換するなど，再結合が起こりにくい条件下で，複合体量の減少の経時変化が計測できれば，(7・5) 式を解いた結果である指数関数減衰曲線（定数 $\times e^{-k_{off} t}$）にあてはめることで，解離速度定数 k_{off} を求めることが可能となる．

これに対し，結合速度定数の場合，複合体形成速度は，結合反応と解離反応を同時

表面プラズモン共鳴 surface plasmon resonance. 略称 SPR.

図 7・6 結合速度定数の算出. (a) リガンド濃度の変化に伴う,見かけの結合反応速度曲線の変化.(b) (a) のプロットの非線形回帰により求めた見かけの反応速度定数 ($k_\text{on}[\text{L}_0] + k_\text{off}$) とリガンド濃度 [$\text{L}_0$] 依存性の関係から結合速度定数 k_on を算出できる.

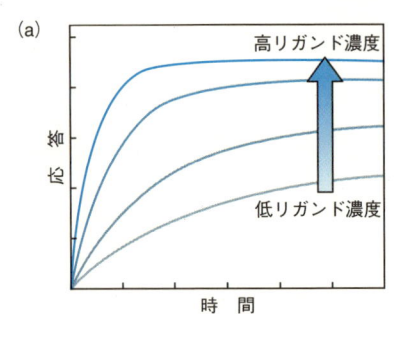

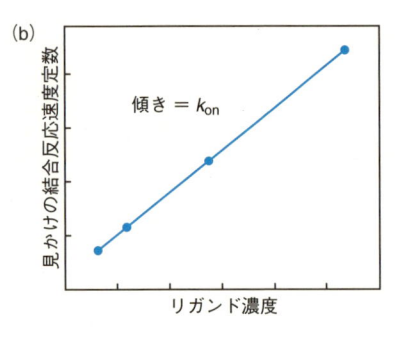

に考慮した,

$$\frac{d[\text{PL}]}{dt} = k_\text{on}[\text{P}][\text{L}] - k_\text{off}[\text{PL}] \tag{7・20}$$

をもとに解析する必要がある.(7・20)式について,タンパク質とリガンドの初期濃度を [P_0],[L_0] とすると,

$$\frac{d[\text{PL}]}{dt} = k_\text{on}([\text{P}_0] - [\text{PL}])([\text{L}_0] - [\text{PL}]) - k_\text{off}[\text{PL}] \tag{7・21}$$

と書けるが,反応速度を求める実験を行う際,(タンパク質濃度に対し)リガンド濃度を大過剰の条件(あるいはフロー実験系*でリガンド濃度を一定にできる条件)で実験を行えば,[L_0] − [PL] ≈ [L_0] とできる.すると,(7・21)式は,

* フロー実験系とは固相に固定化した標的分子に液相のリガンド分子を一定の濃度で供給し続ける実験系.

$$\frac{d[\text{PL}]}{dt} = k_\text{on}[\text{P}_0][\text{L}_0] - (k_\text{on}[\text{L}_0] + k_\text{off})[\text{PL}] \tag{7・22}$$

となり,結合反応速度は見かけ上,複合体濃度 [PL] の一次反応として表現されるため,比較的容易に (7・22) 式の微分方程式解である,複合体形成の時間依存性に関する式が得られる(β は比例定数).

$$[\text{PL}] = \beta(1 - e^{-(k_\text{on}[\text{L}_0] + k_\text{off})t}) \tag{7・23}$$

(7・23)式の指数関数曲線はリガンド濃度 [L_0] に依存しているため,実験的に結合速度定数 k_on を得るには,リガンド濃度 [L_0] を変化させた複数の実験を行い,それぞれの見かけの結合速度定数 ($k_\text{on}[\text{L}_0] + k_\text{off}$) を非線形回帰解析により算出した後に,そのリガンド濃度依存性から,真の結合速度定数 k_on の値を求めることになる(図7・6).

以上のようなアプローチから二つの速度定数値 (k_on, k_off) が実験的に求められれば,(7・6)式により解離定数を算出することができる.しかし,一般的に結合が弱い (k_off > 約 $1\,\text{s}^{-1}$) タンパク質-リガンド相互作用系の場合は,見かけの結合速度定数が速くなりすぎるため,速度論的解析を行うことは困難になる.そのような弱い相互作用系の場合には,タンパク質-リガンド結合に伴う SPR の変化値(平衡値)を指標とし,§7・2・2にならって解離定数を求める方法が用いられる.

本章では,タンパク質-リガンドの相互作用として最も単純な二分子結合反応を例

7・2 解離定数を求めるアプローチ

として，その物理化学的側面と結合解析のアプローチについて概観した．実際の測定に際しては，研究対象における非特異相互作用および結合部位の個数などに注意を払って実験を行うことが肝要となる．

一般的かつ厳密な解離定数算出法

(7・19)式を用いた解離定数算出法は，$[L]≈[L_t]$ が成立つ実験条件が必要であった．これに対し，総タンパク質濃度 $[P_t]$ が既知であれば，解離定数の本来の定義式である，

$$K_d = \frac{1}{K_a} = \frac{[P][L]}{[PL]} \qquad (7・3)$$

および総リガンド濃度 $[L_t]$ の関係から，直接的に複合体状態の計測値を表現することが可能である．(7・13)式，(7・14)をそれぞれ [P]，[L] について解いた式を，(7・3)式に代入し，複合体濃度 [PL] についての二次方程式を解けば，[PL] についての理論式を得ることができる．複合体濃度 [PL] に依存した計測値 ($Y = α[PL]$，$α$は任意の比例定数) が得られた場合，

Y(計測値)
$= α[PL]$
$= \dfrac{α([P_t]+[L_t]+K_d) - \sqrt{([P_t]+[L_t]+K_d)^2 - 4[P_t][L_t]}}{2}$
$\qquad\qquad\qquad\qquad\qquad\qquad (7・24)$

と表現できる．総タンパク質濃度 $[P_t]$ が既知である結合反応実験で，逐次添加していったリガンド総濃度 $[L_t]$ を横軸に，そのさいの複合体濃度に比例した計測値 (Y) を縦軸としてプロットし，(7・24)式に対しグラフ作成ソフトウェアなどの機能を用い，非線形回帰解析 (カーブフィッティング) を行えば，タンパク質–リガンド相互作用の解離定数 K_d を得られる．

NMRによるタンパク質–リガンド相互作用の解離定数決定の実例 上述の解析法の実例として，核磁気共鳴 (NMR) 法を用いた，化学シフト摂動法によるタンパク質–リガンド相互作用の解離定数決定について述べる．NMR測定により観測されるシグナルは，個々の原子核が置かれているミクロ環境に依存する．標的タンパク質にリガンドが結合すると，リガンド結合部位近傍の原子核のミクロ環境に変化が生じ，化学シフト値が変化することになる．リガンドを徐々に添加していき，タンパク質に対しリガンドが大過剰添加された条件では，NMRシグナルの化学シフト値は，リガンドが完全に (100%) 結合した複合体状態の標的タンパク質の化学シフト値を示す．このように，リガンド結合に伴うNMRスペクトルの化学シフト変化は，複合体形成を反映した (複合体濃度 [PL] に相関した) ものとなることから，化学シフト変化を追うことで，相互作用の解離定数を求めることが可能となる．

図1に ^{1}H–^{15}N シフト相関二次元NMRスペクトルを用いた例をあげる．100 μMの標的タンパク質に小分子リガンドを徐々に添加し，観測しているNMRシグナルが，リガンド非結合状態からリガンド結合状態へと変化していく様子が図1に示されている．リガンド添加濃度に対し，化学シフト変化の絶対値 (ここでは ^{15}N 軸の化学シフト変化を用いた) をプロットすると図2のようになる．(7・24)式を用い，グラフ作成ソフトウェアの非線形回帰曲線に当てはめることで，解離定数を容易に求めることができる (図2)．

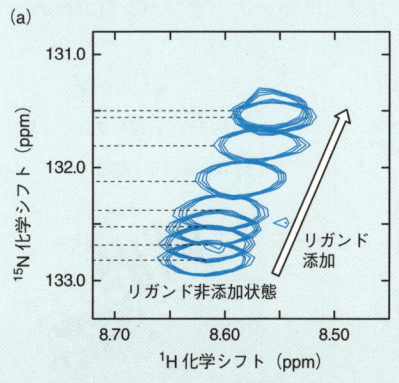

総リガンド濃度 (μM)	^{15}N 化学シフト変化絶対値 (ppm)
0	0.00
30	0.16
60	0.29
100	0.44
200	0.74
400	1.04
800	1.29
1200	1.35

$K_d = 1.8 \times 10^{-4}$ (M)

図1 NMRによるタンパク質–リガンド相互作用の解離定数の決定．(a) 血小板膜タンパク質GPVI細胞外ドメイン (濃度100 μM) の ^{1}H–^{15}N シフト相関スペクトルの一領域．小分子リガンド (阻害剤) 分子の結合により，あるNMRシグナルの化学シフトが変化していく様子を重合わせ図として示している．(b) 添加した総リガンド濃度と，^{15}N 化学シフトの変化値 (絶対値)．

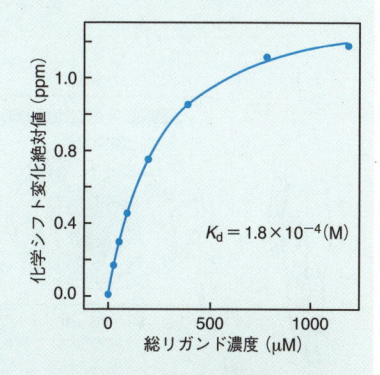

図2 図1で示した化学シフト変化値のリガンド添加濃度に対するプロット，および (7・24) 式に対する非線形回帰曲線に当てはめた結果

8 生体高分子の相互作用

前章までに，タンパク質の構造と機能について説明した（2章，5〜7章）．本章では，実際の生体内でのタンパク質の存在状態やその動的な挙動について，有機化学的な見方を取入れながら学ぶことにする．

8・1 細胞内のタンパク質の量と種類

ヒトについて考えてみよう（図8・1）．ヒトの体は，およそ60兆個程度の細胞からなるとされている．これらの細胞は約220種類に分類されるが，赤血球や生殖細胞などの例外を除けば，いずれも22対の常染色体と1対の性染色体を含む計46本の染色体をもち，遺伝子数はおよそ2〜3万である．ヒトのゲノムサイズは30億塩基対ほどであり，全ゲノム情報の約2%がタンパク質のアミノ酸配列（一次構造）を指定する情報である．ヒトの生体内に存在するタンパク質の種類（互いにアミノ酸配列の異なるタンパク質）は，RNAスプライシングや翻訳後の編集などを経て，おおむね5〜7万種類程度といわれている．

代表的なヒトの細胞では，その重量組成は，約70%が水であり，15〜20%がタンパク質である．DNAとRNAは重量比としてはわずかにそれぞれ約0.25%と1%であり，残りは脂質が約5%，多糖が約2%，塩類が約1%，そのほかの小分子が約3%，といったところである．これらの分子が容量約4 pLの一つ一つの細胞の中にぎっしりと詰まっている．タンパク質の分子量はさまざまだが，仮に平均分子量を4万とすると，一つの細胞内にはおよそ100億（10^{10}）分子のタンパク質が存在することになり，その濃度は4〜5 mMにも及ぶ．溶質重量でいえば，3 M食塩水に匹敵する高濃度である．分子量4万のタンパク質というと，形状にもよるが，直径はおよそ5 nm程度である．そうすると，細胞内の状態は，あたかもほとんどタンパク質で埋めつく

> **RNAスプライシングとタンパク質の翻訳後編集**
> DNAから転写されたRNAが切断と再結合によって成熟する過程をRNAスプライシング（RNA splicing）という．同一の遺伝子から転写されて生じるRNAが，異なるパターンのRNAスプライシングを受けることによって複数種のRNAを与える場合がある．同様に，タンパク質（ポリペプチド）も，切断やシステイン側鎖におけるS-S結合の架橋などの翻訳後編集（posttranslational modification）を受けることによって前駆体とは異なるアミノ酸配列のタンパク質となる場合がある．

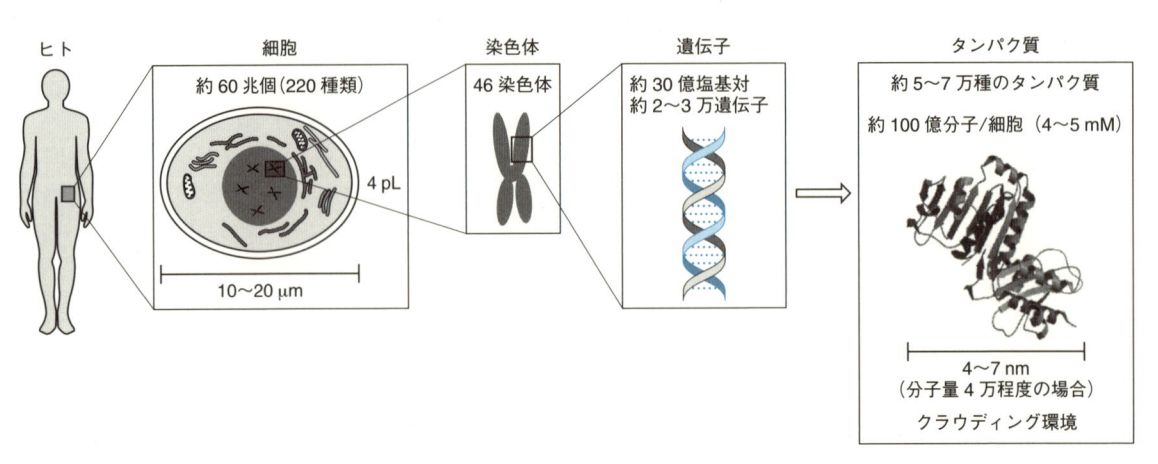

図8・1 ヒトのタンパク質

されていて，その隙間に水分子が存在しているようなイメージといえよう．

8・2 細胞内のタンパク質の存在状態
8・2・1 クラウディング環境

§8・1で述べたように，実際の生命現象においてタンパク質が働いている細胞内の状況は，ほとんど固体と思えるほどに濃く，研究室で行う有機合成反応や生化学実験反応とは，条件がかけ離れている．細胞内における混みあった状況（**クラウディング環境**または**分子クラウディング**という）は，第一に，タンパク質の取りうる高次構造を制限する．実際に，"精製状態とクラウディング環境下での三次構造が異なるタンパク質の例"や，"試験管内の通常の反応条件ではなかなか観察されないオリゴマー形成が，クラウディング環境にすることによって容易に観察できるようになるタンパク質の例"，などが知られている．

第二にクラウディング環境は，タンパク質などの高分子の流動性を制限する．したがって，"いつ""どこに"そのタンパク質が存在するか，という，"時間情報"や"位置情報"がそのタンパク質の機能の発揮に決定的な因子になってくる．特に情報伝達系では，シグナル応答に開始される一連のカスケード反応を効率的に次から次へと直列的に生じさせるために，関与するタンパク質群があらかじめ近傍に直列的に配置されているととらえられる．以下，あらかじめ相互作用するタンパク質どうしが近傍に配置している例として酵素型の膜受容体を（図8・2），また，相互作用するタンパク質と遺伝子DNAとが複合体を形成している例として転写因子型の核内受容体をあげる（図8・3）．

8・2・2 受容体タンパク質の活性化

上皮増殖因子受容体 13章でより詳しく述べるが，図8・2には**上皮増殖因子受容体**（**EGFR**）の活性化の様子を模式図として示した．EGFRは膜タンパク質であり，単量体Aでは不活性である．**上皮増殖因子**（**EGF**）と結合すると細胞膜上で二量化し（B），2分子のEGFRが至近距離に位置することによって互いをリン酸化して活性化する．このリン酸化が引金となってEGFのシグナルが細胞内に伝達されていく．X線構造解析によって，EGF-EGFR複合体が二量化したもの［(EGF-EGFR)$_2$］と，EGF-EGFR複合体がフリーの（EGFが結合していない）EGFRと二量化したもの［(EGF-EGFR)・EGFR］の両方の存在が確認されている（図8・2a）．EGFR自体の膜上での移動速度は遅いはずであるが，EGFの結合によって開始される情報伝達のしくみが効率的に機能するためには，2分子のEGFRが，あらかじめ拡散することなく互いに近傍に位置していることが重要である．そのことによって，EGFに対する応答，すなわち二量化が短時間に完了し，効率的な情報伝達が可能となっている．ある種の類縁の受容体では，あらかじめ細胞外ドメインで二量化しており，リガンドが結合することによってコンホメーション変化を起こして細胞内ドメインが接近・相互作用するような例も知られている．

EGFRは，EGFが存在しないときも，互いに膜に埋もれて近傍に位置しているから，ある程度は二量化して活性化されていると考えられる（X線構造解析によってリガンドが結合していないEGFRの二量体が確認されている）．すなわちEGFRは，不

代表的な細胞の重量組成

水	70%
タンパク質	15〜20%
脂質	5%
多糖類	2%
塩類	1%
DNA	0.25%
RNA	1%
その他小分子	3%

クラウディング環境 crowding condition. 分子クラウディング (molecular crowding) ともいう.

上皮増殖因子受容体 epidermal growth factor receptor. 略称 EGFR.

上皮増殖因子 epidermal growth factor. 略称 EGF.

(a) 上皮増殖因子受容体（EGFR）の活性化

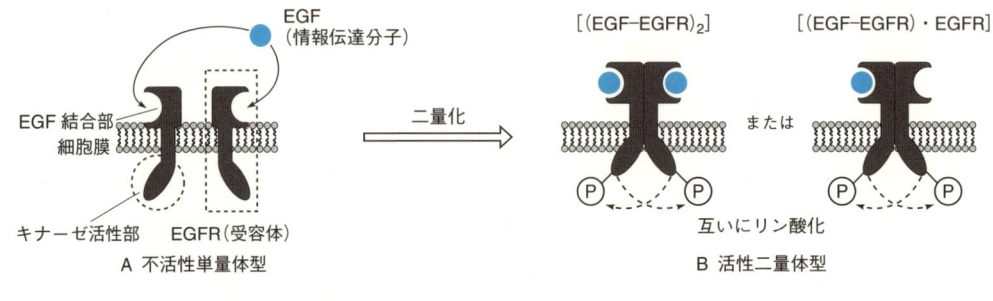

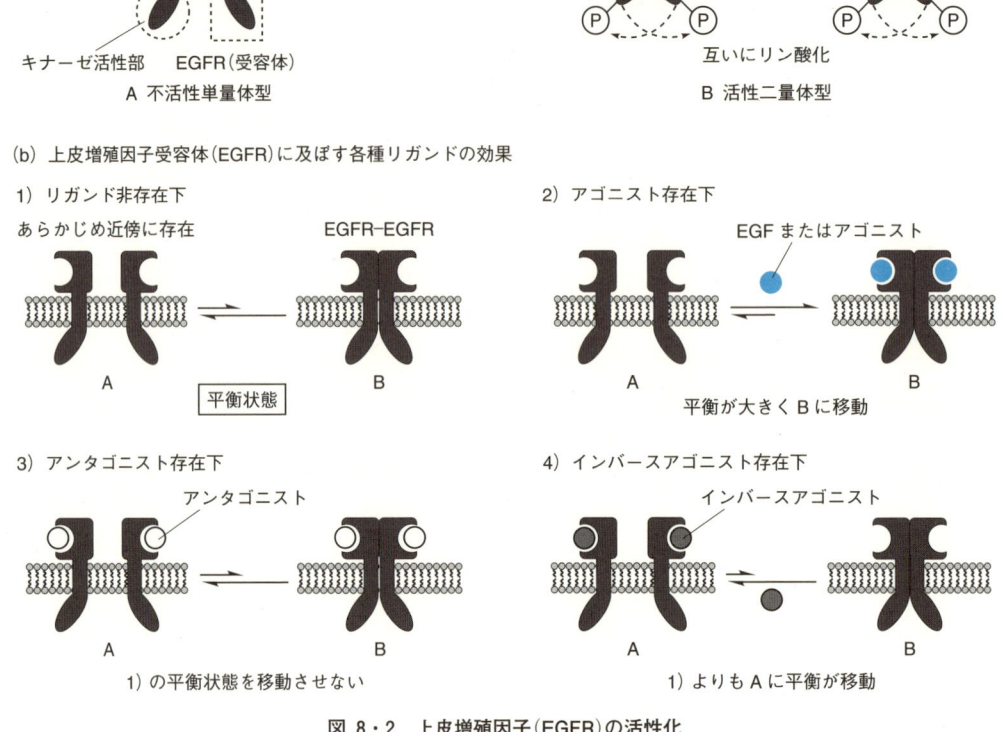

図8・2 上皮増殖因子（EGFR）の活性化

活性単量体型 A と，活性二量体型 B との平衡状態にある，ととらえられる〔図8・2b，1)〕．EGF の結合が，その平衡を活性二量体型 B に大きく移行させる．

EGFR に結合して平衡を活性二量体型 B に移動させるものが**アゴニスト**，逆に不活性単量体型 A に移動させるものが**インバースアゴニスト**である．EGF と競合して EGFR に結合するが，平衡の移動を伴わないものが**アンタゴニスト**である．図8・2 (b) の 2)〜4) では，EGFR とそれに結合する分子の化学量論比を 1 : 1 として模式化した．

アゴニスト agonist
インバースアゴニスト inverse agonist
アンタゴニスト antagonist

レチノイン酸受容体 retinoic acid receptor. 略称 RAR.

レチノイン酸受容体　図8・3にレチノイン酸受容体（RAR）の例を単純化して示した．詳細は 11 章で述べるが，RAR ははじめから核内で，特定の塩基配列をもった DNA を認識して結合し，さらに他のタンパク質因子とも結合して複合体を形成して，レチノイン酸（RA）を待ち受けている．RA は細胞外から RAR を標的として核内に進入してくる．仮に RAR が 1 分子で他の因子と複合体を形成することなく細胞内に存在するとし，RA が細胞内を純粋な受動拡散で移動すると仮定すると，計算上，細胞表面から RAR 分子までの RA の到達時間はおよそ 30 分となってしまう．しかし，実際には RAR は DNA 上の特定位置に複合体を形成しているし，RA は脂溶性が高く，細胞内の膜構造を二次元溶媒として移動するので，それらの条件を加味して計算する

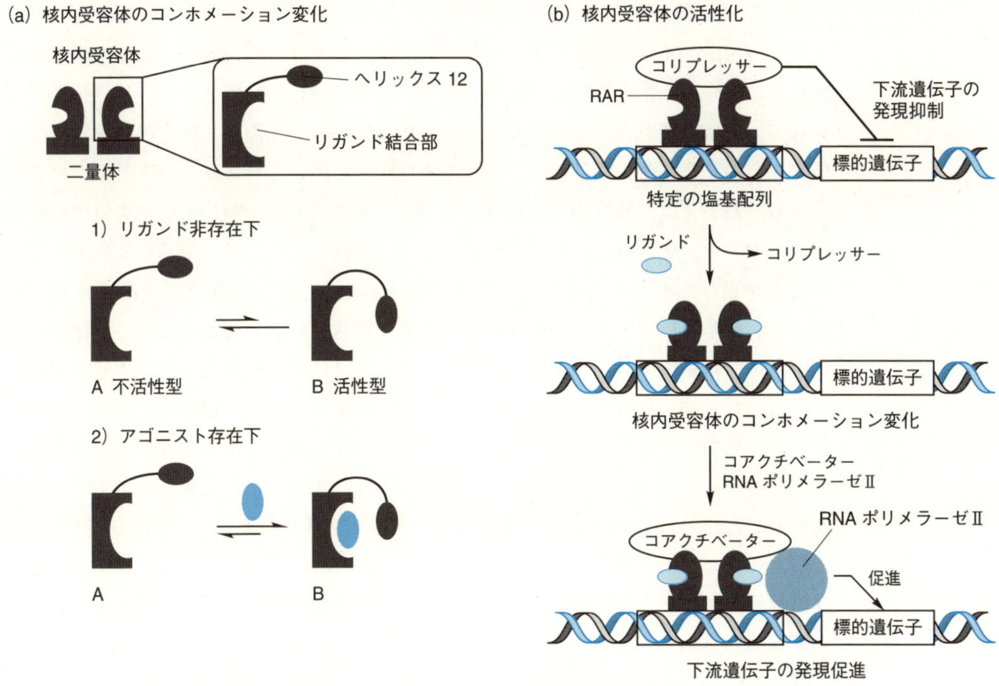

8・2 細胞内のタンパク質の存在状態　87

(a) 核内受容体のコンホメーション変化
(b) 核内受容体の活性化

図 8・3　レチノイン酸受容体(RAR)の活性化

と,到達時間はわずかに数秒となる.

　RARの活性化の構造要因は,その部分構造であるヘリックス12のRAが結合することによるコンホメーション変化である.ヘリックス12のコンホメーション変化によって,RARはコアクチベーターとよばれる転写促進補助因子と結合することができるようになる.コアクチベーターはメッセンジャーRNAの合成にかかわるRNAポリメラーゼⅡに親和性をもつので転写複合体が形成されて標的遺伝子の効率的な転写が進行する.この場合も,EGFRの場合と同じように,不活性型コンホメーションのRAR Aと活性型コンホメーションのRAR Bは平衡状態にあり,RAの結合が平衡を大きく活性型Bに移動させると考えられる.アゴニスト,インバースアゴニスト,アンタゴニストの定義は上述のEGFRの場合と同様である.

パーシャルアゴニストとパーシャルアンタゴニスト

　定量的な意味で平衡の移動を全く伴わないものは少なく,アンタゴニストとよばれるものの多くは,厳密には**パーシャルアゴニスト**(partial agonist,平衡状態を移動させる活性が,比較するアゴニストよりも小さいもの)もしくはインバースアゴニストである.また多くの活性検定系において,リガンド非存在下〔図8・2b, 1)〕での受容体の正の活性が測定(観察)されない場合も多い.そのような場合では,活性検定においてはアンタゴニスト(単独で無活性)とインバースアゴニスト(単独で負の活性)が区別されないことになる.

　同様に,受容体の不活性状態・活性状態の平衡を移動させる観点からは,パーシャルアゴニストと**パーシャルアンタゴニスト**(partial antagonist)は同じである.これらの化合物について,実験的には単独でのアゴニスト活性が弱すぎて測定(観察)されない場合,慣例的にパーシャルアンタゴニストとよばれる.通常,測定する活性は,受容体の活性状態を反映しつつも,その後の別因子との多段階の反応の結果であるから,リガンドに対する定量的な応答量の解釈はより複雑である.本書では,厳密な議論を要さないかぎり,アゴニストの作用と拮抗する活性をもつものを総じてアンタゴニストとよぶ.

8・2・3 浪費サイクル

§8・2・2では，受容体タンパク質が二量化，または，他の因子と相互作用して活性化する場合の，活性型と不活性型の間での平衡状態について述べた．速い平衡が成立っていれば，それだけシグナル分子に対する応答も速くなる．類似の状況は，リン酸化などの化学修飾が活性化（または不活性化）に用いられるタンパク質についてもいえる．たとえば，細胞内情報伝達の重要なメカニズムの一つにタンパク質中のチロシン，セリン，またはトレオニンの側鎖のリン酸化がある．リン酸基は生理条件では負電荷を帯び，タンパク質の立体構造を変化させる．リン酸化を行う酵素は**キナーゼ**，リン酸基を除去（脱リン酸化）する酵素は**ホスファターゼ**とよばれ，多種類のものがある．細胞内では，リン酸化と脱リン酸化が常にある程度のレベルで同時進行している．これは一見無駄な反応をしつづけているようにみえ，**浪費サイクル（徒労サイクル，無益サイクル**ともいう）とよばれる．しかし浪費サイクルは，情報を効率的かつ急速に伝達するために優れたシステムである．すなわち，浪費サイクルが存在しないとした場合，あるタンパク質についてそのリン酸化状態を10倍量に上げるためには，キナーゼ活性を10倍上昇させなければならない．しかし，図8・4に示すような浪費サイクルが存在すれば，キナーゼ活性をわずか2倍弱まで活性化するだけでリン酸化状態にあるタンパク質量は10倍となる．同じく図に示したように，キナーゼ活性をわずかに10％阻害するだけで，実質的なリン酸化活性は失われることになるし，それ以上に阻害が起これば，リン酸化活性と脱リン酸化活性の釣合を逆転させる

キナーゼ kinase

ホスファターゼ phosphatase

浪費サイクル futile cycle. 徒労サイクル，無益サイクルともいう．代謝学では基質サイクル（substrate cycle）とよばれる．

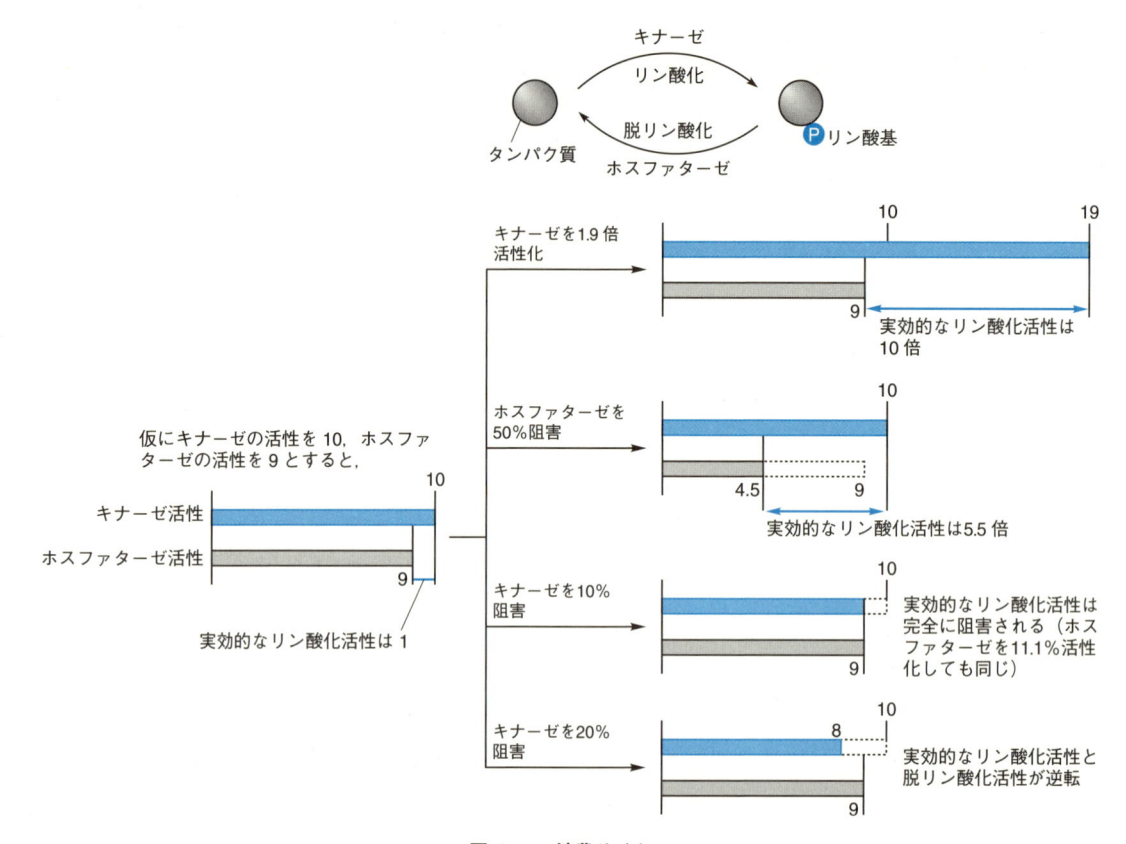

図 8・4 浪費サイクル

こともできる．このように，リン酸化による迅速な情報伝達は，浪費サイクルが存在するなかで，キナーゼもしくはホスファターゼの活性を制御することによって可能になる．

8・3 タンパク質の立体構造の形成: フォールディング

8・3・1 タンパク質の機能と立体構造

　細胞が1分子のタンパク質を合成するのに要する時間はおおむね15分程度とされている．細胞全体でみると，毎秒数万分子のタンパク質が合成され，同時に不要となったタンパク質が分解されている．各タンパク質の寿命はまちまちであるが，短いものでは数分，長いものでは数カ月とされている．

　タンパク質の機能においてその三次構造が重要なのはいうまでもない．たとえば酵素は，5章で説明したように触媒する反応の平衡を移動させる能力はなく，基本的には遷移状態を安定化することによって，その反応を効率的に推進する．触媒する反応は，通常の溶液反応とは異なる位置選択性や官能基選択性，立体選択性を示すことも多い．酵素反応における遷移状態の安定化は，たとえていうならば，基質に対する原子レベルでの位置特異的な溶媒和や，各種の一時的な共有結合形成を伴う触媒反応で達成されている．有機反応における溶媒和の重要性は周知であるが，溶液中では，溶媒は基質分子に対して原子レベルで均一に溶媒和するし，触媒も基質分子全体に均一に衝突してしまう．しかし，基質分子が，基本的には真空（いくつかの水分子が存在することが多いが）である酵素内部に取込まれると状況は一変する．酵素内部では，その空間の特定の位置に配置されたアミノ酸残基が（水分子を介する場合もあるが），基質分子に対してあたかもその酵素が触媒しようとする反応に必要な位置だけに溶媒和するような状況が生み出される．当然，酵素内部では，アミノ酸残基の位置によって基質分子との相互作用部位も決定されるから，化学的には不利な選択性（たとえば，立体的に混みあったほうや，化学反応性の低いほうなど）をもって相互作用する場合も多い．このように，基質分子と相互作用する各アミノ酸残基の空間配置，すなわち三次構造が，その酵素に特異な反応を触媒することを可能にしている．酵素に限らず，タンパク質の機能は基本的に三次構造によって発揮される．タンパク質の働きは三次構造によって決められているといっても過言ではない．

　なお，一般に酵素は，触媒する反応の遷移状態の安定化を，その遷移状態構造に対する親和性の高さで達成している．したがって，"形"としてその遷移状態を模倣し，しかし反応は起こさないような分子，**遷移状態模倣体（遷移状態ミミック）**がその酵素に対して高い結合活性をもつ．遷移状態模倣体は，酵素の活性部位を安定に埋めてしまうために，強力な酵素阻害剤になりうる．

遷移状態模倣体 transition state mimic. 遷移状態ミミックともいう．

8・3・2 フォールディング

　タンパク質は，DNAの情報をもとに細胞内でN末端から順次アミノ酸を一つずつ脱水縮合させる形式でC末端に向けて合成されるが，これが折りたたまれて立体構造を形成する成長過程が**フォールディング**である（図8・5a）．かなりの場合，フォールディングの後，形成された立体構造をより固定化するために，ジスルフィド結合を形成してそのタンパク質の三次構造が完成する．フォールディングの異常は，

フォールディング folding

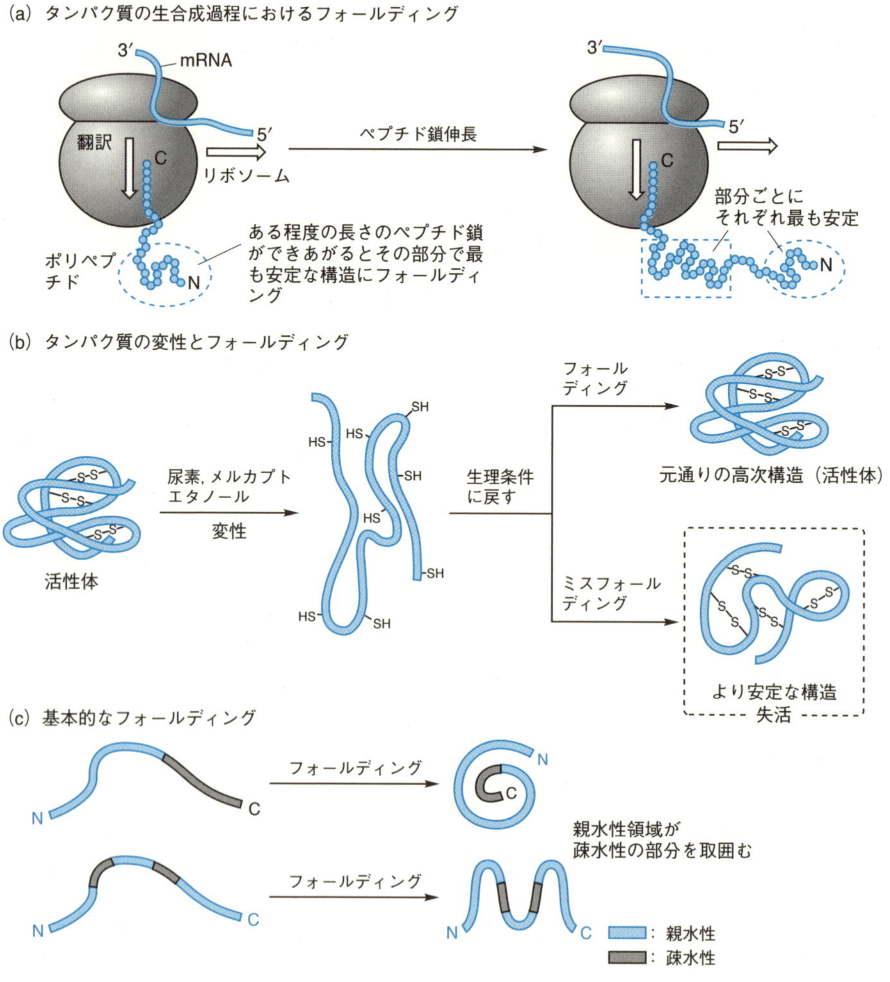

(a) タンパク質の生合成過程におけるフォールディング

(b) タンパク質の変性とフォールディング

(c) 基本的なフォールディング

図 8・5　タンパク質のフォールディング

さまざまな疾病の原因にもなっている（コラム"フォールディング異常症"参照）.
　タンパク質が生理的に正しく機能するために必要な三次構造をとるためのフォールディング（生理的に正しいフォールディング）は，必ずしもそのタンパク質の一次構造から導き出される，熱力学的に最も安定な構造ではない．多くのタンパク質は，いったんその三次構造を破壊すると，元通りの高次構造に戻ることはない（図8・5b）．これを**変性**という．例外として有名なのはリボヌクレアーゼAという酵素である．リボヌクレアーゼAを，ジスルフィド結合を還元切断し，ついで尿素で処理して変性させる．これを再度，生理条件に戻すと，この酵素は元通りの三次構造に復元して活性を示す（図8・5b）．
　多くのタンパク質について変性・失活が，後述するシャペロンなどを用いない限り不可逆的であることは，フォールディングを単純化してとらえるとうなずけることである．タンパク質のフォールディングは，極論すれば，タンパク質の疎水性の部分をなるべく分子全体の内部に，そして親水性の部分が疎水性部分を取囲むように分子表面に配置するようにポリペプチド鎖を折りたたむ過程（図8・5c），ととらえることができる（ただし，膜タンパク質の場合は様子が異なり，膜貫通部分は分子表面が疎

変性 denaturation

フォールディング異常症

タンパク質のフォールディングは，そのタンパク質の機能のみではなく，タンパク質の細胞内局在・輸送・寿命（安定性）をも左右する．したがって，フォールディングの異常は生理的にさまざまな障害（フォールディング異常症）をひき起こす．フォールディング異常の原因は老化や酸化ストレスなどもあるが，原因タンパク質の変異を伴う遺伝性の疾病も多い（下表）．

一つのグループは**ポリグルタミン病**（polyglutamine disease）である．ポリグルタミン病は，特定タンパク質中のポリグルタミン鎖の異常伸長（遺伝子レベルでは，グルタミンをコードするトリプレット配列CAGの繰返し配列の大幅な伸長）が原因である疾病の総称である．ポリグルタミン鎖はβシート構造（2章参照）をとりやすく，βシートどうしは疎水性相互作用によって互いに会合する性質があるため，ポリグルタミン鎖が長くなるほど，凝集しやすくなる．凝集体は，**アミロイド**（amyloid）とよばれる直径10nm弱程度の繊維体を形成して細胞を傷害する．さらにアミロイドは，組織に沈着して**アミロイドーシス**（amyloidosis）とよばれる病態をひき起こす．

ポリグルタミン病としては，これまでにハンチントン病をはじめ9疾患が知られ，いずれも神経変性疾患である．これは，細胞分裂を終えて後，体内で終生にわたり維持されなければならない，という，神経細胞がもつ宿命によるものであろう．神経細胞がアミロイドーシスによって少しずつ失われていく状態が，神経変性疾患である．

ポリグルタミンタンパク質以外にも，アルツハイマー病やプリオン病などの原因タンパク質がアミロイド繊維を形成する．これらの疾病もフォールディング異常症に分類されるであろう．また，パーキンソン病もα-シヌクレインの異常蓄積が特徴である．

わが国で難病に指定されている網膜色素変性症は，少なくもその一部は視物質ロドプシン（16章）の変異が原因である．正常なロドプシンは，小胞体で合成された後に正常にフォールディングすることで網膜細胞膜上に移行し（**トラフィッキング**trafficking），そこで機能する．いくつかの変異ロドプシンは正常なフォールディングができないために細胞膜に移行せず（トラフィッキング異常），小胞体上に蓄積して網膜の変性をひき起こしてしまう．その他，トラフィッキング異常で特徴づけられるフォールディング異常症として，腎性尿崩症やニーマン-ピック病C型があげられる．

フォールディング異常がタンパク質の不安定化・短寿命化・欠失に直結している疾病としては，ほかに肺気腫や，リソゾーム病に分類される，ゴーシュ病，ファブリ病がある．

代表的なフォールディング異常症

病　名	原因タンパク質
ポリグルタミン病	ポリグルタミンタンパク質
球脊髄性筋萎縮症	核内アンドロゲン受容体
ハンチントン病	ハンチンチン
脊髄小脳失調症1型(SCA1など)	アタキシン1など
フォールディング異常によるタンパク質の異常蓄積を伴う疾病	蓄積タンパク質
パーキンソン病	α-シヌクレイン
アルツハイマー病	アミロイドβタンパク質
プリオン病(BSEなど)	プリオン
フォールディング異常によるタンパク質のトラフィッキング異常を伴う疾病	局在異常タンパク質
網膜色素変性症	ロドプシン
腎性尿崩症	バソプレシン受容体(V2受容体)
ニーマン-ピック病C(NPC1)型	NPC1タンパク質
フォールディング異常によるタンパク質の不安定化を伴う疾病	短寿命・欠失タンパク質
ゴーシュ病	β-グルコセレブロシダーゼ
ファブリ病	α-ガラクトシダーゼ
筋萎縮性側索硬化症(ALS)	スーパーオキシドジスムターゼ(SOD1)
フォールディング異常によるタンパク質の機能欠損を伴う疾病	機能欠損タンパク質
マルファン病	フィブリリン
骨形成不全症	I型コラーゲン

図 8・6 インスリンの成熟過程

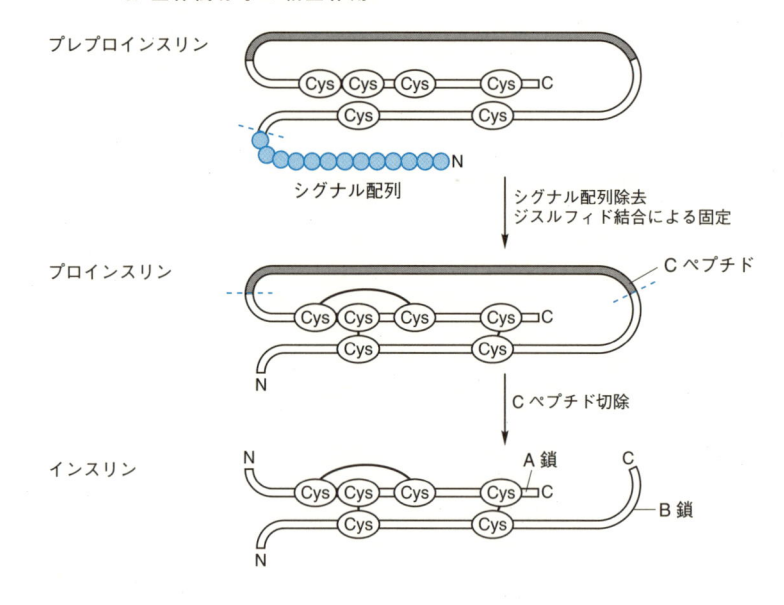

水的なはずである).このことによってフォールディングしたタンパク質は,水環境のなかでより安定に存在することができる.すべてのポリペプチド鎖は,失活したものであれ,水環境に置けば必ず疎水性部分を覆いかくすような折りたたみをしようとするが,生理的に正しいフォールディングを行うには多くの条件が必要である.

最大の条件は,ポリペプチド鎖の生合成過程にある.ポリペプチド鎖はN末端から順次直列的に伸長していく性質上,完全長のポリペプチド鎖が完成する前に,ある程度の長さのポリペプチド鎖が合成された時点で,その部分が最も安定になるように折りたたまれる(図8・5a).したがって,部分部分でみれば,局部的に最も安定な構造をとっているが,完全長のポリペプチド鎖の分子全体としては最も安定な形とはならない場合が多い.

インスリン insulin

また,**インスリン**のように,生合成の過程で,部分的なフォールディングを伴いながら長い前駆体のポリペプチド鎖(プレプロインスリン)としてつくられ,これがジスルフィド結合を形成して立体構造が固定化され(プロインスリン),ついでプロテアーゼの作用で切断されて初めて活性のあるインスリンとなるものもある(図8・6).こうしたものは,一度変性するともとに戻らないのは当然であろう.

あるタンパク質が正常な機能を発揮するためには,正しく折りたたまれることが必須の過程である.しかし,§8・2・1で述べたように実際の細胞内はクラウディング環境にあり,正しくフォールディングすることはかなりむずかしい.当然,まちがったフォールディング(ミスフォールディング)を起こすこともある.また,ポリペプチド鎖は生合成の過程で,はじめは疎水性部分もむき出し状態で伸長してくるので,そのさい周囲に同時にむき出し状態の疎水性のポリペプチドクラスターが存在すれば,容易に互いが疎水性相互作用を起こし,凝集してしまう.

一般に,タンパク質を過剰発現させると,そのタンパク質の凝集の危険性は高くなる.タンパク質の一次構造や性質によるが,正常な状態でも,タンパク質が正しくフォールディングするのはかなりむずかしいようである.特に膜タンパク質の場合には,小胞体で合成されたのちに正しく折りたたまれ,膜貫通部分の疎水性部分は膜構

造で覆われたうえで，細胞膜まで移動しなくてはならない．甲状腺ペルオキシダーゼのように，合成されたタンパク質のうちわずかに数％しか細胞膜に正しく移行しないとみなされているものもある．

　正しくフォールディングしたタンパク質も，生理条件下においても常に変性の危険にさらされている．こうした状況に対応すべく，細胞は正しいフォールディングを手助け，あるいはミスフォールディングを修正する機構，加えてミスフォールディングしたタンパク質を排除する機構を備えている．前者の代表がシャペロンとよばれる一群のタンパク質であり（§8・3・4），後者の代表例がユビキチン・プロテアソーム系とオートファジーである（コラム"ユビキチン・プロテアソーム系"参照）．

8・3・3 変性と失活

　タンパク質が水環境に近似される細胞内で，疎水性部分を分子の内部に，そして親水性部分を分子表面に配置するフォールディングで安定化していることは，水系のエントロピーを考えるとわかりやすい．本来，水はエントロピー的にきわめて有利な状態にある．水は部分的に，**氷型構造**（図8・7a）にみられるような**クラスター構造**を多くとっている（図8・7b，図6・3参照）．純水であっても水素イオン濃度はpH 7で表されるから，一部は電離している．有機化学実験で ^{1}H NMR を測定するとき，重水 D_2O を添加すると，有機分子のヒドロキシ基やアミノ基の水素が重水素に置換されて（H–D 交換）それらのプロトンシグナルが消失するのはよく経験するところであろう．活性プロトンは，特定の分子に固定されず，絶えず動き回っているようにみえる．

オートファジー

細胞が自らのもつタンパク質を，ミトコンドリアなどの細胞小器官も含めて膜構造の中に取囲み（オートファゴソーム），ついで，プロテアソームの宝庫ともいえるリソソームと融合し，包み込んだタンパク質を一網打尽にアミノ酸にまで分解する機構をオートファジー（autophagy，自食作用）という．飢餓状態や，変性タンパク質が凝集して蓄積した場合，病原菌が細胞内に侵入したときなどに起動する．

氷型構造 ice structure
水のクラスター構造 water cluster

ユビキチン・プロテアソーム系

　細胞はミスフォールディングしたタンパク質を認知すると，これをユビキチン化する機構を備えている．**ユビキチン**（ubiquitin）とは，76アミノ酸からなる分子量約7600の小さなタンパク質であるが，これが分解されるべきタンパク質のリシン残基に結合する（図）．ユビキチン化には3種の酵素（ユビキチン活性化酵素E1，ユビキチン結合酵素E2，ユビキチンリガーゼE3）が関与する．ユビキチン化は順次繰返され，最低四つ以上のユビキチンが連結して結合すると（ポリユビキチン化タンパク質），**プロテアソーム**（proteasome）とよばれる巨大なタンパク質複合体に認識される．プロテアソームは細胞質にも核内にも存在し，筒状の構造をしている．ポリユビキチン化されたタンパク質は，プロテアソームに認識されてその筒状構造の内部に引き込まれ，通り抜ける間にフォールディングがほどかれて，小ペプチドないしアミノ酸にまで切断分解される．

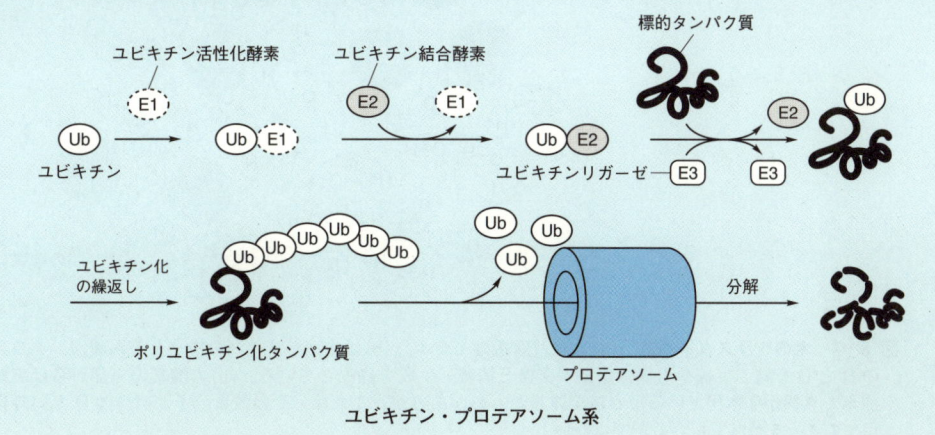

ユビキチン・プロテアソーム系

8. 生体高分子の相互作用

水の構造モデル中（図8・7b），氷型構造のようなクラスター構造をとっている部分では，"各水素原子がどの酸素原子に共有結合しているか"は，ほとんど決定不能で，共有結合・水素結合・電離を繰返している．そこには膨大な数の組合わせが存在するはずである．このことによって，水は非常に高い自由度，すなわちエントロピーをもっている．クラスター構造をとること自体は，直感的には自由度が低下するように感じるかも知れないが，逆である．こうした水の中に，疎水性の溶質が存在すると，その周囲では水のクラスター構造が破壊されてしまうから（図8・7b），水素原子が動き回れるクラスター内の水分子数が減少し，系としてはエントロピー的に不利になってしまう．それゆえ，タンパク質はその疎水性部分が水とふれあわない状態がエントロピー的にも有利で安定である．

DNAの二重らせん形成は，相補的な塩基対の形成によってエンタルピー的にも有利であるが，疎水的な核酸塩基を分子内部に配置し，親水的なリン酸ジエステル部分を分子表面に配置して水にふれさせており，エントロピー的にも有利である．小分子と二重らせんDNAとの相互作用形式の代表的なものに**インターカレーション**がある（1章参照）．疎水性で平面性の高い小分子が二重らせんDNAの二つの塩基対の間に

インターカレーション intercalation

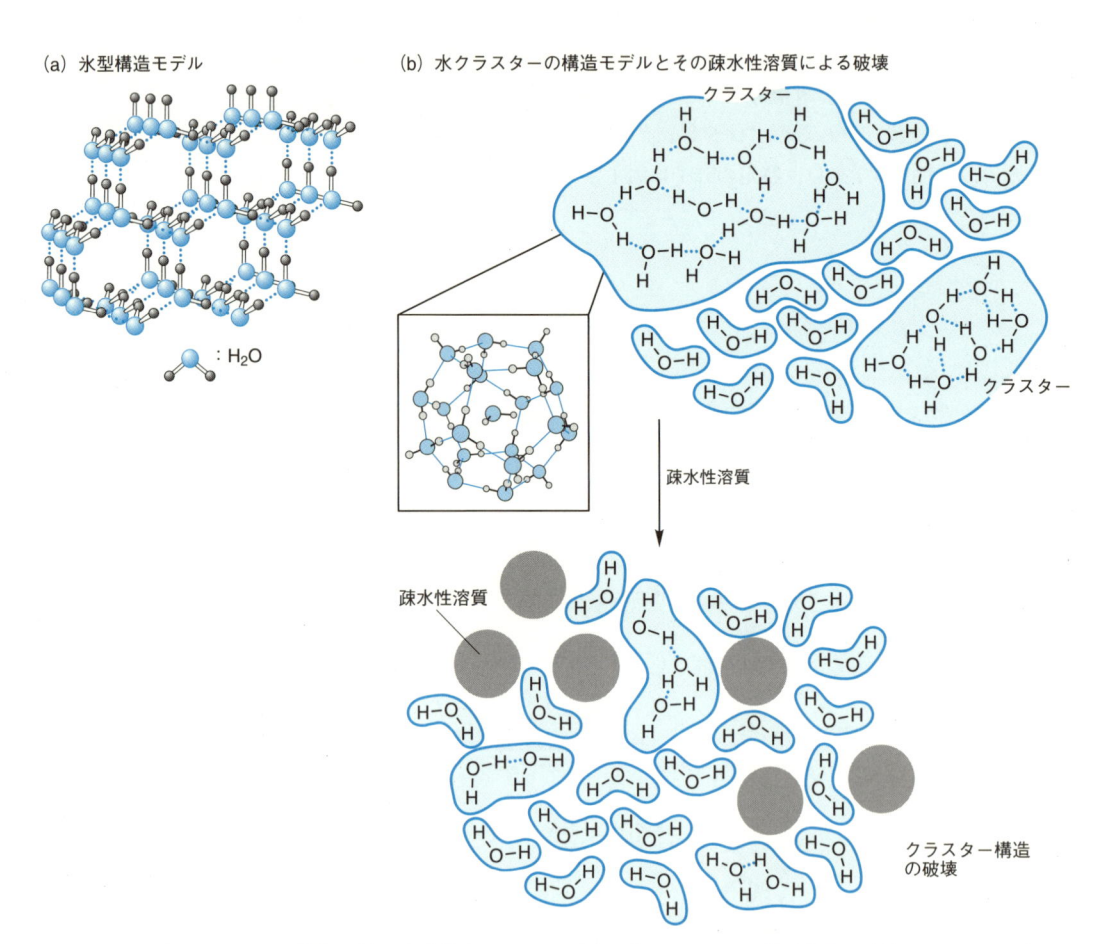

図 8・7 水のクラスター構造．（a）は氷型構造のモデル．（b）は水クラスターの構造とその破壊．クラスター内のHとOを結ぶ実線や点線はたえず交換と消滅・生成を繰返している．（b）の酸素の一部からは実線2本に加えて点線が2本出ているように記述したものがあるが，これは，その酸素分子が四つのHと同時に相互作用することを意味している訳ではない．

8・3 タンパク質の立体構造の形成：フォールディング

はまり込む相互作用である．脂溶性小分子が水中に存在すると，周辺の水のクラスター構造は破壊されているが（図8・7b），これがインターカレーションすることによって水のクラスター構造が回復し，系全体としてエントロピー的に有利な相互作用となっている．

前項で，タンパク質の三次構造の破壊を変性と定義した．変性をいいかえると，多くの場合，当該タンパク質の疎水性部分を水中で露出させる過程にほかならない．変性の原因はいくつかあるが，ここでは代表例として，熱とカオトロピズムを紹介する．

熱変性　タンパク質の熱変性は食品の加熱調理など，普段の生活においても身近に観察される事象である．タンパク質を加熱すれば，当然，分子内の原子が熱エネルギーを獲得し，運動が活発となり，安定であったフォールディングを破壊してしまう．いったん，フォールディングが破壊されて疎水性部分が露出すれば，露出した疎水性部分が分子間で凝集することになる．ゆで卵の例はわかりやすい．それほど極端でないにしろ，人体が感染などによって炎症を起こせば発熱する．せいぜい38〜40℃であろうが，しかしこの程度の発熱でも，タンパク質の変性の危険度が高まるほどの高い運動エネルギーを与えるらしい．生体は，熱というストレスに対応してタンパク質の変性を防ぐために**熱ショックタンパク質**とよばれるシャペロン（§8・3・4）を誘導する．

熱ショックタンパク質 heat shock protein．略称 HSP．

カオトロピズム　一般に**カオトロピズム**とは，水のクラスター構造を破壊する現象をいい，これをひき起こす物質を**カオトロープ剤**という．水のクラスター構造が破壊されてしまえば，系自体のエントロピーがその分，減少しているわけだから，タンパク質の疎水性部分の露出に対するエントロピーの減少が相対的に少なくてすむ．すなわち，変性しやすくなる．前項で，リボヌクレアーゼAの変性に尿素を用いたが，尿素は代表的なカオトロープ剤であり，ほかにグアニジウム塩やヨウ素イオン，チオシアナートイオンなどが知られている．

カオトロピズム chaotropism
カオトロープ剤 chaotropic agent, chaotrope

当然，"疎水性化合物自体，カオトロープ剤である"ともいえる．タンパク質のアセトン沈殿などは実験的にもよく用いられる手法である．また，空気は，水よりも疎水的である．よく「タンパク質溶液はあまり気泡を入れないように扱うべし」と注意されるが，これは空気と水との境界面で，タンパク質が疎水領域を露出して変性することを恐れてのことでもある．

8・3・4 シャペロン

細胞は，タンパク質の合成の過程で，正しいフォールディングを手助けしたり，ミスフォールディングを修正する役割を担う，**シャペロン**と命名された一群のタンパク質を備えている．最も単純なものは，対象タンパク質の疎水性アミノ酸クラスターに選択的に結合して，これを覆ってしまうシャペロンだろう．疎水性部分が覆われてしまえば，そのタンパク質はもはや凝集することはない．代表例はHSP70（熱ショックタンパク質70）とよばれるタンパク質で，その名のとおり，細胞が高温ストレスにさらされると誘導されるタンパク質である．HSP70自体，正しくフォールディングしたタンパク質であるが，分子内に疎水性のβシートで囲まれた溝構造をもっている．この疎水的な溝に，対象タンパク質の疎水性アミノ酸クラスターが選択的にはまり込み，覆いかくされて，そのタンパク質は細胞内で安定に存在できる．

シャペロン chaperon

単に疎水性部分を覆いかくすだけのシャペロンは代謝エネルギーを必要としないが，ATPのエネルギーを使ってフォールディング前のポリペプチド鎖を正しく折りたたませたり，あるいは変性した（さらには凝集した）タンパク質を再生する機能をもつシャペロンも存在する．変性にジスルフィド結合の組直しが生じている場合には，これをもとに戻すためにタンパク質ジスルフィドイソメラーゼ（PDI）という酵素が存在する．タンパク質のミスフォールディングにプロリンイミド結合が関与している場合には，その異性化をつかさどる，ペプチジルプロリルイソメラーゼ（PPI）という酵素が存在する．シャペロンのなかには，PDI活性やPPI活性を有するものも存在する．細胞は，シャペロンの働きをもってしてもタンパク質のフォールディングが正常になされない場合，あるいはフォールディングを正常に維持できなくなったとき，そのタンパク質を分解排除する機構，ユビキチン・プロテアソーム系とオートファジー機構を備えている．

タンパク質ジスルフィドイソメラーゼ protein disulfide-isomerase. プロテインジスルフィドイソメラーゼともいう．略称 PDI.

ペプチジルプロリルイソメラーゼ peptidylprolyl *cis-trans*-isomerase. 略称 PPI.

8・4 タンパク質間の相互作用

8・4・1 タンパク質の重合

コラム"フォールディング異常症"で，アミロイドの生成を各種神経変性症の病因として紹介した．アミロイドはタンパク質の規則的な凝集によって生成する繊維体である．類似した生理的な繊維状構造体に，**アクチン繊維**や**微小管**がある．それぞれGアクチン，ならびにαチューブリン・βチューブリン二量体が規則正しく結合して形成されるが（図8・8），生理的な制御下にあるので凝集とはいわず，重合という．

アクチン繊維 GアクチンはATPまたはADPと結合している．ATP結合Gアクチンは安定に重合するが，重合には方向性があり，新たにATP結合Gアクチンが重合する端をプラス端という（図8・8a）．アクチン繊維中でATPが加水分解されてADP結合Gアクチンになると，重合状態が不安定になって脱重合する．脱重合の生じている端がマイナス端である．細胞内では，アクチン結合タンパク質とよばれる一群のタンパク質の制御を受けつつ，アクチン繊維の重合と脱重合が高速かつ正確に行われている．

微小管 微小管はおもに**チューブリン**とよばれるタンパク質の重合体からなっており，これにさまざまな**微小管結合タンパク質**が結合している．重合体の単位はαチューブリンとβチューブリンからなる二量体で，繊維の末端にβチューブリンのあるほうの端がプラス端である（図8・8b）．βチューブリンには，GTPもしくはGDPが結合する．GTP結合チューブリン二量体が安定的にプラス端から重合し，GTPが加水分解されてGDPになるとマイナス端から脱重合する．

アクチン繊維，微小管ともに，哺乳動物細胞の分裂・増殖に重要な役割を果たしている．それぞれの重合阻害剤や，脱重合阻害剤が，細胞分裂阻害などの生理活性を発揮する．いくつかは，抗がん剤として利用されている（10章参照）．

アクチン繊維 actin filament
微小管 microtubule
チューブリン tubulin
微小管結合タンパク質 microtubule-associated proteins. 略称 MAPs.

8・4・2 タンパク質複合体

タンパク質は単独で機能することはむしろ少なく，多くの場合は複合体を形成して機能する．タンパク質どうしの認識と結合は，§8・2・1で述べたクラウディング環境に基づく位置情報"何が近くに存在するか"と，§8・3・4で述べたようなタンパ

(a) アクチン繊維

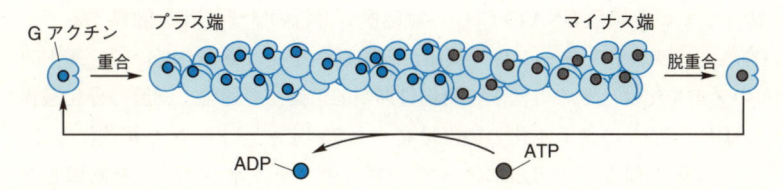

図中ラベル: Gアクチン, プラス端, マイナス端, 重合, 脱重合, ADP, ATP

(b) 微小管

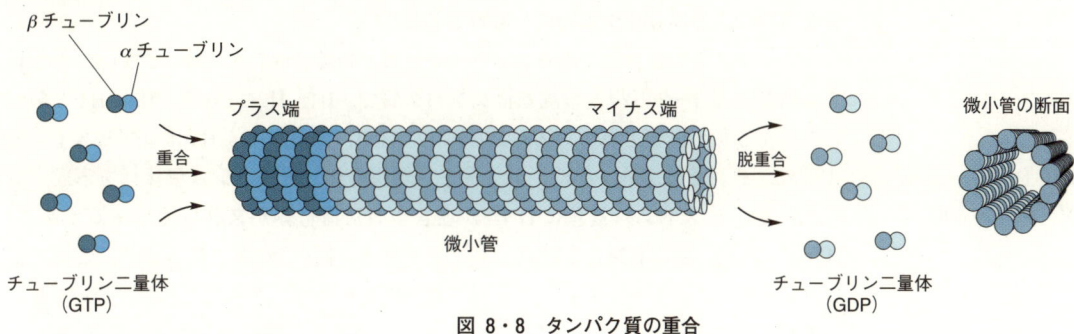

図中ラベル: βチューブリン, αチューブリン, プラス端, マイナス端, 重合, 脱重合, 微小管, 微小管の断面, チューブリン二量体（GTP）, チューブリン二量体（GDP）

図 8・8　タンパク質の重合

ク質どうしの疎水的結合が基本となる．当然，選択性・特異性ならびに複合体の安定性の観点から，水素結合や静電相互作用は重要である．

§8・2・2で述べたレチノイン酸受容体は，核内受容体の一つである．11章でより詳しく学ぶが，核内受容体はその機能を発揮するために，コアクチベーターとよばれる一群の転写促進補助因子と結合することが必須である．この結合においては，核内受容体は共通してコアクチベーターのもつ LXXLL という配列部分を認識して結合している．L はロイシン，X は任意のアミノ酸である．これをみても，保存されている相互作用はロイシン側鎖との疎水性相互作用であることがわかる．LXXLL というペプチドの模倣体によって，核内受容体とコアクチベーターとの相互作用を阻害することも可能である（図8・3）．

8・5　タンパク質と DNA の相互作用
8・5・1　ヒストン

　遺伝子 DNA の塩基配列情報以外に子孫に受け継がれる情報として，細胞分裂に伴う，ミトコンドリアなどの細胞小器官の分配（細胞質遺伝）に加え，DNA のメチル化情報と，ヒストンの化学修飾パターンが知られている．後者は**ヒストンコード**とよばれるが，DNA 塩基配列の遺伝暗号に対応するようなものではない．ヒストンコードは，ヒストンの化学修飾の一つ一つが特定の形質に対応する何らかの情報を担うようなものではなく，複数の修飾が集団として形成するパターンに意味がある，という性質のものである．DNA メチル化とヒストンコードは，エピジェネティクス研究のホットな領域になっている．

　DNA のメチル化は，通常 CpG 配列（5′ 側からシトシン-グアニンの順の核酸塩基配列）のシトシンの 5 位（図1・13）のメチル化（m^5C）であり，本反応を触媒するいくつかの **DNA メチル基転移酵素**（DNMT）が知られている．このうち，DNMT1

ヒストンコード histone code

遺伝暗号 genetic code

DNA メチル基転移酵素　DNA methyltransferase. 略称 DNMT. DNA メチルトランスフェラーゼともいう．

という酵素は，メチル化DNAの複製において，親鎖DNA中のm^{5}CpG部分を認識し，相補的に結合している娘鎖DNAのCpGの対応する部位のメチル化を触媒する．このため，DNAのメチル化パターンは，親鎖から娘鎖へと受け継がれていく．基本的にはDNAのメチル化は，その遺伝子の発現に抑制的に働く．通常，細胞の分化過程が進行するほど，DNAのメチル化の頻度は高くなり，そのパターンも複雑になる．DNMTの小分子阻害剤などの応用によって，DNAのメチル化パターンを制御したり，メチル化DNAを鋳型にして非メチル化DNAの複製が可能になれば，細胞の小分子処理による脱分化が可能になるかもしれない．

一方，ヒストンとは，アルギニンやリシンなどの塩基性アミノ酸（2章）を20%以上含む分子量1〜2万程度の塩基性タンパク質で，H1, H2A, H2B, H3, H4と名づけられた5種に分類されている．このうち，H2A, H2B, H3, H4はコアヒストンとよばれ，それぞれ2分子ずつ，計8分子，が複合体（**ヒストン八量体**）を形成する（図8・9）．ヒストン八量体にDNAが巻きついた構造体が**ヌクレオソーム**である．H1はリンカーヒストンとよばれ，ヌクレオソーム間のDNAに結合する．こうしてヌクレオソームがビーズ状につながって繊維構造となり，さらにこれがコイルを巻いて凝縮したものが**クロマチン**である．ヒストンの重要な役割の一つは，長いDNA分子をコンパクトにまとめて核内に収納する役割であろう．

ヒストンの塩基性は，酸性分子であるDNAとの親和性に寄与している．ヌクレオソーム中のヒストンは，大まかにいうとC末端側は球状の構造をとり，N末端の20〜30アミノ酸配列が直鎖状にぶら下がった形（**ヒストン尾部**）をしている．ヒストン尾部のリシン，セリン，トレオニンおよびアルギニン残基はアセチル化，メチル化，リン酸化，ユビキチン化といった化学修飾を受けることが知られている．これらの化学修飾は，遺伝子発現など，数々のクロマチン機能の制御にかかわっている．そのため，ヒストンの化学修飾のパターンが第二の遺伝暗号になっていると考えられるよう

ヒストン八量体 histone octamer
ヌクレオソーム nucleosome

クロマチン chromatin

ヒストン尾部 histone tail

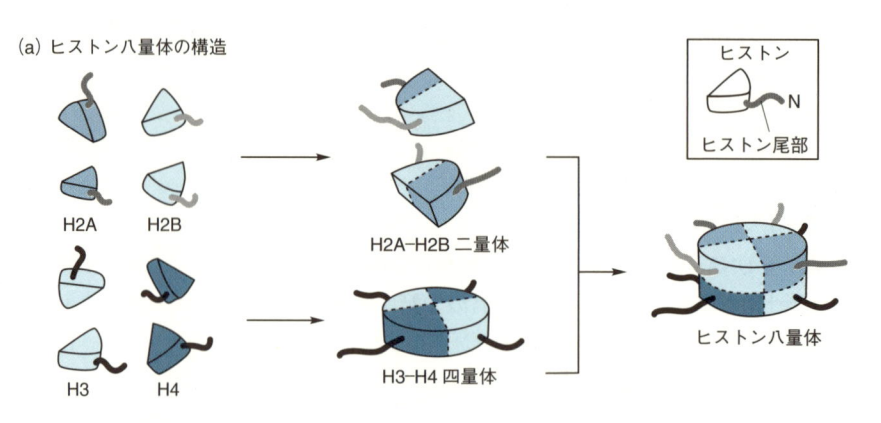

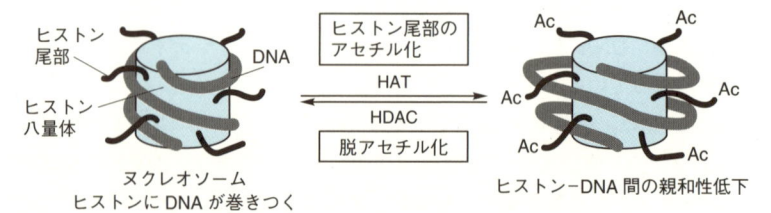

図 8・9 ヒストン

になった（ヒストンコード説）が，先にも述べたとおり，ヒストンコードの情報は遺伝暗号に対応するようなものではない．ヒストンコードは個体を構築する細胞が，その細胞種や分化状態を，個体の一生にわたって記憶する装置のようなものにたとえられる（ある種の情報は世代を超えて受け継がれる場合があるらしい）．ヒストン自体，DNA の複製に連動して半保存的に分配され，その化学修飾パターンが娘細胞に受け継がれていく機構が提唱されている．

ヒストンのさまざまな化学修飾は，前述の DNA のメチル化と連動しつつ，それぞれ特異的な酵素によって触媒される．たとえばアセチル化では，**ヒストンアセチル基転移酵素**（HAT）という酵素が，ヒストンのリシンやアスパラギンのアミノ基をアセチル化する．この化学修飾によってヒストンの塩基性は下がることになる．塩基性が低下すれば，DNA との親和性も低下するから，クロマチン構造はほどけやすくなり，結果的に遺伝子発現を促進する方向に働く．一方で，ヒストンのアセチル基を加水分解する**ヒストン脱アセチル化酵素**（HDAC）が存在する．ヒストンの脱アセチル化は，HAT の効果と逆に，クロマチン構造を安定化し，当該の遺伝子発現を抑制する方向に働く．ヒトでは HDAC は実に 17 種もの存在が知られていて，それらの特異的阻害剤の創製研究が盛んに行われている．

ヒストンアセチル基転移酵素 histone acetyltransferase. ヒストンアセチルトランスフェラーゼともいう．略称 HAT.

ヒストン脱アセチル化酵素 histone deacetylase. 略称 HDAC. ヒストンデアセチラーゼともいう．

8・5・2　DNA 結合タンパク質のモチーフ

DNA に塩基配列特異的に結合するタンパク質群には，いくつかの共通構造（モチーフ構造，図 8・10）が存在するとみられる．もちろん，すべての塩基配列特異的

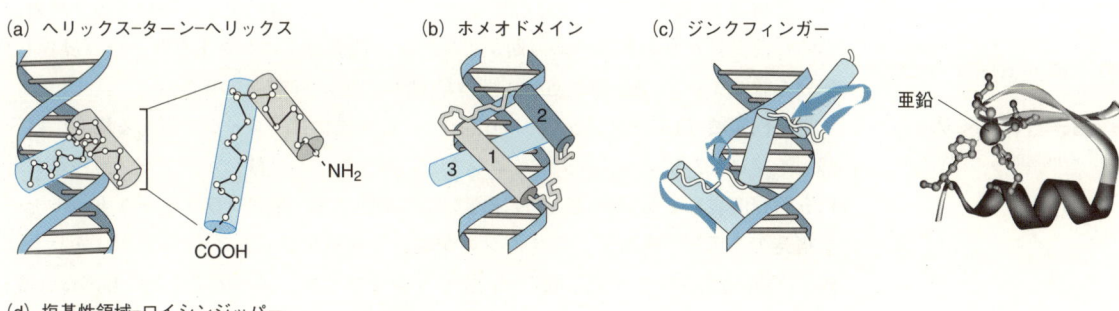

(a) ヘリックス-ターン-ヘリックス　　(b) ホメオドメイン　　(c) ジンクフィンガー

(d) 塩基性領域-ロイシンジッパー

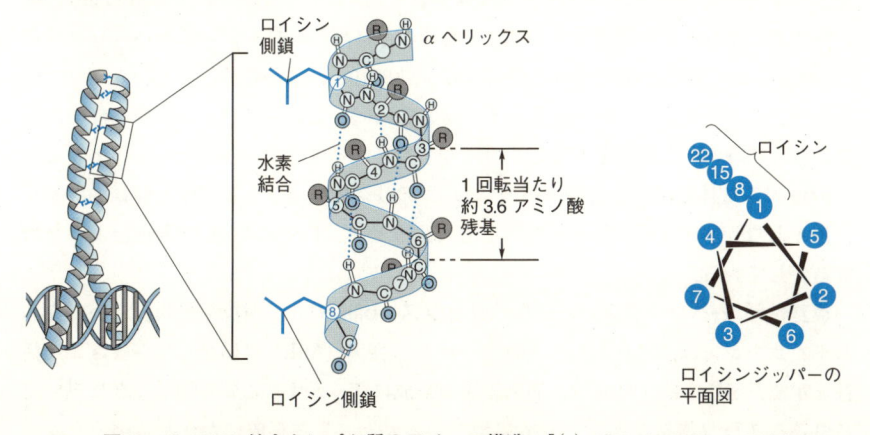

図 8・10　DNA 結合タンパク質のモチーフ構造．[(c) は S. A. Wolfe, L. Nekludova, and C. O. Pabo, *Ann. Rev. Biophys. Biomol. Struc.*, **29**, 183 (2000) より改変．]

DNA 結合タンパク質がいずれかのモチーフ構造に分類されるわけではないが，代表的なモチーフ構造を紹介する．

ヘリックス-ターン-ヘリックス ヘリックス-ターン-ヘリックス (HTH) は，はじめは原核細胞の転写因子のモチーフ構造として見いだされた．7～8 アミノ酸残基と 10～15 アミノ酸残基からなる α ヘリックスが，3～4 アミノ酸残基からなるターン構造を介して連結した構造である（図 8・10a）．一次構造においても，ヘリックス内によく保存された疎水性アミノ酸がある．二つめのヘリックスが，DNA 二重らせんの主溝（1 章）にはまり込む．一般的に二量体として DNA に結合し，したがって認識される塩基配列はパリンドローム（回文）配列である．

一方，真核細胞ではホメオドメインとよばれる構造モチーフが HTH に相当する．ホメオドメインは三つの α ヘリックスが短いループで連結しているが，2 番目と 3 番目のヘリックスが HTH 構造となっている（図 8・10b）．ヘリックスは原核細胞の HTH に比べて長く，また，ホメオドメインは一般に単量体で DNA に結合する．

ヘリックス-ターン-ヘリックス
helix-turn-helix. 略称 HTH.

ジンクフィンガー ジンクフィンガーは亜鉛が，システイン残基やヒスチジン残基に配位した構造単位である（図 8・10c）．四つのシステインに亜鉛が配位する C_4 型，$CX_{2(\text{または}4)}CX_{12}HX_{3\sim5}H$（C はシステイン，H はヒスチジン，X は任意のアミノ酸）というモチーフの C_2H_2 型，$CX_2CX_6CX_2CX_6C$ をモチーフとし，6 個のシステインが 2 個の亜鉛に配位する GAL4 型がある．

ジンクフィンガーは，レチノイン酸受容体 RAR（§8・2・2）や各種のステロイド受容体など，核内受容体の DNA 結合ドメインのモチーフ構造にもみられる．核内受容体は，必ず 2 組のジンクフィンガー構造をもち，かつ二量体として DNA に結合する（詳細は 11 章参照）．二量体の形成については，向き合い型と，順列型の 2 種類がある．前者はパリンドローム（回文）配列を，後者はダイレクトリピート（繰返し）配列を認識する．C_2H_2 型と GAL4 型は単量体で DNA に結合できる．

ジンクフィンガー zinc finger

向き合い型 head-to-head. 頭-頭型ともいう．

順列型 head-to-tail. 頭-尾型ともいう．

塩基性領域-ロイシンジッパー (bZip) C 末端側に，ロイシン（ある場合には一部，イソロイシンやバリン，アラニンなどの疎水性アミノ酸）が 7 アミノ酸残基ごとに 5 回程度現れる配列を有し，N 末端側に塩基性アミノ酸のクラスターをもつモチーフ構造である．7 残基ごとにロイシンが現れる構造は単にロイシンジッパーとよばれ，DNA 結合タンパク質に限らず，ケラチンやフィブリノーゲンなどにもみられる．ロイシンジッパー部分は α ヘリックス構造をとる．α ヘリックスはおおむね 3.6 アミノ酸残基で 1 ピッチを形成するので，7 残基ごとに現れるロイシンは α ヘリックスの 2 回転目ごとに同じ方向に向いて直列する（図 8・10d）．このため，ロイシンジッパーをもつタンパク質は，2 分子集まって，同方向に向いて並んだロイシン残基群の部分で効率的に疎水的な結合を形成し，コイルドコイル構造により安定な二量体となる．

塩基性領域-ロイシンジッパー
basic leucine zipper. 略称 bZip.

コイルドコイル coiled-coil

bZip の二量体では，塩基性の領域は DNA のリン酸ジエステル部分と静電的な相互作用をしながら DNA 二重らせんの主溝に入り込み，DNA 分子を挟み込むような形で結合している．

塩基性領域-ヘリックス-ループ-ヘリックス (bHLH) 環境汚染物質として有名なダイオキシンは，アリルハイドロカーボン受容体 (AhR) に結合してさまざまな活性を示す．bHLH は，AhR や，筋肉細胞の形成に深くかかわる転写因子などに見いだされるモチーフ構造である．bZip に似ているが，二量体形成にかかわる部分がループで結ばれた二つのヘリックスからなっている．

塩基性領域-ヘリックス-ループ-ヘリックス basic helix-loop-helix. 略称 bHLH.

生理活性発現の化学 III

　第Ⅲ部では，生理活性発現にかかわる諸現象を小分子化合物の視点から解説する．第Ⅰ部および第Ⅱ部で学習した内容に比べて生命現象の複雑性がかなり目立ってくるが，おもな登場人物についてはすでに学んでいるので心配には及ばない．まず9章では，薬物などが作用を発揮する場面を想定して，酵素阻害剤を取上げる．小分子化合物が酵素のどの部位に結合し，また，どのように阻害作用を発現しているのかを知ることによって，化学の言葉で酵素の作用を理解できるように工夫した．つづいて10章では，DNAの相互作用および化学修飾に焦点を当て，発がんのメカニズムと抗がん剤の作用について触れる．化学反応によってDNA塩基に化合物が結合することが契機となってがん化を惹起すること，一方で，抗がん剤の多くが同様なDNAの化学修飾を介して作用していることを解説する．これらは，化学反応性と薬理作用が密接に関連する好例である．

　さらに11章では，内因性の生理活性物質として，ステロイドホルモンを取上げる．細胞表面の受容体膜タンパク質に結合する一般的な生理活性物質と異なり，細胞膜を通過して，細胞質に存在する受容体タンパク質に結合し，さらにタンパク質・ホルモン複合体が核内に移行して，直接的に遺伝子発現を誘導する．小分子化合物が生理機能を発揮する機構の一部始終を目の当たりにできる稀有な例である．第Ⅲ部の最後12章では，ペプチドホルモンに着目する．歴史的に重要なホルモンの研究を介して，生理活性物質の研究がどのように発展してきたかを学んでほしい．特に，ペプチドのもつ化学構造と機能の多様性が強力な生理活性の発現の基礎となっていることに着目してほしい．

　以上第Ⅲ部では，薬理作用や毒性も含めて，強い生物活性を有する小分子化合物を例示し，それらのかかわる生命現象について具体例をあげるように努めた．これら生理活性物質，薬物や毒物がもつタンパク質との特異な相互作用を理解するための化学的センスを身につけてほしい．

生理活性発現の化学 1：酵素阻害の化学

9·1 酵素と基質

酵素は生体内の触媒といわれ，基本的にはタンパク質（単純または複合タンパク質）である．1832 年に麦芽抽出液から発見・命名されたジアスターゼ（アミラーゼ）が最初に発見された酵素といわれている．古典的には酵素機能はタンパク質に固有のものとみられたが，RNA を構成成分とする生体内触媒が多く発見され，それらは**リボザイム（RNA 酵素）**とよばれる．酵素が触媒する反応は多様であるが，酵素を構成しているタンパク質自身は化学物質であるから，反応自体としては当然通常の有機化学の法則に従い，化学触媒と同様に活性化エネルギーを下げて遷移状態の安定化を促す（図 9·1）．しかし，通常の化学触媒とは異なる点がある．あくまで原則であり，例外はあるが，以下の 5 点をあげることができる．

1) 反応の加速性：反応を 10^6〜10^{12} 倍加速させ，化学触媒反応と比較しても数桁速い．
2) 反応条件：おおむね 100 °C 以下，大気圧，pH 7 付近で反応が進行する．
3) 反応特異性：ただ一つの型の反応しか触媒しない．
4) 基質特異性：化学構造上，共通点をもった化合物群にしか作用しない．
5) 立体化学的特異性：酵素の基質となりうるのは，どちらか一方の光学異性体の系列に限られる．

酵素と結びつき，変化を受ける物質を**基質**という．反応は基質どうし，または基質と試薬の接近・衝突に始まる．この接近・衝突は，反応に都合のよい位置関係で起こらねばならない．通常の溶液反応では，接近・衝突はランダムな方向から起こるが，酵素は自らが形成する三次元空間内に基質どうし，または基質と試薬を，反応に都合のよい位置関係で取込む能力をもっている．ある場合には，試薬に対応する官能基を

酵素 enzyme

リボザイム ribozyme．RNA 酵素ともいう．

基質 substrate

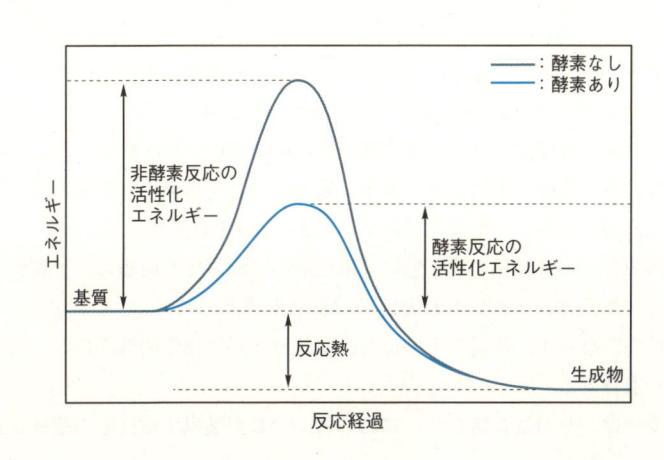

図 9·1 酵素存在時と非存在時における反応のエネルギー変化

用語	
基質結合部位 substrate-binding site	
活性部位 active site	
基質特異性 substrate specificity	
反応特異性 reaction specificity	
基質-酵素複合体 substrate-enzyme complex	
静電相互作用 electrostatic interaction	
水素結合 hydrogen bond	
疎水性相互作用 hydrophobic interaction	
ファンデルワールス相互作用 van der Waals interaction	
鍵と鍵穴説 lock and key theory	
誘導適合 induced-fit	
触媒抗体 catalytic antibody. 抗体酵素, アブザイム (abzyme) ともいう.	
溶媒和 solvation	
遷移状態 transition state	

酵素自身が内含している. 酵素はまず第一にこのことによって, 効率的な反応の場を提供する. この基質や試薬の取込みは, 酵素のもつ三次元空間の形が取込まれる基質や試薬の形に適合していることが第一条件であり, 酵素化学ではそのような部位を**基質結合部位**といい, そこで反応が起こる場合には**活性部位**という. 基質結合部位の三次元構造は各酵素に固有であるから, 各酵素にはその形状に従って固有の基質のみが結合する (**基質特異性**). また, 酵素が触媒する反応は 1 種類だけであり, 異なった反応には別の酵素が必要となる (**反応特異性**). 基質と酵素の複合体 (**基質-酵素複合体**) は, 基質分子と酵素分子の間のさまざまな相互作用によって安定化されている. 主たる相互作用は**静電相互作用, 水素結合, 疎水性相互作用, ファンデルワールス相互作用**などであるが, 当然これらの相互作用はタンパク質自身の高次構造の形成においても重要な役割を果たしている. 一般に酵素の活性部位の立体構造は鍵と鍵穴の関係のように特定の基質とぴったり合う, 常時形が決まっているように考えられてきた (**鍵と鍵穴説**). しかしいくつかの酵素では鍵と鍵穴説だけでは説明できない部分がある. 実際に活性部位を構成しているのはタンパク質であり, 分子の構造としては決して剛体ではない. たとえば酵素の基質結合部位の三次元構造 (コンホメーション) は, 基質がないときと基質が結合した状態とでかなり異なる場合がある. 基質-酵素複合体では, 酵素自身が自らの初期のコンホメーションを変化させて, 結果的に複合体として最も安定な構造になる. このような現象は**誘導適合**とよばれる (12 章参照). 基質側も, 酵素に結合した状態では必ずしもそのコンホメーションは溶液中での最安定構造でない場合も多い.

一般に酵素は高い基質特異性, すなわち特定の構造の分子を認識する. 抗体も同じように特定の分子 (抗原) の構造を認識して, それに対して高い結合能をもっている. L. Pauling は, 酵素と抗原の違い, つまり前者はある反応を進行させる触媒となるが, 後者はそうならないという違い, について酵素自体の構造の柔軟性を想定した. すなわち Pauling は, 酵素はある程度柔軟な構造をもち, 基質を認識して結合する一方で, それが触媒する反応の遷移状態の構造をも認識するダイナミックに変換しうる構造をもっていると考えた. これに対して抗体は剛直な構造ゆえに, 反応の触媒にならないと考えた. しかし近年, 酵素機能をもたせた抗体が次つぎと創製され, それらは**触媒抗体** (抗体酵素, アブザイム) とよばれている. 多くの触媒抗体は, 触媒させようとする反応の遷移状態を模倣した構造体を抗原の構造として抗体をつくっている.

9・2 酵素反応

通常の溶液中の化学反応では, 基質や試薬に対する**溶媒和**が反応の効率に大きく影響する. 溶液中では溶媒和は基質や試薬の極性官能基すべてにランダムに生じるが, 酵素内部の基質結合部位においては, 酵素内部の特定のアミノ酸側鎖があたかも固定された位置にある溶媒分子のように働き, 基質中の特定の極性官能基のみにピンポイントで相互作用できるような場を提供する (§8・3・1 参照).

溶媒和に限らず, 酸触媒や塩基触媒, 求核触媒についても同様に, 基質結合部位の特定のアミノ酸残基が, 固定された位置にある触媒として働く. このことによって, 基質特異性のみならず, 基質分子内における位置・立体化学的特異性ともに高い反応が効率よく進行する.

さらに酵素は, その基質結合部位において, それが触媒する反応の**遷移状態**の構造

9・2 酵 素 反 応

を認識して安定化する，という特異な性質をもっている．このことによって反応の活性化エネルギーを下げ，その反応を効率的に進行させる．したがって，その遷移状態の構造を模倣した安定な化合物は，しばしば当該酵素に高い親和性をもち良好な阻害剤となる．たとえば，ホタルの発光は発光酵素ルシフェラーゼによって発光基質の化学エネルギーが光へと変換されるものである．この発光反応は2段階で進行する．まず，発光基質ルシフェリンのカルボキシ基がアデノシン三リン酸（ATP）の α 位のリン酸を攻撃し，ルシフェリル-AMP 中間体を酵素中で生成すると同時に二リン酸（PPi）が放出される．つづいて酵素が中間体と反応してアデニル酸（AMP），二酸化炭素と同時に励起状態のオキシルシフェリンを生成する（図9・2）.

これが基底状態のオキシルシフェリンへと移行するときのエネルギーの差分が光として放出される．ここにルシフェリル-AMP 中間体を模倣した 5′-O-[N-(デヒドロルシフェリル)スルファモイル]アデノシン（DLSA）を加えると，ルシフェラーゼは DLSA を基質と認識して**擬基質**を取込んでしまう（図9・3）．しかし DLSA はルシフェラーゼで触媒（酸化）されないように設計された化合物であるため，酵素反応は進行せずに擬基質-酵素複合体の状態で安定となり，阻害剤のようにふるまうことになる．また，この擬基質-酵素複合体は，本来の基質-酵素複合体における化学反応の遷移状態を模倣したモデルに相当すると考えられる．すなわち，酵素側の基質結合部位周辺のさまざまな官能基が，擬基質である DLSA と相互作用して，もともとこの酵素が触媒するはずだった反応の遷移状態を安定化するために適した構造になっている．本来ならば基質は触媒反応によって速やかに分解されるはずであるが，DLSA は反応的

DLSA は 5′-O-[N-(dehydroluciferyl)sulfamoyl]adenosine の略．

擬基質 pseudosubstrate

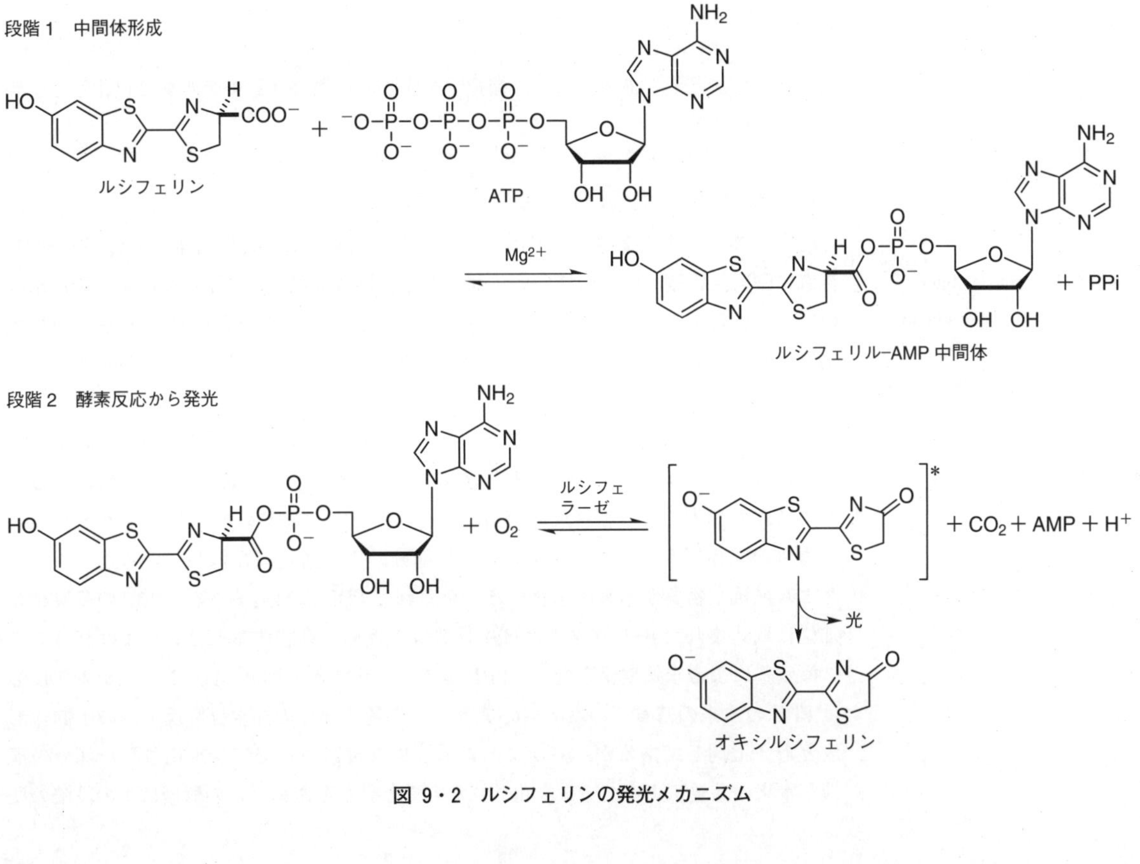

図 9・2 ルシフェリンの発光メカニズム

(a) ルシフェリル-AMP 中間体類縁体 DLSA の構造

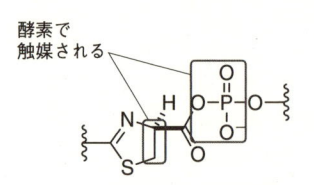

ルシフェリル-AMP 中間体

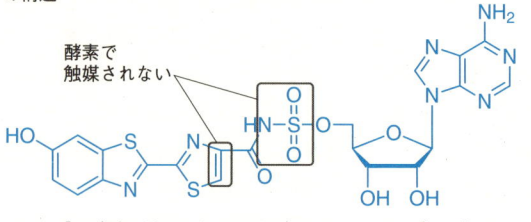

5′-O-[N-(デヒドロルシフェリル)スルファモイル]アデノシン
(DLSA)

(b) ルシフェラーゼ-DLSA 複合体の X 線結晶構造解析による立体構造

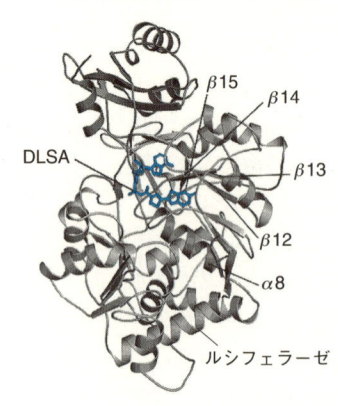

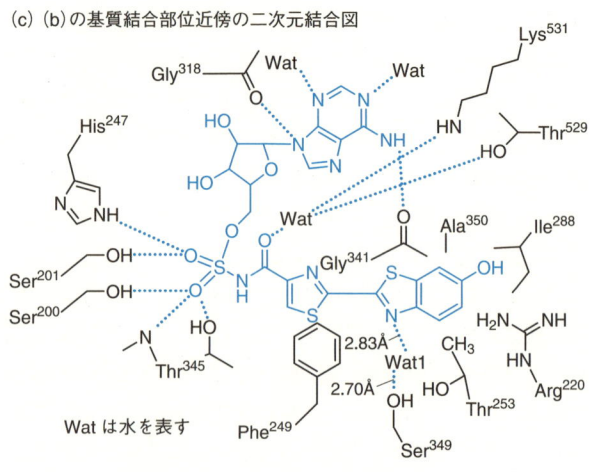

(c) (b)の基質結合部位近傍の二次元結合図

Wat は水を表す

図 9・3 ルシフェリン中間体モデル化合物による遷移状態図. [T. Nakatsu, S. Ichiyama, J. Hiratake, A. Saldanha, N. Kobayashi, K. Sakata, H. Kato, *Nature*, **440**, 372 (2006) より改変.]

に不活性な擬基質であるために,捕捉がむずかしい遷移状態モデルを可視化した一例であるといえる.

9・3 酵素反応の阻害様式

酵素を標的とする薬物としては,それを活性化するものと阻害するものがあるが,後者の**酵素阻害剤**が圧倒的に多い.酵素の阻害機構は現象的に**不可逆阻害**と**可逆阻害**の二つに分けられる.代表的な抗生物質であるペニシリンなどの**β-ラクタム系抗生物質**は細菌の細胞壁の生合成をつかさどる酵素に対する不可逆阻害剤の好例である(図 9・4,§17・2・2 参照).

細菌の細胞壁は成分として D-アミノ酸を含むことを特徴とする.細胞壁の生合成の過程に,D-アラニンからなるオリゴペプチドの**ペニシリン結合タンパク質**(PBP)とよばれる酵素による転移反応がある.ペニシリンをはじめとする β-ラクタム系抗生物質の立体構造は,D-アラニン二量体部分の立体構造に類似しているため,β-ラクタム系抗生物質が本来の基質にまちがわれて PBP に取込まれる.PBP の基質結合部位に取込まれた β-ラクタム系抗生物質は,近傍に存在するセリンとよばれるアミノ酸残基による求核攻撃を受け,PBP をアシル化する(図 9・4).このアシル化反応は PBP の本来の基質との反応(D-アラニン二量体部分の加水分解反応)の中間体形成と形式上同じであるが,β-ラクタム系抗生物質によってアシル化された部分の構造が本来の基質によってアシル化されたものと異なるため,この酵素は次の段階の反

酵素阻害剤 enzyme inhibitor

不可逆阻害 irreversible inhibition

可逆阻害 reversible inhibition

β-ラクタム系抗生物質 β-lactam antibiotics

ペニシリン結合タンパク質 penicillin-binding protein. 略称 PBP.

9・3 酵素反応の阻害様式

(a) 細菌細胞壁の模式図および細胞壁末端ペンタペプチドとペニシリンGの構造類似性

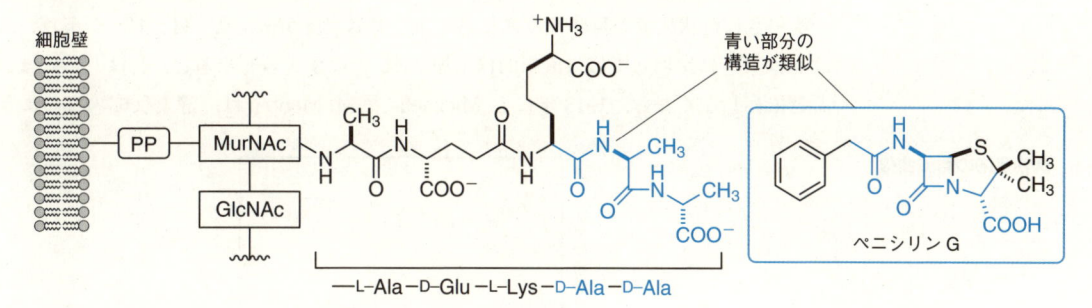

(b) ペニシリンGによるペニシリン結合タンパク質に対する拮抗作用

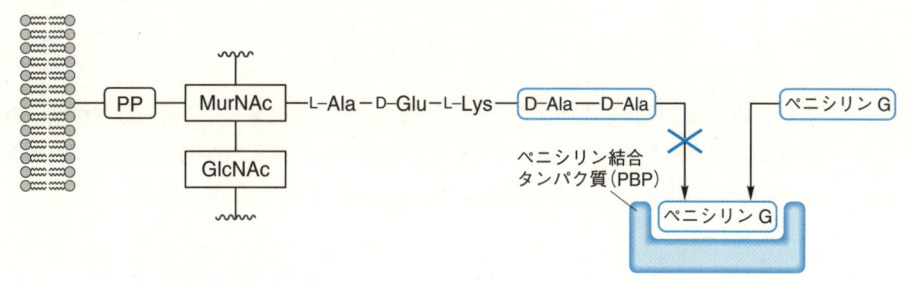

(c) ペニシリンGとペニシリン結合タンパク質の共有結合形成による不可逆阻害メカニズム

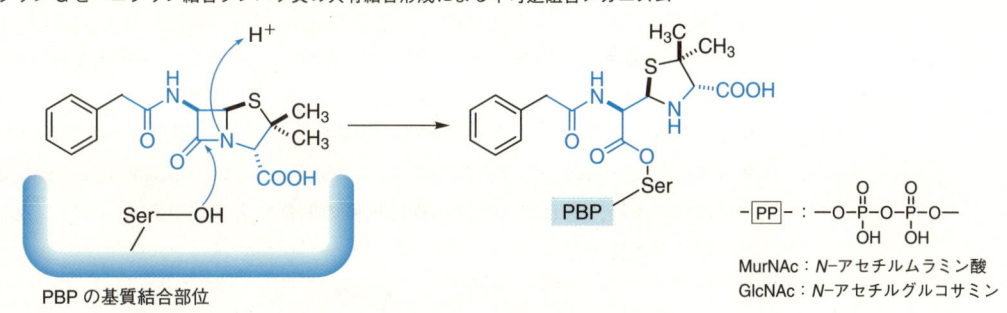

図 9・4 β-ラクタムによる酵素の不可逆阻害

応を触媒する機能を失う．基本的にはβ-ラクタム系抗生物質によってアシル化されたPBPは安定であるので，失われた機能は回復しない．その結果，細菌は細胞分裂ができなくなるか，細胞壁が浸透圧に耐えられなくなって破裂することにより死滅する．β-ラクタム系抗生物質のように，PBPの本来の基質に類似した構造をもつために対応する酵素に取込まれ，その酵素本来の作用を受けつつ不可逆的に結合してその酵素を不活性化する化合物は**自殺基質**とよばれる．

一方，可逆阻害はいったん酵素を阻害した阻害剤が取り除かれたり，あるいは過剰の基質を存在させることでその酵素機能が回復するものである．可逆阻害には，**競合阻害，非競合阻害，不競合阻害**の三つの様式があり，これらの基本的な様式は簡便には後述するラインウィーバー–バークプロット解析という手法で区別することができる．この解析を行うためには，まず，**ミカエリス–メンテンの式**を理解する必要がある．ここで説明を簡潔にするため，酵素をE (enzyme)，基質をS (substrate)，生成物をP (product) で表すことにする．多くの酵素では触媒反応の速度Vは基質濃度$[S]$の変化に伴って，図9・5のように変化する．

自殺基質 suicide substrate, suicide enzyme inhibitor

競合阻害 competitive inhibition

非競合阻害 non-competitive inhibition

不競合阻害 uncompetitive inhibition

ミカエリス–メンテンの式 Michaelis–Menten equation

V は 1 秒間に生成する反応物のモル数で表され，V_{max} は最大反応速度で酵素が基質で飽和された状態での反応速度に相当する．酵素濃度が一定ならば，[S] が小さい間は V は [S] に比例してほぼ直線的に増加する．[S] が大きくなると，V は [S] にほとんど依存しなくなる．1913 年に L. Michaelis と M. Menten は，酵素反応のこのよう

図 9・5 酵素反応の飽和曲線

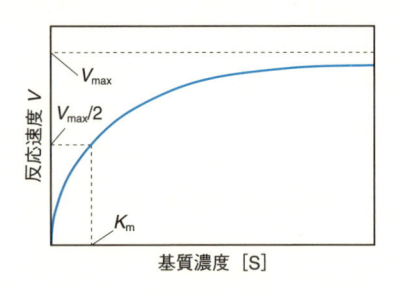

な反応速度論的性質を説明するための簡単なモデルを提案した．彼らは触媒反応の中間体である特別な ES 複合体（**ミカエリス複合体**）の存在を仮定した．このモデルは多くの酵素の反応速度論的性質を説明できる最も単純なものであって，次の (9・1) 式で示される．

ミカエリス複合体 Michaelis complex

$$E + S \underset{k_2}{\overset{k_1}{\rightleftharpoons}} ES \overset{k_3}{\longrightarrow} E + P \qquad (9・1)$$

酵素 E は基質 S と結合して ES 複合体を形成し，そのときの速度定数は k_1 である．ES 複合体の反応は二つあって，速度定数 k_2 で E と S に再び戻るか，あるいは速度定数 k_3 で反応生成物 P となるかのどちらかである．反応の初期については，P が ES 複合体に戻る反応はほとんど無視できる．ここで求めたいのは，触媒反応速度と基質および酵素の濃度，それに各段階の反応速度の関係を表す式である．まず，反応の初期に限定した条件では，

$$\text{P の生成速度 } V = k_3[\text{ES}] \qquad (9・2)$$

という (9・2) 式が成立つ．また，ES の生成と分解の各速度はそれぞれ (9・3) 式と (9・4) 式で表すことができる．

$$\text{ES の生成速度} = k_1[\text{E}][\text{S}] \qquad (9・3)$$
$$\text{ES の分解速度} = (k_2 + k_3)[\text{ES}] \qquad (9・4)$$

ここで，(9・1) 式では ES から P に至る反応が律速段階であるので，中間体である ES の濃度は時間によって変化しないという定常状態近似が適用できる．このとき ES 複合体の生成速度と分解速度は互いに等しくなるので，上の二つの式より (9・5) 式が得られる．

$$k_1[\text{E}][\text{S}] = (k_2 + k_3)[\text{ES}] \qquad (9・5)$$

ここで新たに $(k_2 + k_3)/k_1 = K_m$ と定義すると，(9・5) 式は次のように簡略化される〔(9・6) 式〕．この定数 K_m は**ミカエリス定数**とよばれている．

ミカエリス定数 Michaelis constant

$$[\text{ES}] = (1/K_m)[\text{E}][\text{S}] \qquad (9・6)$$

さらに，酵素濃度 [E] が基質の初期濃度 $[S_0]$ の濃度よりもずっと低いと仮定すると $([E] \ll [S_0])$，結合していない基質の濃度 [S] は初期濃度 $[S_0]$ とほとんど等しくなる

9・3 酵素反応の阻害様式

($[S] ≒ [S_0]$)．また，基質が結合していない酵素の濃度 $[E]$ は，酵素の初期濃度 $[E_0]$ から ES 複合体の濃度 $[ES]$ を差引いたものとなる（$[E]=[E_0]-[ES]$）．以上より，濃度が無視できる $[ES]$ と $[E]$ を消去すると，(9・7) 式が得られる．

$$V = k_3[E_0][S_0]/([S_0]+K_m) \tag{9・7}$$

つづいて $[S_0]$ を $[E_0]$ に対して大過剰にした場合について考えると，酵素の触媒部位がすべて基質で埋められていると考えることができる．この場合には $[E] ≒ 0$，すなわち $[ES] ≒ [E_0]$ とすることができるので，このときの反応速度を最大速度 V_{max} で表すと，(9・8) 式が得られる．

$$V_{max} = k_3[E_0] \tag{9・8}$$

これら二つの式をあわせ，$[S_0]$ を $[S]$ と表すと，ミカエリス-メンテンの式 (9・9) 式が得られる．

$$V = V_{max}[S]/([S]+K_m) \tag{9・9}$$

基質濃度 $[S]$ がきわめて低いときは，$[S]$ は K_m よりもはるかに小さいので，$V = V_{max}[S]/K_m$ となる．つまり，この場合の反応速度は基質濃度 $[S]$ に比例することになる．一方，$[S]$ が高くなった場合には，$[S]$ は K_m よりもはるかに大きくなるので $V = V_{max}$ となり，このときの反応速度は基質濃度 $[S]$ に関係なく最大となる．さらに，ES の分解速度が大きく，生成速度が小さいときには K_m 値は大きくなる．つまり K_m 値は本来 ES の結合力，すなわち基質親和性を表す値なのである．また，$[S] = K_m$ のとき，$V = V_{max}/2$ となる．すなわち，K_m は反応速度が最大速度の半分になるときの基質濃度に等しいことがわかる．

ミカエリス定数 K_m と最大速度 V_{max} は，基質濃度を変化させて触媒反応の速度を測定するだけで求めることができる．すなわち，ミカエリス-メンテンの式の両辺の逆数をとると，データを直線状にプロットできる (9・10) 式が得られる．

$$1/V = 1/V_{max} + (K_m/V_{max})(1/[S]) \tag{9・10}$$

このように，$1/[S]$ に対して $1/V$ をプロットする方法は**ラインウィーバー-バークプロット**とよばれ，その直線の y 切片が $1/V_{max}$，x 切片が $-1/K_m$，勾配が K_m/V_{max} となる（図 9・6）．

ラインウィーバー-バークプロット Lineweaver-Burk plot

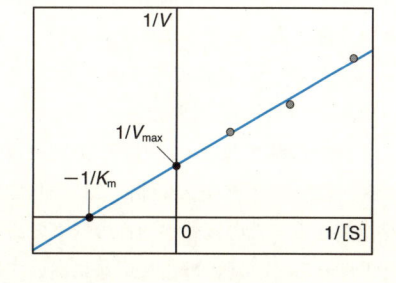

図 9・6 ラインウィーバー-バークプロット

競合阻害の最もわかりやすく，かつ簡単な例は，阻害剤が基質と競合的に当該酵素の基質結合部位に可逆的に結合するというものである．この阻害様式では，基質の濃度を上げれば，阻害剤と競合して基質が酵素に結合できるようになるから，見かけ上は酵素機能が回復する．この場合には，ラインウィーバー-バークプロット解析にお

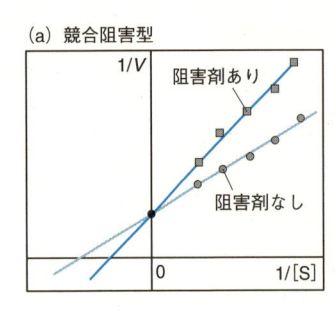

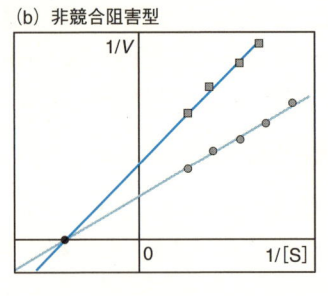

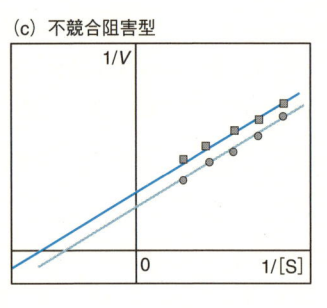

(a) 競合阻害型　(b) 非競合阻害型　(c) 不競合阻害型

図 9・7　ラインウィーバー–バークプロット解析

いて，酵素反応の最大速度 V_{max} は変わらない．しかし，阻害剤存在時には阻害剤非存在時の反応速度を達成するのに必要な基質濃度がより高くなるので，ミカエリス定数 K_m が大きくなる．したがって阻害剤非存在時のプロットと存在時のプロットは y 切片で交わることになる（図 9・7a）．

非競合阻害の基本形は，阻害剤が基質結合部位とは異なる位置に結合し，その酵素と基質との結合自体を阻害しない．この場合には，酵素自体の機能が阻害剤との結合によって障害を受けることになる．したがってラインウィーバー–バークプロット解析では V_{max} は減少する．一方，基質と酵素の**結合定数** K_i や K_m は変化しない．つまり，阻害剤非存在時のプロットと存在時のプロットは x 切片で交わることになる（図 9・7b）．

不競合阻害は，阻害剤が基質–酵素複合体のみに結合するものとされ，ラインウィーバー–バークプロット解析では V_{max} は変化するがプロットの勾配は変化せず，阻害剤非存在時のプロットと存在時のプロットは交わらない（図 9・7c）．

上述の三つの可逆阻害のラインウィーバー–バークプロット解析による分類は絶対的なものではない．生体内では，小分子がある酵素の基質結合部位とは異なる部位に結合することによってその酵素の活性を調節する機構が存在することがよく知られている．そのような酵素を**アロステリック酵素**，その酵素の活性を制御する小分子をアロステリックエフェクター，それが結合する部位をアロステリック部位とよぶ．さらにアロステリックエフェクターが基質と同じ場合にはエフェクターはホモトロピックエフェクターとよばれ，異なる場合にはヘテロトロピックエフェクターとよばれる．これらに共通するアロステリックという言葉は 1963 年に J. Monod らにより提案されたアロステリック調節という考え方に由来する．アロステリック（allosteric）は基質とエフェクターが異なる部位に結合するのでギリシャ語で "他の" の意味である allo と "空間" の意味である steros より名づけられた．

酵素の立体構造は決して硬い剛体ではなく，状況に応じて変化することができる．アロステリックエフェクターはアロステリック部位に結合して酵素の立体構造を変化させ，その酵素活性を変化させる．この変化が活性の低下である場合，その阻害様式は**アロステリック阻害**とよばれる．一連の酵素反応系においてはアロステリック制御によって反応生成物の濃度を一定に保つことがある．最終生成物が酵素反応系の最初のほうの酵素のアロステリック部位に結合することによりその酵素活性を抑制し，反応全体の進行を抑える場合を**負のフィードバック調節**という（図 9・8）．反対に，生成物が少なくなってくるとアロステリック部位に結合している生成物が酵素からはず

結合定数 binding constant

アロステリック酵素 allosteric enzyme

アロステリック阻害 allosteric inhibition

負のフィードバック調節 negative feedback regulation

9・3 酵素反応の阻害様式　　　　　　　　　　　　　　　　　　　　　　　111

図 9・8　負のフィードバック調節

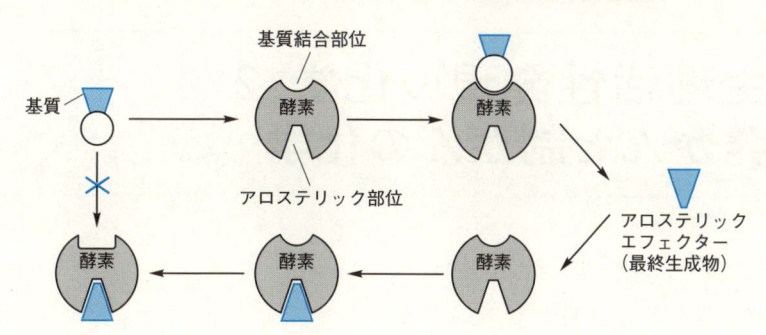

れ，酵素が活性化される場合には**正のフィードバック調節**という．このようにして，最終生成物の生成速度は細胞内の必要度と釣合うように制御されている．これに対して，多段階の代謝過程において，前の反応の基質や生成物が後の反応の酵素活性を上昇させることも知られている．これは**フィードフォワード調節**とよばれている．

　アロステリック阻害は，アロステリックエフェクターによってひき起こされる酵素のコンホメーション変化が，基質との結合に影響しなければラインウィーバー–バークプロット解析からも非競合阻害様式に分類される．しかし当該のコンホメーション変化が基質結合部位に及ぶことも多い．アロステリック阻害が基質結合部位のコンホメーション変化のみに起因すれば，その阻害様式はラインウィーバー–バークプロット解析からは競合阻害に分類されることになる．

正のフィードバック調節 positive feedback regulation

フィードフォワード調節 feedforward regulation

10 生理活性発現の化学 2: 発がんと制がんの化学

10・1 遺伝子の異常としてのがん

ヒトの体を構成している細胞の数はおよそ60兆個といわれている．毎日多くの細胞が死に，ほぼ同じ数の細胞がつくられ，ほぼ決まった数の細胞数が維持されている．各組織はその組織に固有の役割を担うように成長した細胞種からなるが，それらの細胞種にはそのもとになる幼若な**幹細胞**が存在する．通常，幹細胞はいくつかの系統の細胞種に成長（分化）することができる．がんも，正常細胞から遺伝子の多段階にわたる傷害（広い意味での変異）によって生じるがん細胞や**がん幹細胞**から発生すると考えられている（コラム"がん細胞とがん幹細胞"参照）．いくつかのがんについてはがん幹細胞が同定されており，その分裂によって多くのがん細胞がつくられることが示唆されている．

生体におけるすべての細胞は，基本的には通常，同一の塩基配列をもつDNAをもっている．個体発生および細胞分化の過程において，各細胞がもつ遺伝子の塩基配列は変化することなく，各組織・臓器・細胞に特有な一連の遺伝子の発現（活性化・不活性化）が，時間ならびに部位特異的に精緻に制御される．しかしがん細胞においては，精緻に制御されるべき生命活動のシステムが，遺伝子的な異常によって破壊されている．この異常には，遺伝子の暗号が変わってしまう突然変異と，遺伝子の発現制御の異常が含まれる．がん細胞は，幹細胞から成熟細胞への分化の過程で，細胞周期の制御が不能になったり，増殖能を失う前に分化を停止したり，細胞死の機能が働かなくなったりして，"細胞の不死化"と"無限増殖能"を獲得することによって発生する．すなわちがんは，特定の遺伝子の異常（広い意味での変異）によってひき起こされる疾病であるといえる．

すべての遺伝子の変異ががん細胞を生成するわけではなく，特定の遺伝子に広い意味での変異が起こることによって，がんが発生すると考えられている．**がん遺伝子**は，正常な細胞に存在する**がん原遺伝子**が修飾を受けて変異することによって生成し，その機能は"細胞をがん化させる"という意味において遺伝的に"優性"である．一方，**がん抑制遺伝子**は，逆に正常細胞で機能していたものが機能を失うとがん細胞へと変化する遺伝子であり，"細胞をがん化させる"という意味において遺伝的に"劣性"である．

生体にはさまざまな原因で生じるDNAの損傷を修復する機構が存在し，いくつかのDNA修復の機能を高めると，老化の進行速度や疾患の発現頻度が減少することが明らかとなっている．化学物質，紫外線，電離放射線，複製の誤りなどによってできたDNAの損傷はこの**DNA修復機構**によってほとんどが修復され，修復不可能なものについては，細胞死へと導かれる．DNAの修復のシステムとしては，紫外線によるチミン二量体の除去を行う光回復酵素，O-メチル化されたグアニンのメチル基を除去するO-メチルグアニンDNAトランスフェラーゼや，グリコシラーゼ-エンドヌ

幹細胞 stem cell

がん幹細胞 cancer stem cell

がん遺伝子 oncogene
がん原遺伝子 proto-oncogene
がん抑制遺伝子 tumor suppressor gene

DNA修復機構 DNA-repair system. DNA修復系ともいう．

クレアーゼ-DNA ポリメラーゼ 1-リガーゼの 4 酵素が連続して触媒する反応で 1 塩基のみを交換する除去修復系が存在する．さらに，複製後修復系や組換え修復系が存在しているが，がん細胞はこれらの系による修復をすりぬけて生成する．

10・2 発がんの原因となる遺伝子の変異

がん細胞は，特に増殖や細胞死を制御する遺伝子の異常によって生み出される．以下，代表的ながん遺伝子ならびにがん抑制遺伝子について，その機能とがんとの関連を簡単に紹介する．概してがん遺伝子の産物は細胞の増殖シグナルにかかわる機能をもち，がん抑制遺伝子の産物は後述するアポトーシスにかかわる機能をもっている傾向がある（§17・3・2 および表 17・3 参照）．

10・2・1 増殖シグナル制御の破綻

RNA 型がんウイルスから見いだされたがん遺伝子は，大部分が細胞増殖系の遺伝子である．これらのがん遺伝子の産物は，正常細胞においては細胞が増殖するときに必要な役割を果たしている．しかし，その機能が常に（必要以上に）活性化された状態になると，当該の細胞は無限に増殖し，がん細胞となる．増殖因子（PDGF など）の遺伝子，増殖因子受容体（EGFR など）の遺伝子，G タンパク質の遺伝子（*ras* など），細胞内情報伝達系キナーゼの遺伝子（*src*, *raf* など），転写因子の遺伝子（*myc*, *fos*, *jun* など）を代表例とする多くの細胞増殖系のがん遺伝子の変異による活性化は，多くのがん細胞でみられる．

がん細胞とがん幹細胞

がん細胞の性質は，培養条件においても不安定なことは知られていた．たとえば，培養がん細胞の造腫瘍性（免疫不全マウスなどに一定の細胞数を移植したときにどれほどの大きさの腫瘍を形成するか）は，長期間の培養を通じて一定であることはまれで，高造腫瘍性と低造腫瘍性の状態を不規則に繰返しているようにみえ，ある場合には造腫瘍性を完全に消失している．こうした現象は，がん細胞を集団としてながめたとき，その性質が可逆的に変化しているようにみえることから，§10・3・1 で解説する発がんプロモーション過程の可逆性に対応した現象ととらえることができる．この考え方では，がんは本質的には均一な細胞からなり，造腫瘍性の強弱において差のある細胞が多種類存在するにしても，それは全くランダムな外的・内的要因により規定されると考える〔図(a)確率モデル〕．

一方，がん細胞を集団ではなく，個々の細胞としてながめたとき，上記の現象は，扱っている細胞集団のなかに高造腫瘍性と低造腫瘍性のがん細胞が混在する不均一な細胞集団であり，その比率が変動しているととらえられる．こうした考え方から，がん組織中には "一部の幹細胞（自らと同じ未分化な細胞をつくり出す自己複製能と，さまざまな性質の細胞に分化しうる多分化能をあわせもつ細胞）的な性質をもったがん細胞" が存在し，それが分化によって周辺の大多数のがん細胞を生み出すことによってがんが発生・進行する，という解釈が提案された．この "一部のがん細胞" を "がん幹細胞" とよび，がん幹細胞を頂点として階層的に増殖能の低い細胞が生み出され，プログラムされた制御によって腫瘍組織が構成されるというとらえ方である〔図(b)階層モデル〕．

白血病や脳腫瘍などにおいてがん幹細胞が特定されているが，そのようながん幹細胞はがん組織中の細胞の 0.2〜1% にすぎないため，回収自体が困難で，未だその生物学的特性の詳細は明らかにはなっていない．一方で，図(a)で示した確率モデルに合致するがんの存在も知られている．

(a) 確率モデル　　　(b) 階層モデル

ランダムな外的，内的因子　　自己複製能　　プログラムされた制御

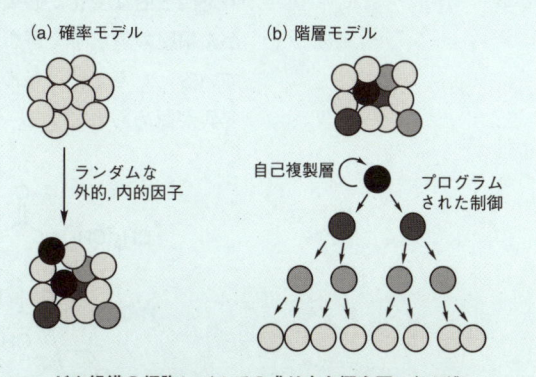

がん組織の細胞レベルでの成り立ち概念図．色が濃い細胞ほど，増殖能・自己複製能・造腫瘍性が高く，より未分化な性質を示す．(b)の階層モデルでは，黒い細胞ががん幹細胞を示す．

10・2・2 アポトーシスの抑制

アポトーシス apoptosis

遺伝子の変異が蓄積したほとんどのがん細胞は，**アポトーシス**によって生体内から除去される．アポトーシスとは，DNA および細胞の断片化を伴う計画的な細胞死であり，“プログラムされた細胞死”とか“細胞の自殺”ともよばれる．アポトーシスは発生や形態形成においても緻密に働いているが，がん細胞を排除する機構としても重要である．がん遺伝子である *bcl-2* 遺伝子の産物はアポトーシスの過程におけるミトコンドリアから細胞質へのシトクロム *c* の分泌を制御する．*bcl-2* の亢進によってアポトーシスが抑制され，がんが発生する．また，がん抑制遺伝子の一つに，アポトーシスを促進する *bax* 遺伝子があるが，その変異・不活性化も，がん細胞においてよく観察される．

10・2・3 細胞周期制御の破綻

p53 遺伝子や *Rb* 遺伝子などのがん抑制遺伝子は，変異などにより機能を失うと，当該の細胞ががん化することが知られている．p53 は細胞のアポトーシスをひき起こすタンパク質であり，DNA の傷害が確認されるとその発現が誘導される．p53 の機能が欠損すると，DNA 傷害のチェック機構が働かないのと同じことになり，がん細胞が容易に生成してしまう．

10・3 化学発がん

10・3・1 発がん多段階説

発がんイニシエーション tumor initiation
発がんプロモーション tumor promotion
発がんプロモーター tumor promoter

化学発がんは，不可逆的な過程の**発がんイニシエーション**と可逆的な過程の**発がんプロモーション**を必要とし，これを“発がん二段階説”とよび，発がんイニシエーション作用をもつ化学物質を“発がんイニシエーター”，発がんプロモーション作用を有するものを**発がんプロモーター**とよんでいる．発がんプロモーターは，それ自身のみでは発がん作用を示さず，発がんイニシエーターの作用を促進するものととらえられている．発がんイニシエーターは DNA に直接損傷を与えることが明らかとなっている．発がんプロモーションについては精細にネットワーク化された細胞内情報伝達機構および遺伝子制御機構の変化ととらえられている．ヒトのがんの成立には複数の遺伝子的な変化が必要であるとされ，“発がん多段階説”が提案されている．実際にがん細胞の遺伝子を解析してみると，複数のがん関連遺伝子において変異がみつかっている．たとえば，多くのがん細胞においては細胞の増殖をひき起こす *ras* 遺伝子の変異が認められている（イニシエーション）．また，化学物質や外部刺激による長期

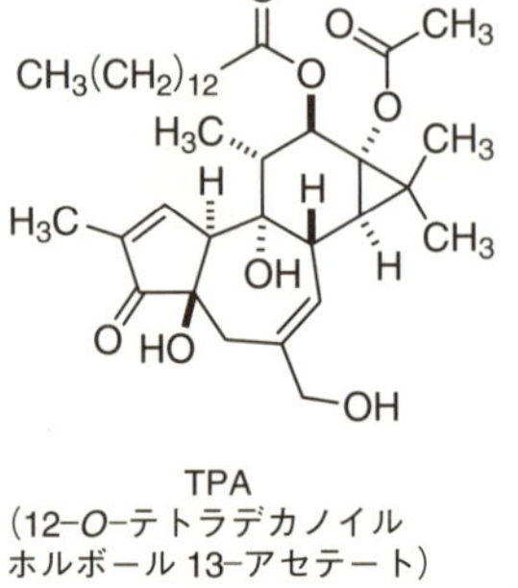

TPA
(12-*O*-テトラデカノイルホルボール 13-アセテート)

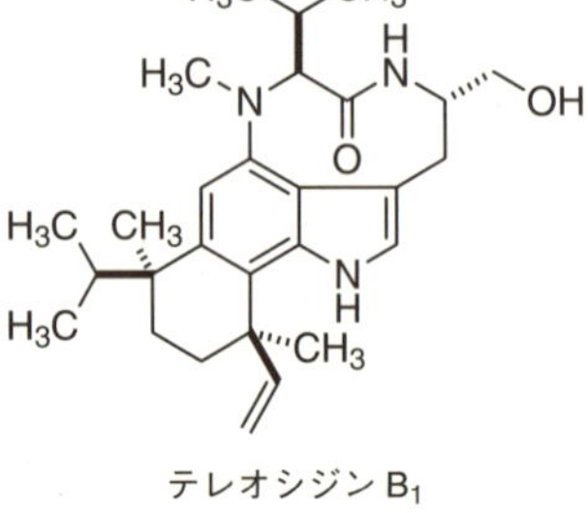

テレオシジン B_1

図 10・1　代表的な発がんプロモーター

間の炎症反応は患部細胞の"増殖"をひき起こす．細胞が盛んに増殖する過程では，DNA の複製を伴うことから，複製の誤りや，外部環境因子による変異が定着しやすくなる．この"増殖の活性化された状態"が発がんプロモーション過程に対応している．

上記のとおり，自身のみでは発がん作用はないが，がんを惹起しない程度の発がん物質（イニシエーター）と一緒に与えるとがんを生じるものが発がんプロモーターである．最初に見いだされたのは**ホルボールエステル**（TPA が代表的，図 10・1）である．ホルボールは 1934 年トウダイグサ科のハズより得られるハズ油（クロトン油ともいう）の加水分解成分として単離され，1967 年に構造決定された．TPA はプロテインキナーゼ C を活性化し，細胞の増殖シグナルとして働く．つまり，細胞を増殖する状態に保つことによって，発がんイニシエーターによる遺伝子変異をひき起こしやすくする役目（発がんプロモーション）を果たしている．同様にテレオシジン B_1 も発がんプロモーターとして知られている（図 10・1）．

ホルボールエステル phorbol ester. TPA（12-*O*-テトラデカノイルホルボール 13-アセテート 12-*O*-tetradecanoyl phorbol-13-acetate）など．

10・3・2　人工がんの実験的な作製の成功

発がん性とは，正常な細胞をがん細胞へと変換する能力のことをいう．がんはがん関連遺伝子の変異の蓄積と発がんに関連する外部環境要因とが相互に働いてひき起こされるものと考えられている．化学物質と発がんの相関は古くから研究されているが，実験動物に人工的にがんを発生させることにはじめて成功したのは山極勝三郎である．当時"がん刺激説"を唱えていたドイツの病理学者 R. Virchow のもとへ留学していた山極は，帰国後，研究生の市川厚一とともにウサギの耳にコールタールを塗り続ける実験を 2 年にわたって行い，1915 年の夏，ついに人工がんの実験的な作製に成功した．山極と市川の化学物質による発がん実験の成功は，後のがん研究に大革命をもたらした．当然，山極はノーベル賞受賞の候補にあげられた．しかし，1913 年のデンマークの J. A. G. Fibiger による"ゴキブリの寄生虫であるスピロプテラが胃がん発生の原因になる"という"がん寄生虫説"が注目され，1926 年のノーベル賞は，Fibiger に与えられた．ただし，その後，Fibiger の主張した胃がんは，胃がんではなくビタミン A の不足による病変が悪化したものであることが明らかにされている．

10・3・3　発がん物質による DNA の化学修飾

多くの発がん物質は，生体内で代謝を受ける過程で求電子反応活性種を生じ，これが DNA 中の核酸塩基の求核中心と反応する．結果として生じる異常な修飾を受けた DNA が，複製の過程や修復の過程で変異を生じると考えられている．求電子活性種である発がん物質が結合する相手方の核酸塩基種やその原子レベルでの位置は，DNA の二重らせん構造という立体要因によっても規定されるが，基本的にはグアニン（8 位炭素または 2 位アミノ基や 7 位環内窒素）もしくはアデニン（3 位または 7 位の環内窒素）で反応する場合が圧倒的に多い．核酸塩基は複素芳香環の誘導体で，その求核性の指標の一つに π 電子を中心とした分子軌道のエネルギー準位の高さがある．その高さは，グアニン＞アデニン＞チミン，シトシンの順に低くなるので，グアニンとアデニンの反応性の高さはうなずける．この反応にかかわる分子軌道をグアニンについてみると，8 位炭素上で最も大きな広がりをもっている．したがって，分子軌道の相互作用が重要な**軌道制御反応**的な反応では，他の立体要因などがなけれ

軌道制御反応 orbital-controlled reaction

電荷制御反応 charge-controlled reaction. 静電制御反応（electrostatic controlled reaction）ともいう．

ベンゾ[a]ピレン benzo[a]pyrene

ば，グアニン8位炭素での反応が最も有利な傾向がある．一方，分子軌道の相互作用よりも静電的な相互作用がより重要な**電荷制御反応**ないし静電制御反応では，核酸塩基上の電子密度が高い原子が求核中心になる傾向がある．一般的にグアニン，アデニンの7位窒素，ついで3位窒素の電子密度が高いとされている．

以下，各論的に代表的な発がん物質とDNAとの反応をみていく．

ベンゾ[a]ピレン　タバコの煙に含まれる代表的な発がん物質であるベンゾ[a]ピレンは，自動車の排気ガスや，コールタールにも含まれている．ベンゾ[a]ピレンは図10・2に示すように肝臓の代謝酵素で段階的に酸化されてジオールエポキシ

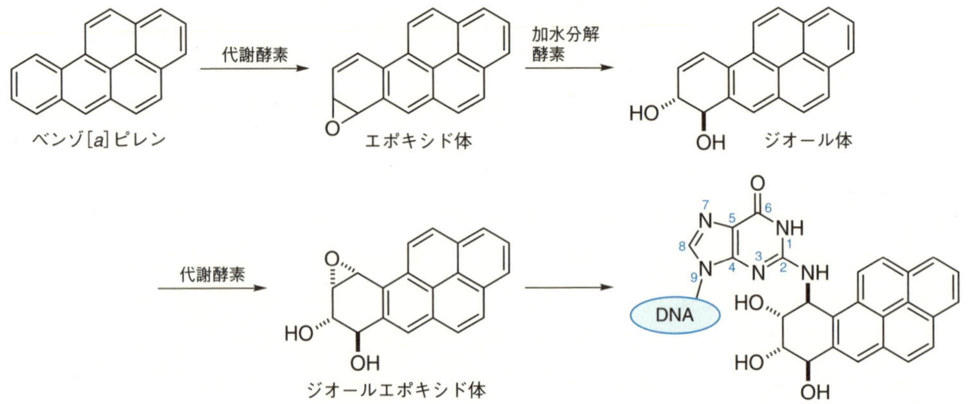

図10・2　ベンゾ[a]ピレンによるDNAの化学修飾．図ではベンゾ[a]ピレン代謝物ならびにDNA付加体について，片方の光学活性体を示したが，これらの鏡像体も同時に生成する．

ド体となり強力な，求電子反応活性に富む発がん物質へと変化する．生成したジオールエポキシド体が遺伝子DNA中のグアニンの2位アミノ基に求電子的に結合する．このDNAの化学修飾反応が，がん関連遺伝子の変異の原因となる．

プタキロシド ptaquiloside

ワラビ（プタキロシド）　ヨーロッパでは19世紀より酪農家にとってワラビ中毒は大きな問題であった．ワラビ投与により，ウシの膀胱に腫瘍が発生することが報告され，ワラビの発がん物質としてプタキロシドが単離構造決定された（図10・3）．研究の結果，プタキロシドのグルコースがβ脱離したジエノン体が直接DNAと反応する活性種であり，おもにプリン塩基（グアニンとアデニン）が反応する．

アフラトキシン aflatoxin

ピーナッツなどのカビ（アフラトキシンB_1）　ワラビと異なり，アフラトキシン

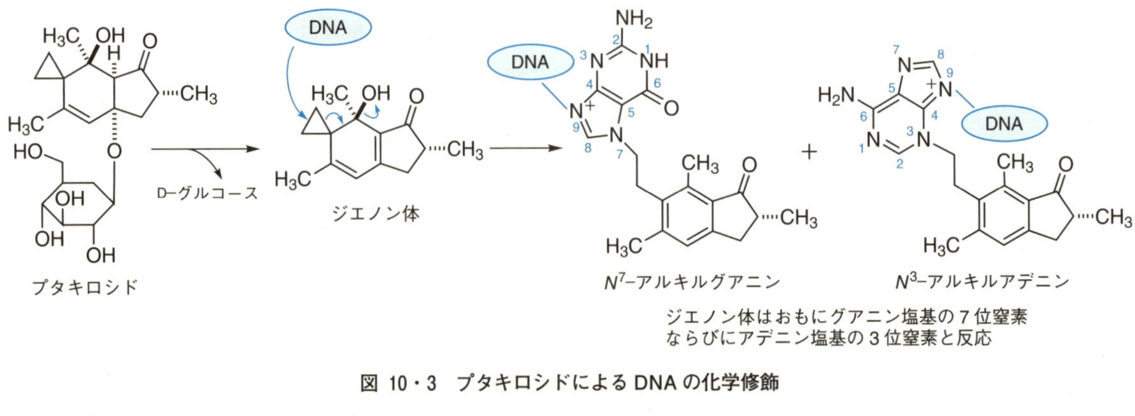

図10・3　プタキロシドによるDNAの化学修飾

はピーナッツそのものではなく発生付着したカビに含まれる発がん物質である（図10・4）．アフラトキシン B_1 は肝臓で代謝酵素P450によって求電子反応性の高いエポキシドAFBOへと変換され，DNA中のグアニン塩基の7位窒素と反応することが知られている．化合物の平面性が高く，DNAの塩基対部分へ挿入（インターカレーション）されやすいことが発がん効果を高めているものと考えられる．

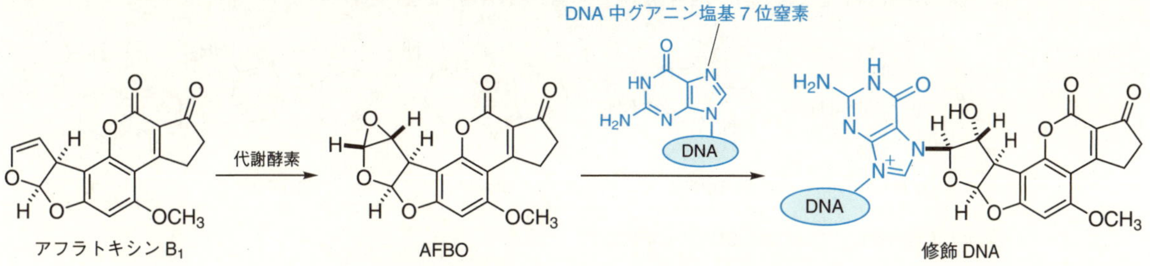

図 10・4 アフラトキシン B_1 によるDNAの化学修飾

ソテツ（サイカシン） ソテツ中にはサイカシンという発がん物質が含まれており，加水分解によってメチルアゾキシメタノールが生成し，ついで脱ホルムアルデヒド，脱水を経てジアゾメタンを生成する．このジアゾメタンがDNAをメチル化することによって発がん性を示す（図10・5）．

サイカシン cycasin

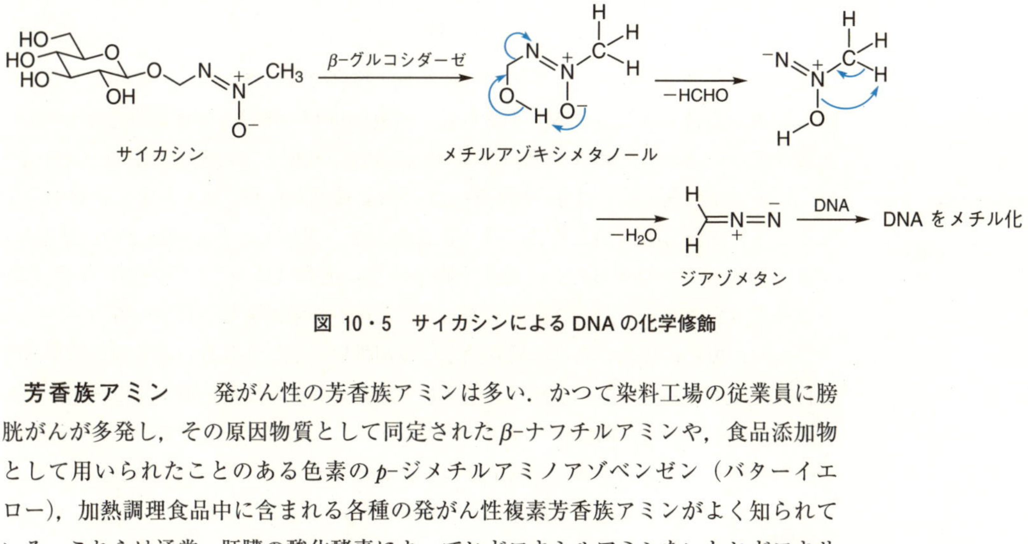

図 10・5 サイカシンによるDNAの化学修飾

芳香族アミン 発がん性の芳香族アミンは多い．かつて染料工場の従業員に膀胱がんが多発し，その原因物質として同定された β-ナフチルアミンや，食品添加物として用いられたことのある色素の p-ジメチルアミノアゾベンゼン（バターイエロー），加熱調理食品中に含まれる各種の発がん性複素芳香族アミンがよく知られている．これらは通常，肝臓の酸化酵素によってヒドロキシルアミンないしヒドロキサム酸へと変換された後，O-アシル化（代表的には O-アセチル化），ついで脱アシロキシ反応を経て生成するナイトレニウムイオンがDNA中のグアニン塩基の8位炭素と反応することによって発がん性を示す．（図10・6）．

10・4 制がんの化学

すべての抗がん剤はがん細胞と正常細胞との差を利用して選択的にがん細胞の増殖を止めている．がん細胞では少なくとも数個の遺伝子的な変異や遺伝子の発現異常が存在しており，この差が選択毒性発現のかぎとなる．がん細胞の特徴の一つとして，

(a) アニリン型発がん性芳香族アミン

β-ナフチルアミン　　　　p-ジメチルアミノアゾベンゼン　　　　アセチルアミノフルオレン
　　　　　　　　　　　　　（バターイエロー）

(b) 加熱調理食品中に含まれる発がん性芳香族アミン(発がん性複素芳香族アミン)

Trp-P-1　　Trp-P-2　　Glu-P-1　　Glu-P-2　　IQ

(c) 発がん性芳香族アミンによる DNA の化学修飾

図 10・6　発がん性アミンによる DNA の化学修飾

正常細胞より増殖が速いことがあげられるが，古典的な抗がん剤は，特にこの点を利用して選択毒性を示している．すなわち，古典的抗がん剤は，増殖には必ず DNA の複製が伴うことから，DNA やその複製の行程を作用標的とした薬剤が多い (§10・5・1)．しかしながら，近年は**分子標的薬**とよばれる薬剤が注目されている．古典的抗がん剤が多く開発されていた時代には，正常細胞から発生したがん細胞との"相違点"がよくわかっていなかったが，分子生物学研究の進歩によって，"相違点"が明らかとなってきたことから，これを薬剤標的とした抗がん剤が開発されている．

分子標的薬 molecular target drug

がんの治療には複数の薬剤の同時投与（多剤併用）が行われる．複数の目標を同時に阻害することによって，単独で効果を示すよりそれぞれ少ない薬剤量で抗がん作用が発現することから，副作用の発現を少なくすることができ，したがってより高い治療効果が得られる．結果的に薬剤耐性の獲得を遅くできる．がん細胞の性質は個体によってそれぞれ異なり，また，発生した部分のがんも単一ではないことも多いことから，通常は多剤併用で治療が行われる．

10・5　古典的抗がん剤の作用メカニズム
10・5・1　DNA を修飾する薬剤

人類史上初の抗がん剤は，DNA をアルキル化することによって DNA および RNA の合成を阻害するナイトロジェンマスタード類〔$RN(CH_2CH_2Cl)_2$〕である．ナイトロジェンマスタードは，毒ガスとして有名なマスタードガス〔$S(CH_2CH_2Cl)_2$，イペリットともいう〕が，白血球を減少させる作用をもつことにヒントを得て開発された

10・5 古典的抗がん剤の作用メカニズム

窒素誘導体である〔R = CH₃ (HN-1), R = C₂H₅ (HN-2), R = (CH₂)₂Cl (HN-3)〕. その誘導体として**シクロホスファミド**（右図）が開発され，これは肝臓の代謝酵素により活性体へと変換されて DNA をアルキル化することによって抗がん作用を示す．代謝物であるアクロレイン（CH₂=CHCHO）が出血性膀胱炎をひき起こすため，メスナ（HSCH₂CH₂SO₃Na）を併用する．アクロレインの毒性は，その求電子反応性に由来する．メスナのメルカプト基が求核中心となり，アクロレインに付加することによってこれを無毒化する．

シクロホスファミド
cyclophosphamide

シスプラチン（右図）は，B. Rosenberg らが白金電極の分解産物が大腸菌の増殖を抑制することを見いだしたことを契機に抗がん剤として開発された．シスプラチンは水中では塩素イオン部分が水分子によって置換された水和体として存在している．この配位した水分子は求核置換されやすい．白金の二つのシス位の水分子が DNA の二つの求核中心と反応して二官能基性の結合を生じる．主たる求核中心はグアニンやアデニンの7位窒素であるが，二官能基性結合は DNA の一本鎖内に近接した二つのグアニン塩基の間での架橋（図10・7a）や，DNA の二本鎖の間でアデニン塩基を使った架橋（図10・7b）などが知られている．そのほか図10・7(c) のように，グアニン塩基の一つの求核中心とタンパク質の求核中心で反応して DNA-タンパク質架橋を生じることもある．シスプラチンによるこれらの DNA との反応の結果，DNA の複製が阻害されて抗がん作用が示される．

シスプラチン
cisplatin

(a) 一本鎖内架橋　(b) 二本鎖内架橋　(c) DNA-タンパク質架橋

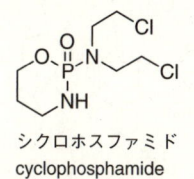

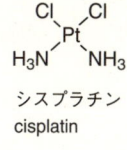

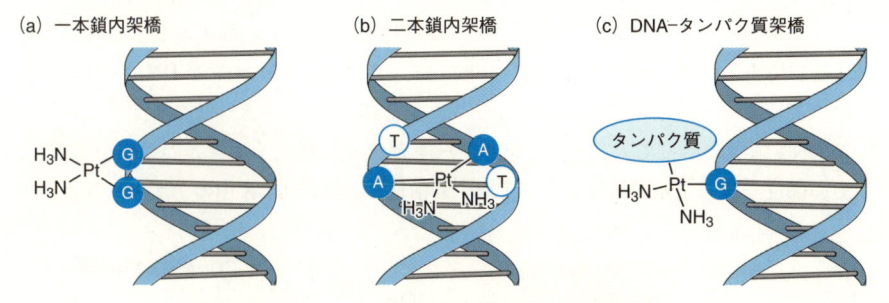

図 10・7　シスプラチンによる DNA の構造修飾

天然からもさまざまな抗がん抗生物質が見いだされている．**マイトマイシンC**は，シトクロム P450 などによる還元反応，キサンチン脱水素酵素などによる二電子還元反応によって活性代謝物となり，おもに DNA 中のグアニン塩基7位窒素と反応し，DNA のアルキル化や架橋形成反応によって抗がん作用を示す（図10・8）．また，アントラサイクリン系抗がん抗生物質である**ドキソルビシン**は，その四環性母核部分が

マイトマイシン C mitomycin C

ドキソルビシン doxorubicin. アドリアマイシン (adriamycin) ともいう．

ドキソルビシン

高い平面性をもち，インターカレーションによって DNA と安定な複合体を形成する．これによって DNA ポリメラーゼ，RNA ポリメラーゼ，トポイソメラーゼⅡの機能を

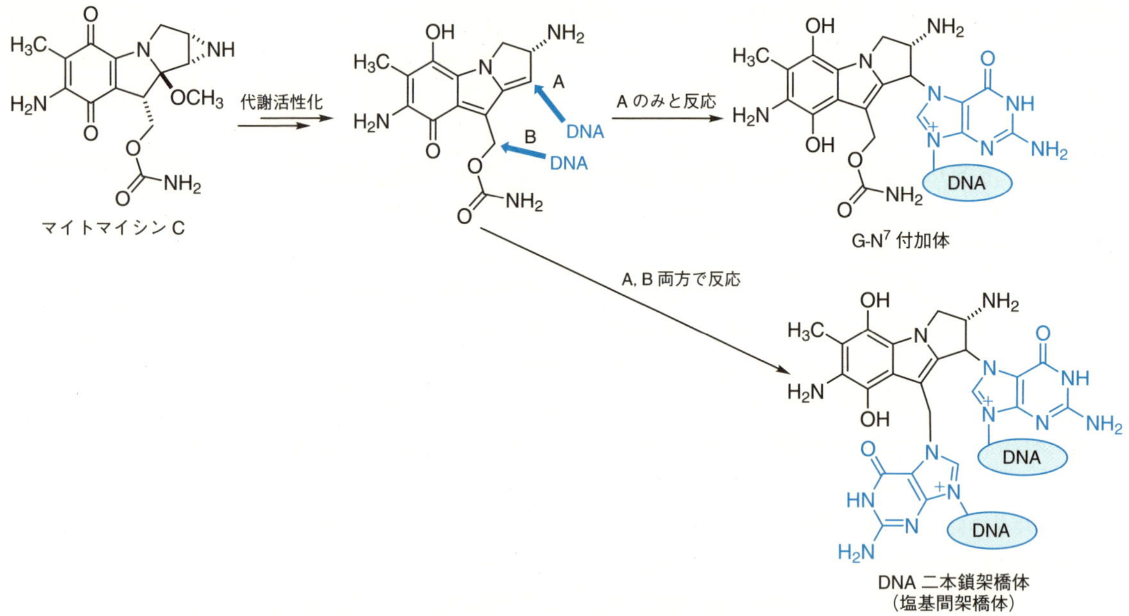

図 10・8 マイトマイシン C とその DNA との反応生成物

阻害し，DNA および RNA の生合成を抑制することにより抗がん作用を発揮する．

ブレオマイシン bleomycin

ブレオマイシン（図 10・9）は，DNA 鎖の切断を作用メカニズムとする抗がん抗生物質である．ブレオマイシンは，末端のスルホニウムカチオンが DNA のリン酸基中のアニオンと静電相互作用することによって DNA に近づき，ビスチアゾール部分が DNA 副溝に沿って入り込み，鉄キレート部分で 2 価鉄イオンとの錯体を形成し，その部位で酸素を還元活性化し，生成する活性酸素種が DNA 中のデオキシリボース

図 10・9 ブレオマイシンの構造と機能

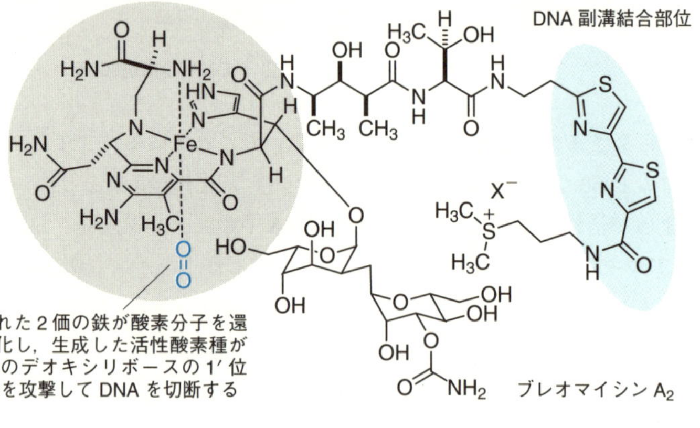

カリケアマイシン calicheamicin. カリチェアミシンともいう．

の 1′ 位や 4′ 位の水素を引抜く．生じた DNA 内のラジカル部が分解することにより DNA がその部位で切断される．同じく強力な DNA 切断活性を示すものに**カリケアマイシン**（図 10・10）がある．カリケアマイシンは，図 10・11 に示すように生体内で求核剤と反応すると，x と y で示した二つの sp 炭素の距離が近くなり，Bergman-正宗反応とよばれる環化反応が進行する．その過程で反応性の高いビラジカルが生じ，これが DNA と反応して DNA を切断する．カリケアマイシンの DNA 切断反応を，

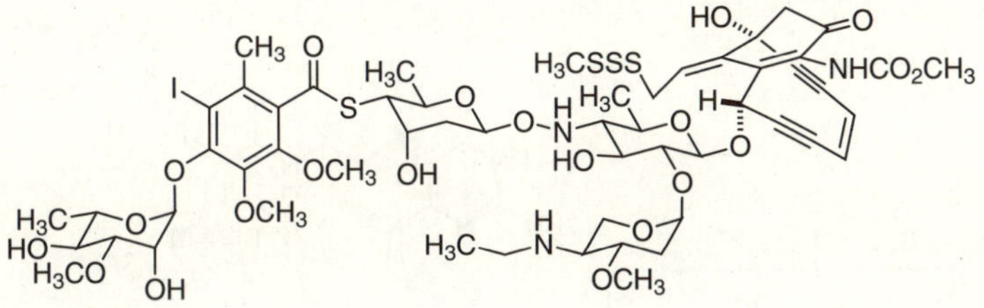

10・5 古典的抗がん剤の作用メカニズム

図 10・10 カリケアマイシン

がん細胞で選択的に生じさせるために，がん細胞に選択的に発現している抗原を認識する抗体を利用する工夫が行われている．抗体としては通常，タンパク質として均一であるモノクローナル抗体が用いられる．例として，カリケアマイシンをヒト化抗

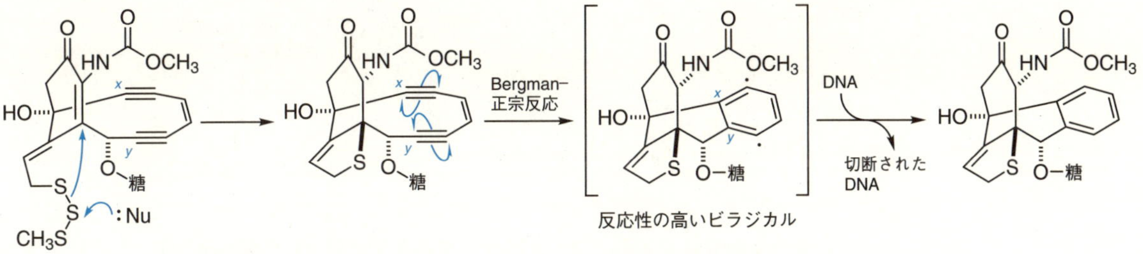

図 10・11 カリケアマイシンによる DNA の切断．生体内求核剤がカリケアマイシンの SCH₃ を攻撃するとチオールが生成し，チオールはエノンへの共役付加反応により 5 員環を形成する．この 5 員環形成によって x と y が接近し，Bergman-正宗反応が進行する．その結果生成したビラジカルによって DNA が切断される．

CD33 モノクローナル抗体と結合させた化合物**ゲムツズマブオゾガマイシン**がある．これは，モノクローナル抗体を抗がん剤のキャリヤーとして用いた最初の薬剤で，急性骨髄性白血病（AML）に効果を示す．CD33 抗原は AML の 80〜90% に発現しており，また，一部の赤芽球，巨核球や顆粒球には発現しているものの，正常な造血幹細胞，リンパ系細胞および非造血系組織には発現していないことから，高い選択性が得られる．ゲムツズマブオゾガマイシンは CD33 に結合後，細胞内に取込まれる．

ゲムツズマブオゾガマイシン
gemutuzumab ozogamicin.

10・5・2 DNA の合成を阻害する薬剤

5-FU（5-フルオロウラシル，右図および 5 章参照）の抗腫瘍効果は主として DNA の合成阻害に基づくと考えられている．5-FU はウラシルと同じ経路で代謝され，5-フルオロデオキシウリジン一リン酸（FdUMP）となる．FdUMP は，チミジル酸合成酵素（TS）上で，デオキシウリジン一リン酸（dUMP）と拮抗し，FdUMP-TS-テトラヒドロ葉酸からなる強固な三者複合体を形成することによって TS を阻害する．TS の阻害は，DNA 合成の原料の一つであるチミジル酸（TMP）が枯渇することになり，結果的に DNA の合成が阻害される．また，5-FU はウラシルと同じく RNA にも組込まれ，リボソーム RNA の形成を阻害することも知られている．

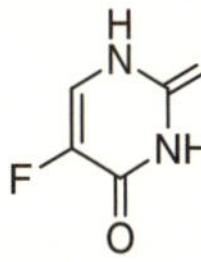

5-フルオロウラシル
5-fluorouracil（5-FU）

ジヒドロ葉酸還元酵素の阻害剤である**メトトレキサート**（図 10・12）も，結果的に DNA の合成を阻害する抗がん剤である．ジヒドロ葉酸還元酵素は，ジヒドロ葉酸を DNA 合成に必須なテトラヒドロ葉酸に還元する酵素である．テトラヒドロ葉酸は，一炭素基の供与体（メチル基転移の基質）として機能する，アミノ酸と核酸の代謝に

メトトレキサート methotorexate

図 10・12 メトトレキサートの作用機序

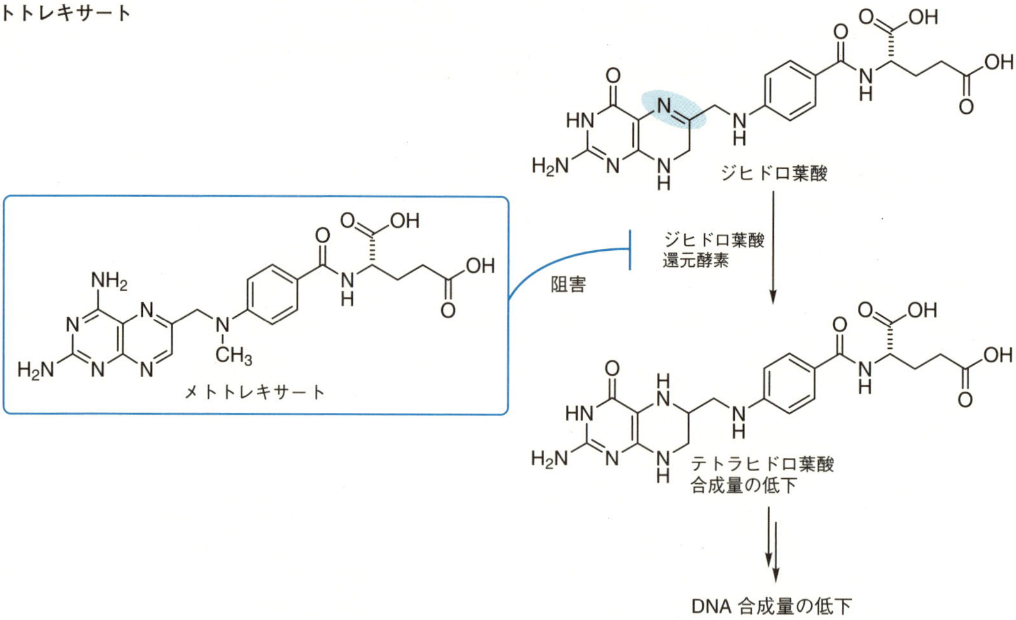

かかわる補酵素である．たとえばデオキシウリジン一リン酸（dUMP）からチミジン一リン酸（dTMP）の生合成（メチル基導入反応）にかかわっている．dTMP は 2 段階のリン酸化を受けてチミジン三リン酸（dTTP）となり，DNA 合成の原料となる．原料であるテトラヒドロ葉酸の合成が阻害されるので，メトトレキサートは DNA 合成を阻害する薬剤といえる．

(a) カンプトテシン

イリノテカン

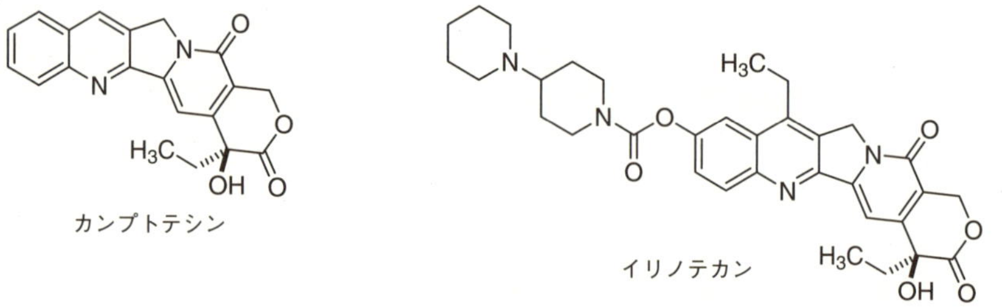

(b) 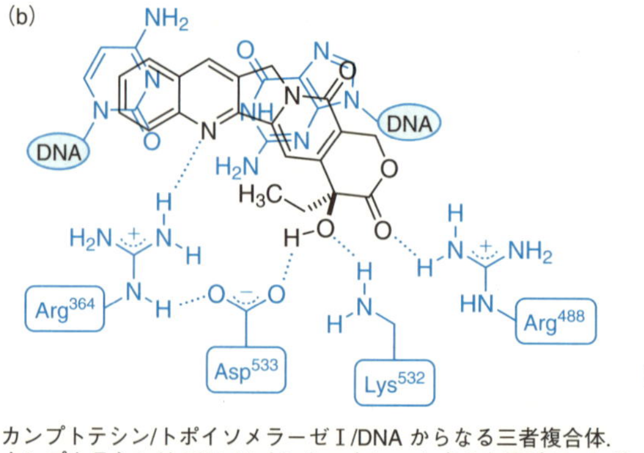 カンプトテシン/トポイソメラーゼⅠ/DNA からなる三者複合体．カンプトテシンは DNA にインターカレートすると同時に，トポイソメラーゼの Arg364, Asp533, Lys532, Arg488 と水素結合している

(c) エトポシド

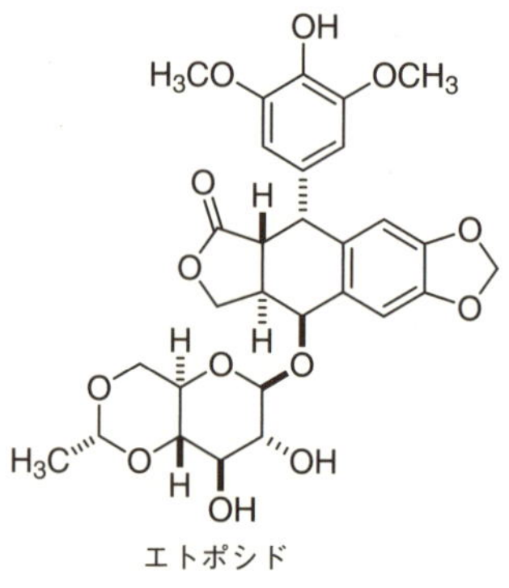

図 10・13 トポイソメラーゼ阻害剤

そのほか，DNA の複製にかかわるトポイソメラーゼの阻害剤が抗がん剤として用いられる．トポイソメラーゼには，ⅠとⅡがあるが，トポイソメラーゼⅠの阻害剤として，**カンプトテシン**やその溶解度を改善したイリノテカン，トポイソメラーゼⅡの阻害剤として**エトポシド**が抗がん作用を示すものとして知られている（図 10・13）．カンプトテシンは図 10・13(b) に示すように DNA にインターカレートしつつトポイソメラーゼのアミノ酸側鎖と相互作用し，安定な二者複合体を形成してトポイソメラーゼⅠを阻害する．

カンプトテシン camptothecin
エトポシド etoposide

10・5・3 チューブリンの機能を阻害する薬剤

微小管は細胞小器官の位置の固定や移動を行うが，真核細胞の分裂時には染色体の移動を行う紡錘体として機能する．微小管はチューブリンと微小管結合タンパク質からなっており，チューブリン（§8・4・1参照）の重合と脱重合がその機能に決定的な役割を果たしている（図 10・14）．**パクリタキセル**はこのチューブリンの重合を促進し，加えてその脱重合を阻害することによって紡錘体の機能を阻害し，細胞の増殖を細胞分裂期（M 期）で停止させて抗がん作用を示す．

パクリタキセル paclitaxel

一方，**ビンブラスチン**は，チューブリンと結合してその重合を阻止し（チューブリン重合阻害），紡錘体の形成を阻害することによって細胞増殖を抑制する．

ビンブラスチン vinblastine

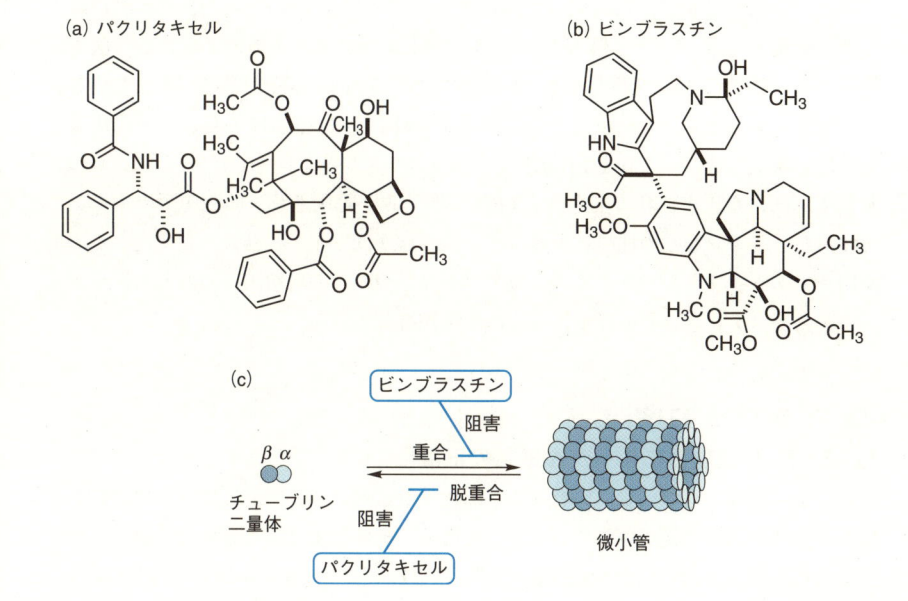

(a) パクリタキセル
(b) ビンブラスチン
(c) チューブリン二量体　重合／脱重合　微小管

ビンブラスチン　阻害　重合
パクリタキセル　阻害　脱重合

図 10・14　チューブリンの機能を阻害する薬剤

10・5・4 ホルモン療法

前立腺がん細胞や乳がん細胞などの多くは，性ホルモンの刺激によって増殖が促進される．そのようながん細胞が原因となるがんは，**ホルモン依存性**がんとよばれ，性ホルモンがいわば発がんプロモーターとして作用している．このようながんに対しては，ホルモンのアンタゴニストや合成阻害剤などの投与が有効である．

ホルモン依存性がん hormone dependent cancer

代表的な性ホルモンの競合的なアンタゴニストとして，エストロゲン依存性がん（乳がん）に使用されるエストロゲンアンタゴニストである**タモキシフェン**や，前立腺がんに使用されるアンドロゲンアンタゴニストである**フルタミド**や**ビカルタミド**が

タモキシフェン tamoxifen
フルタミド flutamide
ビカルタミド bicalutamide

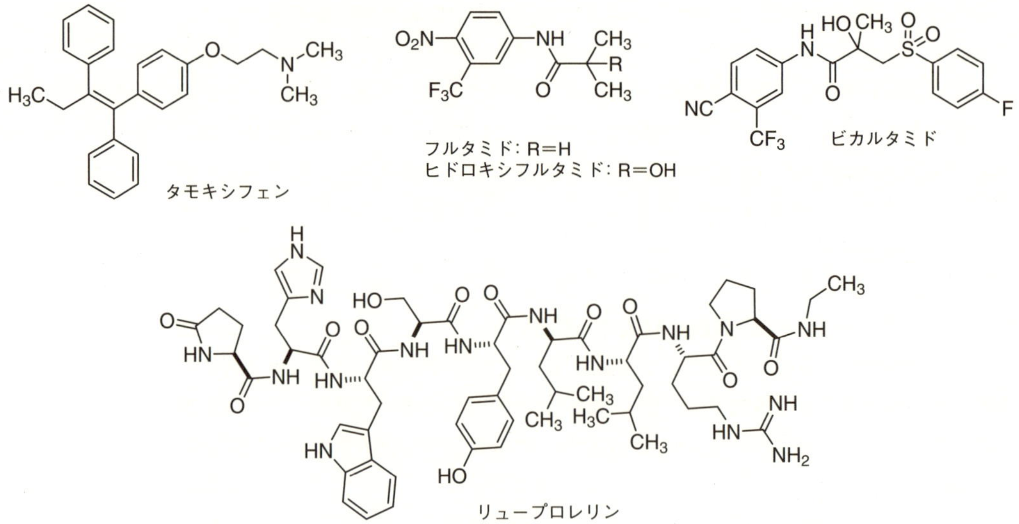

図 10・15 代表的なホルモン療法剤

リュープロレリン leuprorelin
黄体形成ホルモン放出ホルモン
luteinizing hormone-releasing hormone. 略称 LH-RH.

有名である。フルタミドは，代謝によって生じるヒドロキシフルタミドが活性本体である。

リュープロレリンは，LH-RH（黄体形成ホルモン放出ホルモン，12章参照）によく似た構造をもつ。いわば偽ホルモンで，LH-RH のアナログ剤とよばれる（図10・15）。リュープロレリンを投与すると，身体はあたかも LH-RH が常に存在しているように感知してしまい，その反応として，脳下垂体にある LH-RH の受容体の発現量や応答性を低下させる。これを LH-RH 受容体のダウンレギュレートという。このため，脳視床下部から放出される本来の LH-RH の取込みが抑制され，卵胞刺激ホルモンや黄体形成ホルモンなどの性腺刺激ホルモンの分泌が低下する。結果として乳がんの増殖因子である女性ホルモンのエストロゲンや前立腺がんの増殖因子である男性ホルモンのテストステロンなどの性ホルモンの生産が抑制される。

10・6 分子標的薬

10・6・1 分化誘導によるがん細胞の正常化

古くから使用されている，いわゆるがん化学療法剤に加え，最近は分子標的薬とよばれる薬剤が臨床で使用されている。一般に分子標的治療という名称は，おもにがんや炎症性疾患を対象にした治療を指して用いられることが多い。当初は1980年代に開始されたモノクローナル抗体を利用した治療の名称として登場した。1990年代に入って，§10・6・2で説明する小分子化合物であるイマチニブやゲフィチニブ（図10・16）などが分子標的薬として登場し，それらが臨床で使われ始めて一般にも広く浸透した名称となっている。それまでの古典的抗がん剤は，細胞増殖速度の違いを利用して選択性を示しており，薬剤が実際に作用する標的については正常細胞とがん細胞では違いがない。このため，正常細胞であっても増殖の速い細胞（血液幹細胞，毛根細胞，粘膜上皮細胞など）に対する殺細胞活性は避けられず，貧血・脱毛・嘔吐といった，消耗性の副作用が大きな問題となる。一方，分子標的薬は，がんに特有の遺伝子的な変化を薬剤の標的としている点で異なり，より理にかなった方法論といえる

だろう．

この視点からこれまでの抗がん剤の歴史をふりかえると，**レチノイン酸**（**RA**，図 10・16，§8・2・2 参照）は最初の分子標的薬といえるかもしれない．RA は，未分化な段階で増殖してしまった急性前骨髄球性白血病（APL）細胞の分化を誘導して成熟させ，細胞の行動を正常な状態に戻す．このことによって APL を完全寛解（末梢血に白血病細胞の確認されなくなった状態）へ導く．

RA は 1980 年に急性骨髄性白血病細胞（HL60 細胞）および急性前骨髄球性白血病（APL）患者の白血球芽細胞が，その作用によって成熟顆粒球へと分化誘導されることが報告され，開発が開始された．RA はビタミン A の主たる活性本体である．APL では 15 番染色体と 17 番染色体間で転座しており，*PML* 遺伝子とレチノイン酸受容体 α 遺伝子（*RARα* 遺伝子，§8・2・2 参照）とのキメラ遺伝子，*PML-RARα* 遺伝子が生成している．PML-RARα は RAR としての機能が低下しているためにシグナルが低下し，骨髄球系細胞の分化を十分行えず，PML-RARα 産生細胞は前骨髄球の段階で分化が停止してしまう．同時に PML の機能も抑制されることで細胞の増殖能が亢進して白血病となると考えられている．RA を薬剤として投与し，これが高濃度に存在することによって PML-RARα にも十分結合してシグナルを下流へ伝えること，同時に PML 機能を向上させて分化誘導作用を起こしていると考えられている．RA の構造を継承しながら，ヘテロ原子を導入し，活性向上と水溶性を上昇させた化合物として**タミバロテン**がある．これはレチノイン酸で治療後に再発してしまった APL に対して用いられる．

10・6・2 キナーゼ阻害薬

多くのがん分子標的薬は，がん細胞が増殖・浸潤・転移などに必要とする生体内分子を薬物受容体として阻害することによって抗腫瘍作用を示す．現状では多くの小分子性分子標的薬はキナーゼを阻害する化合物である．前項に述べた分化誘導療法剤は分子標的薬に分類されるが，未成熟なまま増殖するがん細胞を成熟な細胞へと導くことによってがんを治療する点で，キナーゼ阻害を作用機構とするほかの多くの分子標的薬と一線を画している．

キナーゼ阻害作用は ATP 結合部位への ATP の結合を阻害することにより示される

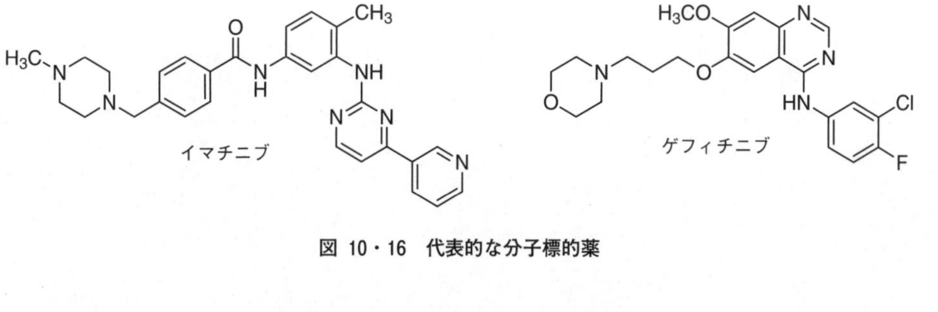

レチノイン酸 retinoic acid. 略称 RA.

急性前骨髄球性白血病 acute promyelocytic leukemia. 略称 APL.

PML   promyelocytic leukemia の略．

タミバロテン tamibarotene

図 10・16 代表的な分子標的薬

ものが多い．一方，各種のキナーゼの ATP 結合部位のアミノ酸配列相同性はとても高い．副作用回避のためには，どれだけ標的とするキナーゼ以外の ATP 結合部位に対する選択性が得られるかが第一条件となる．

キナーゼは細胞内情報伝達における主役で，多種多様なキナーゼがフィードバック機構を含めてそれぞれに相互作用し，ネットワークを形成している．特に細胞の増殖系に関与する情報伝達系のキナーゼに変異が起こるとがんの発生につながる．実際，多くのがん細胞で増殖系キナーゼにおける変異が見いだされている．正常細胞においてもこの増殖系情報伝達系は生命活動に必要な機能を果たしており，阻害することによって毒性が発現するが，増殖の速いがん細胞のほうが感受性が高い．増殖能の差を利用している点では古典的抗がん剤と同じだが，キナーゼ阻害薬は特に変異あるいは機能亢進しているキナーゼそのものに作用するという点が大きく異なり，分子標的薬とよばれる所以となっている．多くのキナーゼ阻害薬はキナーゼの触媒部位ではなく，エネルギー源として利用される ATP 結合部位への ATP の結合を阻害することによって，阻害作用を示す．ATP はエネルギーを必要とする生命活動に普遍的に使用されており，その結合部位はキナーゼをはじめとして多くの酵素にあって，選択性を示すことが困難と考えられるが，これまでに比較的よい選択性と活性を示す薬剤がつくられている．

イマチニブ imatinib
慢性骨髄性白血病 chronic myelogenous leukemia. 略称 CML.

イマチニブ（図 10・16）は Bcr-Abl チロシンキナーゼを選択的に阻害し，慢性期，移行期，急性期の慢性骨髄性白血病（CML）に効果を示す．CML では 9 番染色体と 22 番染色体が相互転座し，*bcr* 遺伝子と *abl* 遺伝子が融合した *bcr-abl* 遺伝子をもつフィラデルフィア染色体がつくられている．この *bcr-abl* 遺伝子からは，Bcr-Abl 融合タンパク質（p210）が合成されるが，この p210 はチロシンキナーゼ活性が大きく亢進しており，骨髄造血幹細胞の異常な増殖をひき起こし，CML を発症する．イマチニブはこの Bcr-Abl チロシンキナーゼを阻害することにより抗 CML 作用を示す．

ゲフィチニブ gefitinib

ゲフィチニブ（図 10・16）は 1990 年代に，上皮増殖因子受容体（EGFR）に対する阻害作用のスクリーニングにより見いだされた．ゲフィチニブは EGFR チロシンキナーゼの ATP 結合部位に ATP と競合的に結合することによって EGFR の自己リン酸化を阻害し，細胞増殖シグナル伝達阻害作用を示し，がんの増殖を抑制し，アポトーシスを誘導することによって，抗がん作用を示す．肺がんの約 8 割を占める非小細胞がんで，手術不能な場合や再発した例に経口で投与する．EGFR の遺伝子に特定の変異があると治療効果が高いとされている．

11 生理活性発現の化学 3: ステロイドホルモンを中心に

11・1 核内受容体とそのリガンド

特定の遺伝子の発現を制御する化合物の創製やその機構の解明は，生体有機化学においても重要な領域の一つである．§10・3 で取上げた化学発がんは，現象自体は特異的であるが，それは化合物がきわめて低い頻度でたまたま"がんに関連する遺伝子"を攻撃した結果であり，反応自体に特異性はない．これに対して，特定の遺伝子の発現を制御するために注目されているのが**転写因子**である．特定の DNA に特異的に結合して，その DNA の転写を制御するタンパク質を転写因子という．生物を構成するすべての細胞は，個体ごとに同じ遺伝情報をもっているにもかかわらず，形や性質の異なった細胞へと分化し，異なった機能を果たす．これは，細胞がいつもすべての遺伝情報を働かせているわけではなく，必要な遺伝情報のみを必要なときに働かせているためと理解されている．そこで，転写因子を制御する小分子は，転写因子だけではなく，転写因子により発現が制御される遺伝子 DNA と，そこから転写を経て翻訳されるタンパク質の機能解明に重要な役割を果たすと考えられる．さらに，疾患に関与している遺伝子やタンパク質の機能を制御しうる転写因子は，医薬の標的分子としても魅力的である．本節では，転写因子の一種である核内受容体とその小分子リガンドを例にして，小分子による遺伝情報制御の一端を解説する．

転写因子 transcription factor

11・1・1 ステロイドとビタミン

ステロイドは，ステロイド骨格をもつ化合物の総称である．ヒト体内の主要なステ

ステロイド steroid

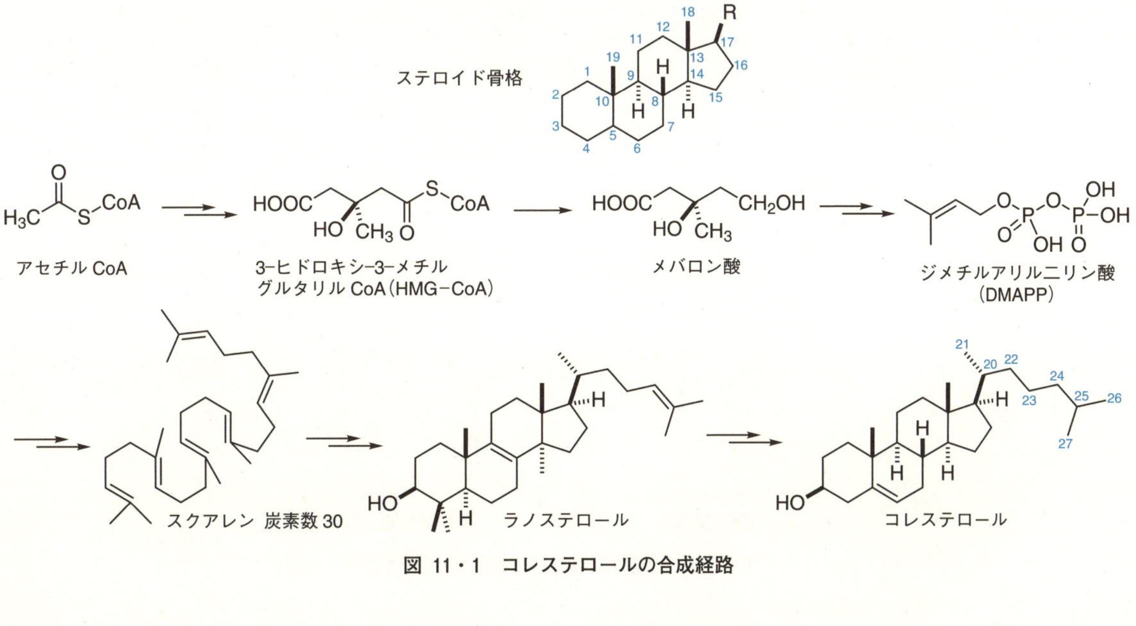

図 11・1 コレステロールの合成経路

コレステロール cholesterol

ロイドは**コレステロール**であり，多くの組織においてアセチル CoA から生合成される（図 11・1）. 生合成においては，アセチル CoA にみられるように，エステル RCOOR′ ではなく，チオエステル RCOSR′ が反応剤，基質になる場合が圧倒的に多い（§5・4 参照）. エステルでは，アルコール由来の酸素原子の非共有電子対がカルボニル基の方向に非局在化（共鳴）して安定化しているが，チオエステルの硫黄原子にはそのような効果はないので，チオエステルがより高エネルギーである（図 11・2）. 同時にチオエステル RCH_2COSR' ではエステル RCH_2COOR' に比べて，カルボニル炭素 RCH_2**C**OXR' の求電子性はより高くなるし，同時に α 炭素 R**C**H_2COXR' の求核性も高くなる点でも，生体内での反応剤，基質として有利である（図 11・2）. アセチル CoA は，図 11・1 に概略を示す経路を経てコレステロールへと生合成される. この経路の中で，3-ヒドロキシ-3-メチルグルタリル CoA（HMG-CoA）が還元的に開裂してメバロン酸となる段階がコレステロール合成の主要な調節段階である. そのため，この還元反応を触媒する HMG-CoA 還元酵素の阻害剤は，**スタチン**とよばれ，コレステロールの産生抑制にきわめて効果的である. コレステロールは細胞膜や血漿リポタンパク質外層の必須構成成分であり，また，ステロイドホルモン（図 11・3）や胆汁酸をはじめとするすべての体内ステロイドの前駆体でもある. さまざまな生物が固有のステロイドを生成し，天然には，強心配糖体をはじめ，多くの生理活性ステロ

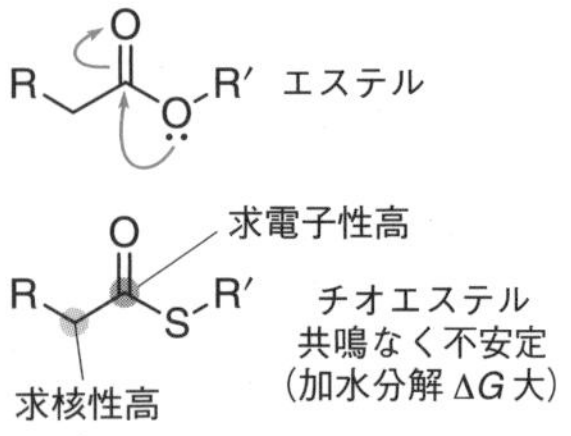
O
R
R′
エステル
求電子性高
チオエステル
共鳴なく不安定
(加水分解 ΔG 大)
求核性高

図 11・2 エステルとチオエステルの比較

スタチン statin

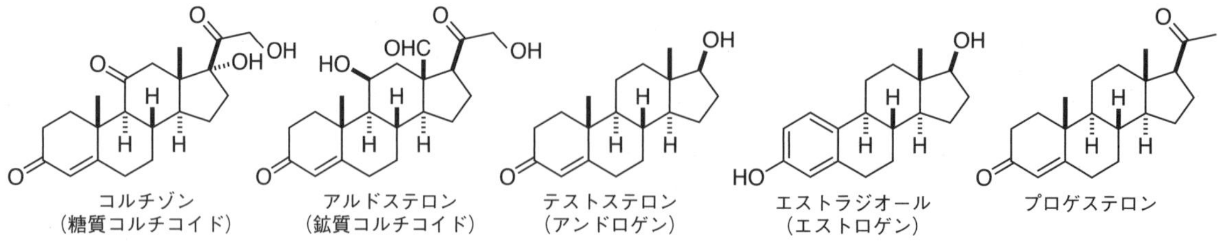
コルチゾン
(糖質コルチコイド)
アルドステロン
(鉱質コルチコイド)
テストステロン
(アンドロゲン)
エストラジオール
(エストロゲン)
プロゲステロン

図 11・3 代表的なステロイドホルモン

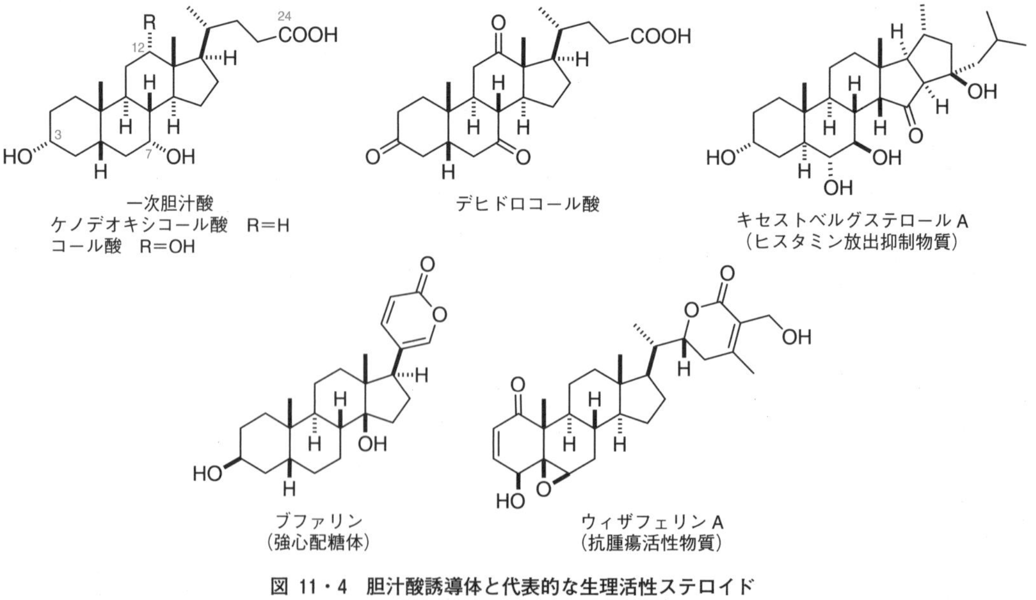
一次胆汁酸
ケノデオキシコール酸 R=H
コール酸 R=OH
デヒドロコール酸
キセストベルグステロール A
(ヒスタミン放出抑制物質)
ブファリン
(強心配糖体)
ウィザフェリン A
(抗腫瘍活性物質)

図 11・4 胆汁酸誘導体と代表的な生理活性ステロイド

イドが存在する（図 11・4）.

　特定の臓器で産生され，標的の臓器に達して生理作用を発揮する物質を**ホルモン**という．ホルモンは構造的に，ステロイド，アミン，ペプチド，脂質ホルモンの 4 種類に分類される．**ステロイドホルモン**はステロイド骨格をもつホルモンの総称であり，糖質コルチコイド，鉱質コルチコイド，アンドロゲン，エストロゲンなどが含まれる（図 11・3）．ステロイドホルモンは，小分子が生物の遺伝子発現を特異的に制御する好例である．糖質コルチコイドは血糖値や炎症に，鉱質コルチコイドはナトリウムやカリウムの濃度調整に，アンドロゲン，エストロゲン，プロゲステロンは男性または女性ホルモンとして関与している．

　ステロイドホルモンのほかにも現在では，**活性型ビタミン D_3**（$1,25\alpha$-ジヒドロキシビタミン D_3）や**レチノイン酸**（**RA**，**活性型ビタミン A**）も，ビタミンというよりは厳密な制御の下で内分泌されるホルモンという概念でとらえられている．活性型ビタミン D_3 はカルシウム吸収に，RA は免疫，生殖，成長に関与している．RA および活性型ビタミン D_3 はそれぞれ，ステロイド骨格をもつプロビタミン D_3 や，β-カロテンの代謝によりビタミン A およびビタミン D を経て生合成される（図 11・5，図 11・6）．かつてビタミン A やビタミン D の役割といわれていた多くの生理活性は，それぞれ，活性型ビタミン A および活性型ビタミン D_3 が発揮するものである．

　本来，**ビタミン**とは栄養学的に定義された言葉で，1912 年に C. Funk が生命に必須な成長因子として食品中に存在することを仮定した微量栄養素 "vitamine" に由来する．ビタミンの発見は，ビタミン欠乏症と科学者との戦いの歴史でもあり，さまざまなビタミンが発見・同定されると，明らかにアミン（amine）ではない化合物が多く見いだされたため，1920 年，J. Drummond がそれまで使用されていた vitamine を "vitamin" とすることを提唱し，今日それが用いられている．現在ではビタミンは，

ホルモン hormone

ステロイドホルモン steroid hormone

活性型ビタミン D_3 $1,25\alpha$-ジヒドロキシビタミン D_3（$1,25\alpha$-dihydroxyvitamin D_3）ともいう．

レチノイン酸 retinoic acid. 活性型ビタミン A, 全 *trans*-レチノイン酸ともいう．略称 RA.

ビタミン vitamin

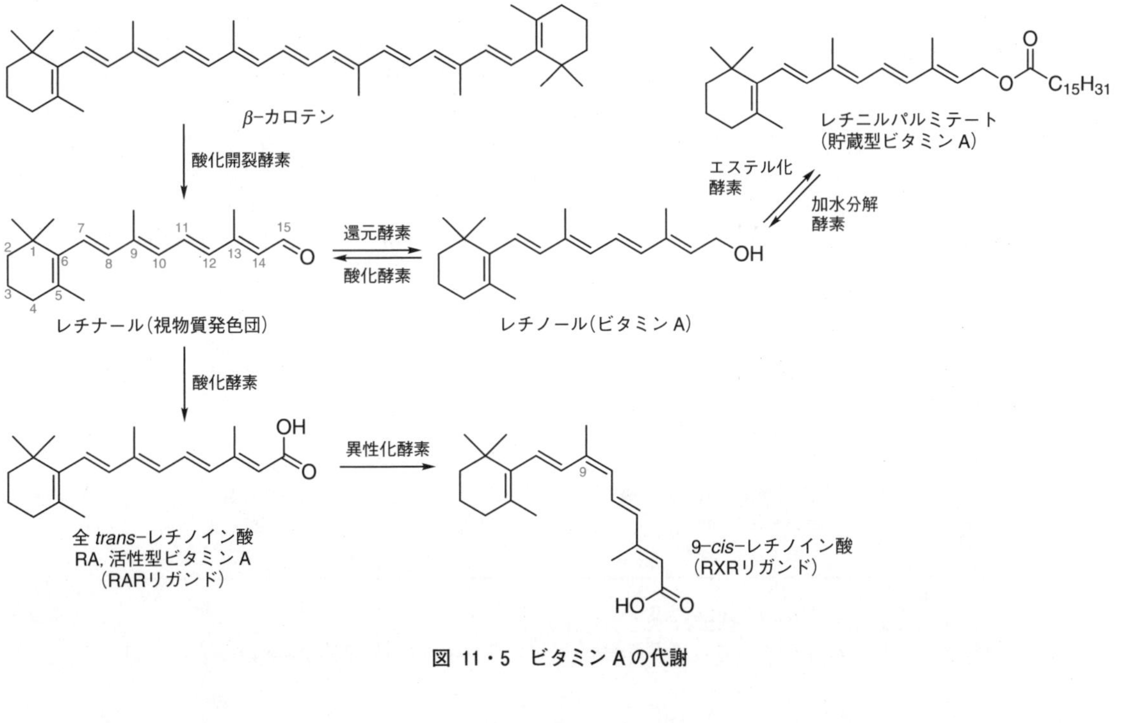

図 11・5　ビタミン A の代謝

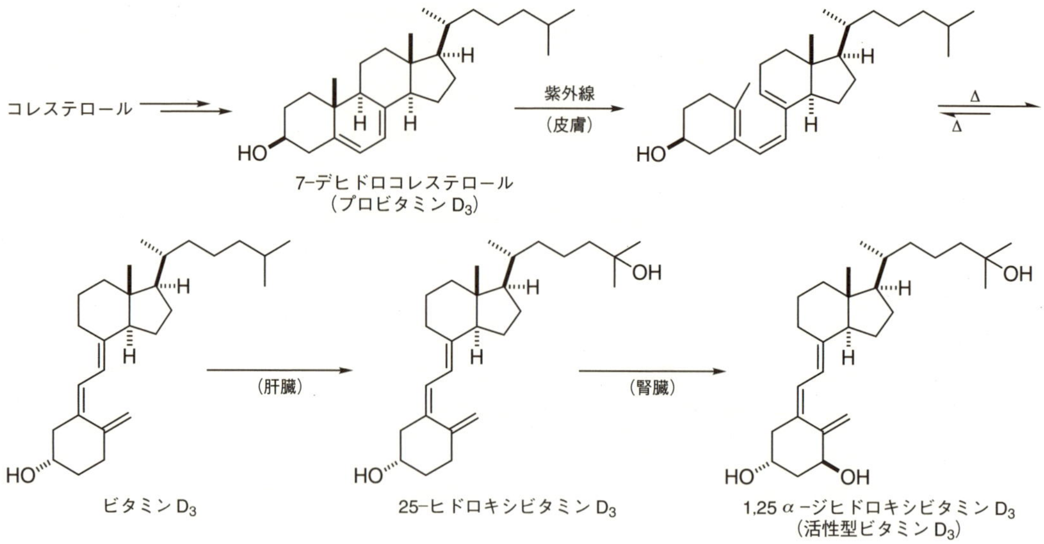

図 11・6 ビタミンDの代謝

やや曖昧な点を残すが，"微量で体内の代謝に重要な働きをしているにもかかわらず，自分でつくることができない化合物"と定義されている．ビタミンは物性の点から水溶性と脂溶性に分類され，水溶性ビタミンは補酵素として機能するものが多い．脂溶性ビタミンは，上述のビタミンAやDが代表であるが，これらの生理作用の分子機構が明らかになるにつれ，RAや活性型ビタミンD_3がホルモンとして認識されるようになってきたことはすでに述べたとおりである．現時点では表11・1に示す13種類が，ヒトを対象としたビタミンとして認められている．新たなビタミンが発見され

表 11・1 ビタミン

名　称	化合物	作用部位または関与する生体内反応	欠乏症
脂溶性ビタミン			
ビタミンA	レチノール類	視覚・全身	夜盲
ビタミンD	カルシフェロール類	骨	くる病
ビタミンE	トコフェロール類	全身	不妊
ビタミンK	フィロキノン類	血液凝固因子	血液凝固の阻害
水溶性ビタミン			
ビタミンB_1	チアミン類[†1]	糖脂質代謝	脚気
ビタミンB_2	フラビン類[†1]	酸化	皮膚炎
ビタミンB_3	ナイアシン，ニコチンアミド類[†1]	酸化	ペラグラ(消化器全般の疾病)
ビタミンB_5	パントテン酸(CoA)[†1]	アシル基転移	皮膚炎[†2]
ビタミンB_6	ピリドキサール類[†1]	アミノ酸代謝	貧血
ビタミンB_7	ビオチン[†1]	CO_2結合・転移	皮膚炎[†2]
ビタミンB_9	葉酸，テトラヒドロ葉酸[†1]	C_1転移	悪性貧血
ビタミンB_{12}	コバラミン類[†1]	異性化・メチル化	悪性貧血
ビタミンC	アスコルビン酸	ヒドロキシル化	壊血病[†3]

[†1] 補酵素．
[†2] 腸内細菌が合成するので，動物では欠乏症はない．
[†3] ヒト，サル，モルモット，ゾウ，熱帯産鳥類の一部で，生合成最終段階の酵素がない．

る可能性はあるが，一般的には，ビタミンの発見は1948年のビタミンB_{12}（シアノコバラミン）の発見をもって幕が閉じられた，とされている．過去に（歴史的に）ビタミンとされていたが，その後の研究でビタミンの定義から外れたものや，ビタミンと同じような生理作用を示すものの，上記のビタミンの定義にあてはまらないものは，"ビタミン様物質"として区別されている．また，ビタミンの定義の性質上，動物種・生物種によってそれがビタミンであるかないかが異なることは当然ありうる．たとえばビタミンC（アスコルビン酸は，たいていの動植物がグルコースを原料に図11・7に示す経路で生合成することができる．しかし，この経路の最終段階の酸化酵素が，ヒト，サル，モルモット，ゾウ，熱帯産鳥類の一部で欠損しており，それらの動物においてビタミンCは"ビタミン"としての定義を満足する．また，表11・1中，パントテン酸とビオチンは，通常では腸内細菌が合成するので，動物で欠乏症がみられることはほとんどないとされている．

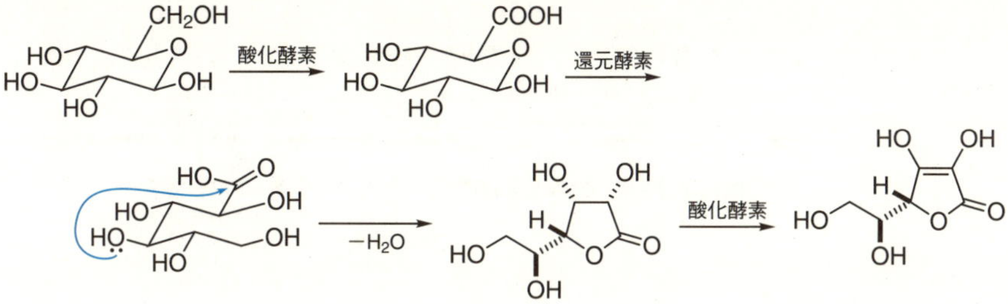

図 11・7 ビタミンCの生合成

11・1・2 核内受容体スーパーファミリー

本項では，ステロイドホルモンや活性型ビタミンA, D_3といった化合物がどのようにしてそれらに固有の生理活性を発現しているかを解説する．これらの生理活性物質は，いずれも細胞内にすでに備わっている特異的な受容体タンパク質を介して特異的な遺伝子の発現を制御することによって作用を発揮する．それぞれの受容体は，互いに構造的・機能的に共通性の高い一つの集団（**スーパーファミリー**）を形成している．そこでこれらの受容体は一括して**核内受容体**と総称される．図11・3に示したすべてのステロイドホルモン，ならびに活性型ビタミンA（図11・5）と活性型ビタミンD_3（図11・6）は，それぞれに固有の核内受容体に結合する**核内受容体リガンド**である．それぞれの小分子は，各核内受容体に特異的に結合し，コルチゾンは糖質コルチコイド受容体（GR），アルドステロンは鉱質コルチコイド受容体（MR），テストステロンはアンドロゲン受容体（AR），エストラジオールはエストロゲン受容体（ER），プロゲステロンはプロゲステロン受容体（PR），1,25α-ジヒドロキシビタミンD_3はビタミンD受容体（VDR），RAはレチノイン酸受容体（RAR）のリガンドとして機能する．

核内受容体スーパーファミリーは，次項で述べる特定の領域（DNA結合領域）において高い一次構造共通性（アミノ酸配列相同性）を維持している．この構造共通性がスーパーファミリー形成の根拠となっており，ヒトでは48種のタンパク質が核内受容体スーパーファミリーに分類されるタンパク質として同定されている（図11・8）．それらはホモ二量体を形成するもの，レチノイドX受容体（RXR）とヘテロ二量

スーパーファミリー superfamily
核内受容体 nuclear receptor
核内受容体リガンド nuclear receptor ligand

体を形成するもの，単量体として機能するもの，などに分類される．生物が高等になるほど，身体を構築する各種臓器の細胞における特定の遺伝子の発現を，調和を保ちながら厳密に制御することが必要となる．そのために構造的に関連のあるさまざまな小分子化合物を特異的な遺伝子発現のスイッチとして利用できるように進化してきたととらえることができる．しかし，48種の核内受容体のなかで，その生理的なリガンドが同定されているものは20〜25種にすぎない．ほかのものはリガンドが不明な（あるいはもともとリガンドが存在しない）もので，"オーファン核内受容体"とよばれる．

11・1・3 核内受容体の構造と機能

核内受容体はリガンドに依存的な転写因子である．一般に核内受容体の構造はA〜Fの六つのドメイン構造を有している（図11・8）．N末端ドメインであるA/B領域

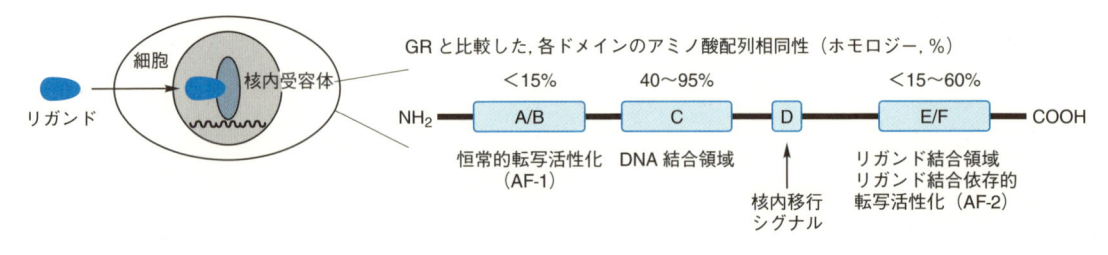

受容体		リガンド	オーファン受容体 (計25種)
内分泌性リガンド受容体 （高親和性，ホルモンまたはビタミン, 計15種）			
ホモ二量体	ERα	エストラジオール	HNF4α
	ERβ	エストラジオール	HNF4γ
	GR	コルチゾン	TR2
	MR	アルドステロン	TR4
	PR	プロゲステロン	COUP-TFI
	AR	テストステロン	COUP-TFII
RXRとヘテロ二量体	TRα	チロキシンホルモン	ERA2
	TRβ	チロキシンホルモン	GCNF1
	RARα	全 trans-レチノイン酸	REV-erbα
	RARβ	全 trans-レチノイン酸	REV-erbβ
	RARγ	全 trans-レチノイン酸	RORα
	VDR	1,25α-ジヒドロキシビタミンD_3	RORβ
			RORγ
ホモ二量体またはヘテロ二量体	RXRα	9-cis-レチノイン酸	TLX
	RXRβ	9-cis-レチノイン酸	PNR
	RXRγ	9-cis-レチノイン酸	ERRα
			ERRβ
代謝物性リガンド受容体 （低親和性，脂質代謝物，計8種）			ERRγ
RXRとヘテロ二量体	PPARα	脂肪酸	NGFI-B
	PPARδ	脂肪酸	NURR1
	PPARγ	脂肪酸	NOR1
	LXRα	オキシステロール	SF1
	LXRβ	オキシステロール	LRH-1
	FXR	胆汁酸	DAX
	PXR/SXR	異物ステロイド	SHP
	CAR1	アンドロスタン	

図 11・8 核内受容体スーパーファミリー

11・1 核内受容体とそのリガンド

は，基本的にリガンド非依存性の転写活性化能を有する AF-1 とよばれる領域である．分子中央部分の C 領域は **DNA 結合領域**であり，DNA に結合するための特異的構造が存在する．D 領域には核内に移行するためのシグナル配列が存在する．受容体の C 末端領域である E/F 領域には小分子リガンドが結合するので**リガンド結合領域**とよばれている．またこの領域には，リガンド依存性の転写制御領域である AF-2 とよばれる領域が含まれる．それぞれの核内受容体は DNA 結合領域の構造が異なるため，各核内受容体に対応する**応答遺伝子塩基配列**に高い結合特異性・親和性をもつ．このことによって，小分子化合物の分子量的・構造的に少ない情報量が，高分子受容体との結合という反応によって情報が散逸することなしに増幅され，超高分子である遺伝子 DNA の特異的塩基配列の認識を通して特異的な遺伝子の発現制御に至る．

2008 年，核内受容体とそのリガンド，DNA などの超高分子の三次元構造が明らかになった（図 11・9）．この複合体を詳しくみると，まず第一に，登場する核内受容体は，ペルオキシソーム増殖剤活性化受容体（PPAR，薄い灰色）とレチノイド X 受容体（RXR，濃い灰色）の 2 分子であり，これらはヘテロ二量体を形成している．これらの 2 分子の核内受容体には，それぞれに固有の小分子リガンドが結合している．ここまでで，すでに 4 分子からなる複合体ができていることになる．さらに，二つの核内受容体それぞれに対して，**コアクチベーター**とよばれるタンパク質（濃い青，図 11・9 に示した三次元構造では，コアクチベーターの一部のペプチド断片）が結合し，計 6 分子からなる複合体となっている．さらに，この六者複合体中の 2 分子の核内受容体は，それぞれの DNA 結合領域で応答遺伝子塩基配列と相互作用し，計 7 分子からなる複合体となっている．

> AF-1　activation function 1 の略.
>
> DNA 結合領域　DNA binding domain
>
> リガンド結合領域　ligand binding domain
>
> 応答遺伝子　response gene. 核内受容体リガンドによって発現が制御される遺伝子.
>
> 応答遺伝子塩基配列　response element. 応答配列ともいう．核内受容体が認識して結合する DNA の塩基配列.
>
> コアクチベーター　coactivator

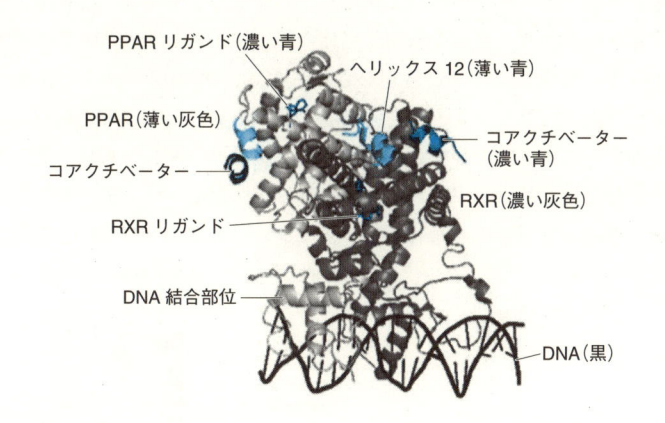

図 11・9　転写活性型核内受容体複合体の構造例．ペルオキシソーム増殖活性化剤受容体（PPAR）およびレチノイド X 受容体（RXR）からなるヘテロ二量体と，PPAR リガンド，RXR リガンド，コアクチベーター，ならびに応答遺伝子 DNA の計 7 者からなる．［V. Chandra, P. Huang, Y. Hamuro, S. Raghuram, Y. Wang, T. P. Burris, F. Rastinejad, *Nature*, **456**, 350 (2008) より改変.］

核内受容体はもともと核に存在するものと，はじめは細胞質に存在していて，リガンドとの結合によって核へ移行するものとがあるが，いずれも共通して核の中で機能を発揮する．核内で機能を発揮する際に核内受容体は二量体を形成するが，同種類どうしでホモ二量体を形成する核内受容体と，RXR とヘテロ二量体を形成する核内受容体が存在する．ホモ二量体は，順列型で相互作用して二量化するので（図 11・8），認識する応答遺伝子 DNA の塩基配列（応答配列）はパリンドローム（回文）配列になる．一方，ヘテロ二量体は，通常は向きあい型で相互作用して二量化するので，応答配列はダイレクトリピートとよばれる直列反復配列となる．

核内受容体の転写因子としての標的遺伝子特異性は，おもにその遺伝子 DNA への

11. 生理活性発現の化学 3：ステロイドホルモンを中心に

結合における塩基配列選択性によっており，これを決定するのがDNA結合領域のアミノ酸配列である．核内受容体のDNA結合領域には，DNA結合タンパク質のモチーフ構造として**ジンクフィンガー**とよばれる構造が二つある．ジンクフィンガー構造とは，システイン残基もしくはヒスチジン残基が亜鉛(II)イオンに配位することによって形成される構造で，核内受容体のみならずさまざまな転写因子にみられる構造である（8章）．多くの核内受容体はこのDNA結合領域で応答遺伝子上の応答配列に結合してリガンドを待ち受けている．ある特定の核内受容体リガンドによって直接発現が制御される応答遺伝子は通常は複数のものが存在するが，その応答遺伝子群は，共通の応答配列を上流にもつグループの遺伝子群からなる．

ジンクフィンガー zinc finger

コリプレッサー corepressor

核内受容体は，リガンドが存在しない状態では**コリプレッサー**とよばれる因子と結合している．コリプレッサーは近傍の遺伝子の発現を抑制する機能をもっている．したがって図11・10に示すように，核内受容体の多くは，リガンドが結合していない状態では応答遺伝子の発現を抑制することになる．リガンドが結合すると，その部分構造の一つである12番目のαヘリックス（ヘリックス12）がリガンド結合領域に"ふた"をするように立体構造が変化してコリプレッサーが解離する．この構造変化は，"ヘリックス12のフォールディング"と表現されるが，本書では，8章で述べた，タンパク質の三次元構造形成（成熟）過程としてのフォールディングと区別するために，"ヘリックス12のベンディング"と表現することにする．ヘリックス12のベンディングおよびコリプレッサーの解離と同時に，コアクチベーターとよばれる別の因子がヘリックス12の近傍に結合する．コアクチベーターは，核内受容体とRNAポリメラーゼIIとのコネクターの役割を果たし，したがって効率よく応答遺伝子の発現を上昇させる．すなわち，多くの核内受容体の転写因子としての活性化の構造的な要因は，リガンドの結合によってひき起こされるヘリックス12のベンディングという立体構造変化である．コリプレッサー，コアクチベーターともに，細胞種にも依存して複数のものが存在する．コリプレッサー，コアクチベーターともに，それらの核内受容体側の結合部位はリガンド結合領域のヘリックス12ないしAF-2の近傍にある．コリプレッサーと核内受容体の結合にかかわるモチーフ配列は，LXXH/IIXXXI/L*で

ベンディング bending

* Lはロイシン，Hはヒスチジン，Iはイソロイシン，Xは任意のアミノ酸，/はまたはの意で，たとえばH/Iは，ヒスチジンまたはイソロイシンの意．

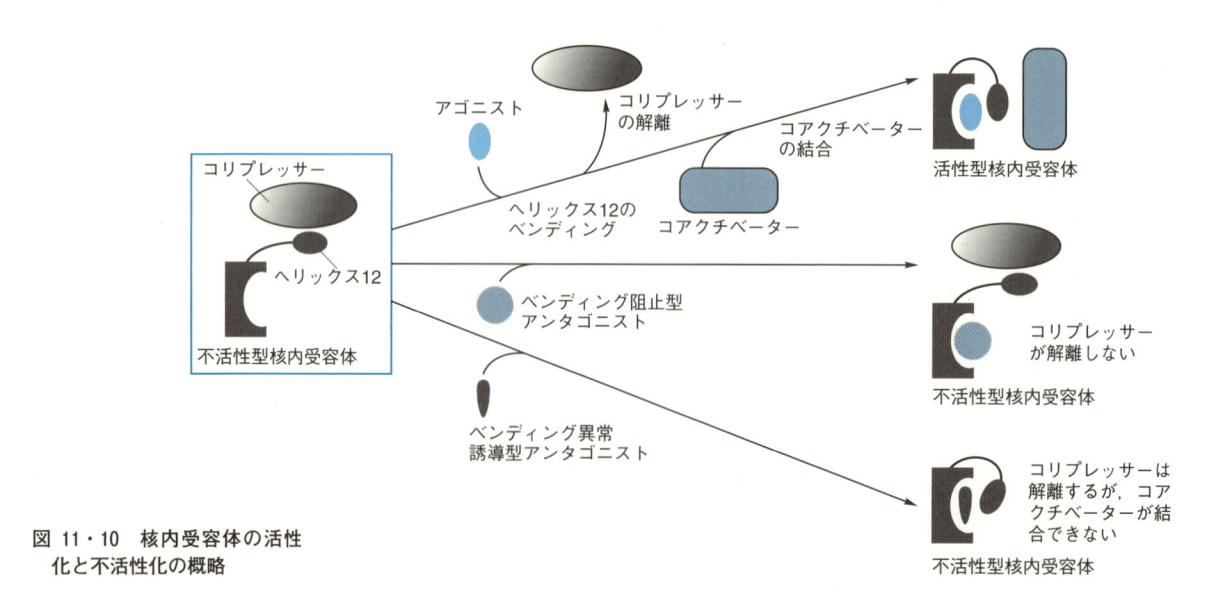

図11・10 核内受容体の活性化と不活性化の概略

ある.一方,コアクチベーターと核内受容体の結合にかかわるモチーフ配列は,LXXLLであり,上記コリプレッサーのLXXH/IIXXXI/L配列に関連しているようにみえるが,より短い.核内受容体へのリガンドの結合によってひき起こされる"ヘリックス12のベンディング"という立体構造変化が,当該受容体のほぼ同じ部位に結合するコリプレッサーのLXXH/IIXXXI/L配列とコアクチベーターのLXXLL配列を区別している.

11・1・4 核内受容体のリガンドによる機能制御

前項までは,核内受容体のリガンドを,生理的なリガンドに限定して解説してきた.そのため,前項までに登場した核内受容体リガンドは,すべてがアゴニストであり,核内受容体のヘリックス12の正常なベンディングを誘発してこれを活性化するものであった.一方,アゴニストと同じ結合領域に結合し,ヘリックス12のベンディングを阻止したり,あるいは異常なベンディングを誘導するものが,アンタゴニストになる.図11・11にエストロゲン受容体におけるアゴニストとアンタゴニストが結合した状態でのベンディングの比較を示した.ほとんどのヘリックスは,アゴニスト結合状態とアンタゴニスト結合状態では類似した立体構造であるのに対して,ヘリックス12のみが異なる空間配置を示している.すなわち,アゴニスト結合状態ではヘリックス12がリガンド結合領域のふたのような役割をしており,一方アンタゴニスト結合状態では,アゴニスト結合状態におけるヘリックス12が占める空間配置と,アンタゴニストの部分構造が占める空間配置が重複しており,結果としてヘリックス12はリガンド結合領域のふたをすることができない.このように,リガンド結合状態におけるヘリックス12のベンディングがコアクチベーターとの結合に影響を与え,その違いがアゴニスト作用とアンタゴニスト作用を区別する構造的な要因である.

いくつかの核内受容体については,そのリガンド結合領域が結晶化され三次元構造がわかっているので,ヘリックス12のベンディングによる核内受容体の活性制御を基盤に,数多くのアゴニストやアンタゴニストが設計・合成され,医療の現場にも寄

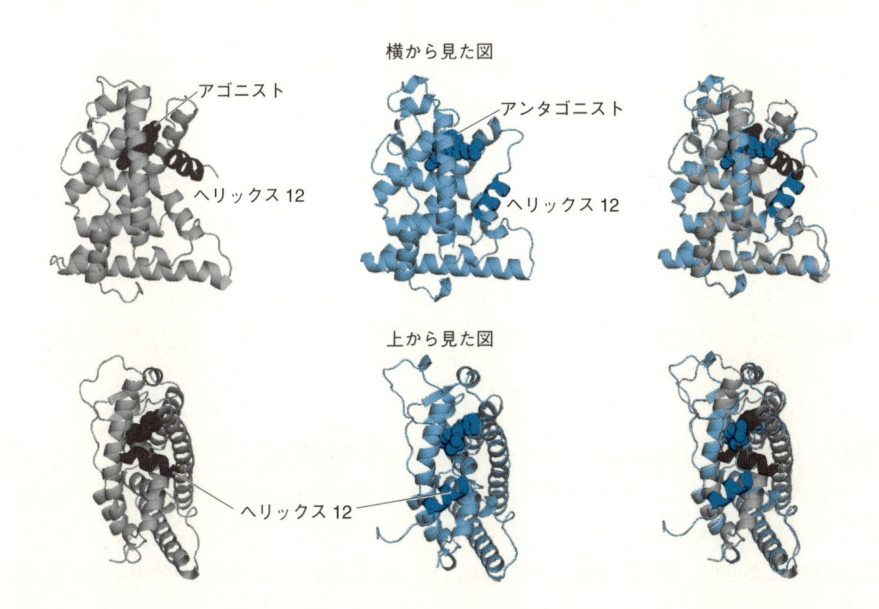

図11・11 エストロゲン受容体のリガンド結合状態.左はアゴニスト結合状態(ヘリックス12とアゴニストは濃い灰色).中央はアンタゴニスト結合状態(ヘリックス12とアンタゴニストは濃い青色).右は,左と中央を重ね合わせた図.[A. K. Shiau, D. Barstad, P. M. Loria, L. Cheng, P. J. Kushner, D. A. Agard, G. L. Greene, *Cell*, **95**, 927 (1998) より改変.]

(a) 合成糖質コルチコイド (b) 合成プロゲステロン (c) 合成エストロゲン

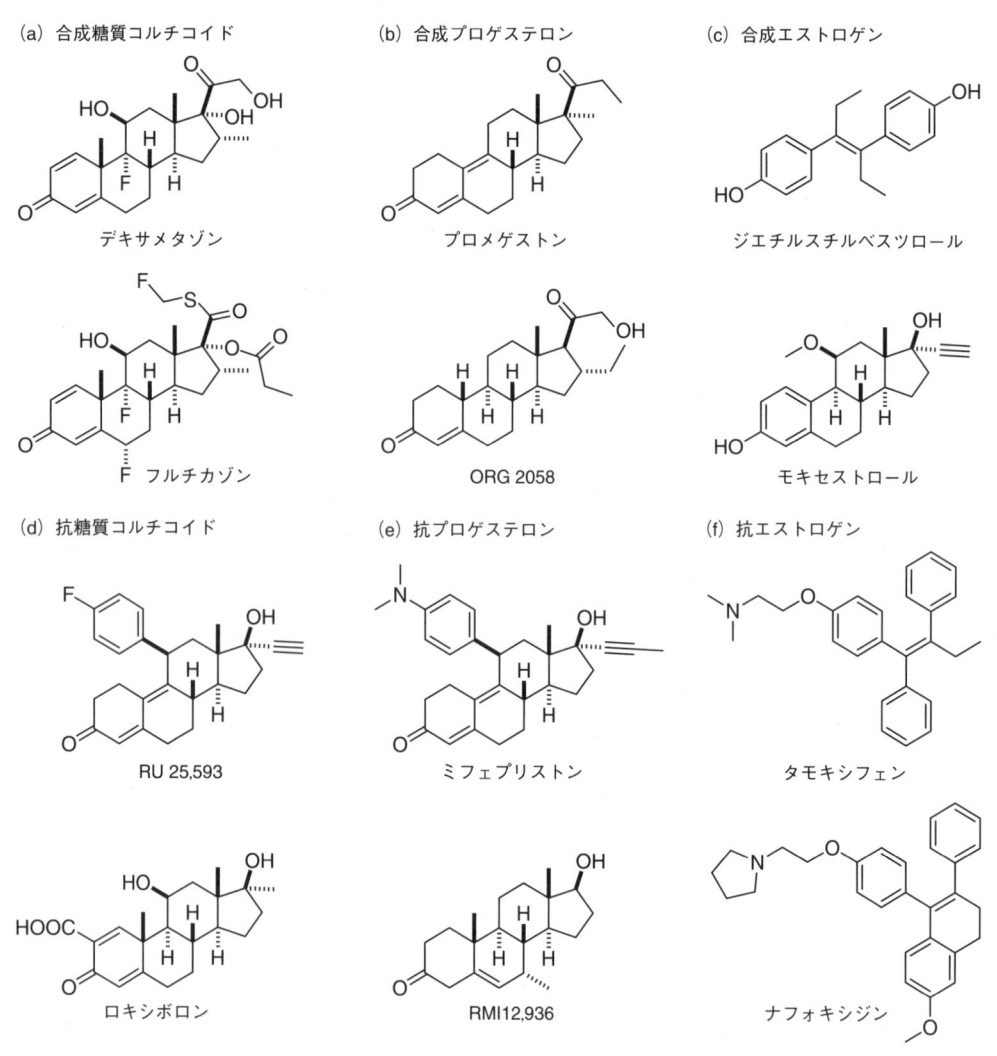

デキサメタゾン   プロメゲストン   ジエチルスチルベストロール

フルチカゾン   ORG 2058   モキセストロール

(d) 抗糖質コルチコイド (e) 抗プロゲステロン (f) 抗エストロゲン

RU 25,593   ミフェプリストン   タモキシフェン

ロキシボロン   RMI12,936   ナフォキシジン

図 11・12 ステロイドホルモンの代表的なアゴニスト (a)~(c) ならびにアンタゴニスト (d)~(f)

与している (図 11・12). 核内受容体は生殖, 恒常性維持, 脂質・骨代謝調節, 免疫調節など, ヒトの生命機能の根幹を制御している. このため医薬品の標的としても古くから注目されており, 2006 年の時点で米国食品医薬品局が認可した医薬品のうち 13% が核内受容体を標的としたものである. たとえば, ホルモン依存性のがんに対する抗がん剤としてエストロゲン受容体 (ER) やアンドロゲン受容体 (AR) に対するアンタゴニストが, また, がんの分化誘導療法にはレチノイン酸受容体 (RAR) に対するアゴニストが, 糖尿病にはペルオキシソーム増殖剤活性化受容体のサブタイプ PPARγ に対するアゴニストが, アレルギーには糖質コルチコイド (GR) に対するアゴニストが広く用いられている.

11・1・5 核内受容体-コアクチベーター相互作用の制御

核内受容体のアゴニストやアンタゴニストは医薬や受容体の機能解明のための研究試薬として用いられてきた. しかし, 核内受容体のリガンド結合領域を標的とした創薬研究によって, 新たな課題も浮上してきた. たとえばアンドロゲン受容体アンタゴ

11・2 プロスタグランジン

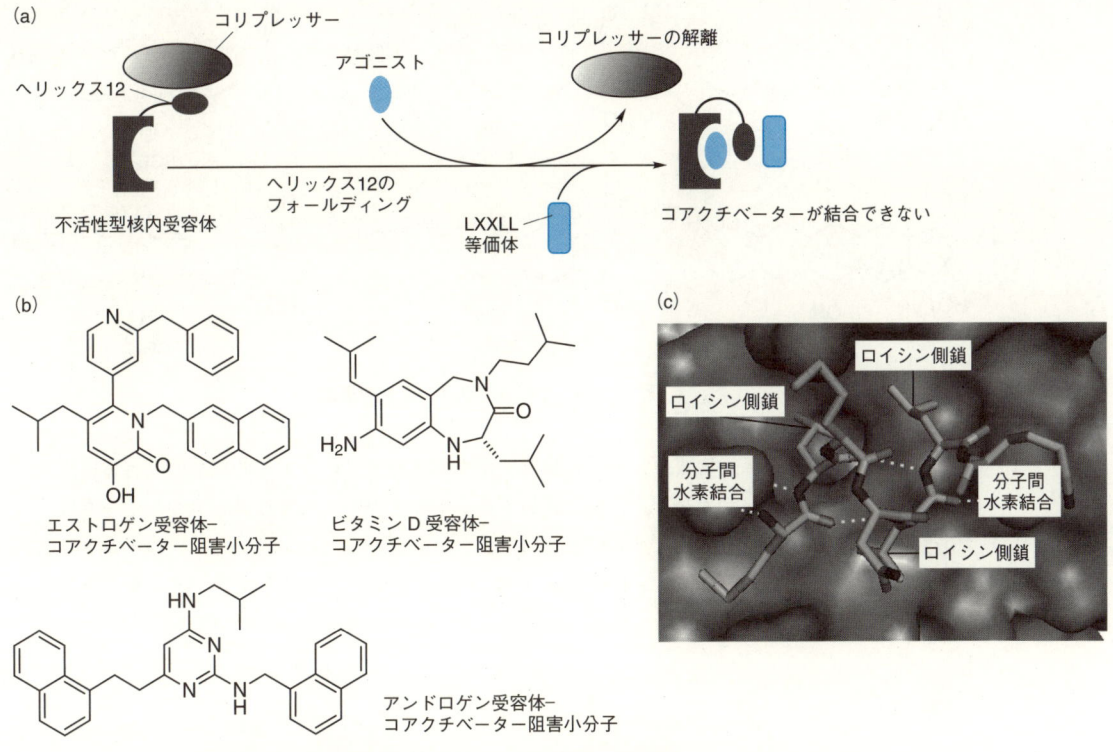

図 11・13 核内受容体-コアクチベーター結合阻害物質. (c)ではコアクチベーター由来ペプチドをモデルで示した.背景は核内受容体.

ニストに関しては,薬物耐性がん細胞の出現が報告されている.また,ビタミンD受容体アンタゴニストに関しては,それがセコステロイド骨格の構造のものに限られ,構造的多様性の欠如が課題である.一方,先に述べたように,核内受容体の転写活性化にはアゴニストの結合に加えて,核内受容体とコアクチベーターの相互作用が必須である.このさい,核内受容体は§11・1・3で述べたように,コアクチベーター上に存在するLXXLL配列を認識する.そのため,LXXLL配列を含むペプチド(デコイペプチド,または"おとり"ペプチド)により核内受容体の転写活性化が抑制できることが示されている(図11・13a).しかしペプチドそのものは膜透過性や生体内での安定性に課題がある.近年,LXXLL配列を模倣したペプチド等価体(ペプチドミミック)が研究されており,エストロゲン受容体(ER)やアンドロゲン受容体(AR),ビタミンD受容体(VDR)に対する非ペプチド型核内受容体-コアクチベーター相互作用阻害物質が報告されている(図11・13b).ペプチド等価体の設計の際には,核内受容体とコアクチベーター由来ペプチドとの複合体X線結晶構造解析に基づき,"ロイシン側鎖による疎水性相互作用"と,"2箇所の分子間水素結合"の二つの重要な相互作用が着目された(図11・13c).図11・13(b)に示した3種のLXXLLペプチド等価体には,疎水性側鎖と水素結合可能な官能基が共通している.

11・2 プロスタグランジン

ある組織内で分泌されて拡散によりその近傍の標的細胞の受容体に作用する生理活性物質を**オータコイド**という.これは神経終末から放出されシナプスの受容体に作用

オータコイド autacoid

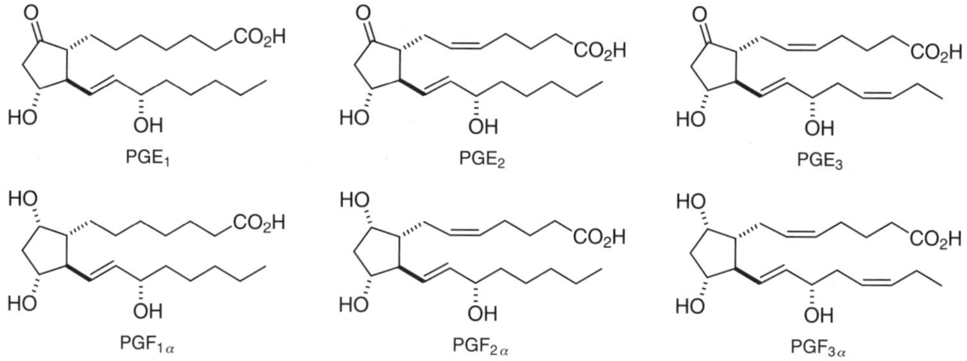

図 11・14　プロスタグランジンの構造

する神経伝達物質や，特定の臓器で産生され血流にのって標的組織の受容体に作用するホルモンと異なり，神経伝達物質とホルモンの中間的な性質をもつ．オータコイドのなかには生体内で不安定な**プロスタグランジン**（PG，図 11・14），**ロイコトリエン**（LT）のほか，**トロンボキサン**（TX），ヒスタミン，セロトニン，アンギオテンシンなどが知られている（図 11・15）．

プロスタグランジン prostaglandin. 略称 PG.

ロイコトリエン leukotriene

トロンボキサン thromboxane

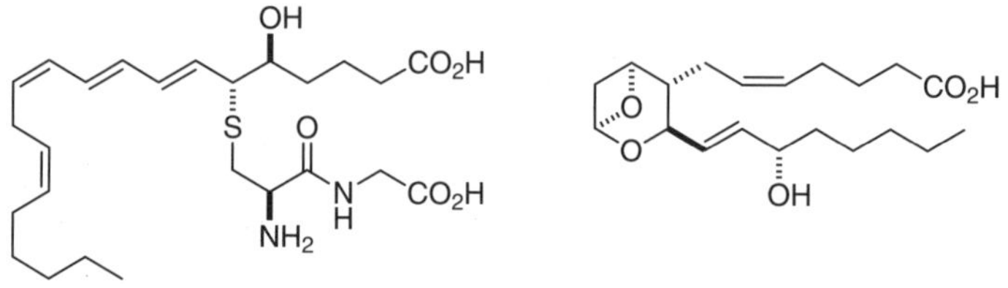

ロイコトリエン D$_4$（LTD$_4$）　　トロンボキサン A$_2$（TXA$_2$）

図 11・15　ロイコトリエン D$_4$ とトロンボキサン A$_2$ の構造

1960 年代に最初に構造決定されたプロスタグランジンはプライマリー PG とよばれている．プロスタグランジンは現在，プロスタン酸を基本骨格として 5 員環の酸化様式の違いにより A〜J に分類され，さらに側鎖部の二重結合の違いによって分類されて 20 種以上が報告されている．略号表記については，たとえば PGF$_{1\alpha}$ の下付きの数字は側鎖にある二重結合の数を表しており，α は 9 位のヒドロキシ基の立体化学を示す．

プロスタグランジンをはじめ，トロンボキサンやロイコトリエンなどもアラキドン酸を出発物質としてアラキドン酸カスケードとよばれる経路により生合成される（図 11・16）．アラキドン酸はまず，**シクロオキシゲナーゼ**（COX）という酵素により酸素 2 分子が付加された PGG$_2$ を経て PGH$_2$ に変換される．この PGH$_2$ が共通中間体となり，PGD$_2$, PGE$_2$, PGF$_{2\alpha}$, PGI$_2$ やトロンボキサン A$_2$（TXA$_2$）などが産生される．一方，PGH$_2$ を中間体とする生合成経路以外に，5-リポオキシゲナーゼに始まる生合成経路によりアラキドン酸からロイコトリエン類が産生される．ロイコトリエン類は炎症やアレルギーなどに関与していることが知られており，ロイコトリエン受容体アンタゴニストは気管支喘息やアレルギー性鼻炎などアレルギー疾患治療薬として用いられている．

シクロオキシゲナーゼ cyclooxygenase. 略称 COX.

プロスタグランジン類は，血圧上昇・降下，子宮筋の収縮，血管拡張，平滑筋への

図 11・16 アラキドン酸カスケード

作用,末梢神経作用,局所ホルモン様作用など,多彩な生理作用を示すため,医薬として注目されてきた.現在,血管拡張作用や血小板凝集抑制作用を示す PGE_1 製剤は末梢循環障害の改善に,PGE_2 製剤や $PGF_{2\alpha}$ 製剤が分娩誘発剤として使用されている.これらのプロスタグランジンは,生体内での不安定性を回避するために,投与法や製

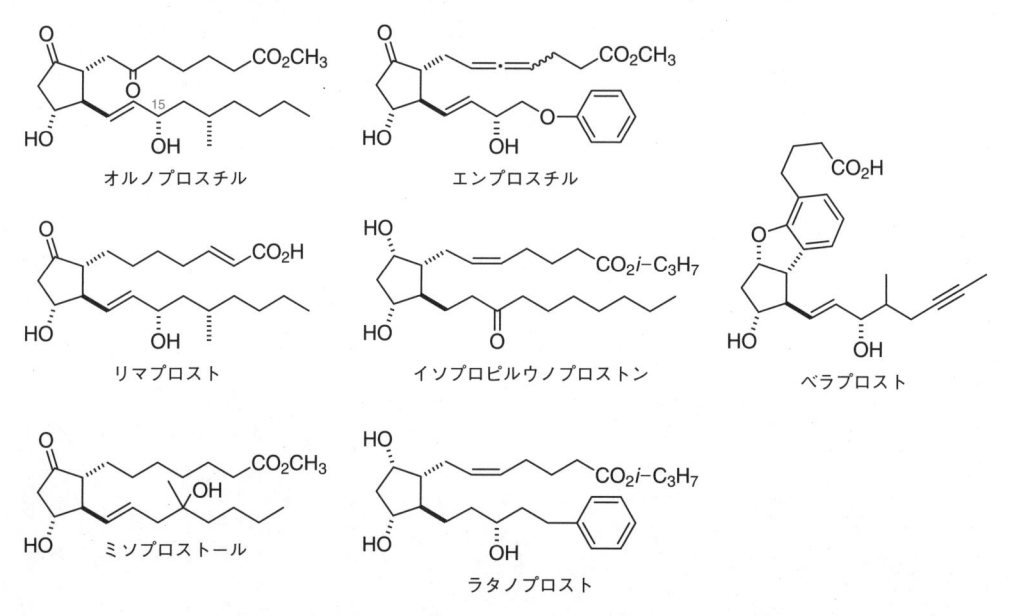

図 11・17 医薬として用いられているプロスタグランジン誘導体

剤に工夫を加えた結果，医薬として利用できるまでになった．一方，プロスタグランジンを医薬として利用する際には，安定性の問題に加えて多彩な生理活性に起因する副作用発現も危惧された．そこで，これらの問題点を解決すべくさまざまなプロスタグランジン誘導体が合成されてきた．

プロスタグランジンは，15位のヒドロキシ基が代謝酵素により酸化されて 15-ケトプロスタグランジンとなって失活する代謝経路が最も速い．そこで，15位のヒドロキシ基の周辺に立体的にかさ高い置換基を導入して代謝酵素との相互作用を弱める研究が行われた．その結果，PGE_1 誘導体オルノプロスチルが胃潰瘍，PGE_1 誘導体リマプロストが末梢循環障害治療の経口薬として使用されている（図 11・17）．側鎖をメチル基で修飾することにより，薬理活性も改善できた点は興味深い．一方 PGI_2 は，血管平滑筋の弛緩作用と強力な血小板凝集抑制作用をもつが，エノールエーテル構造が中性付近の緩衝液中でもすぐに加水分解されてしまう．そこで，エノールエーテルを加水分解されにくいフェノールエーテルに変換した PGI_2 誘導体ベラプロストは安定性が改善し，末梢循環障害治療薬として用いられている．このほかに，たとえば PGE_1 誘導体ミソプロストールや PGE_2 誘導体エンプロスチルなどは，下痢の少ない胃潰瘍治療薬として，また，$PGF_{2\alpha}$ 誘導体イソプロピルウノプロストンやラタノプロストが緑内障治療薬として用いられている．

たかだか一つのメチル基を挿入した人工的なプロスタグランジン誘導体が，薬効や安定性を大幅に改善できることがある．このように，設計した人工的な誘導体を自在に創出する手法としては有機合成が最も有力であり，有機合成化学の魅力のひとつでもある．さらに，これらのプロスタグランジン誘導体の原料は天然からは微量しか得られず，工業化に成功した方法は化学合成だけである．問題点を有機化学で解決したプロスタグランジン誘導体の創製・工業化の歴史は，有機合成が医薬に貢献した一例である．

生理活性ペプチドホルモン　12

生体の恒常性維持に，生体内アミン，ステロイドホルモン，プロスタグランジンをはじめとした多様な化学物質が大きな役割を果たしている．生理活性**ペプチドホルモン**もその一つである（表12・1）．たとえば，膵臓から分泌されるペプチドホルモンの一つであるインスリンは血糖値の調節に大きな役割を果たしている．ペプチドやアミノ酸の性質については2章で述べたので，本章では，生理活性ペプチドホルモンについて，その作用発現メカニズムについて化学的知見を交え説明する．

ペプチドホルモン
peptide hormone

12・1　生理活性ペプチド受容体タンパク質

生理活性ペプチドは，それ単独では生理活性を示さず，相互作用する相手分子が必要である．すなわち，あるタンパク質との特異的な相互作用を介して生理活性を発揮する．このようなタンパク質分子は，**受容体**とよばれており，生理活性ペプチドの受容体は細胞膜タンパク質として存在する．細胞外で情報物質として作用する（一次情報）ペプチドが受容体と結合することによって，細胞内情報（二次情報，二次メッセンジャー）へと変換される．そして，この二次メッセンジャーが細胞内情報伝達の引金をひくこととなる．ペプチド，受容体の関係を図12・1に概説した．二次メッセンジャーの生成には，受容体分子そのものに内在される酵素活性，あるいは受容体によってその活性が調節されているエフェクタータンパク質（酵素）が大きく関与している．後者の受容体の例として，**Gタンパク質共役型受容体**（**GPCR**）と総称される7回膜貫通型タンパク質がある．多くの生理活性ペプチドは，GPCRに結合することでその活性を発現する．GPCRはその名称のごとくαおよびβ, γ三つのサブユニットから構成されるGタンパク質と共役しており，このなかでαサブユニットはGDPおよびGTPと結合する能力を有している．ペプチドが結合していない状態では，αサブユニットはGDP結合型として，βおよびγサブユニットと三量体を形成しGPCRに結合している．一方，ペプチドとGPCRが複合体を形成するとαサブユニット上のGDPはGTPに置換される．その結果，αサブユニットは，他の二つのサブユニッ

受容体 receptor

Gタンパク質共役型受容体
G protein-coupled receptor.
略称 GPCR.

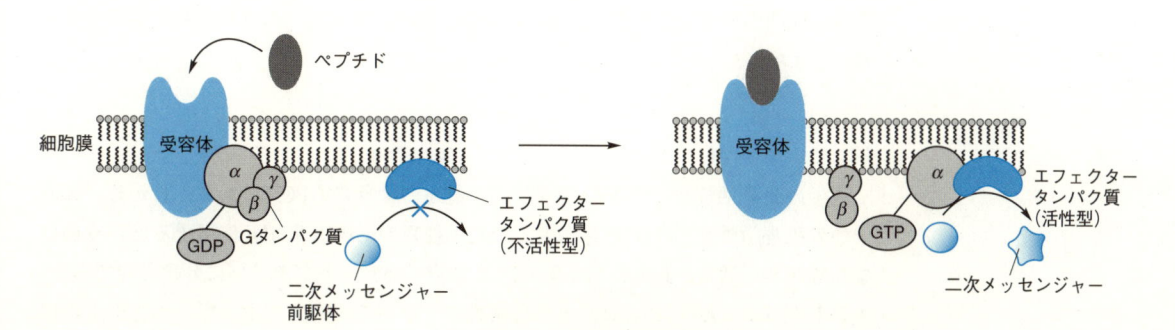

図 12・1　受容体の概念図

12. 生理活性ペプチドホルモン

表 12・1　さまざまな生理活性ペプチドとアミノ酸配列

名　称	アミノ酸配列	備　考
セクレチン	HSDGTFTSELSRLREGARLQRLLQGLV–NH$_2$	最初に発見されたペプチドホルモン
インスリン	GIVEQCCTSICSLYQLENYCN–OH FVNQHLCGSHLVEALYLVCGERGFFYTPKT–OH	血糖値調節
グルカゴン	HSQGTFTSDYSKYLDSRRAQDFVQWLMNT–OH	血糖値調節
オキシトシン	CYIQNCPLG–NH$_2$	脳下垂体後葉ホルモン
バソプレッシン	CYFQNCPRG–NH$_2$	脳下垂体後葉ホルモン
TRH（甲状腺刺激ホルモン放出ホルモン）	Pyr–HP–NH$_2$[†]	視床下部ホルモン，下垂体ホルモンの放出制御
LH-RH	Pyr–HWSYGLRPG–NH$_2$[†]	視床下部ホルモン，下垂体ホルモンの放出制御
ソマトスタチン	AGCKNFFWKTFTSC–OH	視床下部ホルモン，下垂体ホルモンの放出制御
カルシトニン	CGNLSTCMLGTYTQDFNKFHTFPQTAIGVGAP–NH$_2$	甲状腺から分泌され，血清 Ca^{2+} 濃度低下作用を示す
エンケファリン（オピオイドペプチド）	YGGFL–OH	内因性モルヒネ様物質
ノシセプチン	FGGFTGARKSARKLANQ–OH	オーファン受容体に対する内因性リガンドとして最初に発見されたペプチド
心房性ナトリウム利尿ペプチド	SLRRSSCFGGRMDRIGAQSGLGCNSFRY–OH	結合する受容体が膜結合型グアニル酸シクラーゼ
エンドセリン	CSCSSLMDKECVYFCHLDIIW–OH	強力な血管平滑筋作用
グレリン	GSSFLSPEHQRVQQRKESKKPPAKLQPR–OH（Ser 残基が n-オクタノイル化）	Ser 残基のヒドロキシ基が n-オクタノイル基でアシル化されているという特徴的構造

[†]　Pyr は pyroglutamyl の略．

トから解離し，細胞膜に存在するアデニル酸シクラーゼやホスホリパーゼ C などのエフェクタータンパク質（酵素）に相互作用し，それらの活性を調節することで二次メッセンジャーの生成量に影響を与える．ペプチドがその活性を発現するためには，水溶液中あるいは受容体と結合する際に特定の構造をとる必要がある．ペプチドの構造は，周囲の環境にも大きく左右されるが，基本的にそのアミノ酸配列に依存するものと考えてよい．

12・2　受容体サブタイプ

　大半の生理活性ペプチドの受容体は，前述のように GPCR である．しかし，ある一つの生理活性ペプチドが対応するただ 1 種類の GPCR に相互作用するという例はまれである．通常，相互作用する GPCR は複数あり，サブタイプに分類可能である．エンドセリン（ET）とよばれる生理活性ペプチドを例として取上げ，ペプチドの構造とサブタイプの関係について考える．エンドセリンは血管収縮作用を示すことから

12・2 受容体サブタイプ

循環器系疾患の原因因子として注目されたペプチドである．このためエンドセリンの拮抗剤（アンタゴニスト）は，高血圧の治療薬となりうるものとして多くの製薬企業が精力的に開発研究を行ってきた．エンドセリン受容体は ET_A および ET_B の二つのサブタイプに分類される GPCR であり，エンドセリンはこれら両方の受容体に結合する．これら ET_A 受容体および ET_B 受容体は，そのアミノ酸配列と組織分布に差異があり，エンドセリンが結合することで異なった作用をもたらす．さて，エンドセリンはなぜ両方の受容体に結合できるのだろうか．これはペプチドの構造がゆらぎを有しており，受容体側の構造に対応して，構造を変化させて結合する**誘導適合**に起因するものと考えられている．すなわち，エンドセリンは異なった立体構造をとることで，ET_A 受容体と ET_B 受容体を区別して結合しており，受容体サブタイプは，同一ペプチドの構造的ゆらぎを識別していると考えることができる．そこで，もとのペプチド構造を基盤として，どちらかの受容体サブタイプに識別されやすいように構造を固定化すれば，サブタイプを区別して作用できる分子の創製につながる．実際に，ペプチドを基盤とした創薬展開の現場では，ペプチドの構造の固定化による受容体サブタイプの識別という戦略がよくとられている．ペプチド構造を基盤としたものではないが，図 12・2 に示した BQ-123 は放線菌の一種から見いだされた環状ペプチドを基盤構造としてデザインされたもので，ET_A 受容体選択的なアンタゴニストである．その構造を眺めてみるとエンドセリンの C 末端側構造を固定化した構造と理解することが可能である．この環状ペプチドのコンホメーション解析から ET_B 受容体選択的アンタゴニストとして BQ-788 が開発されている．同様な戦略により ET_A 受容体選択的アンタゴニスト FR139317 が見いだされている．

誘導適合 induced-fit

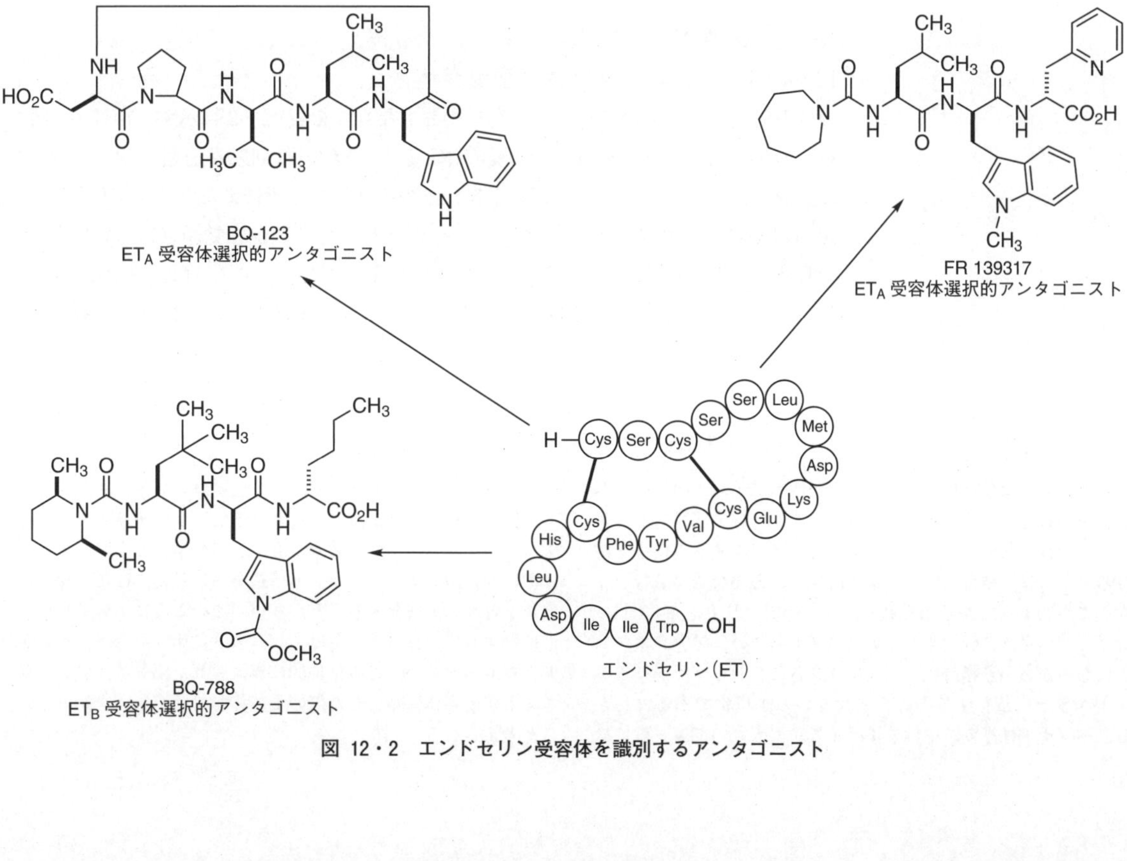

図 12・2 エンドセリン受容体を識別するアンタゴニスト

12・3 ペプチドの構造固定化と医薬品開発

前述のエンドセリンの例は，直接的ではないが，結果的にはペプチド構造の固定化を介した受容体サブタイプの識別と考えることが可能である．このようなペプチド構造の固定化によるサブタイプ識別はしばしば行われている．これ以外に固定化戦略は活性の上昇につながる場合も多い．有名な例として**黄体形成ホルモン放出ホルモン**（LH-RH）をリード化合物とした抗腫瘍薬リュープロレリンの開発がある．LH-RH はそのアミノ酸配列の中央部分に Gly がある．この Gly 部分を D-Leu に置換した誘導体は著しく強い LH-RH 活性を有することが明らかになっている．この Gly 部分はターン構造を形成しており，この部分に D 配置のアミノ酸を導入することで，ターン構造が安定化（ペプチド構造の固定化）され，著しい活性の上昇につながっている．このような固定化された構造をもつ LH-RH 誘導体が，受容体構造により適合し，高い親和性で受容体に結合していると考えられる．

LH-RH の例が示すように，ペプチドは相互作用する受容体構造に対応して，ある構造（活性コンホメーション）をとって結合することで活性発現につながることを紹介した．したがって，あらかじめ活性コンホメーションを予想，またそれを簡単に固定化することができれば医薬品創出につなげることができる．しかしながら，ペプチドはタンパク質分子に比べると分子内の構造的束縛が少なく，構造の自由度が大きいため，現状では活性コンホメーションを正確に予想することは困難である．近年，GPCR をはじめとした受容体構造が徐々に解明されてきていること，さらに活性コンホメーション予測に必要とされる計算機の処理能力が年々向上していることなども考慮すれば，将来，現状よりは高い精度で活性コンホメーションの予想が可能になるものと思われる．次に，生理活性ペプチドが利用する受容体について分類して概説する．

12・4 生理活性ペプチドのおもな受容体
12・4・1 G タンパク質共役型受容体

生理活性ペプチドが利用する受容体のおもなものを表 12・2 に示す．前述のように多くの生理活性ペプチドは，その受容体として GPCR（7 回膜貫通型 G タンパク質共役型受容体）を利用している．ヒト遺伝子の構造解析結果によると，GPCR として約 1000 種類の一次構造が判明している．そのうち，約半数が感覚器（においなど）の受容体であり，残りが，ペプチド，タンパク質，アミン，アミノ酸，ヌクレオシド，脂質などをリガンドとする GPCR である．これら GPCR のなかには，まだ結合する

黄体形成ホルモン放出ホルモン
leutenizing hormone-releasing hormone. 略称 LH-RH.

アンタゴニストとアゴニスト

アゴニストは受容体に結合し，内因性ペプチドと同様，誘導適合を惹起し受容体を活性化する．一方，アンタゴニストはアゴニスト結合部位に可逆的に結合して，アゴニストの結合を妨げるとともに，結合に際し受容体活性化に必要な誘導適合をひき起こさないことが求められる．ペプチド性リガンドに関し，分子をどのように変換すればアゴニストあるいはアンタゴニストになるかという指針は十分には確立されておらず，トライアンドエラーに依存するところが大きいのが現状である．しかし，ペプチド性リガンドは分子サイズが大きいので，一般にはペプチド中の部分配列を基盤として，アゴニスト，アンタゴニスト開発を行うことが多い．これに比し，小分子リガンドに対するアンタゴニストは，必ずしもすべての場合に当てはまるわけではないが，まずアゴニスト構造を基にして，ここに疎水性部位を付与し，開発することが多い．このように小分子リガンドに対するアンタゴニストはアゴニストに比べて分子サイズが大きなものが多い．この付加的に導入された部分は，アンタゴニストが受容体に結合した際の受容体側の誘導適合を妨げていると考えられる．

表 12・2 生理活性ペプチドのおもな受容体

受容体のクラス	関連するタンパク質	関連する酵素活性	二次メッセンジャーの変化	リガンド	受容体タンパク質の特徴
Gタンパク質共役型受容体（GPCR）	促進性Gタンパク質（G_s）	アデニル酸シクラーゼ	cAMP 濃度上昇		7回膜貫通型タンパク質
	抑制性Gタンパク質（G_i）	アデニル酸シクラーゼ	cAMP 濃度減少		
	ホスホリパーゼ活性化Gタンパク質（G_q）	ホスホリパーゼC	Ca^{2+} 濃度上昇		
カルシトニン様受容体（CL受容体）	Gタンパク質（G_s）	アデニル酸シクラーゼ	cAMP 濃度上昇	カルシトニン	GPCRであるCL受容体に1回膜貫通型ペプチドが相互作用することで受容体のリガンドに対する選択性が変化する
	Gタンパク質 + RAMP-1	—	—	CGRP（カルシトニン遺伝子関連ペプチド）	
	Gタンパク質 + RAMP-2 または 3	—	—	アドレノメデュリン	
膜結合型チロシンキナーゼ		チロシンキナーゼ	受容体細胞内ドメインのTyrリン酸化	インスリン，EGFなどの増殖因子	単量体として存在するものが多い．リガンド結合に伴い，機能性（活性型）二量体を形成する
膜結合型グアニル酸シクラーゼ		グアニル酸シクラーゼ	cGMP 濃度上昇	ナトリウム利尿ペプチドファミリー	二量体として存在

リガンドが不明な受容体（**オーファン GPCR**）も数多く存在する．このオーファン GPCR は新規創薬ターゲットとしてだけでなく，新たな生命現象の解明にも寄与するものと考えられており，ゲノム解読と前後して，オーファン GPCR のリガンド探索研究が盛んに行われている．また GPCR はいくつかのファミリーに分類される．多くのペプチドは光受容体であるロドプシンに代表されるクラスAファミリーとセクレチン（消化管ペプチドホルモン）受容体に代表されるクラスBファミリーの GPCR に結合する．生理活性ペプチドと受容体との原子レベルでの相互作用様式については，受容体の構造情報が乏しいため，十分には解明されていない．しかし，ロドプシンの結晶構造が解明されたのを皮切りに，いくつかの GPCR の構造が明らかにされつつある（16章参照）．現段階では，ロドプシンのタンパク質部分，オプシンの光受容に伴う構造変化が解析されている．この構造変化モデルを応用したペプチドと GPCR の相互作用モデルなどが提唱されている．

オーファン GPCR orphan GPCR

さて，GPCR は G タンパク質と共役していることを述べた．§12・1でも示したように，細胞外の情報（生理活性ペプチドが有する情報）は，ペプチドが GPCR に結合すると G タンパク質を介したエフェクタータンパク質の機能調節により二次メッセンジャーの濃度変化が起こり，細胞内へと伝えられる．ペプチドと GPCR の相互作用に伴う二次メッセンジャーの変化としては cAMP 濃度上昇，cAMP 濃度減少およびイノシトール 1,4,5-トリスリン酸（IP_3），ジアシルグリセロール（DAG）濃度上昇に伴う，細胞内 Ca^{2+} 濃度の上昇などがおもなものである．先にも述べたように G タンパク質の α サブユニットがリガンド結合に伴い細胞膜に存在するエフェクタータンパク質の酵素活性を調節することで，二次メッセンジャーの濃度変化に関与してい

ペプチドの非ペプチド化

　生理活性ペプチドは，微量で強力な生理活性を示すため，医薬品開発のシード化合物として大変魅力的な化合物群である．しかし，安定性や吸収性など医薬品とするには多くの壁がある．そこで医薬品開発を目指したペプチドの非ペプチド化が盛んに研究されている．一般には，次のような手順で非ペプチド化が図られる場合が多い．1) ペプチド分子全体の中から活性発現に必要な部分配列を抽出する．2) 部分配列を環状ペプチド化などし，その構造の固定化を図る．3) NMRや結晶構造解析などにより，活性発現に重要な部分（ファーマコフォア）を同定する．4) ファーマコフォア部分を適当なテンプレート構造上に配置する．なお，テンプレート構造としては，ペプチドとは全く異なるものやペプチドでも一部のペプチド結合に耐酵素性をもたせた等価体を含むものがテンプレート構造として一般に利用される（§17・2・4参照）．このような一連の操作を経て，非ペプチド化が図られているが，成功確率が高いとは言い難いのが現状である．もう一つの手法としては，ペプチド配列を考慮することなく，化合物ライブラリーのランダムスクリーニングを通じて，シード化合物を得ようとする手法がとられている．

る．cAMPの濃度変化ではアデニル酸シクラーゼが，またCa^{2+}濃度変化ではホスホリパーゼCが図12・1のエフェクタータンパク質（酵素）として機能している．なお，アデニル酸シクラーゼについては，活性化および不活性化するGタンパク質が知られており，促進性Gタンパク質（G_s）および抑制性Gタンパク質（G_i）とよばれている．また，ホスホリパーゼC活性化Gタンパク質はG_qとよばれている（§13・2・1参照）．

12・4・2　カルシトニンファミリー

カルシトニン calcitonin

CGRP　calcitonin gene related peptide の略．

カルシトニン様受容体 calcitonin-like receptor．CL受容体ともいう．

受容体活性調節タンパク質　receptor activity modifying protein．略称 RAMP．

　血清カルシウム濃度を低下させるホルモンとして知られている**カルシトニン**は，他のペプチドとともにファミリーを形成している．このファミリーにはカルシトニン以外にCGRP（カルシトニン遺伝子関連ペプチド），アドレノメデュリンなどがある．これらのペプチドは，受容体への結合に関し，非常に興味深い挙動を示す．カルシトニンはGPCRである**カルシトニン様受容体**（CL受容体）に結合する（図12・3）．このCL受容体に1回膜貫通型ペプチドである**受容体活性調節タンパク質**（RAMP）が相互作用するとCL受容体の機能が変わる．すなわち，CL受容体にRAMP-1が相互作用するとCGRP受容体として，RAMP-2あるいはRAMP-3ではアドレノメデュリン受容体として機能することになる．

12・4・3　GPCR以外の受容体

　ペプチドの受容体としてGPCRの重要性を述べてきたが，GPCR以外のタンパク質を受容体とするものも知られている．生理活性ペプチドの例として最も有名なもののひとつ，インスリンなどがこれに相当する．インスリン受容体はGPCRではなく，受容体の細胞質内ドメインが酵素活性（キナーゼ活性）を有し，リガンドが結合すると受容体自身の細胞質内ドメインのチロシン残基がリン酸化を受け，これが引金となり，細胞内情報伝達が起こる．インスリン受容体に代表されるタンパク質は，チロシンキナーゼ共役型受容体とよばれており，ほぼ同様のメカニズムで受容体の活性化が起こる．チロシンキナーゼ共役型受容体に対しては，インスリンをはじめとして神経成長因子（NGF），上皮増殖因子（EGF），血小板由来増殖因子（PDGF），繊維芽細胞増殖因子（FGF）などの増殖因子がリガンドとして作用する．これらのチロシンキナーゼ共役型受容体は，リガンド結合部位，疎水性膜貫通αヘリックス部位，チロシンキナーゼドメインをもち，その多くが単量体として存在している．EGF受容体

12・4 生理活性ペプチドのおもな受容体

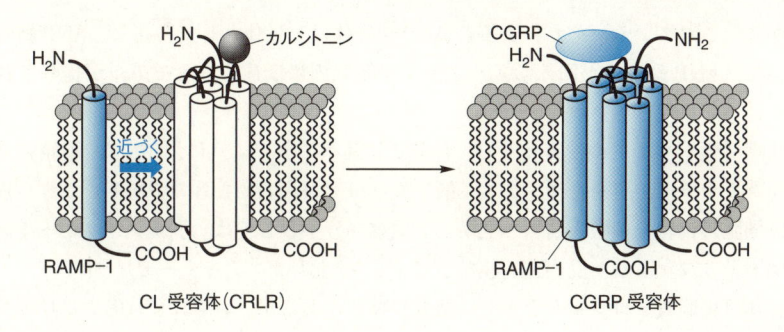

図12・3 カルシトニンファミリーの受容体

(§8・2・2参照) は単量体として存在し，この場合チロシンキナーゼ活性は低く抑えられているが，EGFが結合することで受容体の二量化が起こり，チロシンキナーゼ活性が上昇する．また，インスリン受容体は最初からジスルフィド結合で結ばれた二量体として存在するものの，そのチロシンキナーゼ活性は弱い．ここにインスリンが結合するとキナーゼ活性が上昇する．すなわち，EGF，インスリンのいずれの受容体でもリガンド結合による受容体の機能性二量体形成が重要となっている．チロシンキナーゼ共役型受容体を介した細胞内情報伝達では，リン酸化されたチロシン残基を含む周辺配列が目印となり，ここに細胞内で情報伝達を司っているタンパク質が結合し，次つぎとシグナルが伝達されるようになっている．

12・4・4 グアニル酸シクラーゼ型受容体

チロシンキナーゼ以外の酵素を細胞質ドメインとしてもち，かつ生理活性ペプチドの受容体として重要なものに**心房性ナトリウム利尿ペプチド (ANP)** および関連するペプチドホルモンの受容体がある．心房性ナトリウム利尿ペプチドは，ナトリウム利尿ペプチドファミリーに属し，ANP以外に脳性ナトリウム利尿ペプチド (BNP)，C型ナトリウム利尿ペプチド (CNP) の3種類がある．これらのペプチドは，他の多くの生理活性ペプチドとは異なりGPCRをその受容体とせず，膜結合型グアニル酸シクラーゼを受容体とする．ANP受容体は1回膜貫通型の受容体で，細胞外にANP結合部位を，細胞内にグアニル酸シクラーゼドメインを有する (図12・4)．リガンドであるANPがこの受容体に結合するとグアニル酸シクラーゼの活性が上昇，細胞内サイクリックGMP (cGMP) が増加し，これが二次メッセンジャーとして働く．ANP受容体は，その細胞外ドメインのANP非結合状態と結合状態それぞれの結晶構

心房性ナトリウム利尿ペプチド atrial natriuretic peptide. 略称ANP．

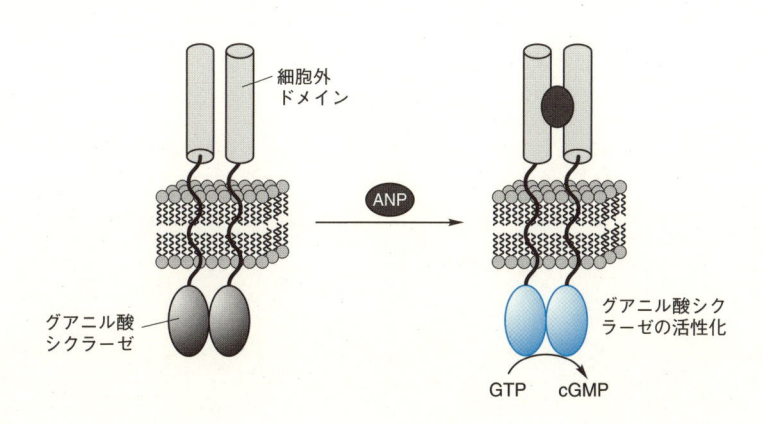

図12・4 ANP受容体

造が決定されている．それによるとANP受容体は二量体として存在し，ANP結合に伴って，ANP受容体が回転し，シグナルが細胞内に伝達されるモデルが提唱されている．

　生理活性ペプチドの受容体としてはここに述べてきたように，GPCR，膜結合型チロシンキナーゼ，膜結合型グアニル酸シクラーゼが代表的なものである．これら以外に，細胞外情報を細胞内情報へ変換する受容体分子としては，トランスフォーミング増殖因子βファミリー受容体（膜結合型セリン-トレオニンキナーゼ），サイトカイン受容体（細胞質チロシンキナーゼに結合）などがあるが，いずれも対応するリガンドは小タンパク質レベルの大きさである．

生理活性物質の標的 IV

　第Ⅳ部では，今までに学んできた小分子化合物が働く場における生命現象とそれらを担っているタンパク質を取上げる．

　まず，13章では生理活性物質の標的について全体像を眺めるために，情報伝達について幅広く解説する．受容体の種類と機能や，内因性の情報伝達物質など，生体で働く機能分子を体系的に取上げる．14章では，膜タンパク質であるイオンチャネルの構造と機能を取上げる．イオンチャネルは，神経系情報伝達を担う重要なタンパク質であると同時に，毒物や薬物の標的としてもよく研究されている．特に，Na^+とK^+の選択機構や電位センサーのしくみは，タンパク質機能の分子機構を知るためには格好の教材である．また，15章と16章では，嗅覚受容体と視物質に着目する．両者ともGタンパク質共役型受容体（GPCR）であり，嗅覚では揮発性小分子化合物を感覚し，視覚では光を受容することに特化した受容体である．

　これらの膜タンパク質の構造と機能の研究は，現在でも研究が活発に行われており，新しい事実が続々と発見されている．すなわち，第Ⅳ部の内容も，現在進行中の研究成果を含んでおり，なかには事実として定着していないものもある．今後の研究で，"教科書が書き換えられる"可能性の高い情報が比較的多く含まれていることを申し添える．

　これらの膜タンパク質がどのようにして，イオン，揮発性分子，光を認識して，情報に変換しているかを知ることによって，タンパク質機能の基盤となる分子機構を知ることが第Ⅳ部の目的である．

情報伝達 13

13・1 タンパク質のリン酸化

　生物は外界の刺激を外部の情報として認識し，それに対処するために生体内部で情報伝達を行い，何らかの応答を行う．細菌などの単細胞生物では，情報伝達と応答は細胞内で行われる．多細胞生物であれば，個体全体で外界からの刺激に対応するための情報伝達が受容体を介して細胞間や細胞内で行われ，アウトプットとしての行動・反応が現れて，いわゆるホメオスタシス（内部恒常性）が保たれる．このように多細胞生物は細胞の集合体として，刺激に対応する行動・反応を示すために統一された情報伝達を行う．

　外界からの情報には，電磁波や音，圧力などの物理的な情報もあるが，生体内で最終的には化学物質による情報へと変換される．与えられた情報を受取る受容体とよばれるタンパク質はおもに細胞膜に存在し，受容した情報を細胞内へ発信する．細胞内へ情報が伝達される経路を細胞内情報（シグナル）伝達機構とよぶ．通常受容体から細胞内へ情報が伝えられる場合，カスケードとして数種のタンパク質に伝達され，いくつもの経路へ情報が拡大されて相互の経路が干渉し合う（これをクロストークとよぶ）．この細胞内情報伝達系においては，多くの場合，次のタンパク質をリン酸化することによって，情報が伝達される．このような情報の伝達系に介入して，その作用を発揮する生理活性物質や薬は多く知られている．

　タンパク質のリン酸化は**キナーゼ（リン酸化酵素）**によって行われ，一方，脱リン酸化は**ホスファターゼ（脱リン酸化酵素）**によって触媒され，これらは対をなしている．情報伝達に関与する多くのタンパク質はこのリン酸化と脱リン酸化の二つの反応によって，アロステリックな構造変化を生じ，活性化や不活性化が制御されている．ほとんどの場合，リン酸化はタンパク質のセリン，トレオニン，またはチロシン残基のヒドロキシ基上に起こる．

　キナーゼとホスファターゼのように，互いに相反する生体内の反応経路（この場合はリン酸化と脱リン酸化）が生体内情報の伝達を担っている場合，通常，細胞内ではそれらの相反する反応それぞれが常にある程度のレベルで進行している（浪費サイクル）．このことによって，急な環境の変化（情報の発生）にもすぐに対応できるというメリットがあることは§8・2・3で述べたとおりである（図8・4を参照）．

13・2 受容体を介した情報の伝達

　多細胞生物においては，外界からの情報・刺激はまず受容体が受取る．受容体は刺激を受取り，細胞内へ伝達するための次のシグナルを発生させる役割を担っている．受容体はタンパク質の構造と情報伝達メカニズムの違いから，1) Gタンパク質共役型，2) チロシンキナーゼ共役型，3) イオンチャネル共役型，4) 核内受容体の四つに分類される（図13・1および表13・1）．

キナーゼ kinase．リン酸化酵素ともいう．

ホスファターゼ phosphatase．脱リン酸化酵素ともいう．

表 13・1 代表的な受容体とその内因性リガンド

受容体		内因性リガンド
Gタンパク質共役型受容体		
ロドプシン		(光)
ムスカリン性アセチルコリン受容体	M1〜M5	アセチルコリン
ドパミン受容体	D_1〜D_5	ドパミン
グルタミン酸受容体	mGlu1〜mGlu6	グルタミン酸
オピオイド受容体	μ, κ, δ	オピオイド
アドレナリン受容体	$\alpha_1, \alpha_2, \beta_1$〜$\beta_3$	ノルアドレナリン
セロトニン受容体	$5HT_{1A\sim 1F}, 5HT_{2A\sim 2C}$	セロトニン
ヒスタミン受容体	H_1, H_2	ヒスタミン
アデノシン受容体	A_1, A_{2a}, A_{2b}	アデノシン
プロスタグランジン受容体	EP_1〜EP_4	プロスタグランジン E_2
γ-アミノ酪酸受容体	$GABA_B$	γ-アミノ酪酸
アンギオテンシン受容体	AT_1, AT_2	アンギオテンシンⅡ
チロシンキナーゼ共役型受容体		
インスリン受容体		インスリン
インスリン様成長因子受容体	IGFR	IGF-Ⅰ, IGF-Ⅱ
上皮増殖因子受容体	EGFR	EGF
血小板由来増殖因子受容体	PDGFR	PDGF
イオンチャネル共役型受容体		
ニコチン性アセチルコリン受容体	nAChR	アセチルコリン
γ-アミノ酪酸受容体	$GABA_A$	γ-アミノ酪酸
グルタミン酸受容体	NMDA, AMPA	グルタミン酸
グリシン受容体		グリシン
セロトニン受容体	$5HT_3$	ヒスタミン
核内受容体		
糖質コルチコイド受容体	GR	コルチゾン
エストロゲン受容体	ERα, ERβ	エストラジオール
アンドロゲン受容体	AR	テストステロン
プロゲステロン受容体	PR	プロゲステロン
鉱質コルチコイド受容体	MR	アルドステロン
レチノイン酸受容体	RARα, RARβ, RARγ	全 trans-レチノイン酸
レチノイドX受容体	RXRα, RXRβ, RXRγ	9-cis-レチノイン酸
チロキシンホルモン受容体	TR	チロキシン
ビタミンD受容体	VDR	活性型ビタミン D_3
Liver X受容体	LXRα, LXRβ	オキシステロール
ファルネソイドX受容体	FXR	胆汁酸
ペルオキシソーム増殖剤応答性受容体	PPARα, PPARδ, PPARγ	脂肪酸

13・2・1 Gタンパク質共役型受容体

Gタンパク質共役型受容体（GPCR）は，細胞膜を7回貫通する構造を有しており，外界からのシグナルを細胞外部の結合部位で受容した後，細胞内のGタンパク質とよばれるタンパク質を介して伝達するという特徴を有している．GPCRはタンパク質全体のなかで，最も大きなスーパーファミリーを形成しており，約2000種類あると考えられている．ホルモン，神経伝達物質，光，味，およびにおいなど多様な情報の受容体がGPCRに属する．7回膜貫通型受容体であるGPCRには G_α, G_β, および G_γ からなる**三量体型Gタンパク質**が共役して結合している．また，$G_\alpha, G_\beta, G_\gamma$ のそれ

Gタンパク質共役型受容体 G protein-coupled receptor. GTP結合タンパク質共役型受容体ともいう．略称 GPCR.

三量体型Gタンパク質 trimeric G protein

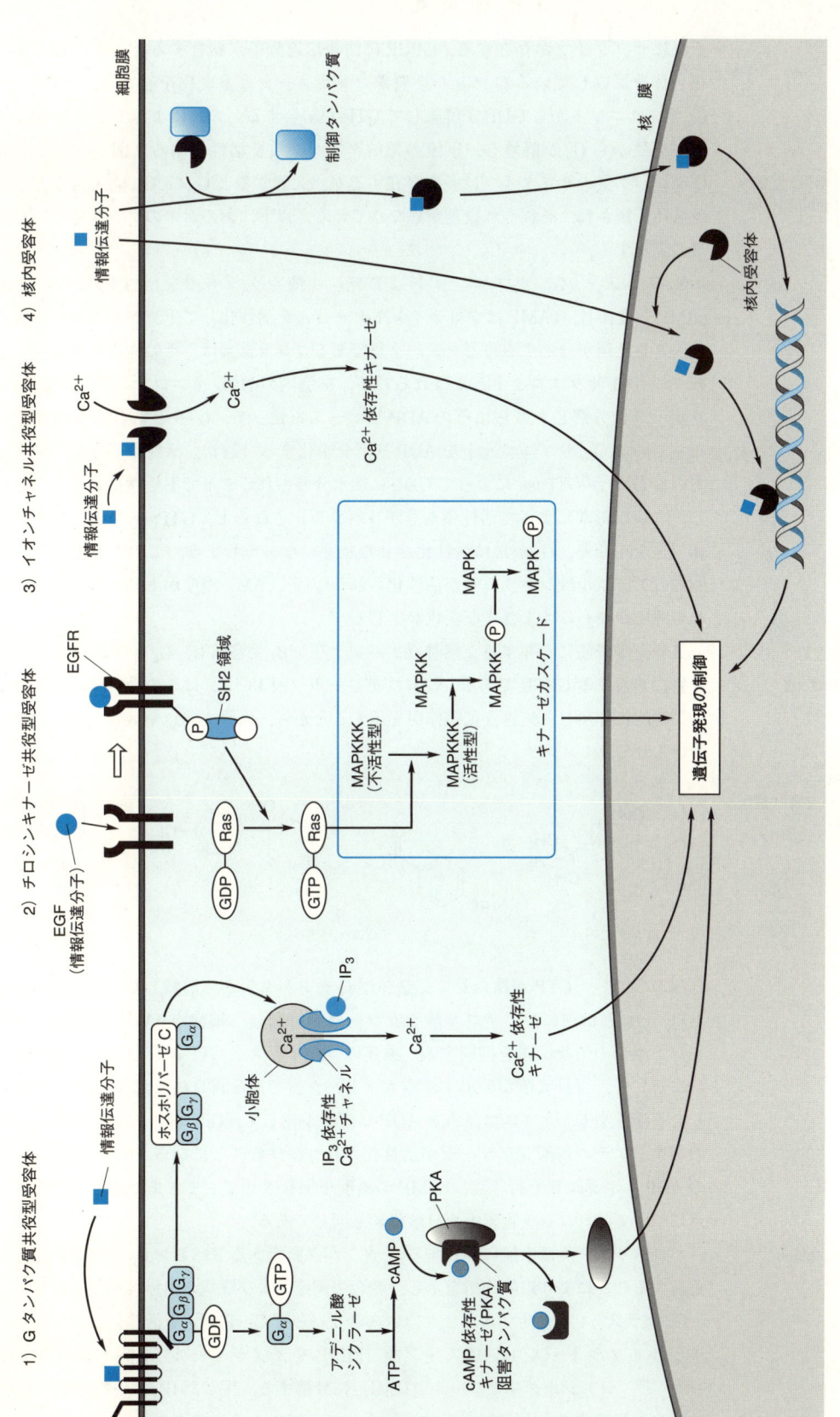

図 13・1 代表的な受容体による細胞内情報伝達

G_s の s は stimulate(刺激)を意味しており、G_i の i は inhibit(抑制)を意味している.

それにサブタイプが存在する. GPCR に情報伝達分子が結合すると、その GPCR と複合体を形成している G タンパク質がコンホメーション変化を起こし、その結果、$G_α$ サブユニットから GDP が解離して GTP が結合する. これによって三量体型 G タンパク質から $G_α$ が解離し、下流の標的タンパク質を活性化する〔図 13・1 の 1)〕. G タンパク質のサブタイプは多数存在するが、大別すると G_s, G_i, G_q, G_t, G_{olf} などのクラスに分類され、それぞれ役割が異なっている. 以下、おのおののクラスについて簡単に説明する.

G_s クラス $G_{sα}$ サブユニットはアデニル酸シクラーゼを活性化して ATP を cAMP へ変換し、cAMP はプロテインキナーゼ A を活性化して下流へシグナルを伝える. コレラ菌が分泌する毒素タンパク質であるコレラ毒素は、その構成サブユニットの一つ(A1 サブユニットとよばれる)が、細胞内の NAD をニコチンアミドと ADP リボースに分解し、さらにその ADP リボースを使って、GTP と結合して活性型になっている $G_{sα}$ サブユニットを ADP リボシル化する. 通常、活性型 $G_{sα}$ は、結合している GTP が GTPase によって GDP に加水分解されることで不活性型に戻る. しかし、コレラ毒素によって活性型 $G_{sα}$ がリボシル化されると、GTPase によって不活性化できなくなり、G_s が常に活性化された状態になってしまう. このことにより、細胞内のアデニル酸シクラーゼが活性化されつづけ、cAMP 濃度が上昇し、コレラ毒素の毒性にかかわるさまざまな症状が生じる.

気管支平滑筋に存在する交感神経アドレナリン $β_2$ 受容体も、G_s クラスの G タンパク質に共役する GPCR である. ツロブテロール(図 13・2)はこの受容体に選択的かつ持続的に作用し、気管支拡張作用を示すことから、気管支喘息や気管支炎の治療に用いられる.

ツロブテロール tulobuterol

図 13・2 G タンパク質共役型受容体の阻害剤

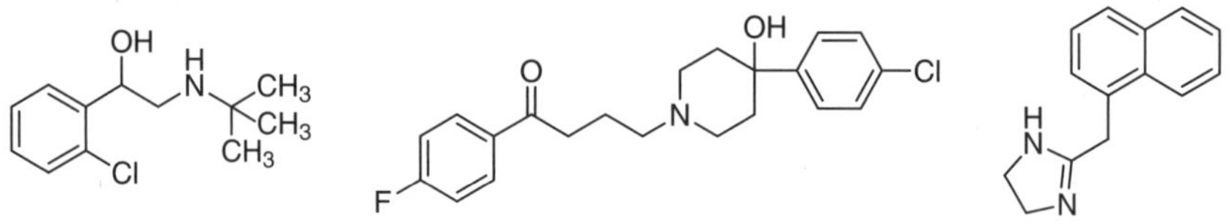

ツロブテロール　　ハロペリドール　　ナファゾリン

G_i クラス GTP が結合して三量体型 G タンパク質から解離した $G_{iα}$ サブユニットは、$G_{sα}$ とは逆に、アデニル酸シクラーゼを抑制し、細胞内 cAMP 量を低下させて、下流への情報伝達を抑制する. 前述のコレラ毒素が GTP 結合型 $G_{sα}$ に作用するのに対して、百日咳菌が分泌する毒素タンパク質である百日咳毒素は、GDP が結合した不活性型 $G_{iα}$ サブユニットを ADP リボシル化して、G_i の活性化を抑制する. その結果、アデニル酸シクラーゼが活性化されつづけることになる. $G_α$ サブユニットの ADP リボシル化を行う点、cAMP の濃度を上昇させてさまざまな毒性を発揮する点については、コレラ毒素も百日咳毒素も同じである.

ハロペリドール haloperidol

ハロペリドールは中枢に存在する G_i タンパク質であるドパミン D_2 受容体を強力に遮断することにより鎮静作用を示し、統合失調症および躁病の治療に用いられる.

G_q クラス $G_{qα}$ サブユニットはホスホリパーゼ C (PLC) を活性化してホスファチジルイノシトール 4,5-ビスリン酸(PIP$_2$)をイノシトール 1,4,5-トリスリン酸(IP$_3$)と、ジアシルグリセロール(DAG)に分解する. 生じた IP$_3$ は小胞体から Ca^{2+} の放出を促進するなど各種受容体に結合してシグナルを伝達する. また同時に DAG

はプロテインキナーゼC（PKC，多数のサブタイプが存在する）を活性化する．PKCは，標的遺伝子のセリン/トレオニン残基をリン酸化し，シグナルを下流に伝達する．

ナファゾリン（図 13・2）は，血管平滑筋の G_q タンパク質であるアドレナリン α_1 受容体に直接作用し，血管を収縮させ，アレルギー性鼻炎などの鼻づまりに点鼻薬として使用される．

G_t および G_{olf} クラス　G_t（トランスデューシン）は視細胞，G_{olf} は嗅細胞においてシグナル伝達を行っている．

13・2・2　チロシンキナーゼ共役型受容体

チロシンキナーゼ共役型受容体は，細胞質にタンパク質のチロシン残基を特異的にリン酸化するチロシンキナーゼ（PTK）活性を有するか，あるいは，チロシンキナーゼを会合させることによって，チロシンのリン酸化を行う．生体内のタンパク質においてリン酸化されるアミノ酸は3種であるが，そのうちセリンが95％，トレオニンが5％，そして，チロシンは0.1％とチロシン残基のリン酸化は少数ではあるが，増殖因子にかかわっているタンパク質が多く，細胞の分裂，分化，形態の形成の制御など，生命活動に重要な役割を果たしている．

代表的なチロシンキナーゼ共役型受容体の一つは上皮増殖因子受容体（EGFR）である〔図 13・1の2)〕．EGFRにアゴニストが結合することによる二量化についてはすでに8章で説明した．EGFRへの情報伝達分子の結合は細胞の外側で起こる事象である．EGFRは二量化することによってお互いに結合した相手のEGFRのチロシンをリン酸化するが，これは細胞膜の内側で生じる．このようにして，細胞外からの情報が細胞内部に伝わる．細胞内部にはリン酸化されたチロシンを認識するSH2というドメインをもつタンパク質が結合して複合体を形成する．この複合体は，GDPが結合したRasとよばれる低分子量Gタンパク質をGTP結合型に変換し活性化する．活性化されたRasは，MAPKKKにはじまるMAPキナーゼ系の連鎖反応を介してその情報を核内の遺伝子発現系に伝達する．MAPキナーゼ系は，MAPKKK，MAPKK，MAPKという，それぞれリン酸化によって活性化されるキナーゼが，次つぎと順番にリン酸化されていく（キナーゼカスケード，図 13・1四角枠内）．一つのキナーゼ分子はそれが基質とする次のキナーゼ分子を多数リン酸化して活性化することができるから，情報伝達にかかわるキナーゼ分子の数が次から次へと増大していく．このような連鎖反応の様子は，扇状に広がっていく滝（cascade）に見立てて**カスケード**とよばれ，弱い刺激から大きな反応を誘導すること（増幅作用）ができる．

ソラフェニブ（図 13・3）は，がん細胞の増殖に関与するc-Raf, B-Raf, FLT-3, c-KIT

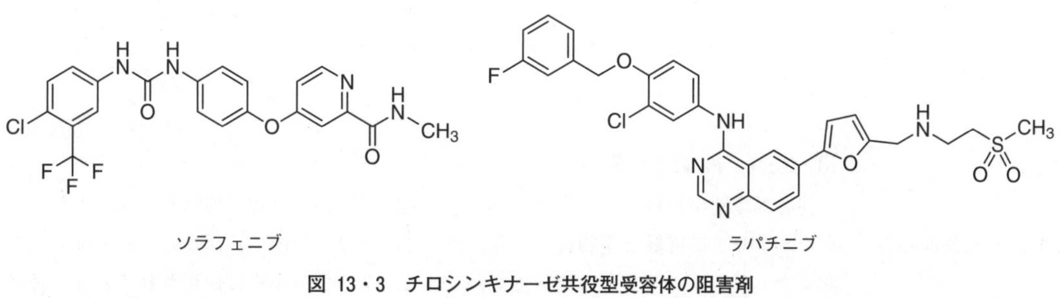

チロシンキナーゼ共役型受容体 tyrosin kinase-coupled receptor. 受容体型チロシンキナーゼ（receptor tyrosine kinase, RTK）ともいう．

PTK　protein tyrosine kinase の略．

ソラフェニブ　　　　　　　　　　　　　　ラパチニブ

図 13・3　チロシンキナーゼ共役型受容体の阻害剤

などのチロシンキナーゼ共役型受容体，および腫瘍血管新生に関与する血管内皮増殖因子（VEGF）受容体および血小板由来増殖因子（PDGF）受容体などのチロシンキナーゼを阻害することによって抗がん作用を示す．また，ラパチニブ（図13・3）は，がん細胞において機能亢進が高頻度で認められる上皮増殖因子 EGFR（ErbB1）および HER2（ErbB2）のチロシンの自己リン酸化を阻害する（§8・2・2参照）．これによって，がん細胞の増殖を抑制するため，HER2 過剰発現乳がんに対して使用される．

13・2・3 イオンチャネル共役型受容体

イオンチャネル共役型受容体 ion channel-coupled receptor. イオンチャネル型受容体 (ion channel receptor, ionotropic receptor) ともいう．

アムロジピン amlodipine

イオンチャネル共役型受容体は，イオンチャネルに情報達分子の結合部位が存在し，アゴニストが結合すると，イオンチャネルが開き，イオンの通過によって情報伝達を制御する受容体である．また，二次メッセンジャーがチャネルを開かせる様式のものも存在する〔図13・1の3)〕．

アムロジピンは，冠血管や末梢血管に存在する細胞膜上の電位依存性カルシウムチャネルに選択的に結合し，細胞内へのカルシウム流入を阻害することにより，平滑筋を弛緩させて降圧作用および抗狭心症作用を示す．

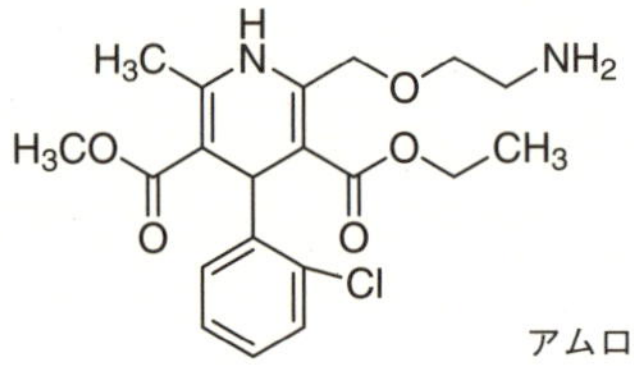

アムロジピン

13・2・4 核内受容体

核内受容体 nuclear receptor

11章で述べたように，ステロイドホルモンや脂溶性ビタミンなどは十分な脂溶性を有することから，細胞膜を容易に通過して細胞内に入りこみ，**核内受容体**に結合し情報伝達を行う〔図13・1の4)〕．核内受容体は通常，細胞質あるいは核内に存在し，リガンドが結合することにより，活性化されて核内へ移行し，標的遺伝子の転写を活性化する．ヒトでは 48 種類存在することが知られているが（図11・8参照），役割や生体内のリガンドが判明していないオーファン受容体も多く，今後の研究が待たれる．核内受容体は生命維持に重要な遺伝子の制御を行っており，市販医薬品の十数パーセントは核内受容体を標的としている．

13・3 情報伝達物質

多細胞生物においては，一つの生命体として統一された行動をするために，外界の刺激に対して各細胞が協調した反応をする必要があり，細胞間での情報伝達のしくみを発達させてきた．多様な細胞が多種類の情報を伝達するために，さまざまな情報伝達物質が合成され，対応する受容体がシグナルを受取って機能を果たしている．

13・3・1 神経伝達物質

神経伝達物質 neurotransmitter

神経細胞間の接合部を形成するシナプス間隙では，電気信号で伝えられてきたシグナルが小分子の**神経伝達物質**へと変換され，シナプス後膜へと伝達される．神経伝達物質は，シナプス前終末の細胞体で合成され，シナプス小胞に保存されており，神経

繊維の活動電位によって放出されると、シナプス後膜に存在する受容体に結合してシグナルを伝達する．神経伝達物質としては，1) アミノ酸：グルタミン酸，グリシン，γ-アミノ酪酸（GABA），2) アセチルコリン，3) カテコールアミン：アドレナリン（エピネフリン），ノルアドレナリン（ノルエピネフリン），ドパミン，などがあげられる．これ以外にも神経に作用する化学物質は数多く存在する．

カテコールアミン catecholamine

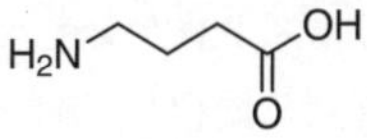

γ-アミノ酪酸(GABA) 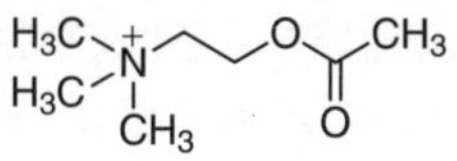　　アセチルコリン 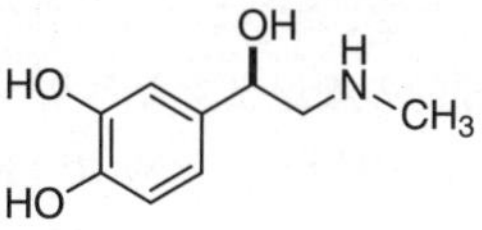　　アドレナリン

13・3・2　生体内アミン

最も有名な生体内アミンはヒスタミンであろう．ヒスタミンはアミノ酸のヒスチジンから，脱炭酸によって，生体内で合成される．肥満細胞，マクロファージおよび好塩基球から，抗原-抗体反応などのシグナルによって放出され，ヒスタミン受容体（H_1〜H_4まである GPCR）に結合することによって，炎症シグナルを伝達し，血管拡張，細胞性免疫反応の亢進，胃酸分泌の亢進，心機能亢進などをひき起こす（§17・3・1 参照）．

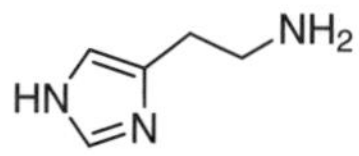

ヒスタミン histamine

セロトニンはトリプトファンから合成され，脳，腸のクロム親和性細胞および血小板に存在する．腸においてセロトニンは消化管運動の制御を行う．セロトニン受容体には多くのサブタイプが存在し，中枢神経系における興奮作用を伝達する $5HT_{1A}$，嘔吐を誘発する $5HT_3$ がよく知られている．

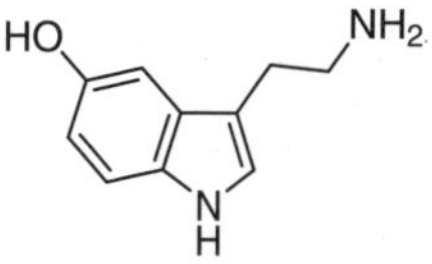

セロトニン serotonin

13・3・3　生理活性ペプチド

モルヒネの受容体として知られるオピオイド受容体の生体内リガンドである β-エンドルフィンは，ストレスなどによって脳下垂体前葉から放出され，脳内モルヒネという名前どおり，オピオイド受容体（μ 受容体）に結合して，鎮静・鎮痛作用，多幸感を与えるペプチドである．フェンタニルは，選択的オピオイド μ 受容体アゴニストで，モルヒネの 200 倍強力な活性を示し，がん疼痛の緩和に使用される．

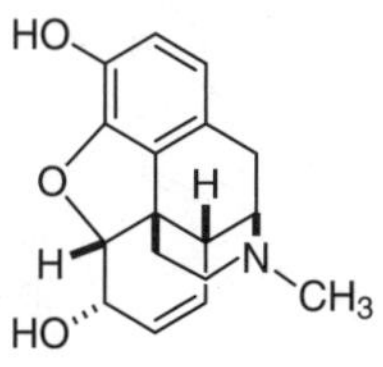

モルヒネ 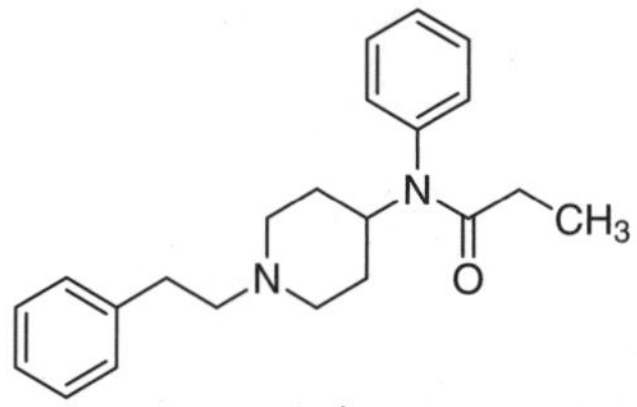　　フェンタニル

また，セクレチンやガストリンは消化管ホルモンとして作用する生理活性ペプチドである．セクレチンは小腸で合成され，十二指腸の塩基性度が低下すると分泌される．ガストリンは胃の機械的・化学的刺激により，胃幽門前庭にある G 細胞より分泌される．

13・3・4　ホルモン

ホルモンは，構造的にはステロイド，アミノ酸，ペプチドおよびタンパク質が存在

し，非常に低濃度で作用を発現する生体内物質である．特定の器官の特定の細胞によって産生され，ある細胞が放出したシグナル分子が，他の異なる種類の細胞に対して作用し情報伝達の反応をひき起こす．通常，シグナル分子が受容体に結合した後の細胞内のカスケード反応は，多くの分子種を介して遺伝子の転写活性化をひき起こすが，核内受容体を介した遺伝子の転写活性化は例外的に直接的なものである（11章参照）．たとえばエストロゲンは，卵巣や胎盤から分泌され，血管やリンパ管を通って標的の細胞までたどりつくと，細胞膜を通過して細胞質内のエストロゲン受容体（ER）に結合し，ついでERは核内に移行して，標的の遺伝子配列に結合して転写を活性化させる．ほとんどの転写因子は単独では機能せず，遺伝子の転写には複数の転

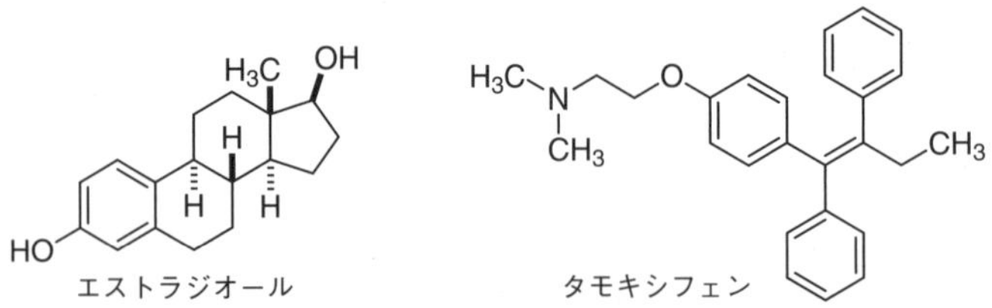

エストラジオール　　タモキシフェン

写因子の結合が必要である．多くの乳がんはエストロゲンによって増殖が促進され，エストロゲンのアンタゴニストであるタモキシフェンは，非ステロイド性のエストロゲン受容体阻害剤として，エストロゲン受容体を過剰発現する乳がんの治療に用いられる．なお，11章ですでにふれたが，ビタミンAやDもホルモン同様ごく少量で活性を示す．ビタミンAやDは，それらの代謝によって生じる活性本体が核内受容体のリガンドとして働き，ヒトの生理に不可欠なものとなっている．またさらに，ビタミンAのアルデヒド誘導体であるレチナールは，目の光受容体に存在するロドプシンという分子量38,000のGPCRの膜貫通部分にあるリシン残基と11-cis-レチナールの形でシッフ塩基結合（イミン）を形成し，光によって全$trans$-レチナールへと異性化することが知られている（16章参照）．この光異性化は，結合しているタンパク質

シッフ塩基 Schiff base

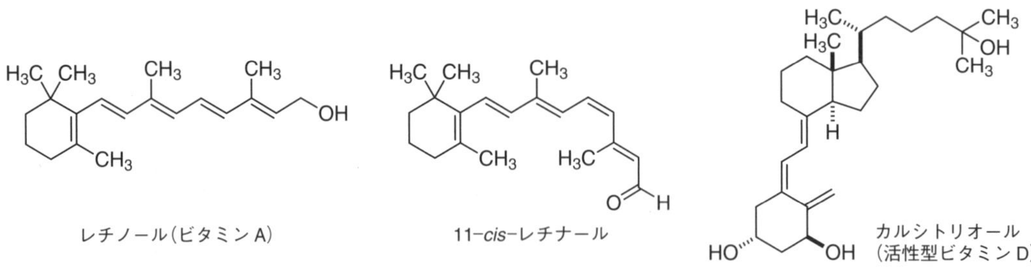

レチノール（ビタミンA）　　11-cis-レチナール　　カルシトリオール（活性型ビタミンD）

であるロドプシンの構造を変化させ，その結果，共役しているGタンパク質にシグナルが伝達される．また，ビタミンAの主たる活性本体であるレチノイン酸（RA）は，核内受容体であるレチノイン酸受容体（RAR）に結合してさまざまな遺伝子の発現を制御している．とりわけ，細胞の分化に対して作用することから，急性前骨髄球性白血病（APL）の分化誘導治療薬として使用される．

活性型ビタミンD_3は，核内受容体であるビタミンD受容体（VDR）に結合することによって応答遺伝子の発現を制御する．明らかとなっていない部分も多いが，小腸粘膜上皮細胞においてカルシウム結合性タンパク質の発現を促進し，カルシウムの吸

収を促進する.

13・3・5 エイコサノイド

アラキドン酸（エイコサテトラエン酸）やエイコサペンタエン酸（EPA）などのエイコサン酸から誘導される化合物を**エイコサノイド**とよぶ（図 13・4）．すでに 11 章で学んだ内容と重複する部分もあるが，本項では使われている医薬との関連から簡単に紹介する．

エイコサノイド eicosanoid

プロスタグランジン（PG）　プロスタン酸骨格を有する生理活性化合物群のことを指す．ホスホリパーゼ A_2 によってホスファチジルグリセロールから，加水分解されて生じるエイコサン酸類が，**シクロオキシゲナーゼ（COX）**によって変換され，5 員環を形成する．非ステロイド性抗炎症剤はこの COX を阻害することによって，炎症反応を抑える．PG には多くの種類が存在し，若干の構造の違いによって，血圧降下作用を示したり，血圧上昇作用を示したり，相反する作用を有するのも特徴である（11 章参照）．セレコキシブ（図 13・4）は，炎症部位に発現するシクロオキシゲナーゼ 2（COX-2）を選択的に阻害して抗炎症作用を示す．

プロスタグランジン prostaglandin. 略称 PG.

シクロオキシゲナーゼ cyclooxygenase. 略称 COX.

トロンボキサン（TX）　トロンボキサン A_2 および B_2 は PGH_2 から合成され，テトラヒドロピラン環構造が特徴である．トロンボキサン A_2 は血小板やマクロファージにおいてトロンボキサン合成酵素によって合成されるが非常に不安定で，生理的条件下での半減期は約 30 秒である．血小板や血管内皮細胞に存在する G_q タイプの GPCR であるトロンボキサン A_2 受容体に作用し，強力な血小板活性化作用，平滑筋収縮作用を示す．腎臓のメサンギウム細胞や，T 細胞にも受容体が発現している．

トロンボキサン thromboxane. 略称 TX.

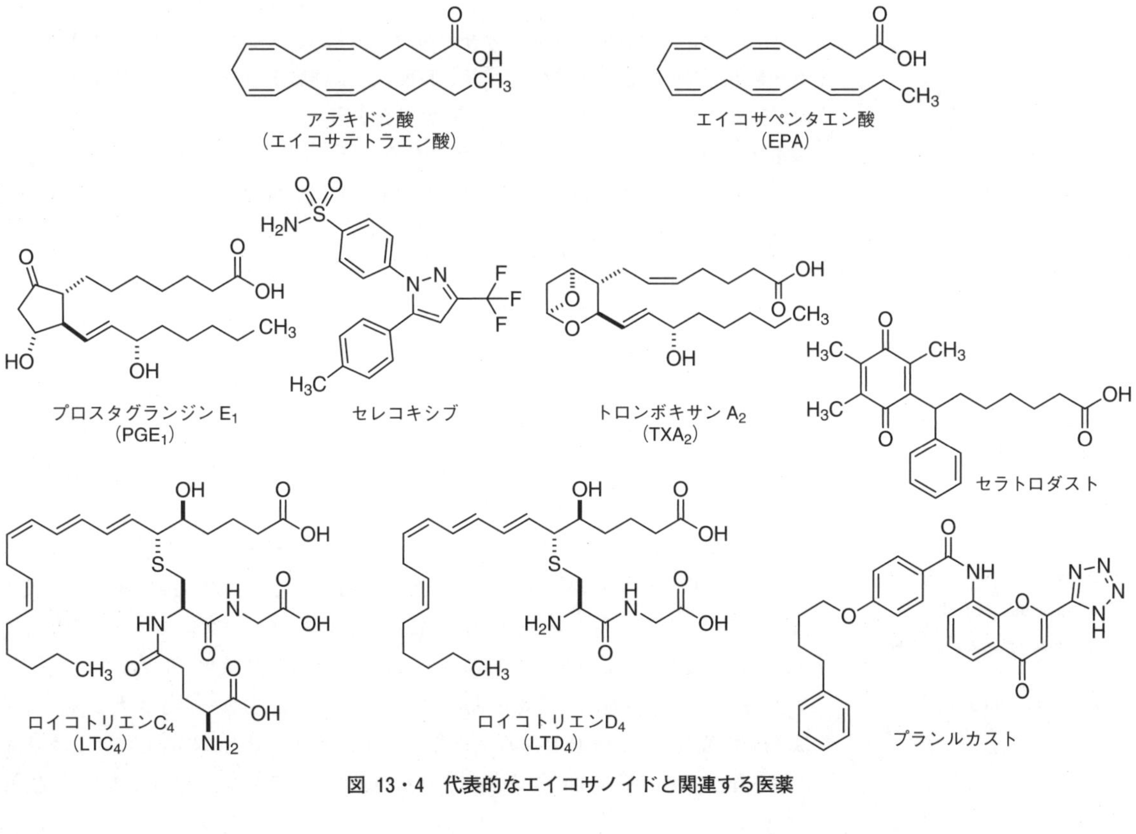

図 13・4　代表的なエイコサノイドと関連する医薬

セラトロダスト（図 13・4）は，トロンボキサン A_2 受容体を競合的に阻害することによって，即時型および遅発型喘息反応，気道過敏症の亢進を抑制する．

ロイコトリエン(LT) 5-リポキシゲナーゼによって，二重結合を四つもつアラキドン酸がペルオキシドを経由してエポキシ化され，合成される．LTC_4, LTD_4, LTE_4 は PG やヒスタミンの 100〜1000 倍の気管支平滑筋収縮作用や，血管透過性向上作用，粘液分泌作用を示し，遅発反応物質（SRS）とよばれている．

プランルカスト（図 13・4）は，LTC_4 および LTD_4 受容体を選択的に阻害することにより，気管支喘息，アレルギー性鼻炎の治療に用いられる．

13・3・6 サイトカイン

サイトカインは細胞から分泌されるタンパク質で，ホルモンと同様に特定の細胞膜上の受容体に結合して，微量で（pmol/L 程度）作用を示す．作用の範囲は，ホルモンが全身に作用するのと異なり，近辺の細胞に限っている（**傍分泌**）．産生した細胞自身に作用する点（**自己分泌**）も大きな特徴の一つである．受容体には，チロシンキナーゼ活性をもつものやチロシンキナーゼと共役するものが多い．リンパ球が産生するサイトカインをリンホカイン，マクロファージや単球が産生するものをモノカイン，白血球を遊走させるものをケモカインという．以下，主要なサイトカインについて簡単に説明する．

インターフェロン(IFN) インターフェロンはウイルスなどの病原体やがん細胞の侵入に対して細胞が分泌する分子量約 20,000 のタンパク質である．1954 年に"ウイルス干渉因子"として発見された．ウイルスなどは細胞膜上の **Toll 様受容体**（TLR）に結合し（特に TLR3, 7, 9），IFN の産生を誘導する．IFN-α と β はリンパ球，マクロファージ，血管内皮細胞，骨芽細胞で産生され，マクロファージとナチュラルキラー細胞（NK 細胞）を活性化する．IFN-γ は T 細胞から分泌され，IFN-α と β の作用増強や，白血球やマクロファージの活性化を行う．

腫瘍壊死因子α(TNF-α) 腫瘍壊死因子αは，主としてマクロファージが産生し，抗がん作用を示す．ほかに，単球，T 細胞，平滑筋細胞および脂肪細胞でも産生される．TNF 受容体は多くの種類の細胞に存在し，細胞接着因子の産生，炎症を誘導する IL-6, IL-1, PGE_2 の産生，抗体の産生，アポトーシスの誘導をひき起こす．

エタネルセプトは，可溶性 TNF-α 受容体と IgG を結合させたものであり，血中の TNF-α と結合してその作用を阻害する．関節リウマチの治療に使用される．

エリスロポエチン(EPO) 低酸素状態においては HIF が核内へ移行し，エリスロポエチン遺伝子の転写を活性化する．EPO は腎臓や肝臓から分泌され，骨髄の赤芽球系前駆細胞のエリスロポエチン受容体（EpoR）に結合し，JAK2 経路を活性化して赤血球の分化増殖を促進する．

コロニー刺激因子(CSF) マクロファージ，血管内皮細胞，T 細胞が産生する G-CSF は，好中球の分化増殖を促進し，抗がん剤投与時などの好中球減少症に使用される．また，T 細胞，繊維芽細胞が産生する M-CSF は，マクロファージや単球の分化，増殖を促進し，抗がん剤投与時などの顆粒球減少症に使用される．

ケモカイン 白血球の遊走を促進するサイトカインをケモカインとよぶ．分子量は 10,000 程度で，GPCR であるケモカイン受容体（CCR）に結合して，シグナルを下流へ伝達する．構造的特徴から，C ケモカイン（XCL），CC ケモカイン（CCL），

CXC ケモカイン（CXCL），CX3C ケモカイン（CX3CL）に分類される．

13・4　二次メッセンジャー

いくつかの受容体においては，情報伝達物質が受容体に結合した後に，新たに二次メッセンジャーが合成されて，情報が伝達されていく．この二次メッセンジャーとしては，カルシウムイオン，一酸化窒素，サイクリック AMP（cAMP），サイクリック GMP（cGMP），ジアシルグリセロール，イノシトール 1,4,5-トリスリン酸（IP_3）などがあげられる．

二次メッセンジャー second messenger

カルシウムイオン　動物の細胞内の Ca^{2+} 濃度は低く，ほとんどすべての Ca^{2+} は小胞体に貯蔵されている．IP_3 の刺激によって小胞体から細胞質内へ放出された Ca^{2+} や，細胞外より細胞内に取込まれた Ca^{2+} は，さまざまな情報伝達を媒介する二次メッセンジャーとして働く．カルシウムイオン Ca^{2+} が機能を制御する情報伝達経路のことを，カルシウムシグナリングという．たとえば Ca^{2+} は，神経繊維終末部では，シナプス小胞膜貫通タンパク質に結合し，膜融合を制御している．筋肉では，Ca^{2+} は筋収縮調節タンパク質トロポニンに結合して脱トロポニン抑制をひき起こし，アクチンとミオシンの重合を促進する．

細胞内には Ca^{2+} によって活性化されるタンパク質が非常に多く存在し，大きく，カルモジュリン型，アネキシン型およびプロテインキナーゼ C（PKC）型に分類される．カルモジュリンは多様なタンパク質の制御を行う分子で，カルシウムと結合すると特定のタンパク質と結合しやすくなり，脱リン酸化酵素，細胞骨格タンパク質などを通して多くの機能を調整する．

一酸化窒素 nitrogen monoxide. 略称 NO.

一酸化窒素合成酵素 nitric oxide synthase. NO シンターゼともいう．略称 NOS.

一酸化窒素　生体内では**一酸化窒素**（**NO**）は**一酸化窒素合成酵素**（**NOS**）によって，酸素とアルギニンから産生される．NO は細胞内の**グアニル酸シクラーゼ**を活性化し，**サイクリック GMP**（**cGMP**）の合成を促進する．また血管内皮に作用し，平滑筋を弛緩させて血管を拡張させ，血圧の低下をひき起こす．

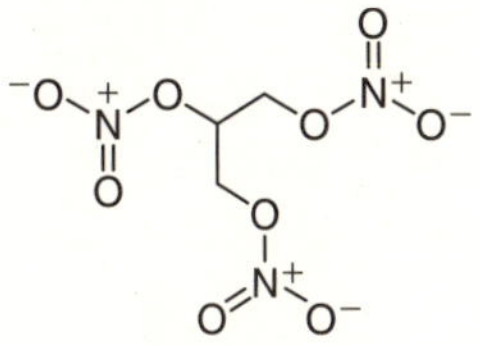

ニトログリセリン

ニトログリセリン（右図）の構造はニトロ化されたグリセリンではなく，グリセリンの硝酸エステルである．その爆発性のため，爆薬としても使用される．ニトログリセリンは生体内で加水分解されて硝酸となり，これが還元されて生じる NO が Ca^{2+} 濃度の低下を介して血管平滑筋を弛緩させ，血管を拡張させる．この作用によりニトログリセリンは，狭心症の発作に用いられる．

グアニル酸シクラーゼ guanylate cyclase

サイクリック GMP　cyclic GMP. 略称 cGMP.

サイクリック AMP　cyclic AMP. 略称 cAMP.

サイクリック AMP とサイクリック GMP　**サイクリック AMP**（**cAMP**，図 13・5）は，アデニル酸シクラーゼによって ATP から合成される．グルカゴンやアドレナリンなどのホルモンによる情報伝達の二次メッセンジャーとして機能し，多様なキナー

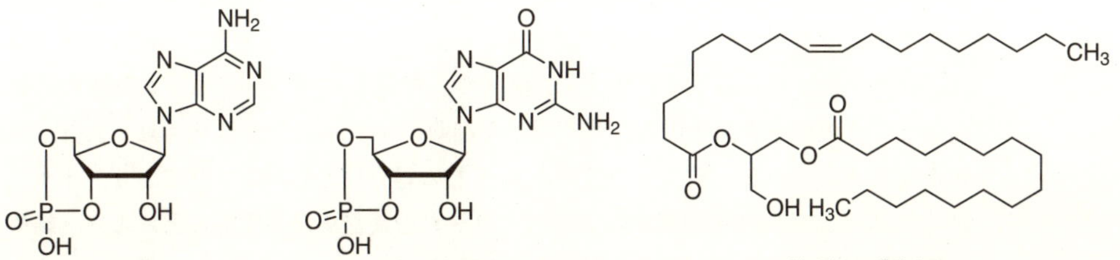

cAMP　cGMP　ジアシルグリセロール

図 13・5　二次メッセンジャー

ゼの活性化を行う．役目を終えて不要となった cAMP はホスホジエステラーゼによって，加水分解されて AMP となる．

同様に，cGMP は，GTP からグアニル酸シクラーゼによって合成され，ホスホジエステラーゼによって加水分解され，GMP となる．cGMP はグリコーゲンの分解，細胞のアポトーシスなどを調節するほか，さまざまなホルモンによる情報伝達の二次メッセンジャーとして機能している．小脳，肺，平滑筋に多く分布しており，キナーゼの活性化に重要である．

ジアシルグリセロールとイノシトール 1,4,5-トリスリン酸 がん遺伝子産物 Ras の下流においてホスホリパーゼ C（ホスホリパーゼ C には $\beta, \gamma, \delta, \varepsilon$ がある）が活性化されると，ホスファチジルグリセロールのリン酸ジエステル結合を加水分解し，ジアシルグリセロール（DAG）とイノシトール 1,4,5-トリスリン酸（IP_3）という二つの二次メッセンジャーを生成する．ジアシルグリセロール（図 13・5）は，プロテインキナーゼ C（PKC）を活性化して多様なシグナルの制御を行っている．PKC は，古典的，新規，非典型的の 3 種に分類され，それぞれ，免疫，喘息，がん，心血管疾患や，細胞の増殖，分化などに関与していることが報告されている．

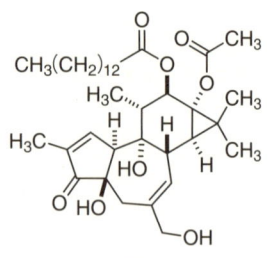

発がんプロモーターとしてよく知られるホルボールエステル（TPA，12-O-テトラデカノイルホルボール 13-アセテート，左図）は，加水分解耐性を有する DAG ミミックとして PKC を活性化し，発がんプロモーション活性を示す．

IP_3 は，ホスホリパーゼ C によって DAG と同時に産生される．DAG が細胞膜へ移行するのに対し，IP_3 は細胞質に存在し，小胞体のイオンチャネルに結合し，Ca^{2+} を細胞内へ放出させる．その結果，細胞増殖や筋肉の収縮をひき起こす．

13・5 情報伝達タンパク質の分解

多様な情報の伝達が行われる際にはリン酸化や脱リン酸化が，その調節に大きな役割を果たしている．一方，遺伝子の転写活性化によって新たに合成されるタンパク質が情報伝達に関与する因子となっている例も多い．そうした系では，当該のタンパク質の不活性化には，そのタンパク質自体の分解を伴う．たとえば細胞周期にかかわるタンパク質の多くは，ユビキチン・プロテアソーム系によって分解され，情報伝達が制御されている．ユビキチン・プロテアソーム系に関しては，8 章コラムで解説した．ここでは，プロテアソームの阻害剤であるボルテゾミブを紹介する．ボルテゾミブは，プロテアソームのキモトリプシン様活性を有する $\beta 5$ サブユニットの活性中心に結合してその機能を阻害する．多くのがん細胞では NF-κB が活性化されており，増殖が促進されている．NF-κB の活性は I-κB との結合により抑制されており，ボルテゾミブは，この I-κB を分解するプロテアソームの機能を阻害することにより，結果的に NF-κB の活性を抑制して抗がん活性を示す．

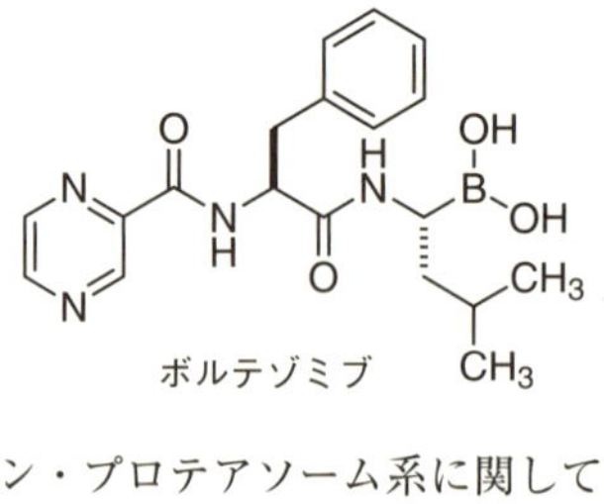

イオンチャネル 14

　イオンチャネルは，細胞に発現する膜タンパク質で，生物生理の重要な機能を担っている．神経伝達に関与するNa^+チャネルやK^+チャネルに加え，細胞生理をつかさどるイオンチャネルも数多く知られている．たとえば，重要な二次メッセンジャーであるCa^{2+}の細胞内濃度を制御しているCa^{2+}チャネルのように，多様なサブタイプに分化することによって，さまざまな情報伝達を調節しているものもある．イオンチャネルはαヘリックスに富む膜貫通型のタンパク質であり，内部に空孔を有している．イオンチャネルはさまざまな機能を担っており，本章で取上げる**電位依存性イオンチャネル**の機能としては，イオン選択機能，電位感知機能，不活性化機能などが重要である（図14・1）．近年，X線結晶構造解析やNMRの進歩によって，タンパク質を中心とする生体高分子の三次元構造が迅速に解明できるようになった．本章では，電位依存性イオンチャネルの全体的構造に加え，イオン選択性や電位感知機構などについて述べる．

イオンチャネル ion channel

電位依存性イオンチャネル
voltage-gated ion channel

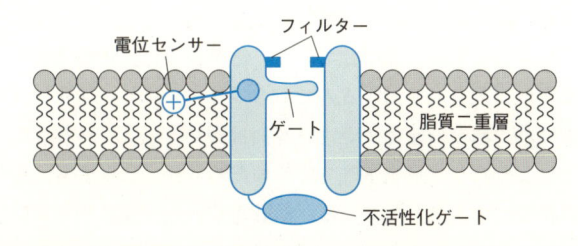

図 14・1　**電位依存性イオンチャネルの機能モデル．** 電位依存性Na^+チャネルは，次のような機能をもった構造からなる．フィルター：Na^+のみを通過させ，K^+を含む他のイオンを通過させない機能．電位センサーとゲート：活動電位を感知することによって，立体構造を変えて，チャネルの開閉を行う機能．不活性化ゲート：開閉を繰返した後に，チャネルをしばらく開かないようにする機能．［桐野 豊，"イオンチャネル 1（最新医学からのアプローチ 6）"，東田陽博編，p.27，メジカルビュー社（1993）より改変．］

14・1　膜電位と活動電位

　電位依存性イオンチャネルの働きを知るためには，まずあらゆる細胞に存在する**膜電位**を理解する必要がある．細胞は通常マイナス数十ミリボルト（mV）の電位をもっている．神経細胞の軸索では，約 $-70\,mV$ の電位が細胞内側に存在する．なぜこのような電位が発生するのだろうか．細胞は実に巧みなやり方でこの電位をつくり出している．
　細胞の内外でイオンの組成は均一ではない．細胞内ではK^+が多く，Na^+が少ないが，細胞外ではこの逆である．これは，**Na^+-K^+ ATPase** とよばれる酵素の働きによって，細胞外のK^+が細胞中にくみいれられ，細胞中のNa^+がくみだされるためである．細胞膜には **K^+遺漏チャネル** という膜タンパク質が存在しており，これはK^+が通過できるように常に開いている．Na^+-K^+ ATPase の働きによって，神経細

膜電位 membrane potential

K^+遺漏チャネル K^+ leak channel

内のK^+濃度は細胞外に比べて高いので，このチャネルを介してK^+が少しずつ細胞外に漏れ出しており，これによって細胞内の電位がマイナスとなっている．Na^+については漏れ出すチャネルがほとんどないので，外のNa^+が中に入ってくることはなく，この逆は生じない．次に述べる，活動電位などの電位の急激な変化が起こっていない状態，いわばスイッチがオフのときの膜電位を**静止電位**という（図14・2）．

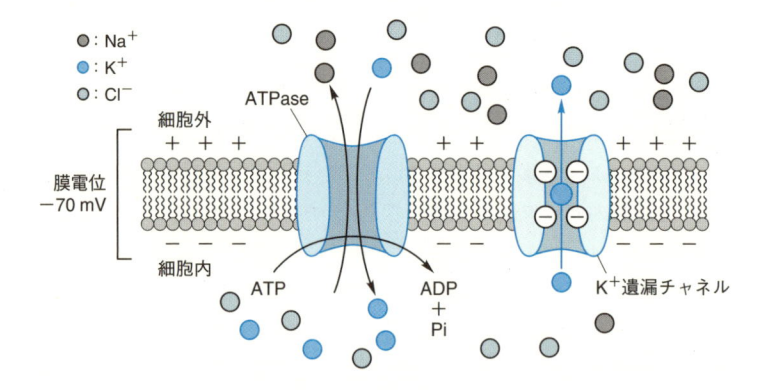

静止電位 resting potential

図14・2 膜電位の発生と膜内外でのイオン濃度の違い． ATPase（左）の働きによって，ATPを消費することで濃度勾配に逆らってNa^+が細胞外にくみだされ，K^+が細胞内にくみいれられる．一方で，K^+遺漏チャネル（右）の働きによってK^+が少しずつ細胞外に漏れ出すことによって，細胞内の電位がマイナスになる．

活動電位 action potential

スパイク spike. スパイク放電, インパルス(impulse)ともいう.

それでは，このような膜電位が加わった状態で，神経系の電気信号による情報伝達はどのように行われているのだろうか．神経細胞の軸索といういわば電線を伝わることで情報が運ばれると考えてよい．たとえば，キリンやクジラのような大型動物では，このような電位の波が距離にして数メートル伝わらなくてはならない．しかし，電話線などのように電流を変化させて電気信号を伝播させているのではなく，もっと省エネルギーのやり方を生物は採用している．電気信号は，**活動電位**とよばれる膜電位の一過性の変化が波となって伝わるのである．この一過性の変化は，**スパイク**や**インパルス**ともよばれ，電位の変化に要する時間は短く，数ミリ秒程度である．この電位変化の波はどのようにして形成されているのだろうか．ここでも，電位依存性イオンチャネルが重要な役割を果たしている．活動電位が伝播する様子を図14・3で説明する．まず，上流から伝わってきた電気信号によって電位が上昇すると，電位依存性Na^+チャネルが開きNa^+が入ってくる．これによって，急激に膜電位がプラスの方向に変化する．それによって，同じく電位依存的に開く近傍のK^+チャネルが開き，Na^+の流入によって一過的に上昇した電位が，K^+の流出によって逆戻りすることになる．細胞内のK^+濃度が高いので，K^+はNa^+とは逆に細胞外に流れる．すなわち，膜電位はいったん上がりすぐに下がることになるので，結局は一つの波を形成すると考えてよい．では，なぜこの波は決められた方向にしか進まないのだろうか．それには，図14・1の不活性化機構とチャネルの三つの状態間の相互変化が関係している．チャネルはいったん開いた後に，徐々に不活性化状態とよばれるしばらく閉じた状態になる．活動電位を経たチャネルはこの不活性状態になっており，膜電位が変化してもしばらく開くことはない．すなわち，波が通った後のチャネルは開かないことによって逆行することを防いでいる．このように，神経軸索では巧みにイオンチャネルが働くことによって，信号伝達を行っている．先ほど述べた省エネルギー的方法というのは，上述のその場におけるNa^+とK^+の出入りだけを利用する伝播方法であり，実際の電子が伝播方向に動く必要のある電話線より，はるかに消費エネルギーを抑えることができる．イオン局在状態の一過性の変化という波が軸索という電線を伝わっていくと考えるとわかりやすい．

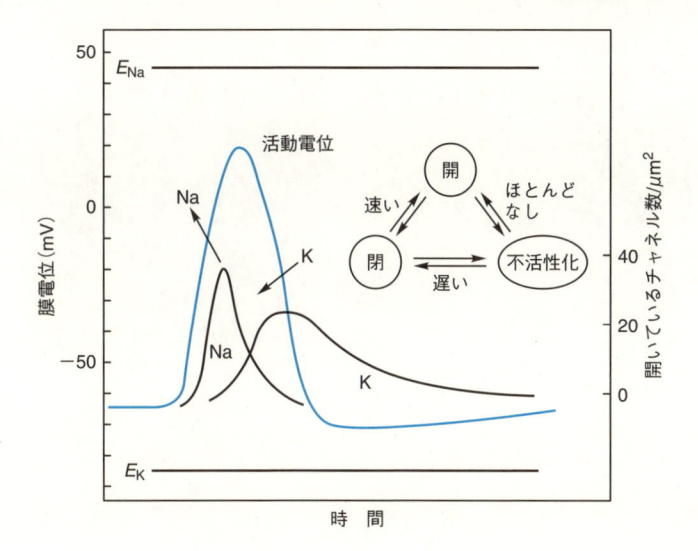

図 14・3 神経軸索での活動電位の模式的説明．活動電位は，波として軸索上を伝わる．まず，青線で示したように全体の電荷がいったん上昇し，すぐに下降する．上昇時には，Na^+ チャネルを介して，Na^+ が細胞内に流入し，膜電位をプラスの値にひき上げる．下降時には，K^+ が開き，K^+ が細胞外に流出することによって電位を下げる．E_{Na} は Na^+ が自由に出入りできるときの電位である．一方，静止電位は K^+ が自由に出入りできるときの電位（E_K）に近い．チャネルは右上に挿入した図のように，開・閉・不活性化の三状態をとり，通常の静止電位ではほとんど閉じているが，多少なりとも脱分極が起こると開く確率が高くなり，その一部は不活性化状態に移行する．[B. Hille, "Ionic channels of excitable membranes," Sinauer, (1992) より改変.]

14・2 イオン選択機構と高いイオン伝導性

1998年に細菌（バクテリア）の K^+ チャネル（KcsA）の結晶構造が解明されたことによって，イオンチャネルのイオン選択機構が明らかになってきた（図 14・4）．R. McKinnon のこの業績に対して，2003年のノーベル化学賞が授与されている．このチャネルは本来，アミノ酸数 158 のポリペプチドが四量化することによって形成されているが，X線結晶構造解析にはアミノ酸番号 1～125 の部分が用いられた．そのうち，23～119 部分について原子配置が得られ，立体構造が明らかとなった．図 14・5 (a) に示したように，チャネルの細胞外側に K^+ 選択的な通路（フィルター）がある．

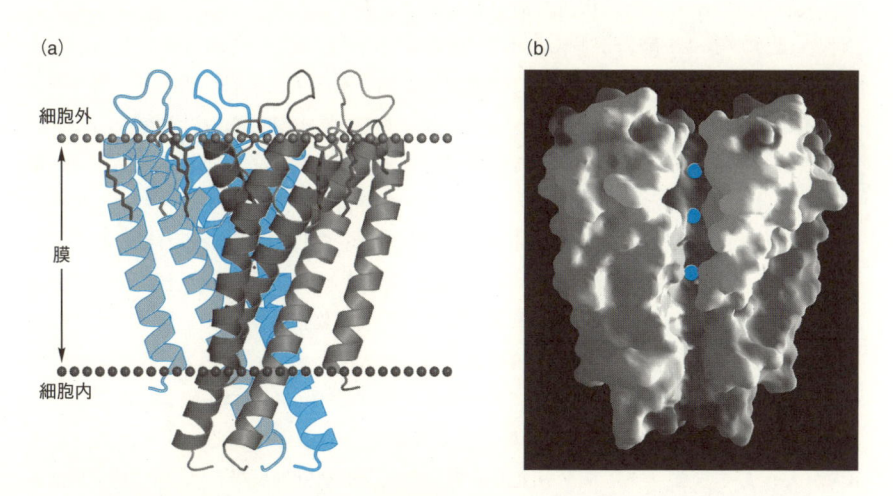

図 14・4 K^+ チャネル（KcsA）の結晶構造．(a) 色を変えて示した基本的には同じ構造を有する4本のポリペプチドで構成されている．リボン図で示すと，αヘリックスが主体であり，長い二つのヘリックスで膜を貫通していることがわかる．膜は点線で示した部分．(b) タンパク質の境界部分を示した図．真ん中のチャネル部分が見えるように，一部を切取っている．青い丸は，比較的安定に存在すると推定されるカリウムイオンを示している．[(a) は Y. Zhou et al., *J. Mol. Biol.*, **333**, 965 (2003). (b) は D. A. Doyle et al., *Science*, **280**, 69 (1998) より改変.]

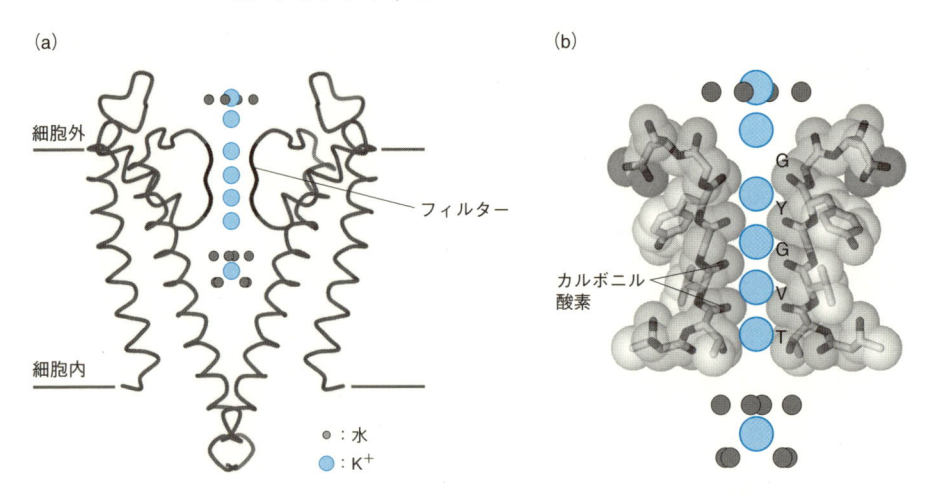

図 14・5 イオン選択フィルター中での K^+ の存在位置. 四つのポリペプチドのうち, 向かい合う二つのみを示した. (a)が全体図, (b)が拡大図. グリシン (G), チロシン (Y), グリシン (G), バリン (V), トレオニン (T) の主鎖がイオン選択フィルターを形成している様子を示す. (a)を見ると, フィルターの外では灰色の丸で示した水分子が K^+ イオン (青い丸) を取囲んでいるが, フィルターに K^+ イオンが入ると脱水和していることがわかる. フィルター部分を拡大した(b)では, ペプチド結合のカルボニル酸素が内側を向いて, K^+ イオンを取囲んでいる様子がよくわかる. 水和水の代わりに大きな電気双極子をもつ酸素の負電荷によって, フィルター中の K^+ イオンがある程度安定化されている. 〔(a)は Y. Zhou et al., *J. Mol. Biol.*, **333**, 965 (2003). (b)は Y. Zhou et al., *Nature* **414**, 43 (2001) より改変.〕

ここには, (b)に示すようにグリシン-チロシン-グリシン-バリン-トレオニン (上から G, Y, G, V, T) の主鎖のカルボニル酸素が内側を向いて並んでおり, そこでイオン選択が行われている. このチャネルは, イオン半径 0.95 Å の Na^+ よりも 1.33 Å の K^+ に対して 100〜1000 倍の選択性をもっているが, なぜ小さな Na^+ イオンを通さず, 大きな K^+ イオンを選択的に通すことができるのだろうか. この不思議なイオン選択性はカルボニル酸素が並んだ構造 (図 14・5b) によって実現されている. すなわち, この四方をカルボニル酸素で取囲まれた部分をイオンが通り抜けるには, それまでイオンを取囲んでいた水分子がカルボニル酸素と入れ替わらなければならないが (脱水和), そのためにはカルボニル酸素が, 水分子の酸素原子と同じくらいイオンに近づかなければ, 脱水和するためのエネルギーを獲得できない. すなわち, ちょうどイオン半径と穴の径が一致している K^+ では十分な安定化が得られるのに対し, イオン半径が小さい Na^+ ではカルボニル酸素との距離が離れてしまい, それが不十分ということである. 一方で, このチャネルは 1 秒間に 1 億個のイオンを通過させることができる. どうやって一見矛盾する厳密な K^+ 選択性と高いイオン透過速度を両立させているのだろうか. その鍵は, 図 14・5 のようにこのカルボニル酸素に取囲まれた狭い穴に, 同時に複数のイオンを取込むことができることにある. すなわち, 次の K^+ が入ってくると, フィルター上部にあった K^+ が電気的反発によって不安定化され, 濃度差によってチャネルの外に飛び出しやすくなる. そうなると同時に, フィルターの下部にあったイオンはより安定な上の位置に移動し, その場所に新たな K^+ が入ってくる. これを繰返すことによって, 非常に高いイオン透過速度を実現している. このようにイオンチャネルの優れた機能は, 精密に配置された電気双極子である主鎖のアミド結合のカルボニル基によって実現されているのである.

14・3 膜電位の感知機構

イオンチャネルの重要な仕事である活動電位を発生させるためには，前述のように電位依存性 Na^+ チャネルと K^+ チャネルが電位を感知することによって開閉しなければならない．この電位の感知機能はどのようになっているのだろうか．近年の研究によって，この機構が少しずつわかってきた．上述の K^+ チャネル（KcsA）は最も単純なイオンチャネルであるが，最近，より複雑なチャネルで6本の α ヘリックスを有し，同様の四量体を形成する哺乳類の電位依存性 K^+ チャネルタンパク質（Kv1.2）の X 線結晶構造解析が行われた（図 14・6）．この K^+ チャネルタンパク質の S4 ドメインは，四つのアルギニン残基を有しており，これらの正電荷が膜電位を感知することによってチャネルを開閉している．X 線結晶構造解析は開いた状態のチャネルについて行われたので，S4 ドメインが細胞外側に移動した状態の構造と考えることができる．閉じた状態は図 14・6(b)のように表すことができる．すなわち，通常の膜電位でチャネルが閉じている状態(b)では，正電荷を帯びた S4 は電位の低い細胞内にひきつけられている．その状態から，神経刺激を受けて電位差が小さくなると（脱分極すると），S4 の膜に対する位置が膜表面へと移動する．この変化は，S4 と S5 をつなぐ部分(図 14・6 の S4～S5)の位置と方向を上向きに変化させるので，図の(a)と(b)にあるように，チャネル空孔を形成している S5 と S6（およびイオンフィルター部分である S5 と S6 をつなぐループ）が変形し，チャネルが開いてイオンが通過できるようになるという考えである．こうした分子機構は現時点ではまだ確定しておらず，今後のさらなる検証が待たれる．

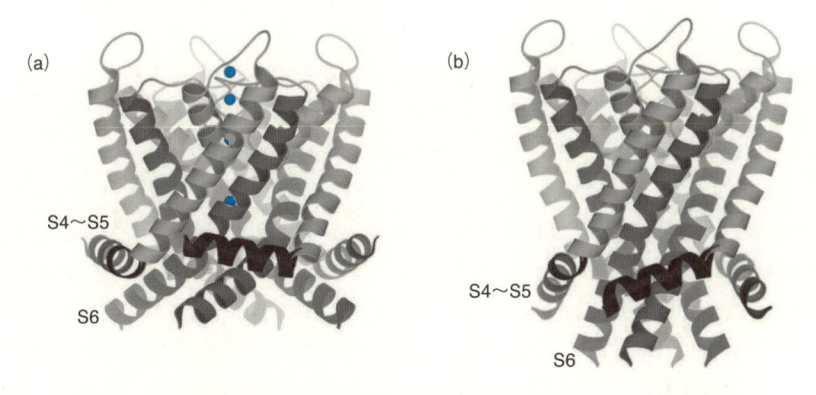

図 14・6 哺乳類の電位依存性 K^+ チャネルタンパク質（Kv1.2）の開閉構造.
このチャネルは同じポリペプチドが4本集合することによって形成されている．(a)は X 線結晶構造に基づいた開口状態の構造．(b)は閉口状態の推定構造．図の簡略化のためにセグメント1～3（S1～S3）は省略してある．[S. B. Long et al., *Science*, **309**, 903 (2005) より改変.]

膜の微弱電流を測定する電気生理の実験によって，イオンチャネルの存在が古くより予想されていたが，長い間その実態は不明であった．本章で説明したように，結晶構造が明らかになることによって，その実態が解明されてきた．機能分子であるタンパク質は，ここでは電位という物理的変化をキャッチすることによって構造を変え，イオンの透過量を調節するという生命現象の根幹をなす機能を担っている．以降の章では，小分子を受容する機構およびタンパク質が光を受容する機構すなわち嗅覚と視覚を取上げる．

15 嗅覚受容体

生命現象の鍵を握る小分子化合物とタンパク質の相互作用のうち，最も身近なものに嗅覚と味覚がある．嗅覚は鼻の奥の嗅覚上皮において揮発性化学物質を感知するのに対し，味覚は舌で水溶性物質などを感知することに基づいている．16章で取上げる視覚では，レチナールという光応答性小分子化合物とタンパク質との相互作用が主題であるが，この項目では，においという不特定多数の小分子化合物とタンパク質の相互作用についてふれる．一方で，嗅覚も視覚と同様に同じタンパク質ファミリーであるGタンパク質共役型受容体（GPCR）を受容体として利用しており，情報伝達における類似点も多い．

Gタンパク質共役型受容体 G protein-coupled receptor. 略称 GPCR.

15・1 においとは

嗅覚は，五感（視覚，聴覚，嗅覚，味覚，触覚）の一つで，揮発性の物質が鼻腔の粘膜にある嗅覚細胞を刺激したときに起こる感覚である．ヒトの嗅覚は野生動物やイヌなどに比べて劣っているが，それでも，食べ物の風味，危険察知など日常生活に重要な役割を果たしている．これには，光や音とは異なるにおいの性質が関係している．すなわち，においを発する元がなくなってもしばらく残っていること，また，非常に多様性に富むことである．たとえば，家庭内でガス漏れがあったとすると，まず視覚では気がつかないし，音がしてもすぐにはガス漏れとはわからない．しかし，都市ガス特有のにおいがするので（図15・1），確実に危険を察知することができる．

においには，花や青葉の香りなどの自然なものもあるが，都市や家庭内では自動車の排気ガスや香料による人工的なにおいも多い．すなわち，生物進化の長い歴史のなかで経験することのなかったこれらのにおいについても，われわれは敏感に嗅ぎ分けることができ，嗅いだことのないにおいとして認識できる．空気や水など四六時中接している物質以外は，ありとあらゆるにおいを感知することができる．におい物質の大部分は小分子有機化合物であり，それらの官能基や立体構造など化学構造がにおいと密接に関連している．一般に，分子量が300を超えると揮発性が低くなり，あまりにおわなくなる．このように，嗅覚のしくみは，多様な揮発性化学物質を感知するという意味でも大変興味深く，また薬物受容体として重要なGタンパク質共役型受容体（GPCR）が関与しているので現在活発に研究が行われている分野である．

図15・1に，ヒトがよい香り（もしくは悪いにおい）と感じるものの構造例を示す．花の香りに代表される植物由来の有香成分はモノテルペンが多く，香水の原料に使われている．また，かつては強心剤として使われ，現在でも虫除けとして利用されているショウノウもモノテルペンである．モノテルペンは炭素数10の，植物に特有な成分であり，沸点も200°C前後のものが多い．すなわち，常温でもほんのわずかに気化しているが，すぐに蒸発してしまうことはなく，香りが長持ちするのが特徴である．動物の香料としては，ジャコウジカの性フェロモンであるムスコンやマッコウ

モノテルペン monoterpene. イソプレン単位（4章参照）が2個結合した化合物．

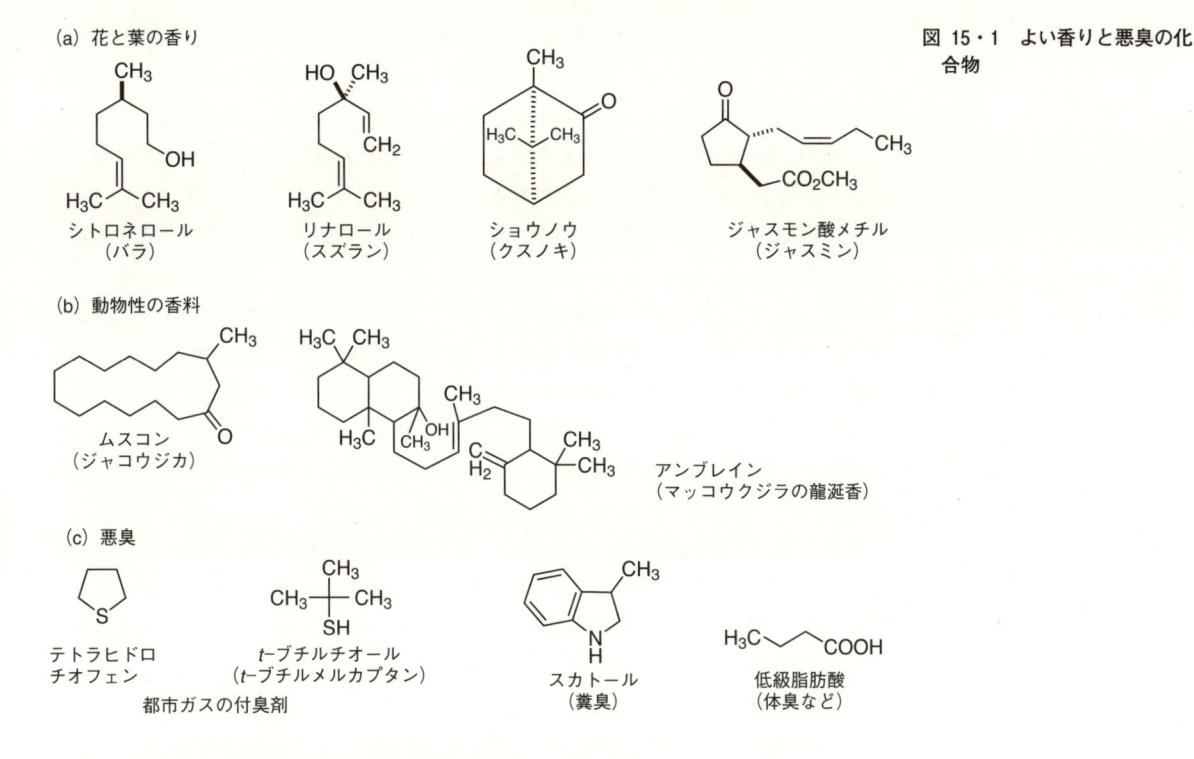

図 15・1 よい香りと悪臭の化合物

(a) 花と葉の香り

シトロネロール（バラ）　リナロール（スズラン）　ショウノウ（クスノキ）　ジャスモン酸メチル（ジャスミン）

(b) 動物性の香料

ムスコン（ジャコウジカ）　アンブレイン（マッコウクジラの龍涎香）

(c) 悪臭

テトラヒドロチオフェン　都市ガスの付臭剤
t-ブチルチオール（t-ブチルメルカプタン）
スカトール（糞臭）
低級脂肪酸（体臭など）

クジラの腸内に生成する結石である龍涎香（りゅうぜんこう）の有香成分（アンブレイン）などが知られており，以前は高級香水に添加されていた．また，動物由来の悪臭としてよく知られているものに，スカトールや低級脂肪酸がある．においの良し悪しは，かなり主観的なものであり，特に食べ物では文化的，地域的な影響が大きい．西洋と東洋などでは，海産物の生臭さに対する感覚において大きな違いがあることが知られている．また，悪名高いスカトールが，ごく低濃度では心地よい香りと感じられることもあり，タバコに添加する香料にも微量含まれている．

15・2　においを感じるしくみ

近年の研究によって，**嗅覚**のしくみが明らかになりつつある．図15・2に，哺乳類の鼻腔における嗅覚上皮の断面図を示す．ヒトの嗅覚上皮は，鼻の奥，脳の真下にあり，常に粘膜に覆われている．ここには神経細胞の一種である嗅覚細胞が密集し，神経突起を鼻腔に露出している．ヒトの嗅覚細胞は300を超える種類があるが，個々の

嗅覚 olfaction

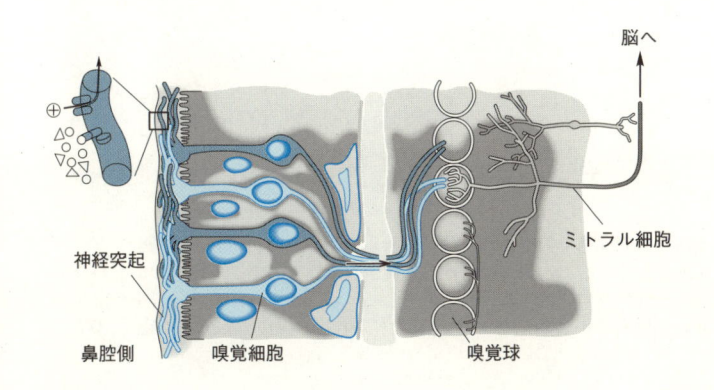

図 15・2　嗅覚系の感覚器官．嗅覚上皮の細胞は，神経突起を嗅覚球のなかの糸球体に伸ばしている．それぞれの嗅覚神経細胞は，数千もの嗅覚受容体のうち1種類のみを発現している．同じ受容体を発現しているすべての神経細胞は1,2個の嗅覚球に集合する．この嗅覚球は，ラットでは約2000個存在する．嗅覚球の信号は，ミトラル細胞を介して脳に伝えられる．[S. Firestein, *Nature*, **413**, 211 (2001) より改変．]

嗅覚受容体 olfactory receptor

細胞にはただ1種類の**嗅覚受容体**タンパク質が発現している（嗅覚受容体はGPCRの一種である）．すなわち，受容体の種類数と嗅覚細胞の種類数は同じである．同じ種類の嗅覚細胞は多数あるが，におい分子に対してすべて同じ応答をする．図15・3は，その受容体部分を拡大したものであるが，受容体が露出している粘膜層に種々のタンパク質が存在し，嗅覚受容体の働きを助けていることを模式的に示した．におい物質は揮発性が高い必要があるので，疎水性も高いことが多く，水を主体とする粘液層には溶け込みにくい．におい物質の結合タンパク質はこうした疎水性分子を内部に取込むことによって粘液中を輸送する．また，粘膜にはシトクロムP450酸化酵素やグルタチオン-グルクロン酸転移酵素を主体とする酵素群が存在し，疎水性のにおい物質をヒドロキシル化し，また，グルタチオンやグルクロン酸を付加することによって，水溶性分子へと変換して無臭化する．最終的には，粘液自体の入れ替えによって粘液層から除去される（図15・3）．したがって，いったん粘膜に吸着したにおいも比較的短時間で無臭化されることによって，次のにおいを感知することができる．

嗅覚受容体自体の構造は，残念ながらX線結晶構造解析に用いることのできる結晶がいまだ得られておらず，三次元構造の詳細は未解明である．一方で，視物質であるロドプシンや他のGPCRの立体構造が明らかにされており，これらとの類似性に着目した研究によって，種々の構造上の特徴が明らかにされている（図15・4）．なかでも膜貫通ドメインのⅢ，Ⅳ，Ⅴの部分のアミノ酸が変化する頻度が高いことから，この部分がにおい物質の結合するポケットを形成すると考えられている．すなわち，このポケットの形状を異にするタンパク質が別べつの嗅覚細胞上に発現しており，それぞれがにおい物質に対して異なった親和性を有している．これがわれわれが多様なにおいを嗅ぎ分けられる基本的なしくみである．それでは，この受容体の多様性はどのように実現されているのだろうか．哺乳類では，嗅覚受容体をコードする遺伝子が1000前後あり，全ゲノムの2〜4%を占め，最も大きなタンパク質ファミリーを形成している．ヒトの場合には，約350種類の嗅覚受容体が実際に発現しているとされているが，一方で，ヒトは約10万種類のにおいを嗅ぎ分けることができる．なぜだろうか．その理由として，アクロスファイバーパターン説やラベルドライン説が

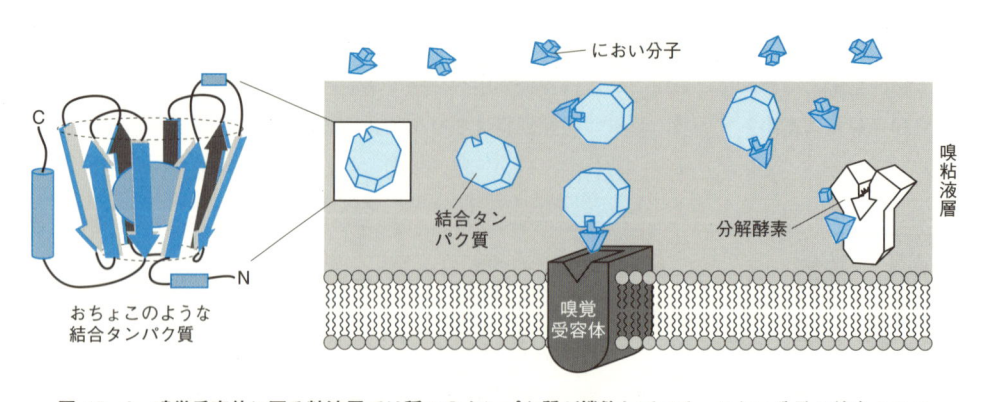

図15・3　嗅覚受容体に至る粘液層では種々のタンパク質が機能している．におい分子の結合タンパク質は，おちょこのような形をしている．内側が疎水性で外側が親水性なので，疎水性のにおい分子を取込んで粘液層を通過し，受容体に運搬する役目を果たしている．また，におい分子を分解する酵素も存在し，長くにおいが残らないようになっている．［H. Breer, *Anal. Bioanal. Chem.*, **377**, 427 (2003)より改変.］

15・3 においにかかわる情報伝達機構　　　　　　　　　　　　　　　　　　171

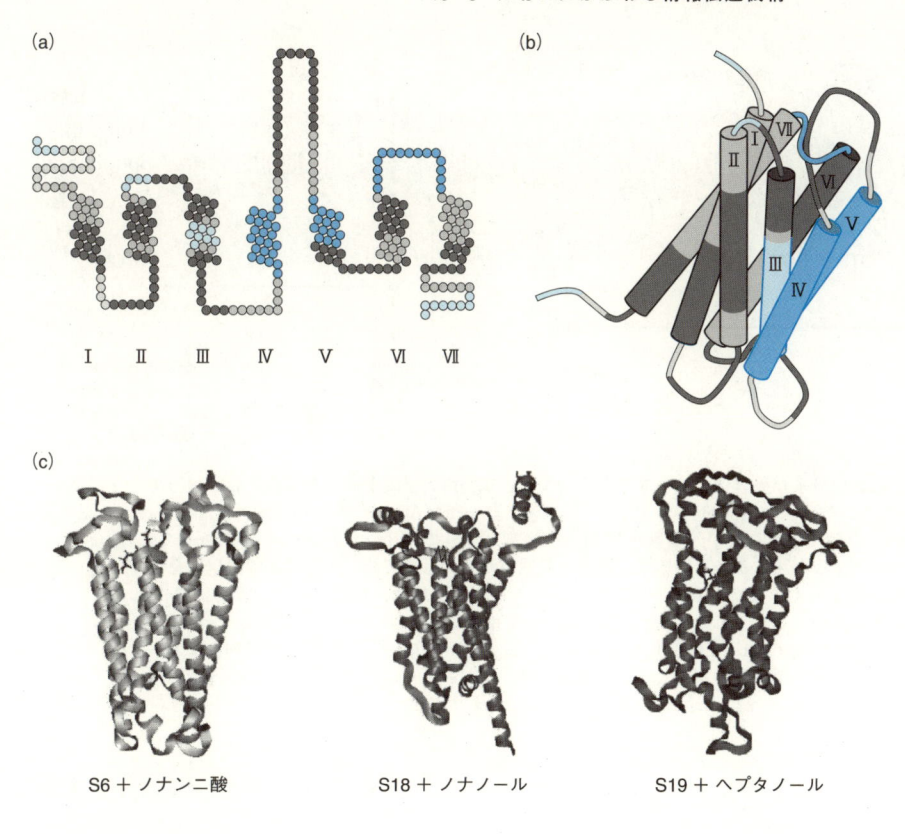

図 15・4　嗅覚受容体の構造（推定図）．(a) アミノ酸配列中，青で示した部分は各嗅覚遺伝子間で最も変化が多い部分であり，それ以外のアミノ酸のうち暗灰色で示したものは共通性の高い部分を形成する．(b) 嗅覚受容体タンパク質の推定三次元構造．青色の部分（円柱で示したドメインⅣとⅤおよびⅥとⅦの間のループ）は，(a) における可変部分に対応する．この部分でにおい物質が感受されていると考えられている．(c) コンピューターを使って推定されているマウス嗅覚受容体の構造．[S. Firestein, *Nature*, **413**, 211 (2001) より改変．]

提出されている．前者によると，受容体の基質特異性が低く，1 種類の受容体が複数のにおい物質に対して応答すること，また，におい物質の種類によって神経伝達における応答の強弱があることが知られており，これらの組合わせでにおいを嗅ぎ分けているという．すなわち，ある種の物質に対して，特異性の高い受容体は強く応答し，別の種類の特性の低い受容体は弱く反応することによって，限られた数の受容体でも無数の神経伝達のパターンをつくり出すことができる．これが，受容体の種類をはるかに上回る種類のにおいを嗅ぎ分けることができる秘密であるとされている．後者のラベルドライン説では，異なったにおいはそれぞれ個別の嗅覚受容体（すなわち嗅覚細胞）によって認識され，信号がオンのときだけ脳に送られるとしている．この場合は，多様性は脳における情報処理によって生み出されていると考えなければならない．

15・3　においにかかわる情報伝達機構

　次章で述べる視物質では，GPCR の一種であるロドプシンが光を受容することによって活性化されるのは，ホスホジエステラーゼであり，これによって cGMP の濃度が減少する（図 16・5 参照）．嗅覚の場合には，同じく GPCR の一種である嗅覚受容体へのにおい物質の結合が，G タンパク質を介してアデニル酸シクラーゼに伝えられ，cAMP の濃度を上昇させる．これがイオンチャネルを開口させ，膜電位が下がることによって情報が神経細胞へ，さらには脳へと伝達される（図 15・5）．すなわち，生物は視覚と嗅覚（味覚を含む）では，異なった二次メッセンジャーを用いており，さらに，それらの濃度が下がることによって情報を伝達する視覚系と，上がることによって伝達する嗅覚系（味覚も同じ）の両方が存在する．通常，GPCR が受容したシ

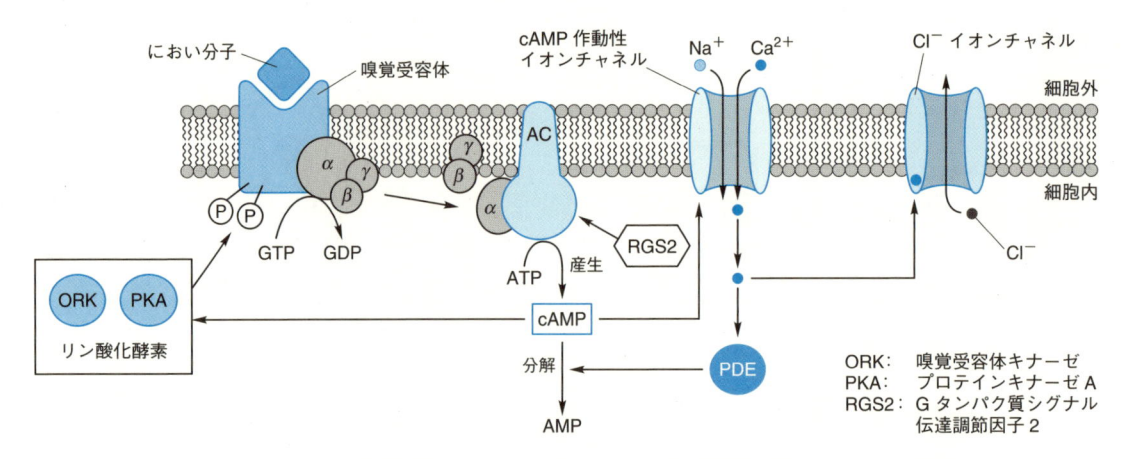

図 15・5 **におい分子が受容体に結合すると，次つぎと細胞内の酵素が働きだす．**におい刺激を受けると，Gタンパク質を介してアデニル酸シクラーゼ（AC）が活性化され，ATP から cAMP がつくられる．これが，細胞内情報伝達物質となってイオンチャネルを開口させて，Na^+ イオンの流入が起こる．その結果，細胞の膜電位が変化して，脳にまで至る電気信号を発生させる引金を引くことになる．一方，イオンチャネルが開けば，Na^+ イオンのほかに Ca^{2+} イオンも流入する．この Ca^{2+} イオンの流入によってホスホジエステラーゼ（PDE）が活性化され，上昇していた cAMP を分解して濃度を下げる．これによって，高濃度の cAMP によって開いていたイオンチャネルが閉じると，電位の変化がおさまり，刺激を受ける前の段階に戻ることができる．［S. Firestein, *Nature*, **413**, 211（2001）より改変.］

グナルは，細胞側のスイッチをオンにするように働くので，嗅覚での応答が普通で，視覚は例外的と考えてもよい．

近年，嗅覚受容体や視物質が属するタンパク質ファミリーである GPCR については，急速に解明が進んでいる．実際に，アドレナリン受容体の結晶構造が解明され，GPCR の分子構造を基盤として創薬研究が活発化することが予想されている．嗅覚の研究が，薬物受容体の研究に結びつく可能性も大いに期待できる．このように，研究というのは意外な分野とどこかでつながっており，専門の研究者ですら気づかないことが多い．あらためて基礎研究の重要性に気づかされる思いである．

視物質 16

　視覚は，ヒトの重要な感覚の一つで，入力される情報量も莫大であり，したがって，そのしくみも実に巧妙である．また，15章で述べた嗅覚受容体が小分子有機化合物を認識するのに対して，視覚をつかさどる**視物質**は同じGタンパク質共役型受容体（GPCR）であるが，光を受容する．この二つの感覚は類似した点と際立って異なる点があり，比較しながら読み進めてほしい．

視物質 visual substance
Gタンパク質共役型受容体 G protein-coupled receptor. 略称 GPCR.

16・1　レチナールとロドプシン

　哺乳類の眼の網膜では，視細胞が光を受容して電気信号を出力する情報変換が行われている．この機能の担い手である視細胞には，視物質（**ロドプシン**や**フォトプシン**）とよばれるタンパク質と小分子**レチナール**が共有結合で結ばれた複合体を含んでおり，これらが光受容を行っている．アルコール体であるレチノールは生体中でアルデヒド体であるレチナールに変換されるが，後述するように重要な情報伝達機能を担っているレチノイン酸はレチナールに変換されない．レチナール関連化合物は，植物が生合成するカロテノイドを動物体内で酸化分解することによって生合成される（図16・1）．

ロドプシン rhodopsin
フォトプシン photopsin
レチナール retinal

　視物質の研究は分子生理学の中心的なテーマとして古くから行われてきたが，ロドプシンのX線結晶構造解析によってその分子論的な実態が初めて議論できるようになった．脊椎動物の視物質は，11-*cis*-レチナールを発色団としてもっており，これがロドプシンの296番目のリシン側鎖のアミノ基とシッフ塩基を介して結合することによって複合体を形成する．このシッフ塩基は，ロドプシンの113番目のアニオン化

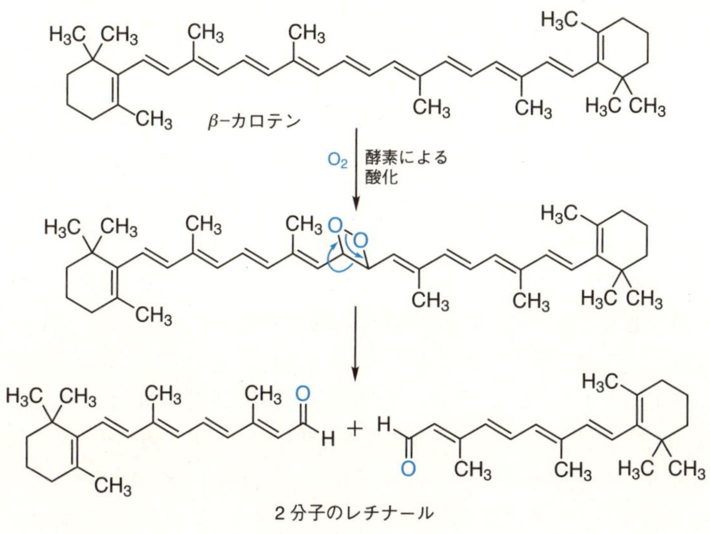

図16・1　レチナールの生合成．植物などから取込まれた β-カロテンの中央の二重結合が選択的に酸化されて，2分子のレチナールが合成される．一般に，レチナールはアルデヒド，レチノールは第一級アルコール，レチノイン酸はそのカルボン酸である．これら3種の酸化状態を異にする化合物およびその他同族体を総称してビタミンAとよぶ．

16. 視物質

したグルタミン酸側鎖カルボキシ基が近傍にあることもあって，プロトン化されておりカチオン化している．ロドプシンは図16・2に示すように七回膜貫通型の膜タンパク質であり，15章で述べた嗅覚受容体などと同様にGPCRに属する．レチナール単独での光吸収極大は325 nmであるが，視物質の吸収波長はわれわれの可視光波長に対応する350 nm〜700 nmと幅広い．すなわち，オプシンとよばれるタンパク質と結合するとレチナールの吸収波長は長波長にシフトすることが知られており，これを**オプシンシフト**とよぶ．この長波長シフトの原因として，オプシン（もしくはフォトプシン）の内部に取込まれることによって，リシン残基とレチナールの間で形成されるシッフ塩基がプロトン化されること，さらに，共役二重結合のねじれやタンパク質中の電荷を受けることがあげられる．視細胞のうち，明暗を感じる桿体細胞に含まれるロドプシンは約500 nmに吸収極大波長をもつのに対し，色を感じる錐体は吸収波長の異なる3種類の細胞からなり，それぞれ419 nm, 531 nm, 558 nmに吸収極大を示す．このように，われわれの視覚においては，ロドプシンと同じ色素を用いつつも，四原色に対応する光を吸収する四つの素子があることによって，カラー画像としてイメージをとらえることができる．光を吸収することと，発光することの違いがあるが，カラーテレビをイメージするとわかりやすい．

ロドプシン中のレチナールが可視光を受容することによって，位置選択的に11位の二重結合がシスからトランスに効率よく異性化する．通常では起こりにくい異性化反応がロドプシンの中で起こる現象も，レチナールとタンパク質との相互作用によると考えればよい．もともと，レチナールの11位の二重結合は，20位のメチル基と10位水素の立体障害のために，完全な平面構造をとることができない．さらに，11位炭素の近くに，アニオン化した181番目のグルタミン酸カルボキシ基が存在する．こ

図16・2 ウシのロドプシンの結晶構造．[K. Palczewski et al., *Science* **289**, 739 (2000).]

オプシンシフト opsin shift
桿体細胞 rod cell
錐体細胞 cone cell

11-*cis*-レチナール　→（光異性化）→　全 *trans*-レチナール

のことによって，二重結合はさらに異性化しやすくなっている．このように，ロドプシン中のレチナールは光を受けると効率的に異性化して形を変え，それがタンパク質の形を変化させる．この構造変化が連鎖的なシグナル伝達の引金となり，視細胞の電位変化につながる．すなわち，異性化によってレチナールを取囲んでいるタンパク質の立体構造が変化し，活性型ロドプシン（メタロドプシンII）となる．このロドプシンのシッフ塩基はプロトン化されておらず，容易に加水分解してオプシンと全 *trans*-レチナールを与える．これは，さらにアルコールへの還元，11〜12位二重結合のシス形への再異性化を経てオプシンと結合し，もとのロドプシンが再生される．一方，活性型ロドプシンは，**トランスデューシン**とよばれるGタンパク質（GTP結合タンパク質）と結合しやすくなっている（図16・3, 図は二量体を示したが，左のロドプシンに着目）．すなわち，レチナールの光異性化によって膜貫通ヘリックスIIIとVIの間隔が広がり，細胞内側からのトランスデューシンが結合しやすくなる（図16・2）．視覚系ではGタンパク質であるトランスデューシンが，二次メッセンジャーである

メタロドプシンII metarhodopsin II

トランスデューシン transducin

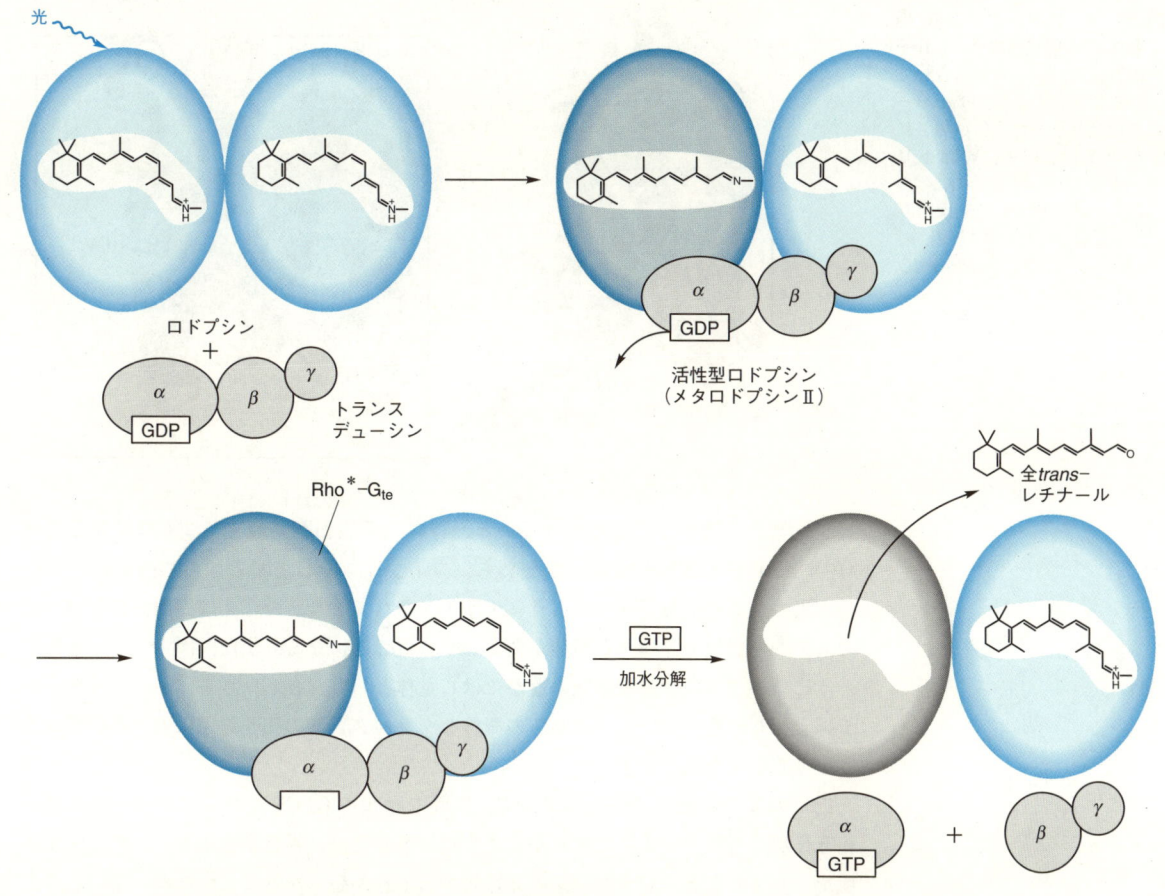

図 16・3 ロドプシンとGタンパク質との相互作用の一例. ロドプシンは網膜上で, 二量体として存在している. 光を受容すると, どちらか一方のロドプシン中のレチナールが異性化し, タンパク質の形を変えることによって, 近傍にある α, β, γ サブユニットからなるGタンパク質トランスデューシンと結合できるようになる. これによって, α サブユニットからヌクレオシドであるGDPが外れ, Rho*-G_{te} で表される状態となり, その後, GTPに置き換わる. これによって, 再び, ロドプシンとGタンパク質は解離するが, このときに α サブユニットが, ほかの二つのサブユニットと分離して, ホスホジエステラーゼに結合することによってこれを活性化する. その後は, 図16・5に示した経路をたどり, 電気信号が生じる. [B. Jastrzebska. et al., *Biophys. J.*, **428**, 1 (2010) より改変.]

cGMPの分解酵素を活性化することによってcGMPの濃度が減少し, これがさらなるシグナル伝達につながっていく.

16・2 膜タンパク質と膜脂質

ロドプシンは, 図16・2に示すように α ヘリックスを主体とする膜タンパク質であり, 網膜の桿体細胞の膜脂質と相互作用している. したがって, 脂質との相互作用が, ロドプシンの機能に関係していることが予想されていた. この点でも, 最近分子機構について知見が得られつつあるので, 簡単に解説する.

図16・3に示したように, 光によってタンパク質が構造を変化させるが, その過程でレチナールが光受容して11-*cis*体から全*trans*体に異性化すると, ロドプシンはMeta I → Meta IIa → Meta IIb とよばれる中間体に変化する. この構造変化に膜脂

図16・4 アドレナリンβ_2受容体のX線結晶構造. 2分子のコレステロールが結合していることがわかる.チモロールは結晶化のために添加された阻害剤である.Wはトリプトファン,Yはチロシン,Iはイソロイシン,Vはバリン,Lはロイシンを表す.[Hanson et al., *Structure* **16**, 897 (2008) より.]

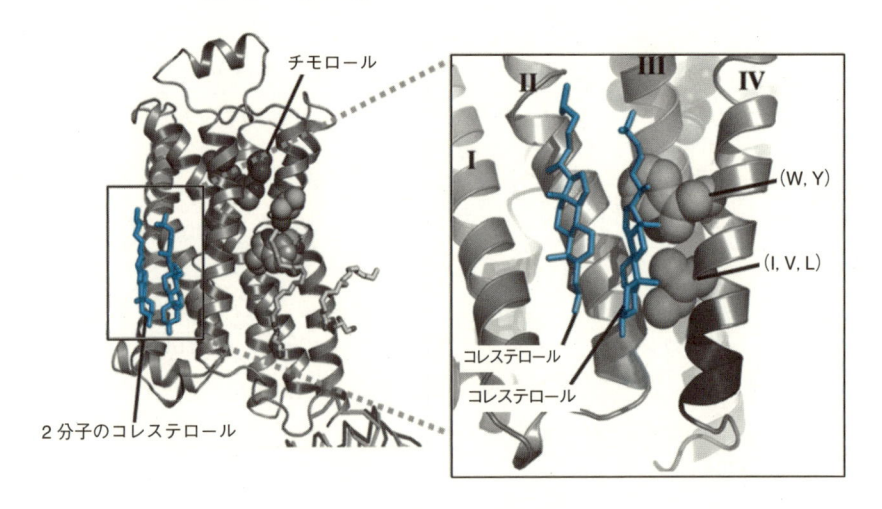

質が影響を及ぼすことがわかっている.特に,不飽和脂肪酸を二つもつリン脂質はMeta IIa状態を安定化する.すなわち,ロドプシンをはじめとするGPCRは生体膜で本来の生理機能を発揮するようにデザインされており,たとえば界面活性剤中などの人工的な環境では構造と機能が変質していることになる.また,図16・3にもあるようにロドプシンは網膜細胞のなかでは二量体として存在し,さらにトランスデューシンと相互作用している.これらの微妙なタンパク質間の相互作用にも,膜脂質は重要な役割を果たしている.

近年のX線結晶構造解析によって,広範な種類のGPCRとコレステロールが強い相互作用を有していることがわかってきた.たとえば,桿体細胞のコレステロール濃度を上昇させると,ロドプシンの光に対する応答が悪くなることがわかっている.また,ロドプシンとよく似た構造を有するアドレナリンβ_2受容体についてもコレステロールが生理作用に影響を与えていることがわかっている.すなわち,コレステロールを減らした膜において,このGPCRとGタンパク質の相互作用が高くなることがわかっており,一般に,コレステロールはGPCRの働きを抑制する作用があると考えられている.なお,このアドレナリンβ_2受容体についてはX線結晶構造解析が行われており,界面活性剤中で得た結晶中に本来の生体膜に由来するコレステロールが結合した状態で観測されており,比較的強い親和性で相互作用していることが示された(図16・4).

16・3 光受容シグナルの伝達と増幅

なぜ,われわれの眼はごく弱い光を感じることができるのだろうか.その理由のひとつとして効率的なシグナルの増幅があげられる(図16・5).たった一つの光量子によってレチナールは異性化してロドプシンの立体構造を変える.これによって,約500分子のトランスデューシンが活性化され,同じ数の**ホスホジエステラーゼ(PDE)** が活性化される.この酵素は毎秒約50万分子のcGMPを加水分解する.通常のシグナル伝達系では,15章の嗅覚の例でみたようにcAMPなどの二次メッセンジャーの増加がシグナルを伝達する役割を果たすが,視覚ではcGMPの減少によって情報が伝えられる点が異なる.このcGMPの減少によって,cGMP依存性Na^+チャネルが閉じることになるが,結果的にNa^+イオンの細胞内への流入量が減少し

ホスホジエステラーゼ phosphodiesterase. 略称PDE.

16・3 光受容シグナルの伝達と増幅

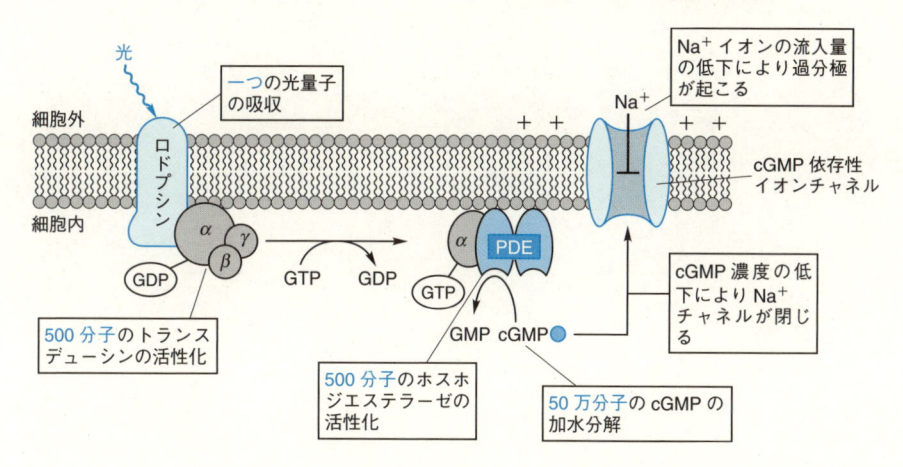

図 16・5 光受容とシグナルの増幅

[図中の注記]
- 光
- 一つの光量子の吸収
- 細胞外／細胞内
- ロドプシン
- 500 分子のトランスデューシンの活性化
- 500 分子のホスホジエステラーゼの活性化
- 50 万分子の cGMP の加水分解
- cGMP 濃度の低下により Na⁺ チャネルが閉じる
- Na⁺ イオンの流入量の低下により過分極が起こる
- cGMP 依存性イオンチャネル

て，膜電位がさらに分極する．細胞内の電位が低下するが，これを**過分極**という．この電位変化が神経細胞を介して脳に伝わり，ヒトがものを見たと感じることになる．この電位変化は**活動電位**とよばれており，神経細胞の電線に相当する軸索上にあるイオンチャネルの働きによって可能となる．詳しくは，14章のイオンチャネルを参照してほしい．

　この光応答システムは，動物の視覚のみならず光合成細菌でも利用されている．すなわち，**バクテリオロドプシン**という類似のタンパク質は，13〜14位の二重結合が逆にトランスからシスに光異性化によってプロトンを能動輸送し，ATPを生産することによってエネルギーを生み出している．このように，生物進化上，はるかに遠い細菌と脊椎動物が同様のタンパク質と色素を使って，生命の根幹にかかわる機能を実現している．両者とも光の受容はレチナールという小分子化合物とタンパク質の共同作業であり，生物は二重結合の光異性化という基本的な有機化学反応をうまく利用して光の受容を行っている．

過分極 hyperpolarization

活動電位 action potential

バクテリオロドプシン bacteriorhodopsin

V 創薬化学とケミカルバイオロジーへのアプローチ

　1990年代末,"すべてのタンパク質についてその機能制御を行う小分子化合物を創製する",そして"創製した化合物を生物に作用させ,ひき起こされる表現型の変化を観察することで,そのタンパク質の機能を解明する",という,ケミカルジェネティクス(化学遺伝学)の分野が切り開かれた.同様の手法を,対象をタンパク質に限らず,広く生命現象全般に演繹した場合にはケミカルバイオロジー(化学生物学)とよばれる.生物現象に影響を与える化合物(すなわち生理活性物質)を用いてさまざまな生理現象や病理を理解しようとする試みは,必ずしも新しいものではないが,"ケミカルバイオロジー/ケミカルジェネティクス"は,現在では多様化した科学分野の一つの集合領域の呼称として認知されている.

　ケミカルバイオロジー/ケミカルジェネティクスにおいては,目的とする活性をもつ化合物や,対象とするタンパク質の機能を制御する化合物の獲得が研究の第一歩となる.ここでいう"目的とする活性"や"対象とするタンパク質"が,それぞれ"特定の疾病の治療戦略に合致するもの"であったり,あるいは"薬物受容体になりうるもの"であれば,その化合物の獲得は創薬の第一歩そのものである.

　第V部は17章の1章のみであり,ここでは,生理活性物質の創製が,ケミカルバイオロジー/ケミカルジェネティクスと創薬に共通する第一歩である,という姿勢から,かかわる基本概念や基盤技術の概要を解説する.ここでは,医薬品に関する記述が頻出することになるが,それらを生理活性物質と読みかえても,かかわる基本概念などはほとんど変わらない.

17 生理活性物質の創製

17・1 生理活性物質・薬の発見

　人類が毒や薬といった生理活性物質の存在を知ったのは，経験とその伝承によるものであることは想像にかたくない．原始から中世以前は，分子や化合物といった概念が存在しないから，生理活性物質は植物や鉱物などの有形物に求められた．現在にも通用する医薬品という観点から眺めると，モルヒネを含む"ケシ"に関する記録は紀元前 4000 年頃，カンナビノイドを含む大麻の記録は紀元前 8000 年頃にさかのぼる．古代シュメール人のくさび形文書や，エジプトのパピルス文書には，ヤナギをリウマチなどの鎮痛に用いたことが記録されている．『アーユルヴェーダ (*Ayurveda*)』には，コミフォラムクルなる植物が肥満に効く，という記述がある．紀元 80〜200 年頃には，ギリシャや中国（漢）で薬草の分類や用途に関する書籍ができあがっている．

　中世以降，有機化学が徐々に成熟するにつれ，天然有形物に求められていた生理活性物質が，構造式で表される単一の化学物質として理解されるようになってきた．この流れが，人工的に生理活性物質を合成・創製しようとする方向に向かうことになるのは当然のことと思われる．前述の"ヤナギの鎮痛作用"の有効成分はサリシンと思われるが，これを医薬品として使いやすく改変したものが，現在でも広く用いられている**アスピリン**であり，19 世紀末に合成された（図 17・1a）．現在でも天然物やその誘導体は医薬品を提供しつづけている．10 章で述べた各種の抗がん抗生物質やタキソール，§17・2・2 で解説するペニシリン，毒ヘビの毒ペプチドから生まれた降圧剤**カプトプリル**などがよい例である（図 17・1b）．最近では毒トカゲの唾液から，抗糖

アスピリン aspirin
アセチルサリチル酸 acetylsalicylic acid
カプトプリル captopril

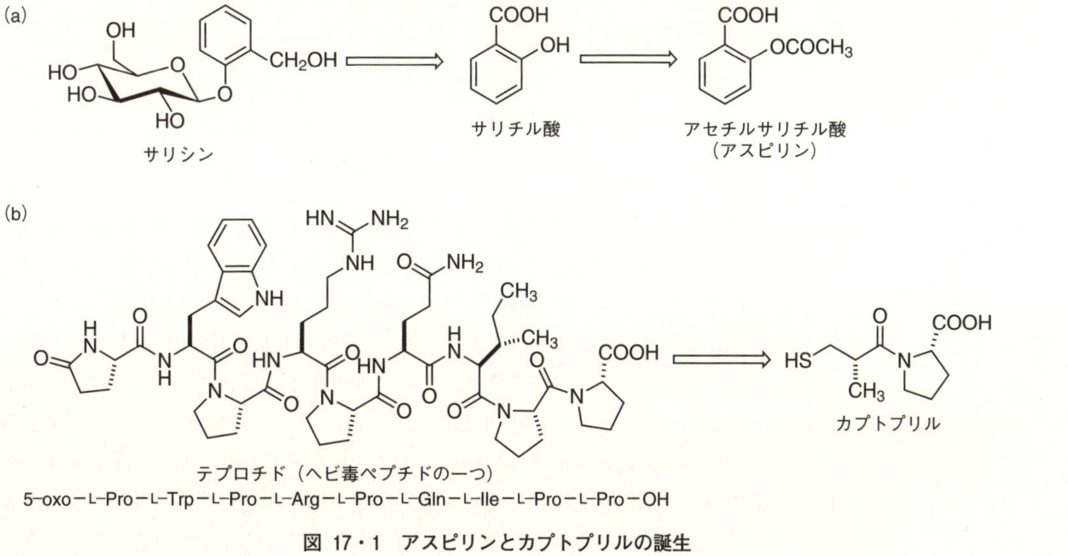

(a) サリシン ⟹ サリチル酸 ⟹ アセチルサリチル酸（アスピリン）

(b) テプロチド（ヘビ毒ペプチドの一つ）
5-oxo-L-Pro-L-Trp-L-Pro-L-Arg-L-Pro-L-Gln-L-Ile-L-Pro-L-Pro-OH
⟹ カプトプリル

図 17・1　アスピリンとカプトプリルの誕生

尿病薬として期待されるグルカゴンアナログ製剤ができている(§17・3・4).

20世紀以降, さまざまな小分子化合物が医薬品として創製され, いろいろな方法論が確立してきた. 以下, 現在にも通用する方法論や概念について, なるべく時系列的に概説する.

17・2 近代医薬の基本概念

17・2・1 ファーマコフォア

近代医薬の黎明期が対象とする主たる疾病は, 病原菌による感染症であり, 求められる活性は殺菌作用であった. 1900年代初め, P. Ehrlich は, "殺菌作用をもつ化合物は, 微生物に親和性を有し, 同時に毒性を示すもの" と考えた. 微生物親和性の基盤となる構造を**ハプトフォア**, 毒性発揮の基盤となる構造を**トキソフォア**とよんだ. ごく単純には, 生体成分と親和性を有する色素であるアリザリンイエローRの構造をハプトフォアとして選択し, トキソフォアに, 毒として有名なヒ素を組合わせて生まれたのがサルバルサンである (図17・2). サルバルサンは秦佐八郎と共同で1909年に合成された, 世界初の合成化学療法剤である. その構造は当時から長らくヒ素–ヒ素二重結合をもつ二量体と信じられてきた. 有機金属化学の進展により, 重原子は二重結合を形成しにくいことから構造に疑問が提出され, 2005年, ヒ素環状構造をもつ三量体と五量体の混合物であることが明らかとなった. 生体内ではこれが分解して単量体として働く.

ハプトフォア haptophore
トキソフォア toxophore
アリザリンイエローR alizarin yellow R. モンダントオレンジ 1 (mondant orange 1) ともいう.

図 17・2 サルバルサン

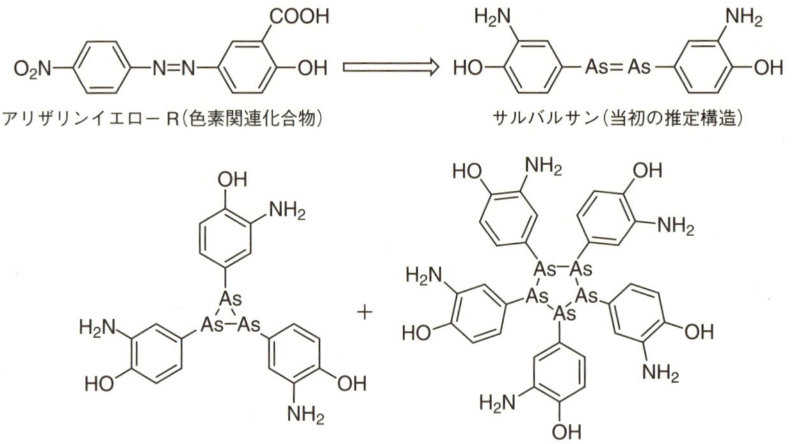

サルバルサンの成功に触発され, 多くの色素関連化合物の殺菌作用が調べられた. 1935年, G. Domagk は, 赤い色素であるプロントジル (図17・3) に殺菌作用があることを発見した. その後, プロントジルそれ自体は菌に対して活性が弱く, 生体内で代謝を受けてスルファニルアミドを生成し, これが殺菌作用の活性本体であることがわかった. 医薬における代謝活性化, さらには現在でいうプロドラッグ概念の誕生である. **プロドラッグ**とは, 生体内で何らかの変換を受けて初めて活性を発揮する薬物のことであるが, 通常, 活性本体のもつさまざまな不利な点 (安定性, 溶解性, 吸収性, 膜透過性など) を克服するために化学修飾が施される. さらに最近では, 標的部位に到達して初めて活性本体を発生したり, あるいは標的部位での活性本体の濃度

プロドラッグ prodrug

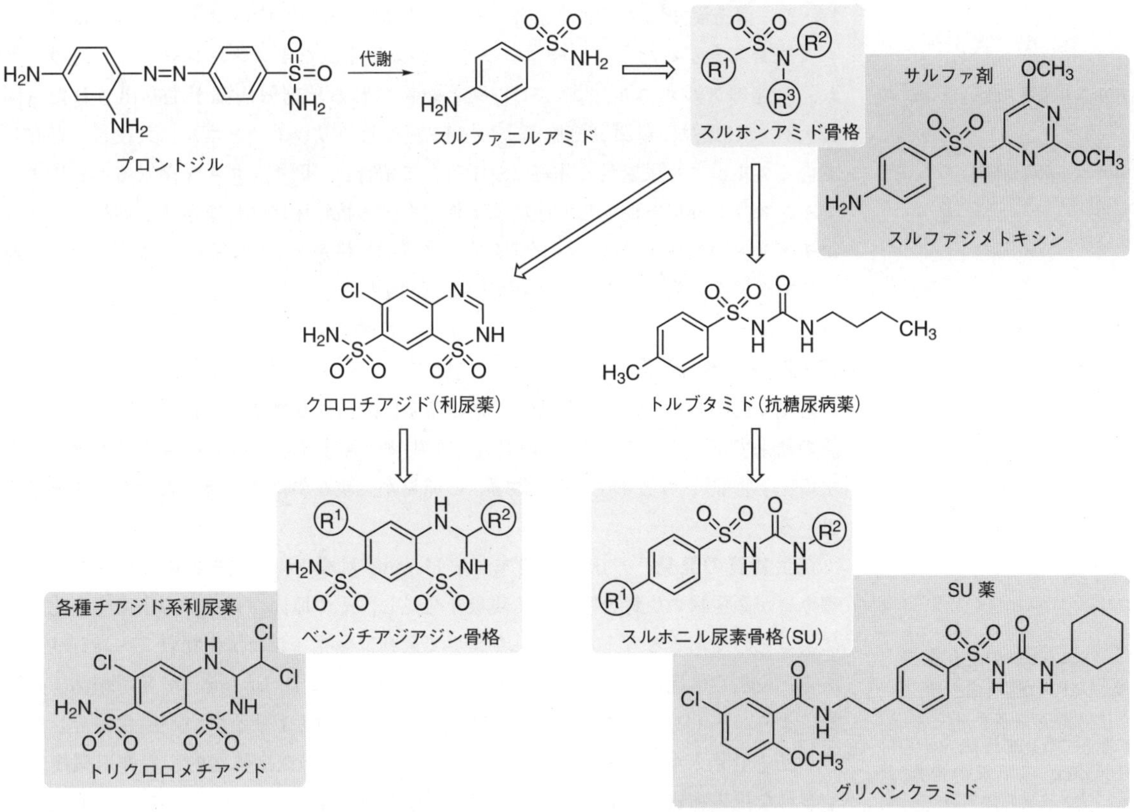

図 17・3 サルファ剤の構造展開と活性拡張

を制御できるようなプロドラッグも開発されている.

スルファニルアミドに強力な抗菌活性が見いだされてから,そのスルホンアミド構造が活性の基盤になっていると考えられ,数多くの誘導体が合成された.多数のスルホンアミド型抗菌剤が得られ,それらは**サルファ剤**と総称される.各種サルファ剤の誕生により,当時 30% であった細菌性肺炎の死亡率が 10% に低下した.サルファ剤は現在でも用いられるが,しかしその感染症治療薬としての地位は 1940 年代以降,より抗菌力の強い抗生物質に取って代わられた(§17・2・2).

サルファ剤創製の過程は,構造展開手法とファーマコフォア概念の誕生につながる.**構造展開**とは,ある出発構造をもとに,少しずつその構造を変化させた化合物群,あるいは化学的ないし生物学的に等価な化合物群を設計(または合成)する作業をいう.**ファーマコフォア**とは,共通の生理活性を示す一連の化合物群がもつ最大公約数的な化学的・物理的な性質・特徴をいう抽象的な概念である.たとえばある一つのファーマコフォアは,三次元的な形状,水素結合の位置と方向,などで表される.スルファニルアミドの構造展開についていえば,スルホンアミドは抗菌剤のファーマコフォアの条件を満たす具体的構造ないし官能基の一つ,ということになる.生理活性物質の構造展開における具体的な共通構造は,**テンプレート**または**スキャフォールド**という.

スルホンアミド構造をテンプレートにした構造展開は,抗菌活性を逸脱して,クロロチアジドなどの降圧・利尿剤,トルブタミドなどの抗糖尿病薬を生み出した(図

サルファ剤 sulfa drug

構造展開 structural development

ファーマコフォア pharmacophore

テンプレート template. スキャフォールド(scaffold)ともいう.

17・3).構造展開による活性拡張である.トルブタミドの構造からは,今度はスルホニル尿素部分が新たなファーマコフォアの条件を満たすテンプレートとして設定され,一連のスルホニル尿素(SU)薬と総称される抗糖尿病薬が生み出された(図17・3).SU 薬は,膵臓 β 細胞膜上の ATP 感受性カリウムチャネルに共役して存在しているスルホニル尿素受容体-1(SUR-1)に結合し,同チャネルを閉じることによってインスリン分泌を促進して血糖降下作用などの抗糖尿病活性を示す.同様に,クロロチアジドの構造からは,ベンゾチアジアジン骨格がテンプレートに設定され,一連のチアジド系利尿薬が生み出されている(図17・3).

スルホニル尿素 sulfonyl urea. 略称 SU.

スルホニル尿素受容体 SU receptor. 略称 SUR.

17・2・2 選択毒性

前項で説明したサルファ剤や SU 薬の開発は,活性と構造・性質に注目した構造展開の結果であった.これらとは別に,"微生物が生産する,他の微生物の生育を阻害する化学物質",すなわち"抗生物質"の発見が,現在の創薬姿勢に大きな影響を与えている.

抗生物質の発見 1920 年代末,A. Fleming は微生物の培養実験中に,混入した青カビが微生物の生育を阻害する現象を発見し,その原因が青カビの生産する化合物によるものであると考えた.これが世界で最初に発見された抗生物質,ペニシリンである.長らく構造は不明のままであったが,1945 年に D. Hodgkin が X 線結晶構造解析により,D-バリンと L-システインの二つのアミノ酸 1 分子ずつが環化縮合したものを基本骨格とする構造を確認した(図 17・4).その後,構造的にも作用機構的にも多様な抗生物質が見いだされている.化学修飾を施したものや,純粋な合成化合物をも含めて抗生物質とよぶことも多い.また,それが生育を抑制する対象をヒト腫瘍細胞に演繹して,マイトマイシンやブレオマイシンなどの抗がん剤として用いられる微生物代謝産物(10 章)を**抗がん抗生物質**(または抗腫瘍性抗生物質)とよぶことも多い.本章では,微生物の生育を選択的に阻害するものを,合成化合物も含めて,**抗生物質**とよぶことにする.

ペニシリンの生合成
ペニシリンの生合成では,L-バリンと L-システインが基本骨格に取込まれる.L-バリン部分は,生合成の過程で D-バリンに異性化する.

抗がん抗生物質 anti-tumor antibiotics

抗生物質 antibiotics

β-ラクタム系抗生物質の作用機構 ペニシリン(図 17・4a)をはじめ,分子内に β-ラクタム構造を有する抗生物質を **β-ラクタム系抗生物質**と総称する.その作用機構は,9 章で述べたとおり細菌の生育に必須な細胞壁の生合成に関与する酵素に結合することによる,細胞壁合成の阻害である.β-ラクタム系抗生物質が結合するタンパク質は**ペニシリン結合タンパク質**(PBP)と総称される.

β-ラクタム系抗生物質 β-lactam antibiotics

ペニシリン結合タンパク質 penicillin-binding protein. 略称 PBP.

細菌の代表的な細胞壁の主要成分はペプチドグリカンとよばれる糖ペプチドの重合体であり,D-アミノ酸を含むことを特徴とする.ペプチドグリカンは,N-アセチルムラミン酸(NAM)と N-アセチルグルコサミンが交互に結合した一本鎖の重合体が,ペプチド鎖で架橋された編み目構造になっている.架橋の最終段階は,NAM のペプチド末端にある D-アラニン(D-Ala)のオリゴペプチドによる置換反応で,この反応はカルボキシペプチダーゼとトランスペプチダーゼが触媒する.ペニシリンをはじめとする β-ラクタム系抗生物質の立体構造は,細胞壁生合成の際のペプチド架橋にかかわる NAM 末端に存在する D-Ala—D-Ala 部分の立体構造に類似しているため(図 17・4a),β-ラクタム系抗生物質がカルボキシペプチダーゼやトランスペプチダーゼに擬基質として取込まれる(図 9・4 もあわせて参照).

擬基質 pseudosubstrate

β-ラクタム系抗生物質の β-ラクタム部分は,4 員環の形成によってカルボニル炭

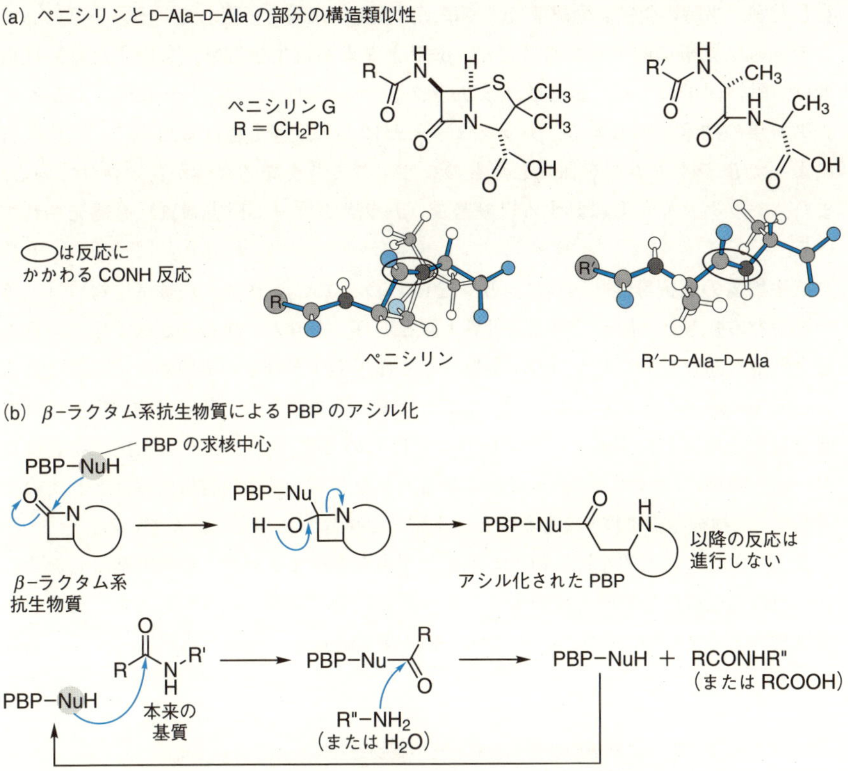

(a) ペニシリンと D-Ala-D-Ala の部分の構造類似性

○は反応にかかわる CONH 反応

ペニシリン　　　　R'-D-Ala-D-Ala

(b) β-ラクタム系抗生物質による PBP のアシル化

図 17・4　細胞壁合成を阻害する β-ラクタム系抗生物質

素の結合角が通常の sp^2 炭素の 120°より小さくなっており,そのひずみを解消する求核攻撃を受けやすい. β-ラクタム系抗生物質は遊離の状態では安定だが,上記の酵素活性部位に取込まれ,近傍に求核中心が存在すると,容易に β-ラクタム部分のカルボニル炭素が炭素-窒素結合の切断を伴う求核攻撃を受け,取込まれていた酵素をアシル化することになる(図 17・4b). このアシル化反応は上記の細胞壁合成酵素の本来の基質との反応(D-Ala-D-Ala 部分の加水分解反応)の中間体形成と形式上同じであるが,β-ラクタム系抗生物質によってアシル化された部分の構造が本来の基質によってアシル化されたものと異なるため,これらの酵素は次段階の反応を触媒する機能を失い,細胞壁の合成が阻害される. その結果,細菌内部の高浸透圧により細菌の破壊が起こる.

上記の,β-ラクタム系抗生物質が結合して不活性化される酵素,カルボキシペプチダーゼならびにトランスペプチダーゼが代表的なペニシリン結合タンパク質(PBP)であり,それぞれ PBP-4 ならびに PBP-1(PBP-1A と PBP-1B の 2 種が知られている)とよばれる. そのほか,PBP-2 は細胞成長の開始反応にかかわる細胞壁ペプチドグリカンの,また,PBP-3 は隔壁ペプチドグリカンの形成にかかわる酵素であると考えられている.

β-ラクタム系抗生物質のように,PBP の本来の基質に類似した構造をもつために擬基質として取込まれ,酵素本来の作用を受けつつ不可逆的に結合してその酵素を不活性化する化合物は**自殺基質**とよばれる(9 章参照).

A. Fleming はペニシリンの発見により 1945 年にノーベル医学・生理学賞を共同受

自殺基質 suicide substrate. 酵素自殺基質(suicide enzyme substrate)ともいう.

賞したが，当時の受賞記念講演ですでに，耐性菌の出現を予言している．不幸にしてこの予言は見事に的中したわけだが，β-ラクタム系抗生物質耐性菌の主たる耐性機構は，耐性因子によって伝達されるβ-ラクタマーゼ（ペニシリナーゼ）によるβ-ラクタム環の加水分解である．β-ラクタマーゼによる分解を避けるために，立体障害によってβ-ラクタム環を保護したものなど，さまざまな誘導体が合成されている．また，β-ラクタマーゼに対する自殺基質（β-ラクタマーゼ阻害物質）も開発されている．

抗生物質の選択毒性　ペニシリンをはじめとするβ-ラクタム系抗生物質は，その抗菌力の強さと，加えて第二次世界大戦という，とりわけ抗菌剤が強く求められる社会事情もあり，多くの人間の命を救った．作用機序が細菌の細胞壁合成阻害であることは先に述べたとおりだが，いうまでもなくヒトをはじめ，哺乳動物の細胞は細胞壁をもたない．したがって，ペニシリンをはじめとするβ-ラクタム系抗生物質はヒト・哺乳動物には無害，ということになる．すなわち，抗生物質の医薬品としての有用性は"生物種選択毒性"にある，という概念が確立して現在に及んでいる．

選択毒性 selective toxicity

表17・1に，代表的な抗生物質の種類と作用機序をまとめた．前項で解説したサルファ剤の作用機序は葉酸合成阻害である（哺乳動物は葉酸合成系をもたず，必要な葉酸は食物として摂取する）．そのほか，細胞膜機能阻害，核酸合成阻害，タンパク質

表 17・1　代表的な抗生物質とその薬物受容体

抗生物質の分類	代表例	作用機序	薬物受容体
β-ラクタム系	ペニシリン	細胞壁合成阻害	PBP（細胞壁合成酵素など）
グリコペプチド系	バンコマイシン	細胞壁合成阻害	細胞壁の架橋基質（D-Ala—D-Ala部分）
ポリエン系	アンホテリシン	細胞膜機能阻害	膜リン脂質（ホスホリパーゼの活性化によるリン脂質の分解，膜透過性の修飾）
ペプチド系	ポリミキシン	細胞膜機能阻害	膜リン脂質（ホスホリパーゼの活性化によるリン脂質の分解，膜透過性の修飾）
ピリドンカルボン酸系	シプロフロキサシン	DNA合成阻害	DNAジャイレース
テトラサイクリン系	テトラサイクリン	タンパク質合成阻害	リボソーム30Sサブユニット（アミノアシルtRNAのリボソームへの結合阻害）
アミノグリコシド系	ストレプトマイシン	タンパク質合成阻害	リボソーム30Sサブユニット（70Sリボソームの解離を誘導）
マクロライド系	エリスロマイシン	タンパク質合成阻害	リボソーム50Sサブユニット（ペプチジルtRNAの転座阻害によるペプチド鎖伸長反応阻害）
サルファ剤	スルファジメトキシン	葉酸合成阻害	ジヒドロプテロイン酸合成酵素
	リファンピシン	RNA合成阻害	RNAポリメラーゼ
新世代抗生物質			
	リネゾリド	タンパク質合成阻害	リボソーム50Sサブユニット（機能性リボソーム複合体形成阻害）
	プラテンシマイシン	脂肪酸合成阻害	β-ケトアシル-ACPシンターゼI/II（FabF/B）
	R207910	ATP合成阻害	結核菌ATP合成酵素

17・2 近代医薬の基本概念

合成阻害など,事象だけをみると哺乳動物細胞にも作用しそうであるが,これらの事象に関与する分子が細菌と哺乳動物では異なるため,生物種選択毒性が発揮される.たとえば,結核の治療に用いられたストレプトマイシン（図17・5a）は**アミノグリコシド系抗生物質**で,細菌の30Sリボソームサブユニットに結合して細菌のタンパク質合成を阻害し,ヒトのリボソーム（60Sおよび40Sサブユニットからなる80S）には結合しない.**テトラサイクリン系抗生物質**や,エリスロマイシンなどの**マクロライド系抗生物質**（図17・5a）も同様である.また,シプロフロキサシンなどのピリドンカルボン酸系の合成抗生物質は,細菌のDNAジャイレースに結合してDNA合成を阻害する（図17・5b）.ヒトなどの真核生物細胞では,DNAトポイソメラーゼⅡが細菌におけるDNAジャイレースと同様の機能を果たすが,**ピリドンカルボン酸系抗生物質**はDNAトポイソメラーゼⅡには結合しない.表17・1では,2000年以降に承認された抗生物質（図17・5c）を"新世代"の抗生物質として分類した.

以上みてきたように,抗生物質の有用性は生物種選択毒性にあるが,その本質はあくまでも抗生物質が相互作用する標的分子に対する選択性である.抗生物質の登場以降,人類の致死的な疾病の構造は大きく変革した.すなわち,過去において最も高い疾病死亡原因であった,結核や肺炎,赤痢,といった細菌感染症による死亡は激減

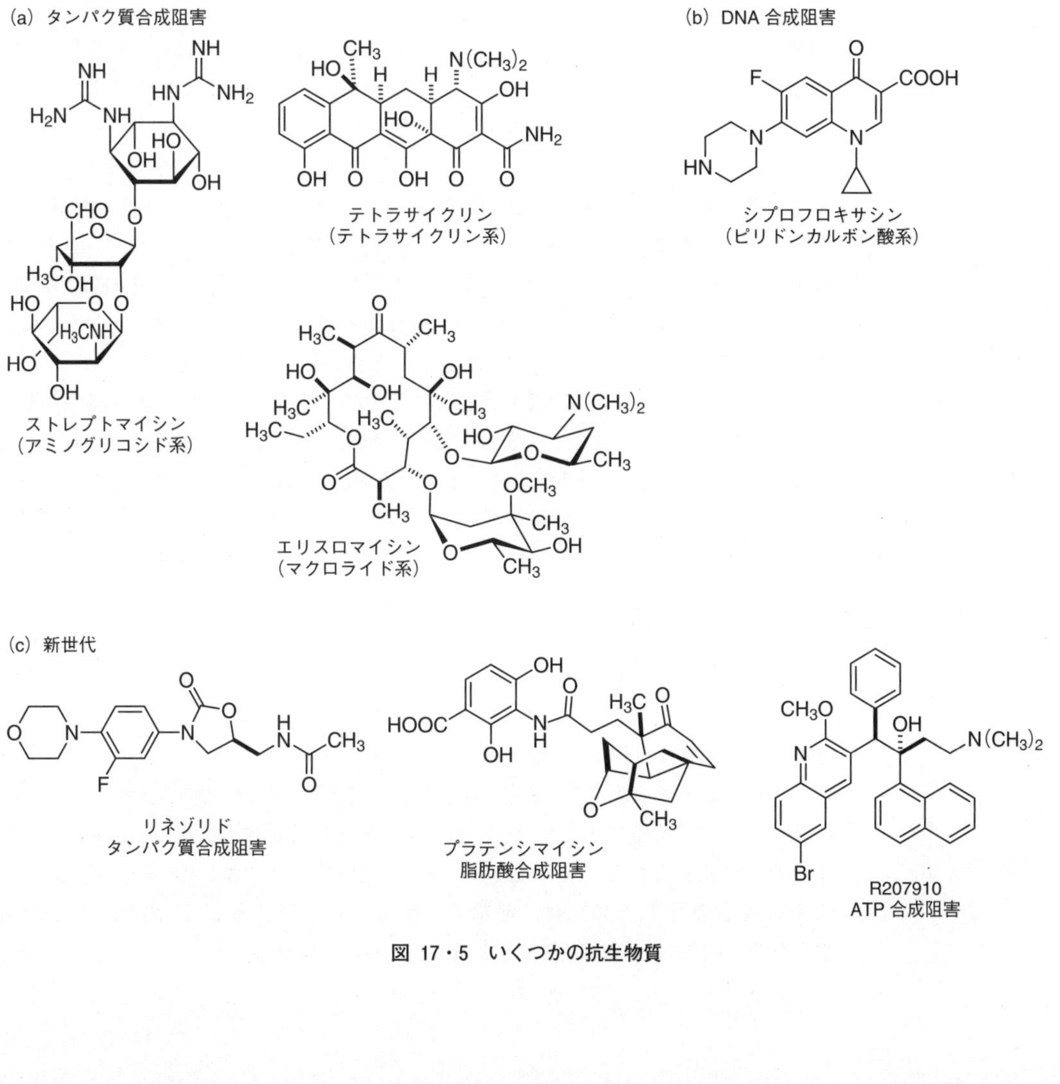

アミノグリコシド系抗生物質
aminoglycoside antibiotics

テトラサイクリン系抗生物質
tetracycline antibiotics, tetracyclines

マクロライド系抗生物質
macrolide antibiotics

ピリドンカルボン酸系抗生物質
pyridonecarboxylic acid antibiotics. キノロンカルボン酸系抗菌薬(quinolonecarboxylic acid antimicrobials)ともいう.

(a) タンパク質合成阻害

ストレプトマイシン
（アミノグリコシド系）

テトラサイクリン
（テトラサイクリン系）

エリスロマイシン
（マクロライド系）

(b) DNA合成阻害

シプロフロキサシン
（ピリドンカルボン酸系）

(c) 新世代

リネゾリド
タンパク質合成阻害

プラテンシマイシン
脂肪酸合成阻害

R207910
ATP合成阻害

図17・5　いくつかの抗生物質

し，現在では"がん"をはじめとする非感染性の疾病が主たる疾病死亡原因になっている．過去の感染症を打ち破ったという歴史的背景もあり，20世紀までの創薬姿勢は，"分子レベルにまで演繹した選択毒性に基づく創薬"が支配的な基本戦略になっている．

17・2・3 薬物受容体

抗生物質の医薬としての有効性の基盤は生物種選択毒性であるが，その本質は抗生物質と標的分子との相互作用にあることを前項で述べた．現在では，選択毒性の概念は分子種選択毒性へと演繹されている．多くの生理活性物質が，特異的な生体分子，すなわち薬物受容体，との相互作用を中心に議論・理解されるようになってきた．

§17・1で紹介した，アスピリン（図17・1）は，最も古い医薬品の一つであるが，その薬物受容体が明らかになったのは1970年代である．アスピリンの薬物受容体は，アラキドン酸からプロスタグランジンの生成を触媒する**シクロオキシゲナーゼ**（COX）である．COXには2種のアイソザイム，COX-1およびCOX-2が存在することが1991年にわかった．おもに中枢神経系に存在するCOX-1のアイソフォーム（スプライシングバリアント）が2002年に発見されてCOX-3の名称が付されているが，本書ではCOX-1に含めることとする．アスピリンはこれらのCOXに結合してアラキドン酸の活性部位への接近を阻害する．くわえてアスピリンは，COX内部でアミノ酸側鎖（COX-1の場合は530番目のセリン）をアセチル化し，自らはサリチル酸となるので，COXの自殺基質とみることができる．このようにしてアスピリンはCOXを阻害することによって発熱・痛覚伝達作用などを担うプロスタグランジン類の生合成を抑制し，消炎・鎮痛効果を示す（ただし，アスピリンは多岐にわたる生理活性を示し，そのすべてをCOXのみで説明することはできない）．同じく§17・1で紹介したカプトプリルは，アンギオテンシンⅠを昇圧作用の強力なアンギオテンシンⅡに変換するペプチダーゼ，アンギオテンシン変換酵素を薬物受容体とし，その阻害によって降圧作用を示す．いずれもそれぞれ，生体内のCOXないしアンギオテンシン変換酵素に分子種選択毒性を示す生理活性物質ととらえることができる．

生体高分子のすべてが薬物受容体になりうるが，これまでに知られている医薬品の薬物受容体としては，タンパク質が圧倒的に多い．そのタンパク質を機能の面から分類して内訳をみると，2002年の時点では酵素が圧倒的に多く，Gタンパク質共役型受容体，イオンチャネル，輸送体（トランスポーター），核内受容体，と続く（表17・2）．薬物の使用される頻度の面からみると，上位の半分以上はGタンパク質共役型受容体（13章ならびに15章参照）か核内受容体（11章参照）を標的とする薬物が占める．これはある程度，ヒトの遺伝子がコードするタンパク質の種類の数にも相関しているようである．2～3万個とされるヒトの遺伝子を，それらがコードするタンパク質のファミリーで分類すると，Gタンパク質共役型受容体（GPCR）をコードする遺伝子が最も多く（約1000遺伝子），ついで多いのがジンクフィンガータンパク質をコードする遺伝子（約900遺伝子，8章参照）であり，後者に核内受容体（ヒトでは48種とされる）が含まれている．これらの受容体に作用する医薬品は，阻害剤（アンタゴニスト）に加えて，アゴニストやインバースアゴニスト（8章参照）も多い．これらを包括するためには，前項で，創薬の基本姿勢として説明した"選択毒性"を"分子種選択的な機能制御"と読み替えることになる．

新世代抗生物質

リネゾリドは，50Sリボソームサブユニットに結合してタンパク質合成を阻害するという，新しい分子作用機序をもっている．そのため，バンコマイシン耐性菌VREにも抗菌活性を示す．しかし，承認の1年後にはリボソームサブユニットに変異をもつリネゾリド耐性菌の出現が確認された．プラテンシマイシン（脂肪酸合成阻害）やR207910（結核菌のATP合成阻害）も，これまでにない作用機序の抗生物質である．

シクロオキシゲナーゼ
cyclooxygenase. 略称 COX.

表17・2 小分子医薬品の薬物受容体

受容体	使用頻度
酵素	47%
Gタンパク質共役型受容体	30%
イオンチャネル	7%
核内受容体	4%
輸送体	4%
DNA	1%
インテグリン	1%
その他	6%

バンコマイシン耐性菌

近年，院内感染する多剤耐性菌，**メチシリン耐性黄色ブドウ球菌**(methicillin-resistant *Staphylococcus aureus*, MRSA)，が話題になっている．β-ラクタム系抗生物質のみならず，さまざまな抗生物質に耐性を示す．MRSAにも有効なことから有名な抗生物質にバンコマイシン(vancomycin)がある(下図)．この抗生物質は，β-ラクタム系抗生物質と同じく細胞壁合成を阻害するが，その分子作用機構は異なる．β-ラクタム系抗生物質が細胞壁合成酵素に結合するのに対し，バンコマイシンはその基質である，細胞壁合成の前駆体たるD-Ala—D-Ala部分を認識して結合することによって細胞壁合成を阻害する(図17・4)．バンコマイシンにも耐性菌(バンコマイシン耐性腸球菌，VRE)が発見されている．VREでは，細胞壁合成の前駆体として，D-Ala—D-Ala構造の代わりにD-Ala—D-Lac構造(二つ目のD-アラニンがD-乳酸に置き換わった構造)を用いるように変異し，バンコマイシンに耐性を示す．こうした耐性機序がわかれば，バンコマイシンに構造修飾を施すことによって，D-Ala—D-Lac構造に強く結合するような誘導体が設計できる．

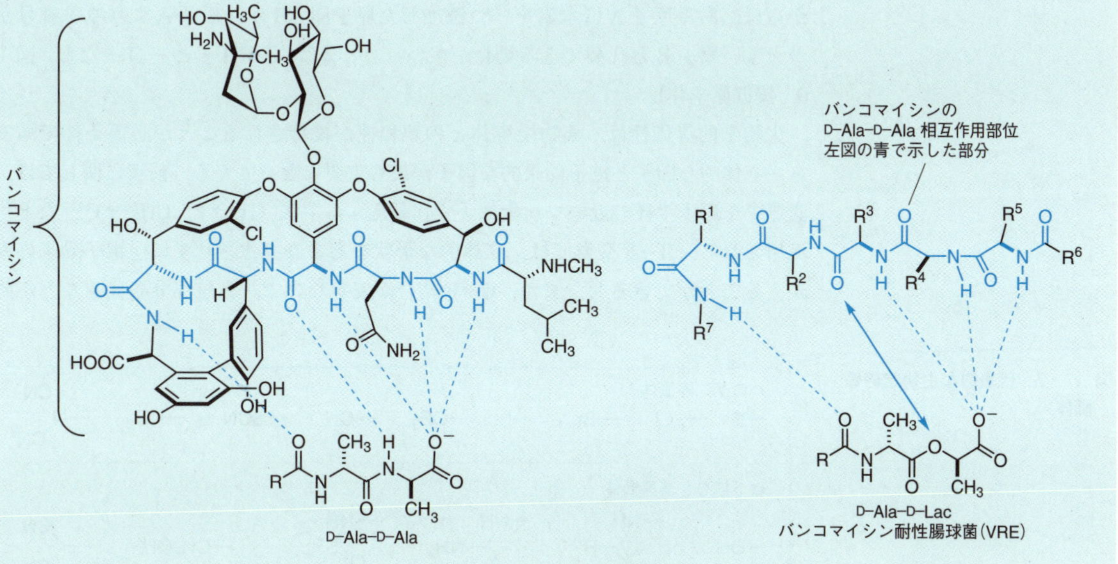

バンコマイシンの耐性機構

17・2・4 生物学的等価体 (バイオアイソスター)

医薬品やそれを含む生理活性物質の作用が，薬物受容体との相互作用を基本に理解されるようになると，おのおのの生理活性物質の構造のとらえ方にも新たな概念が導入された．§17・2・1で述べたファーマコフォアとそれを満足するテンプレート(スキャフォールド)にも関連するが，複数の構造の異なる生理活性物質が，共通の薬物受容体を介して同様の生物作用を発揮する場合，それらの生理活性化合物間の関係性が**生物学的等価性**という概念で理解されるようになった．

元来，**等価体**(アイソスター)とは，同じ価電子構造をもつ分子またはイオンを指す語であり，**等電子構造**と同義である．たとえば，各種ハロゲンイオン，各種ハロゲンガス，水と硫化水素，ネオペンタンとテトラメチルケイ素(TMS)，一酸化炭素と窒素，メタンとアンモニウムイオン，アンモニアとヒドロキソニウムイオン(ヒドロニウムイオン)，などの組合わせが等価体である．

これに対して生物学的等価体は，同一の薬物受容体に結合しうる範囲内で代替可能な原子または原子団のことをいう(図17・6，図17・7)．等電子構造体も，生物学的等価体としてある程度の適用が可能である．第一に，ハロゲン原子群や，炭素原子と

生物学的等価性 bioisosterism

等価体 isostere．アイソスターともいう．有機合成化学では，シントン(synthon, 合成素子ともいう)の訳語として等価体(equivalentまたは合成等価体)という言葉も用いられるが，本書では，**等電子構造**(isoelectronic structure)と同義の語として扱う．

ケイ素原子，酸素原子と硫黄原子，などが多くの場合，互いに代替可能である（図17・6，同族元素）．第二に，アミノ基とヒドロキシ基は，厳密には等電子構造ではな

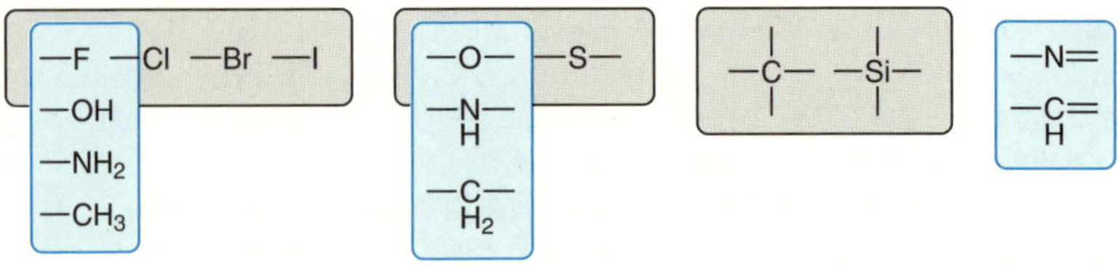

図 17・6 同族元素（横の関係，黒枠）と擬似原子体（縦の関係，青枠）

いが，互いに代替可能な場合が多い．先の例にもあげたが，アンモニアと等電子構造であるのはオキソニウムイオンであり，水ではない．しかし，生物学的な等価性の観点からは，ある原子 A に水素を一つ添加した原子団 AH が，原子 A より原子番号が一つ大きい原子 B と代替できる場合が多い（たとえば，−NH− と −O− など，図 17・6，擬似原子体）．

　生物学的等価性は，薬物受容体との親和性が維持されることが必要条件であるから，立体的な因子と電子効果的な因子が最も重要になってくる．前者に関しては，水素原子を原子半径の近いフッ素原子で代替えする手法（H→F, CH_3→CF_3 など）が汎用される．H−F 交換では，立体的な形状をあまり変化させずに，電子効果のみをかえることができるし，また，C−F 結合が安定なので，当該部分の代謝などを防ぐ

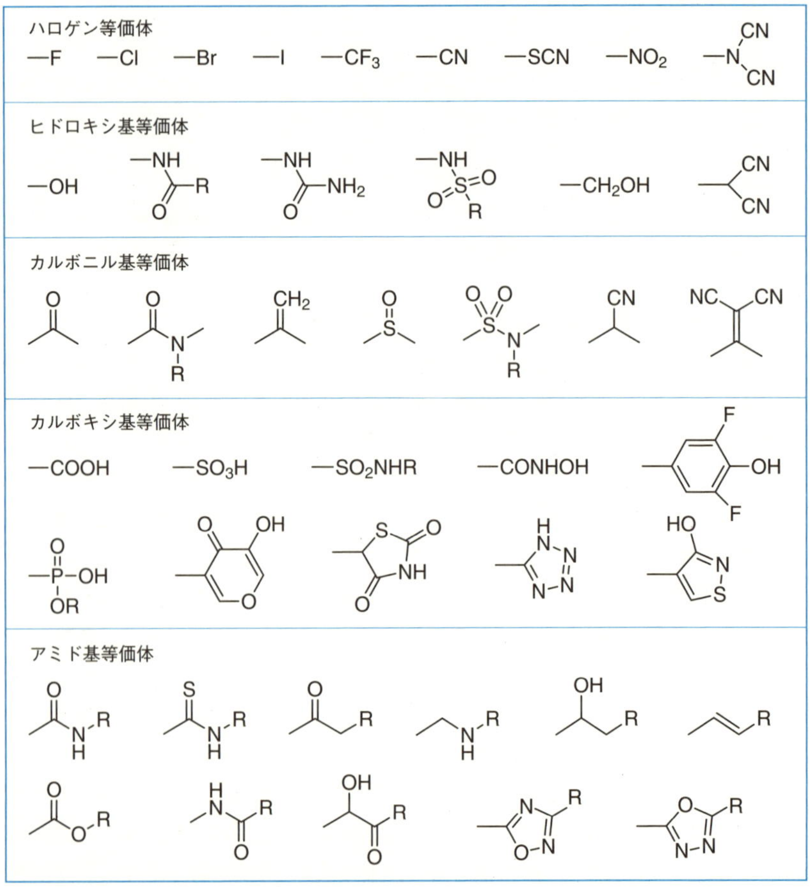

図 17・7 代表的な生物学的等価体

ことができる．電子効果については，類似の電子効果をもったものが生物学的等価体になりうる．立体効果や電子効果と生理活性の関係については，§17・4・1で再度，解説する．

17・3 医薬化学の基本戦略

　生理活性物質の示す生物作用が，薬物受容体との相互作用を基盤に理解されるようになると，どのような薬物受容体を，どのように選択するか，が次の問題になる．ヒトのゲノムが解読されて，その情報を活用して薬物受容体を設定したり，あるいは創薬に役立てようとする，**ゲノム創薬**といわれる概念が定着してきた（§17・3・2）．

ゲノム創薬 genomic drug discovery

　これに対して，§17・3・1で取上げる従来の創薬手法，すなわち，"薬物受容体が未知の場合は活性を指標に"，また，"薬物受容体が既知である場合には，その受容体との相互作用，または活性を指標に"して生理活性物質を創りあげていく手法が**オーソドックス創薬**である（必ずしも一般的に確立した命名ではない）．

オーソドックス創薬 orthodox drug discovery

　ゲノム創薬と重複するところが多いが，おもにがんや炎症を対象とした創薬において，従来の選択毒性に基づいた創薬姿勢（§17・2・2）の限界と反省から，**分子標的創薬**とよばれる概念も確立してきた（§17・3・3）．分子標的創薬は，実際の作業としては"薬物受容体が既知である場合のオーソドックス創薬"そのものである．

分子標的創薬 molecular target drug discovery

　さらに，遺伝子工学・核酸合成・ペプチド合成・細胞工学などの技術の進歩により，**バイオ医薬**とよばれる医薬カテゴリーも誕生している（§17・3・4）．以下，おのおのについて概説する．

バイオ医薬 biomedicine

17・3・1　オーソドックス創薬

　創薬の基本は，もとになる生理活性物質の探索・発見と，その構造展開であり，指標とする活性検定が必要である．薬物受容体の概念が，具体性をもって確立する以前（20世紀半ば頃まで）の創薬は，たとえば，抗菌活性とか解熱・消炎作用などといった，生理活性を指標にした構造展開に頼っていた．優れた生理活性物質が得られれば，医薬への応用はもちろんのこと，その活性物質を用いた作用機構研究が可能になる．作用機構研究から新たな薬物受容体が発見されたり，あるいは薬物受容体の生理的ないし病理的役割が解明できる．

　薬物受容体が明確になると，たとえばそれが酵素であれば，その酵素活性試験が構造展開の指標となりうる．しかし，薬物受容体が明確になっても，その薬物受容体を用いた分子レベルでの活性試験よりも，細胞や組織レベルなどの生理活性試験のほうが現実的に使用しやすい場合も多い．しかし，細胞や組織・個体レベルの生理活性試験において同じ生理活性を示すからといって必ずしも同一の薬物受容体を介した作用とは限らないから，予期しない新たな薬物受容体が見いだされることもある．

　オーソドックス創薬に限らず，何らかの活性検定を指標とした生理活性物質の探索と構造展開は，すべての創薬手法において共通の作業である．先にも述べたが，"オーソドックス創薬"は明確な定義のある概念ではなく，従来のさまざまな手法をまとめて総称している．ここでは例として，シクロオキシゲナーゼ（COX）阻害剤，抗マラリア薬，およびヒスタミン H_2 受容体拮抗薬に関する話題を紹介する．

　シクロオキシゲナーゼ（COX）阻害剤　　世界初の合成医薬品はアスピリンである（図17・1）．その起源は§17・1に述べたとおり，ヤナギであるが，有効成分とし

シクロオキシゲナーゼ阻害剤 cyclooxygenase inhibitor

てサリシンが19世紀初めに得られている．サリシンは強烈な苦みを呈する化合物である．最近，ヒトの苦味受容体（7回膜貫通型Gタンパク質共役型受容体に分類される）の一つ，hTAS2R16の構造が，視物質ロドプシン（16章）の構造をもとにシミュレートされ，サリシンとの結合構造が分子動力学計算によって予測されている．サリシン自体は苦くて飲み薬としては使いにくかったため，代替品としてサリチル酸が用いられた．しかし，サリチル酸には胃を荒らす副作用があるため，これを軽減すべく1897年，バイエル社のF. Hoffmanがアセチルサリチル酸を合成し，1899年，同社がこれをアスピリンとして本格的に市場に出した．アセチルサリチル酸自体は，1953年の時点で別人によってすでに合成されていたようである（活性は調べられていない）．現在，米国では"アスピリン"は商標ではなく，普通名詞になっている．その使用量は世界で年間5万トンといわれている．

アスピリンをリード化合物として，消炎・鎮痛作用を指標にした構造展開により，消炎・鎮痛作用が約10倍高いイブプロフェンが1960年に合成された．さらなる構造展開により，活性を約2000倍高めたインドメタシンが米国で合成された（図17・8a）．構造的にステロイド骨格をもたない消炎・鎮痛剤を**非ステロイド型消炎鎮痛剤**（NSAID）という．米国ではNSAIDの使用者が年間170万人程度といわれ，このうち10〜20万人が副作用として消化管障害を患い，そのうち1〜2万人が死亡しているという．

§17・2・3で述べたとおり，アスピリンの薬物受容体としてシクロオキシゲナーゼ（COX）が提唱されたのは1971年のことである．上記の消炎・鎮痛剤（アスピリ

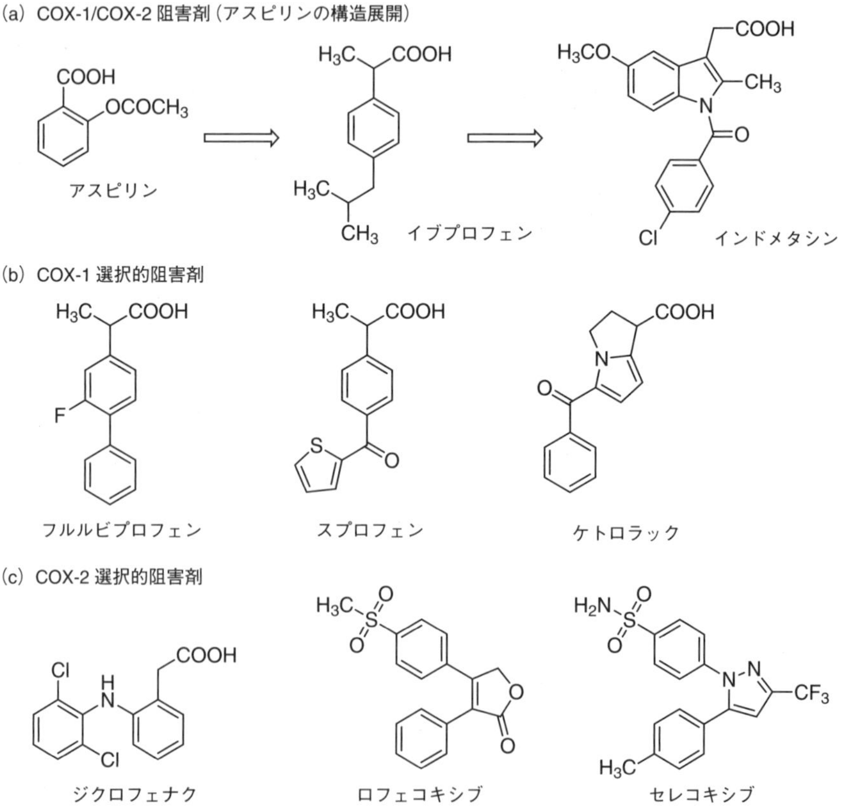

イブプロフェン ibuprofen

インドメタシン indomethacin

非ステロイド型消炎鎮痛剤 non-steroidal anti-inflammatory drug. 非ステロイド性抗炎症薬ともいう．略称 NSAID．

図17・8　非ステロイド型消炎鎮痛剤（NSAID）

(a) COX-1/COX-2阻害剤（アスピリンの構造展開）
アスピリン　⇒　イブプロフェン　⇒　インドメタシン

(b) COX-1選択的阻害剤
フルルビプロフェン　スプロフェン　ケトロラック

(c) COX-2選択的阻害剤
ジクロフェナク　ロフェコキシブ　セレコキシブ

ン,イブプロフェン,インドメタシン)は,COX-1 と COX-2 の両方を阻害する(アスピリンとインドメタシンは COX-1 阻害活性がより強い).

このように消炎・鎮痛剤の薬物受容体が複数のアイソザイムであることがわかると,構造展開によって選択性,さらには特異性を付与する努力がなされ,COX-1 選択的な阻害剤や,COX-2 選択的な阻害剤が創製されている(図 17・8b, c).特異的な阻害剤が得られれば,それをツールとして COX-1 や COX-2 の機能を明確に解明することもできるようになる.また,特定の薬物受容体に対する選択性が向上すれば,別の薬物受容体を介した生理作用が低下するはずなので,副作用の軽減も期待できる.消化管への副作用軽減の観点から COX-2 選択的阻害剤が好まれ,最初から COX-2 を薬物受容体として,その酵素阻害活性を指標にロフェコキシブやセレコキシブなどが開発された(図 17・8c).しかしロフェコキシブについては,長期的に心血管疾患の発症率を上昇させることがわかり,2004 年に自主回収されている.また,胃腸障害作用を示さない COX-1 選択的阻害剤の報告もある.COX のサブタイプ選択的な役割には不明なところもあり研究が進められている.

抗マラリア薬　南米の原住民は,古くからキナの樹皮が発熱に有効であることを知っていたらしい.1630 年頃,キナがマラリアに有効であることにイエズス会の宣教師が気づき,ヨーロッパに持ち帰ったとされている.その有効成分キニーネは 1820 年に単離され,1908 年に構造決定された(図 17・9).マラリアはハマダラカが媒介する原虫の感染症である.マラリア原虫は赤血球に入り込み,ヘモグロビンを取込んで栄養源とする.しかし,原虫にとっては,ヘモグロビンの代謝で生成するヘムが有害である.原虫は,このヘムを,自らが出すヘムポリメラーゼによって重合させて無毒化する.キニーネは,このヘムポリメラーゼを薬物受容体とし,これを阻害することによって原虫の生育を阻止するといわれている.

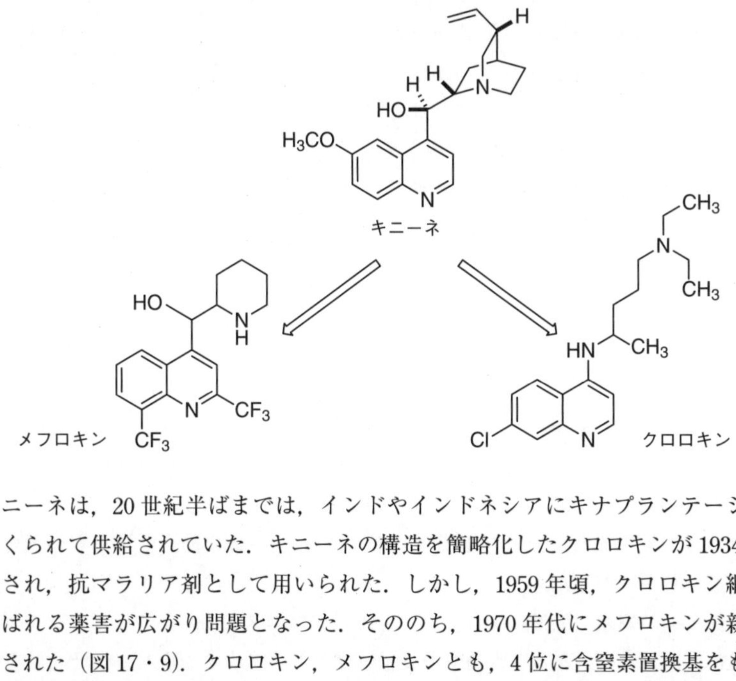

図 17・9　キニーネとその構造展開

キニーネは,20 世紀半ばまでは,インドやインドネシアにキナプランテーションがつくられて供給されていた.キニーネの構造を簡略化したクロロキンが 1934 年に合成され,抗マラリア剤として用いられた.しかし,1959 年頃,クロロキン網膜症とよばれる薬害が広がり問題となった.そののち,1970 年代にメフロキンが新たに開発された(図 17・9).クロロキン,メフロキンとも,4 位に含窒素置換基をもつキノリンをテンプレートにしている.1980 年代以降,クロロキン・メフロキン耐性マ

アルテミシニン

ラリアが広がりを見せ始めた．

耐性マラリアにも効果を示すものとして，アルテミシニンがある．起源は古くから中国で用いられていたヨモギ属の植物で，紀元前2世紀頃には抗マラリア薬として使用されていた記録がある．

近年騒がれている地球温暖化の影響で，マラリア感染危険域の北上も話題になっている．抗マラリア薬については，耐性原虫の発生も見越しての新たな薬物受容体の探索研究も含め，幅広い研究が行われている．

ヒスタミン H_2 受容体拮抗薬　上記のシクロオキシゲナーゼ（COX）阻害剤，抗マラリア薬は，いずれも構造展開のもとになる化合物が存在して（おそらく最初は偶然に発見されて），その構造を展開したものであった．薬物受容体の概念が確立して，その候補になりうる"機能が解明されたさまざまな生体高分子"の存在が明らかになると，ある程度の論理性をもって活性化合物を設計する手法が生まれてくる．ここではヒスタミンのアンタゴニストの例をあげる．

ヒスタミンは，アレルギーなどの免疫・炎症反応や，消化管の行う分泌・運動機能，さらには中枢神経機能などに幅広く関与する生体内情報伝達物質である．その薬理などの研究は20世紀初めから行われている．これまでに H_1〜H_4 の4種の受容体が知られており，いずれも7回膜貫通型Gタンパク質共役型受容体（GPCR）に分類される．ヒスタミンの多岐にわたる生理活性は，受容体の多様性に負うところも大きく，したがって，各受容体に選択的・特異的なアゴニスト（またはアンタゴニスト）の創製によって，ヒスタミンの生理活性の分離や選択的な阻害が可能となる．

H_1 受容体は，炎症やアレルギーに関与する．一般に"抗ヒスタミン薬"というと，H_1 受容体拮抗薬を指し，アレルギー症状を抑えるために用いられている．H_2 受容体は消化管の細胞などで発現し，胃酸分泌反応にかかわる．H_3 受容体は，ヒスタミンやセロトニンなどの神経伝達物質の放出にかかわる．H_4 受容体は，2000年にクローニングされ，マスト細胞や好酸球などの細胞遊走にかかわるとされ，2004年に，ケモカインの一つであるCCL16がリガンドとして報告されている．

歴史的には，1937年から1960年代までに合成されたヒスタミンアンタゴニストは，いずれも炎症は抑制するが，胃酸の分泌を抑制しなかった．このことから，ヒスタミン受容体にサブタイプが存在すると考えられるようになった．1966年当時は，ヒスタミン受容体は H_1 受容体とNon-H_1 受容体に分類された．1972年，J. W. Black は強力な胃酸分泌抑制作用をもつシメチジン（図17・10）の開発に成功し，その受容体を H_2 受容体と命名した．

Black は，H_2 受容体拮抗薬の開発にあたり，構造展開のもとになる構造を H_1 受容体拮抗薬には求めず，本来の生理的作動薬であるヒスタミンに求めた．H_1 受容体拮抗薬は，その発見の経緯からも偶然性が高いが，当初から H_1 受容体に特化した化合物群であるとみるべきである．これらの H_1 受容体拮抗薬の構造展開により，薬物受容体を H_1 受容体から H_2 受容体にシフトさせた化合物を得ることは困難であると考えられる．そうすると，当時としては，確実に H_2 受容体に結合活性をもつ化合物はヒスタミンしかなかった．

ヒスタミンの側鎖の変換により，パーシャルアゴニスト・パーシャルアンタゴニストであるグアニルヒスタミンが得られた．グアニルヒスタミンをリード化合物として構造展開を行い，そのつど，不都合な性質（吸収性や副作用の問題）を解決しつつ，

プロプラノロールの開発

シメチジンの開発者として紹介した J. W. Black はアドレナリン作動性効果遮断薬（アドレナリン受容体 β_1 と β_2 を遮断）であるプロプラノロールの開発にも成功している．その分子設計の思考過程はヒスタミン H_2 受容体拮抗薬と類似しており，アドレナリンの構造をもとに設計された（下図）．プロプラノロールには不斉炭素が一つあるが，ラセミ体として用いられている．不斉炭素をもつ生理活性物質において，注目する活性がより強い異性体を**ユートマー**（eutomer），活性の弱い方の異性体を**ディストマー**（distomer），双方の活性比を**ER値**（eudismic ratio）という．プロプラノロールの場合は S 体がユートマーであり，ER値は130である．

アドレナリン

プロプラノロール

(a) ヒスタミン H_1 受容体拮抗薬（抗ヒスタミン薬）

ジフェンヒドラミン　　クロルフェニラミン　　プロメタジン　　ロラタジン

(b) ヒスタミン H_2 受容体拮抗薬の展開

ヒスタミン　　グアニルヒスタミン

ブリマミド　　メチアミド　　シメチジン

ヒスタミン H_2 受容体拮抗薬

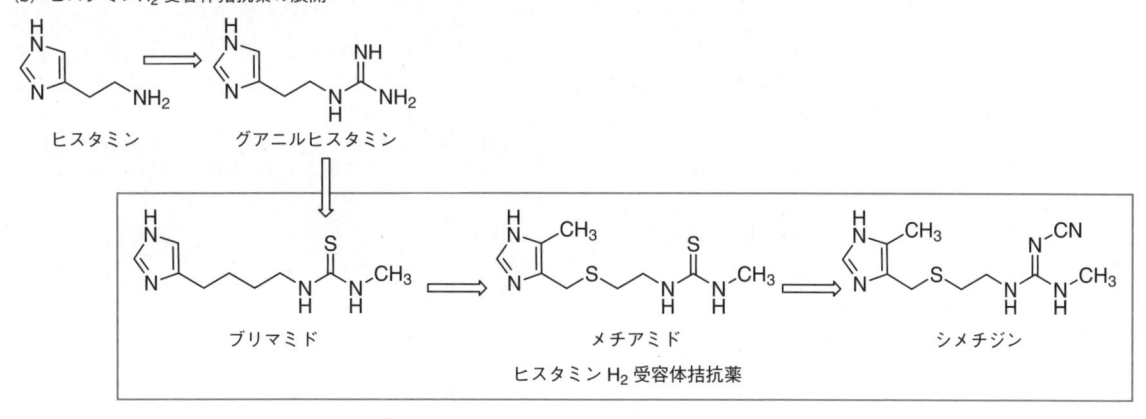

図 17・10　ヒスタミン受容体拮抗薬の展開

最終的にシメチジンにたどりつき臨床応用された．その後，シメチジンはさらに改良され，ファモチジン（ガスター®）をはじめ多くのヒスタミン H_2 受容体拮抗薬が開発されている（図17・10）．

1970年代後半までは，胃潰瘍や十二指腸潰瘍の多くは外科的治療に任されていた．ヒスタミン H_2 受容体拮抗薬の登場により，多くの消化性潰瘍が内科的治療で治癒できるようになっている．

17・3・2　ゲノム創薬

21世紀初め，ヒトゲノムの全塩基配列が解明されると，そのゲノム情報を創薬に活用しようという機運，あるいは，創薬に活用できるという期待が高まってきた．ゲノム創薬の原型は，疾病の原因あるいは疾病に関連する遺伝子を特定し，その産物を薬物受容体に設定するものである．疾病関連遺伝子産物の機能が，疾病の発疹や悪化に作用するのであれば，その阻害剤・抑制剤を，逆にその遺伝子産物の機能欠損が疾病の原因であれば，その活性化剤あるいは欠損した機能を補完してくれるものを医薬応用しようとする姿勢である．

開発の経緯（開発の時点でゲノム創薬の概念が存在したかどうか）は別として，次項で解説するがん遺伝子産物（表17・3）を薬物受容体とする分子標的化学療法剤は，ゲノム創薬の例になるかもしれない．

17・3・3　分子標的創薬

§17・2・2でみたように，従来，創薬においては"選択毒性"の考え方が強力に浸透し，抗がん剤の開発にもその姿勢が踏襲された．すなわち，"がん細胞には毒であ

表 17・3　代表的ながん遺伝子とその産物または機能

がん遺伝子	遺伝子産物または機能
増殖因子	
sis	PDGF（血小板由来増殖因子）
hst-1	FGF（繊維芽細胞増殖因子）
受容体型チロシンキナーゼ	
erbB1（her1）	EGFR（上皮増殖因子受容体），肺がん治療薬ゲフィチニブなどの標的分子
erbB2（her2）	乳がんの20〜30%で高発現．トラスツズマブ（抗HER抗体）の標的分子
fms	M-CSF受容体
非受容体型チロシンキナーゼ	
src	細胞接着，情報伝達系
abl	染色体転座による bcr-abl 融合遺伝子の発現が慢性骨髄性白血病に関与．融合遺伝子産物は慢性骨髄性白血病治療薬イマチニブなどの標的分子
セリン-トレオニンキナーゼ	
raf	MAPキナーゼ情報伝達系
mos	減数分裂制御
低分子量Gタンパク質	
H-ras	細胞の情報伝達系に関与するGタンパク質
K-ras	細胞の情報伝達系に関与するGタンパク質
N-ras	細胞の情報伝達系に関与するGタンパク質
転写制御因子	
myc	細胞増殖，アポトーシス
fos	AP-1のサブユニット
jun	AP-1のサブユニット

るが正常細胞には毒ではない"化合物を抗がん剤として開発する姿勢である．当然，活性検定には腫瘍細胞に対する増殖抑制活性が指標となり，多くの抗がん剤が開発された．このような経緯で開発された抗がん剤を**殺細胞性抗がん剤**とよぶ．殺細胞性抗がん剤の多くは，10章で述べたとおり，作用機構がDNA合成阻害，DNA切断，チューブリン機能阻害といったもので，"腫瘍細胞に選択毒性を示す"というよりは，"増殖中（細胞周期を回転中）の細胞に選択毒性を示す"ものである．このため，盛んに分裂する細胞（たとえば血液幹細胞，毛根細胞，粘膜上皮細胞など）であれば正常であっても殺細胞性抗がん剤の作用を強く受け，貧血，脱毛，嘔吐，下痢，口内炎などといった体力の消耗を伴う副作用が避けられない．ここに殺細胞性抗がん剤の限界があるとの反省から，腫瘍細胞に選択的な分子標的の探索，選定が行われ，数々の分子標的抗がん剤が開発されている．

殺細胞性抗がん剤 cytotoxic antitumor agent

腫瘍細胞に選択的な分子標的としては，当然，がん遺伝子の産物（表17・3）がその候補となる．表17・4と図17・11に，米国ですでに承認されている分子標的抗がん剤から代表的なものを示した．このなかには，次項で述べる**抗体医薬**が含まれる．抗体医薬は，現在の一般的な技術ではこれを細胞内に到達させることはできないので，薬物受容体は，**上皮増殖因子受容体**（EGFR，§8・2・2）などの細胞膜に発現している膜タンパク質や，**血管内皮増殖因子**（VEGF）などの体液因子に限られ，これらと結合することによってその機能を阻害するものである．薬物受容体を機能の側面

抗体医薬 antibody medicine

上皮増殖因子受容体 epidermal growth factor receptor. 略称 EGFR.

血管内皮増殖因子 vascular endothelial growth factor. 略称 VEGF.

17・3 医薬化学の基本戦略

表 17・4 分子標的抗がん剤

分 類	名 称	薬物受容体	標的の分類	適応がん種
抗体医薬	ベバシズマブ	血管内皮細胞増殖因子(VEGF)	情報伝達分子	大腸がん, 乳がんなど
	トラスツズマブ	Her2	チロシンキナーゼ	乳がん
	セツキシマブ	上皮増殖因子受容体(EGFR)	チロシンキナーゼ	大腸がんなど
小分子医薬	イマチニブ	Bcl-Abl/Kit	チロシンキナーゼ	慢性骨髄性白血病(CML)など
	ニロチニブ	Bcr-Abl	チロシンキナーゼ	CML
	ゲフィチニブ	上皮増殖因子受容体(EGFR)	チロシンキナーゼ	非小細胞肺がん
	ラパチニブ	EGFR/Her2	チロシンキナーゼ	乳がん
	ソラフェニブ	複数のキナーゼ	チロシンキナーゼ	腎細胞がん, 肝細胞がん
	テムシロリムス	mTOR[†]	セリン-トレオニンキナーゼ	腎細胞がん
	ボリノスタット	ヒストン脱アセチル化酵素(HDAC)	脱アセチル化酵素	皮膚T細胞性リンパ腫
	デシタビン	DNAメチル基転移酵素(DNMT)	DNA修飾酵素	骨髄異形成症候群
	ボルテゾミブ	プロテアソーム	タンパク質分解酵素系	多発性骨髄腫など

[†] mTOR は mammalian target of rapamycin の略.

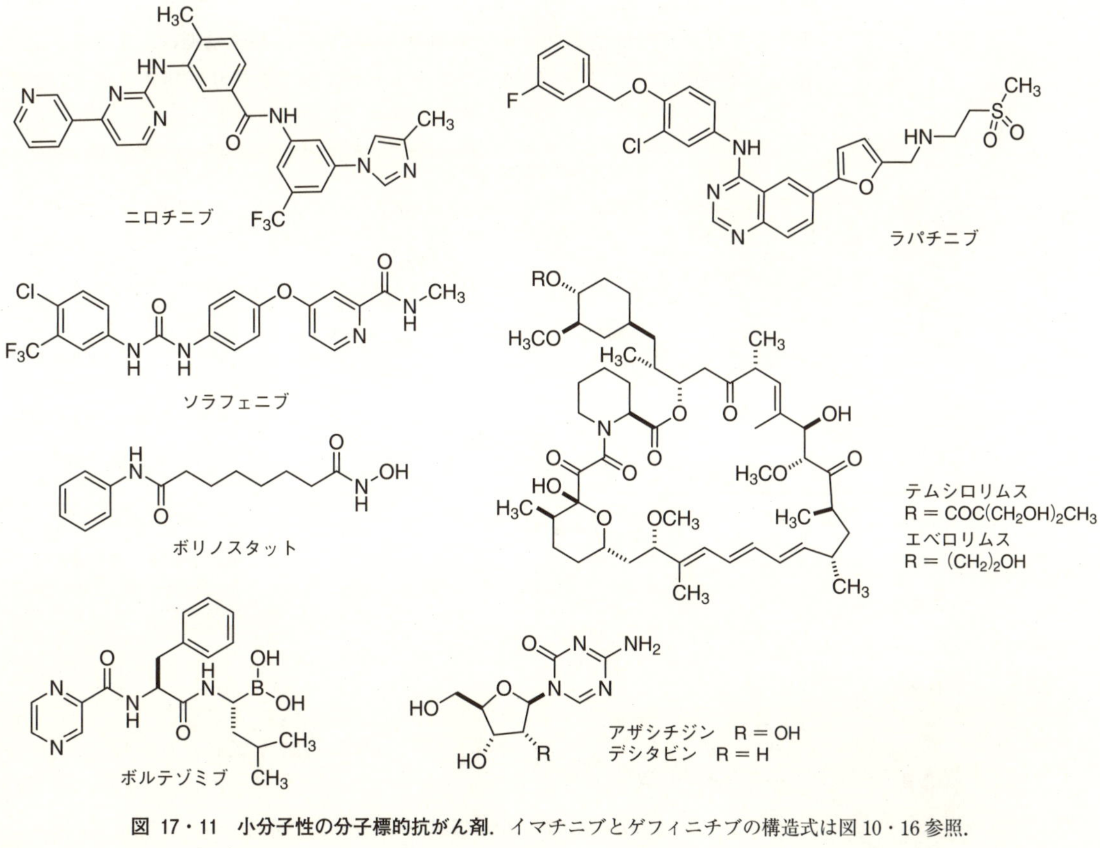

図 17・11 小分子性の分子標的抗がん剤. イマチニブとゲフィチニブの構造式は図10・16参照.

17. 生理活性物質の創製

から眺めると，分子標的抗がん剤の多くがチロシンキナーゼをはじめとするキナーゼを薬物受容体としている．そのうち，小分子阻害剤については，その多くがキナーゼのATP結合部位にATPと競合的に結合して，基質のリン酸化を阻害するものである．分子標的抗がん剤は，多くの殺細胞性抗がん剤が示す，上述の消耗性の副作用という観点からは改善されているかもしれないが，毒性（上述以外の副作用）については当然，ほかの多くの医薬と同様に考えられるべきものである．

そのほか，分化誘導治療薬であるレチノイン酸（RA，図10・16ならびに図11・5参照）や活性型ビタミンD_3（11章，図11・6参照）も核内受容体を薬物受容体とする分子標的抗がん剤とみてよい．

17・3・4 バイオ医薬

前節までは，基本的な創薬姿勢とその変遷を概観してきた．小分子を中心に学んできたが，当然，生理活性ペプチドやペプチドホルモン，タンパク質（酵素やワクチン）なども医薬応用されている．欠損した機能を補完するための遺伝子を導入する治療や，逆に，特定の遺伝子の発現を抑えるための核酸医薬も開発されている．タンパク質や核酸などの，遺伝子組換え技術によって作成される医薬はバイオ医薬とよばれ，以下に簡単に紹介する．

ペプチド・タンパク質　ここでは糖尿病に関連して，**インスリン**の例を紹介する．糖尿病はインスリンの分泌不全（Ⅰ型）またはインスリン抵抗性（Ⅱ型）によるものであるから，最も単純な対症療法はインスリンの投与である．インスリンは最初の組換え医薬でもあり，遺伝子組換え技術によってアミノ酸残基を入れ替えた超速効型インスリンや持効型インスリンが開発されている．超速効型は，インスリンのB鎖の28位のプロリンと29位のリシンを入れ替えたインスリンリスプロと，B鎖28

> **炎症領域における分子標的薬**
> 炎症の領域では，さまざまな疾病の増悪因子として働く腫瘍壊死因子α（TNF-α）やインターロイキン-1（IL-1）などの炎症性サイトカインが分子標的創薬の対象になっている．サイトカインは細胞膜上の受容体を介して作用を示すが，一部の受容体は細胞膜から遊離して可溶性の形でも存在する．そこで，こうした可溶性の受容体や，抗体が当該のサイトカインの機能阻害剤として開発されている．

インスリン insulin

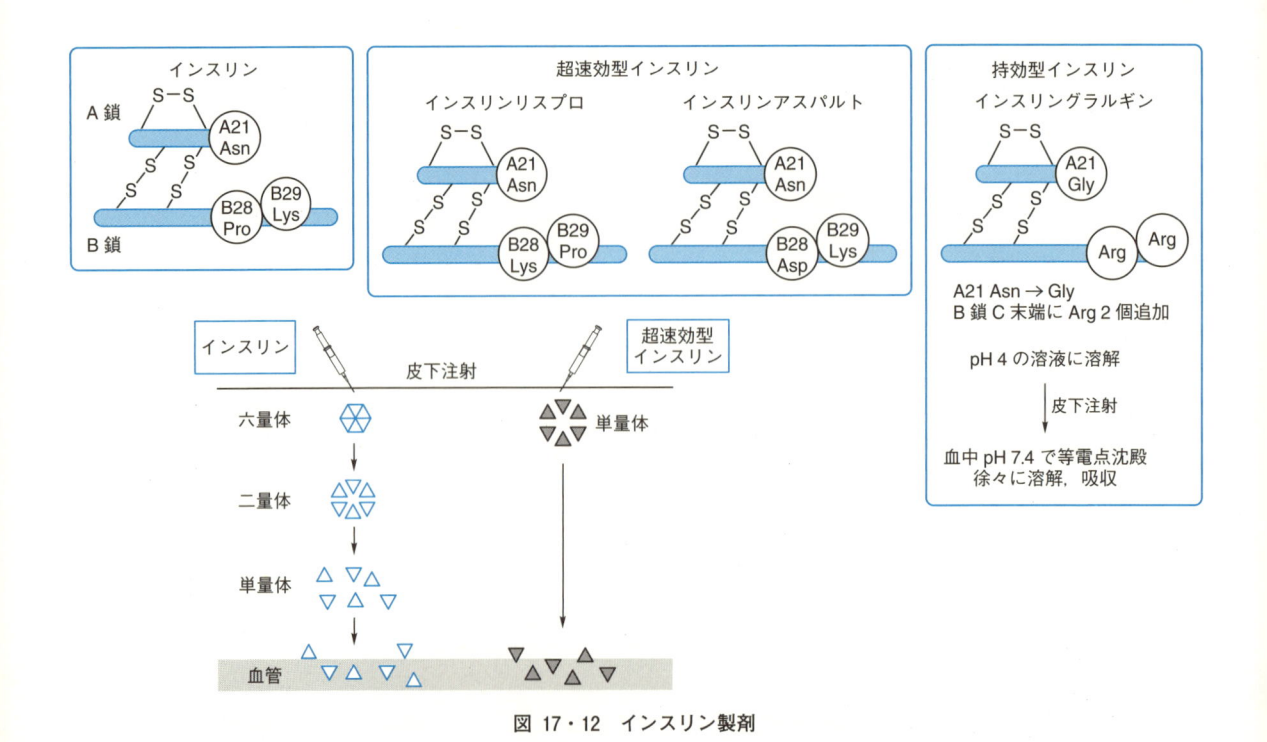

図 17・12　インスリン製剤

位のプロリンをアスパラギン酸に組換えたインスリンアスパルトがある（図 17・12）．インスリンは皮下注射時に六量体であるが，超速効型のインスリンは上記の変異によって単量体のままで存在するために血管への吸収が速い．

一方，インスリンのA鎖21位のアスパラギンをグリシンに変換し，B鎖のC末端にアルギニンを2個追加したものが持効型のインスリングラルギンである．A鎖の変異は極性を低める効果があり，B鎖への塩基性アミノ酸の導入により，インスリングラルギンの等電点を血中 pH に近い pH 7.4 付近に調整している（図 17・12）．インスリングラルギンは pH 4 の溶液に溶解させて注射液とし，注射後の体内での pH 7.4 への変化によって等電点沈殿する．この沈殿物が徐々に溶解して吸収されるために，一定の血中濃度を維持できる持効型となるように工夫が凝らされている．なお，糖尿病の新たな治療薬として最近注目されているものに**インクレチン**がある（コラム"インクレチンと新規糖尿病治療薬"参照）．

抗体医薬 前項で紹介した分子標的抗がん抗体（表 17・4）は，モノクローナル抗体やヒト化抗体の作製技術などの進歩により開発された抗体医薬である．現時点では，一般的に抗体医薬を細胞内に到達させる技術は実用化されていないと思われるが，解決する可能性は高い．

遺伝子治療 特定の遺伝子を導入する治療法が数多く開発されている．遺伝子を細胞の核内に導入する技術が必要となるが，そのために用いる補助因子が**ベクター**である．ベクターには，ウイルス性と非ウイルス性のものがある．ウイルスの宿主細胞への感染機構に着目して，レトロウイルスやアデノウイルスが用いられる．非ウイルス性のものには，さまざまな工夫が凝らされたポリマー，ナノ粒子，リポソームなどが開発されている．生理活性物質を，時空間的にも濃度的にも制御して，必要なときに必要な場所に送達させる技術は，薬物送達システム（DDS）技術とよばれ，医・薬・工にまたがる研究領域になっている．

遺伝子治療 gene therapy

ベクター vector

DDS drug delivery system の略．

核酸医薬 機能性タンパク質を阻害するのと同じ効果が得られるものとして，抗体のように所望のタンパク質に特異的に結合してその機能を阻害する核酸分子である，**アプタマー**や，標的とするタンパク質をコードする遺伝子 DNA やそのメッセンジャーRNA（mRNA）を標的としてそれらの機能を阻害する技術も盛んに研究されている．特定の遺伝子 DNA の機能を阻害する"アンチジーン分子"や mRNA の機能を阻害する"アンチセンス分子"などが黎明期の核酸医薬である（1章参照）．はじめ核酸医薬は天然型のオリゴヌクレオチドが用いられたが，体内に存在するリン酸ジエス

核酸医薬 nucleic acid medicine

アプタマー aptamer

インクレチンと新規糖尿病治療薬

血糖値を上げる生体内因子としては，グルカゴンや成長ホルモン，副腎皮質刺激ホルモン，糖質コルチコイドやアドレナリンが知られている．逆に血糖値を下げるものとしてインスリンがよく知られているが，加えてインクレチンが注目されている．インクレチン（incretin）は，腸管が炭水化物や脂肪に反応して分泌する，血糖値を下げるペプチドホルモンで，おもなものとして GLP-1（glucagon-like peptide-1）と GIP（glucose-dependent insulinotropic polypeptide）がある．特に GLP-1 に新世代抗糖尿病薬として用いられている．GLP-1 は，体内ではジペプチジルペプチダーゼIV型（DPP-IV）の基質となり半減期が5分未満と短い．1990年代に，トカゲの唾液から，GLP-1 とアミノ酸配列相同性が 50% 以上あるエギセンディン-4（exendin-4）が発見された．エギセンディン-4 は，DPP-IV で分解されにくく（血中半減期が約25分），2005年に米国で GLP-1 アナログ製剤として認可された．さらに，GLP-1 アナログの DPP-IV により切断される部位のアミノ酸置換改変体や，GLP-1 アナログを長鎖脂肪酸と複合体を形成させて DPP-IV の接近を阻止するなど，血中半減期を延ばす工夫が凝らされている．当然，DPP-IV 阻害薬も GLP-1 やそのアナログの分解を抑制するので，臨床的に用いられている．

テル部分を加水分解する酵素（ホスホジエステラーゼ）などが大きな障害となった．そのため，リン酸ジエステル部分をホスホジエステラーゼに認識されないように，あるいは加水分解されにくくしたような構造変換体が多く開発された．転写因子を阻害する"デコイオリゴ核酸"の開発研究も行われている．

20世紀末から21世紀初めにかけて，DNAに結合して転写を阻害したり，mRNAに結合してその分解や翻訳阻害を行う非翻訳RNA分子の存在，すなわち，**RNA干渉（RNAi）** とよばれる現象が発見された．特定のRNAを特異的に切断する20～30塩基対程度の二本鎖オリゴ核酸からなる **siRNA** が注目され，さまざまな構造変換体が創出されている．siRNAなどを用いて特定の遺伝子の発現を抑制する技術は，遺伝子ノックダウン技術とよばれる（特定の遺伝子をDNAのレベルで欠損させる技術は遺伝子ノックアウト技術という）．

17・4　生理活性物質の創製にかかわる技術

本章の冒頭で，生理活性物質・医薬の発見と，それらの改良の歴史を概観した．たとえば，イブプロフェン（図17・8）や各種サルファ剤など（図17・3）の開発は，それらが標的とする薬物受容体が不明な（あるいは薬物受容体という概念自体がまだなかった）ままに行われた．イブプロフェンや各種サルファ剤は，それぞれ天然物サリシン（図17・1）や既存の化合物（アスピリンやプロントジルなど，図17・3）の構造をもとに，化合物そのものの構造や物性に着目し，多数の誘導体の系統的な合成とそれらの活性評価を繰返した結果，得られたものだった．化合物そのものに注目して生理活性物質・医薬を創製していく方法は，**リガンドベースドドラッグデザイン（LBDD）** とよばれる．

薬物受容体の概念が確立し，加えて薬物受容体のX線結晶構造解析の情報が集積してくると，その三次元構造をもとに，受容体と結合する生理活性物質・医薬をデザイン（分子設計）する方法が汎用されるようになった．この方法は，薬物受容体の構造をもとにしている，という意味で，**ストラクチャーベースドドラッグデザイン（SBDD）** とよばれる．コンピューターの進歩と普及にもよって，特定の薬物受容体の三次構造を器とし，それにはまる化合物をコンピューター計算（ドッキング解析）によって選別（**スクリーニング**）することが可能となっている．こうした手法は，薬物受容体と化合物の結合を実際に実験的に測定するわけではないので，**バーチャルスクリーニング**，またはコンピューターの中（in silico）で行われる，という意味で，**インシリコスクリーニング**とよばれる．薬物受容体については，X線結晶構造解析データが実在しなくても，ある程度のアミノ酸配列ホモロジーをもった類縁タンパク質の構造情報が存在すれば，その情報をもとに三次元構造を予測することができる（**ホモロジーモデリング**）．化合物群についても，実在する必要はなく，仮想的な化合物の集団をバーチャルスクリーニングにかけることができる．こうした手法を駆使して生理活性物質・医薬を創製する手法は，**コンピューター分子設計（CADD）** とよばれることもある．

薬物受容体の構造が不明である場合にはLBDDに頼ることになるが，しかし，化合物の構造とその生理活性の相関（構造活性相関）を解析することによって，その化合物が標的としている薬物受容体との相互作用部位の構造をイメージすることができる．LBDD/SBDDのいずれにおいても，構造活性相関の情報は，よりすぐれた化合

RNA干渉 RNA interference. 略称 RNAi.

siRNA short (small) interfering RNA の略.

リガンドベースドドラッグデザイン ligand-based drug design. 略称 LBDD.

ストラクチャーベースドドラッグデザイン structure-based drug design. 略称 SBDD.

ドッキング解析 docking study

スクリーニング screening

バーチャルスクリーニング virtual screening. インシリコスクリーニング (in silico screening) ともいう.

ホモロジーモデリング homology modeling

コンピューター分子設計 computer-assisted drug design. 略称 CADD.

17・4 生理活性物質の創製にかかわる技術

物の分子設計（構造最適化）のよりどころである．本節では，生理活性物質の創製にかかわるいくつかの技術の基礎科学を学ぶ．

17・4・1 構造活性相関

構造活性相関を解析する一つの目的は，構造の最適化に関する情報の獲得である．電子供与基の導入がよいのか，電子求引基がよいのか，疎水性官能基はどの程度の大きさがよいのか，水素結合のドナーやアクセプターが複数存在する場合にはそのうちのどれが必須なのか，などといった情報を得ることによって，より目的に合致する分

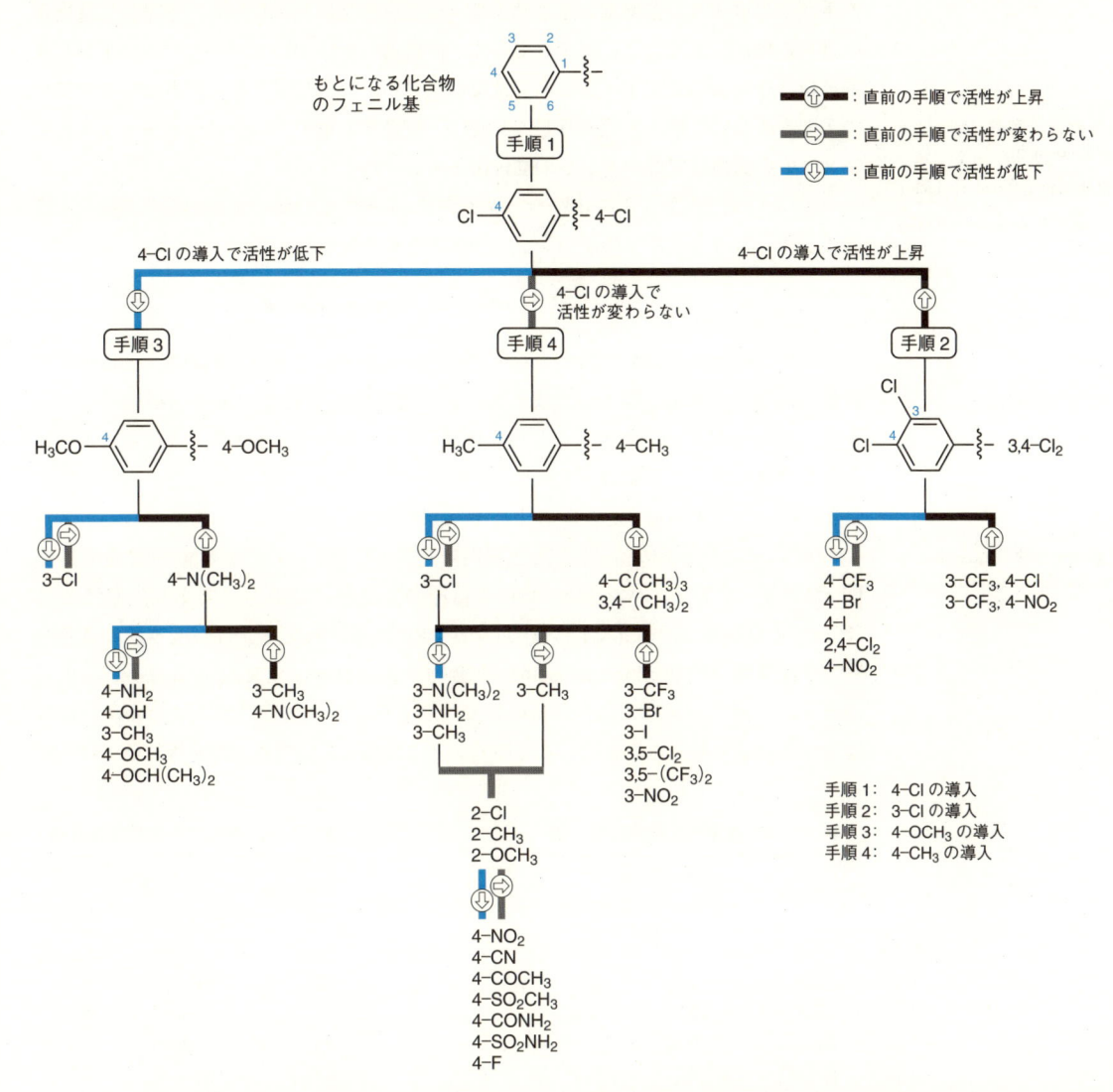

図 17・13 トプリス系統樹．この図では，フェニル基に置換基を導入して効率よく最適な構造にたどりつく手順を提案している．無置換フェニル基を例に説明する．無置換フェニル基（最上段）に対して，まず4位に塩素を導入することを勧めている（手順1）．その結果，もし活性が上昇すれば（黒太線）手順2に進んで，3,4-ジクロロ誘導体に展開することを勧めている．逆に，4位への塩素の導入によって活性が低下した場合（青太線）は，4位をメトキシ基にすることを勧めている（手順3）．また，塩素の導入で活性に変化がなければ（灰色太線），4位をメチル基とする（手順4）ことを勧めている．以下，同様に活性をみながら構造展開を進めていく指標を提供している．[J. G. Topliss *J. Med. Chem.*, **15**, 1006 (1972) より改変．]

子を設計・創製することができる．

トプリス系統樹 Topliss tree

実務作業的な構造最適化の手順として創薬化学・医薬化学の教科書に頻出するガイドライン的なものに，トプリス系統樹（図 17・13）がある．トプリス系統樹は，もとになる化合物のベンゼン環に置換基を導入して効率よく置換基を最適化する手順の一例を示したもので，1972 年に J. G. Topliss が発表した．トプリス系統樹では，まずパラ位に塩素を導入してみる．そのことでもし活性が低下したら（図 17・13 左列），同じ位置にメトキシ基を，活性が変わらなければ（中列）メチル基を，活性が増強したらメタ位にもう一つ塩素を，導入していく，という手順を示している．示されている手順は，導入する置換基の電子効果や，極性を考慮に入れながら，効率的に置換基の選択操作が行えるように組まれていて，直感的・定性的にわかりやすい．トプリス系統樹は一義的に依存すべきものではないにしろ，有機化学を学んだ者ならば，類似の手順を踏むことが多いだろうし，同時に，置換基の電子的パラメーター，すなわち**ハメットの置換基定数**や**タフトの立体因子**を思い起こすだろう．

ハメット置換基定数 Hammett's substituent constant

タフト立体因子 Taft's steric factor

ハンシュ-藤田の式 Hansch-Fujita equation

いくつかの化学的パラメーターの線形結合によって化合物の生理活性の強度を定量的に表現しようとしたものが**ハンシュ-藤田の式**である．

$$\log(1/C) = a\pi^2 + b\pi + \rho\sigma + cE_s + d$$

ここで，C は化合物が目的とする生理活性を示すのに必要な最低濃度，π は疎水性置換基定数，ρ は反応因子，σ はハメットの置換基定数などの電子効果のパラメーター，E_s はタフトの立体因子などの立体効果のパラメーター，a, b, c, d は場合ごとに決まる定数である（上記の ρ も同様）．

定量的構造活性相関 quantitative structure-activity relationship. 略称 QSAR.

化合物の示す生理活性を，その化合物の物理化学的な特性をもって数値化し，各種のパラメーターを用いて構造活性相関を定量的に扱う手法が**定量的構造活性相関**（QSAR）である．ハンシュ-藤田式はそのさきがけ的なものであり，原型は C. Hansch と藤田稔夫が 1964 年に提唱した．疎水性置換基定数 π は，基本的には化合物の分配係数（P: partition constant，化合物を n-オクタノール/水で振り分け分配したときの，両相に溶けた化合物量の比で，log$P$ 値として表記されることが多い）に及ぼす置換基の効果を定量化したものであり，数値の高いほうが疎水性，低いほうが

表 17・5　代表的な置換基の π 値

	置換基	π 値 芳香環上	π 値 脂肪鎖上
疎水性 ↑	t-Bu	1.98	1.17
	C_6H_5	1.96	2.15
	CF_3	0.88	1.07
	Br	0.86	0.60
	Cl	0.71	0.39
	CH_3	0.56	0.50
	$N(CH_3)_2$	0.18	−0.13
	F	0.14	−0.17
	H	0.0	0.0
	OCH_3	−0.02	0.47
	$COCH_3$	−0.55	−0.62
↓ 親水性	OH	−0.67	−1.12

表 17・6　代表的な置換基の σ 値

	置換基	σ 値 σ_p	σ 値 σ_m
電子供与性 ↑	NH_2	−0.66	−0.16
	OH	−0.37	0.12
	OCH_3	−0.27	0.12
	t-Bu	−0.20	−0.10
	CH_3	−0.17	−0.07
	C_6H_5	−0.01	0.06
	H	0.0	0.0
	Cl	0.23	0.37
	Br	0.23	0.39
	$COCH_3$	0.50	0.38
	CN	0.66	0.56
↓ 電子求引性	NO_2	0.78	0.71

17・4 生理活性物質の創製にかかわる技術

親水性である．π値は，もとになる未置換系の構造（芳香族や脂肪族か，など）や分子内の各部分の構造などによって変化するが，表 17・5 に代表的な置換基の π 値を示した．

ハンシュ-藤田式の第三項は，有名なハメット式にならったもので，実際，σ 値としてはハメットの置換基定数が使われることが多い．電子供与基は負の σ 値をもち，絶対値の大きさが電子供与性の大きさを示す．電子求引基は正の σ 値をもち，絶対値の大きさが電子求引性の大きさを示す．代表例を表 17・6 に示した．ρ 値はハメットの反応定数に対応するものである〔コラム"ハメットの置換基定数（σ 値）ならびに反応定数（ρ 値）のフロンティア軌道的解釈"参照〕．

ハンシュ-藤田式の第四項は，タフトの立体因子であるが，おもなアルキル基の E_s 値を表 17・7 に示した．

コンピューターの計算能力の進歩もあり，現在では多くの置換基・官能基について多数のさまざまなパラメーターが利用可能であり，三次元定量的構造活性相関

表 17・7 おもなアルキル基の E_s 値

置換基	E_s
$-H$	1.24
$-CH_3$	0
$-CH_2CH_3$	-0.07
$-CH_2CH_2CH_3$	-0.36
$-CH(CH_3)_2$	-0.47
$-C(CH_3)_3$	-1.54
$-C_6H_5$	-0.79
$-CF_3$	-1.16

置換基定数 substituent constant

反応定数 reaction constant

ハメットの置換基定数（σ 値）ならびに反応定数（ρ 値）のフロンティア軌道的解釈

σ 値は，当該の置換基を導入する位置（σ_m や σ_p）や，注目する結合（σ_I や σ_R），注目する反応（σ_m^+ や σ_p^+，σ_p^- など）によって異なる値となるが，単純にはその置換基導入によって，当該分子のフロンティア軌道のエネルギー準位をどれだけ上下させるか，の尺度であるととらえてよい (a)．電子供与基の導入は，フロンティア軌道のエネルギー準位を押し上げるし，逆に電子求引基の導入はフロンティア軌道のエネルギー準位を下げる．化合物と薬物受容体との相互作用においても，通常の有機反応と同じように，HOMO（最高被占軌道 highest occupied molecular orbital）と LUMO（最低空軌道 lowest unoccupied molecular orbital）の相互作用が重要である．化合物側が HOMO，薬物受容体側が LUMO で相互作用する場合（求核的相互作用）には，ρ 値は負の値となり，逆に，化合物側が LUMO，薬物受容体側が HOMO で相互作用する場合（求電子的相互作用）には，ρ 値は正の値となる (a)．また，相互作用する HOMO と LUMO のエネルギー準位が近いほど，摂動による安定化エネルギーは大きくなるから，ρ 値の絶対値の大きさは，化合物と薬物受容体のフロンティア軌道のエネルギー準位の近さの尺度となる (b)．

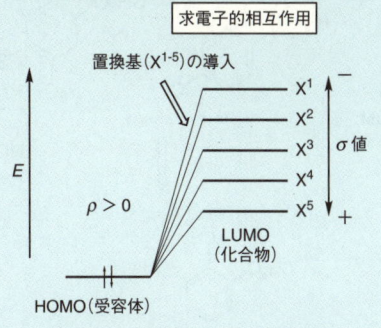

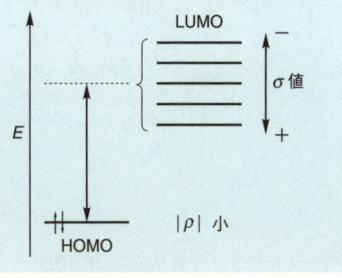

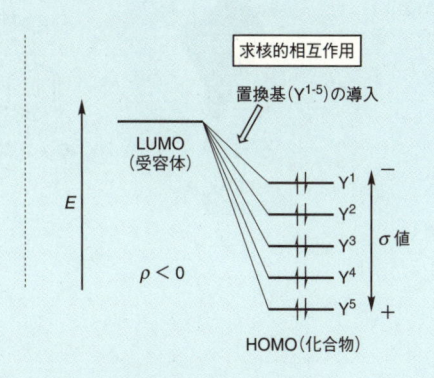

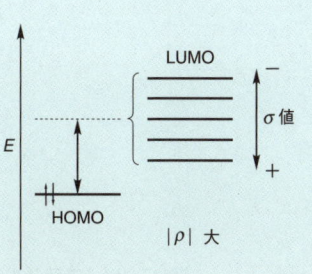

(a) 置換基導入がフロンティア軌道に及ぼす効果

求電子的相互作用 | 求核的相互作用

(b) 求電子的相互作用における ρ 値のちがい

$|\rho|$ 小 | $|\rho|$ 大

(3D-QSAR) 研究も盛んに展開されている.

17・4・2 フラグメントの活用

構造活性相関解析とともに,生理活性化合物の創製・探索,ならびに構造最適化に威力を発揮する手法に**フラグメントベースドドラッグデザイン**(FBDD,フラグメントベースドドラッグディスカバリーともいう)がある.FBDD は,薬物受容体の薬物結合部位に部分的に結合する小分子フラグメント(通常,分子量 300 未満)に関する情報を収集し,それをもとに生理活性化合物をつくり上げていく手法である(図 17・14).

FBDD の第一段階は,フラグメントの獲得である.フラグメント自体の結合強度は通常はたいへんに弱いものであるから,その探索・検出には X 線回折,NMR(核磁気共鳴),SPR(表面プラズモン共鳴),熱分析(カロリメトリー)などの物理化学的な測定がよく用いられる.フラグメントは,結合強度は弱いが,分子量が小さく情報量も少ないため,探索はそれだけ容易になる(ヒット率が高くなる).また,タンパク質分子内ないし分子表面が形づくる空間の形状(薬物結合部位の形状)は,多様

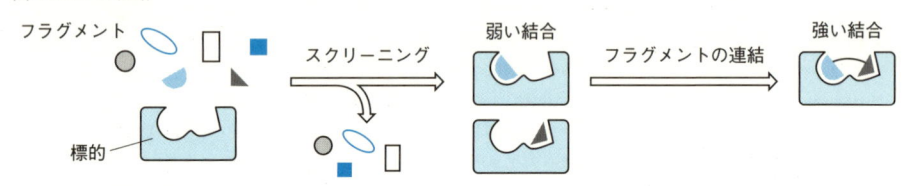

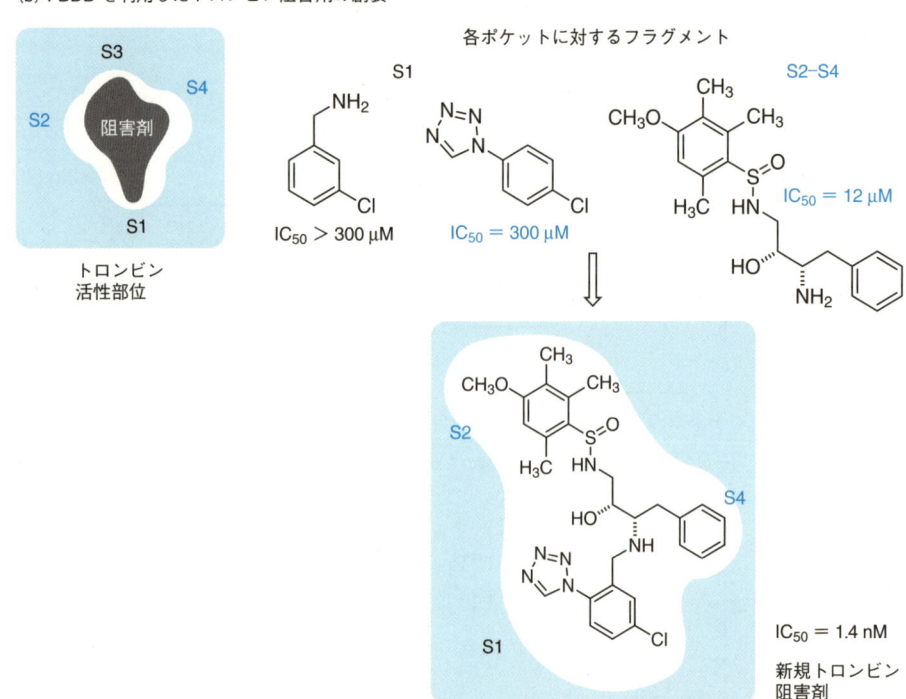

フラグメントベースドドラッグデザイン(ディスカバリー)fragment-based drug design (discovery). 略称 FBDD.

図 17・14 フラグメントベースドドラッグデザイン(FBDD)

性が比較的低いと考えられているので（§17・4・3），小分子フラグメントにはある程度の汎用性も期待できる．既知の比較的分子量の大きい強力な生理活性物質が存在すれば，分子解剖（図17・14の逆操作，リバースドFBDD）によってフラグメントを得ることもできる．

リバースドFBDD reversed FBDD

フラグメントが得られれば，次の段階はその選別と，複数のフラグメントの結合による構造最適化である．フラグメントないし，複数の活性化合物からなるハイブリッド分子をより高機能な分子として設計する手法は以前から存在したが，FBDDでは，一つの薬物受容体の，一つの結合部位を分解し（図17・14），分解した結果として生じるミクロな部位を一つ一つのフラグメント結合部位とみなす．フラグメントどうしと結合させるスペーサーは，薬物受容体の構造情報が存在すればSBDDで設計可能だが，そうでない場合はスクリーニングすることが必要になる．スクリーニングには，さまざまなフラグメントとさまざまなスペーサー構造をもつ化合物群，すなわち，**化合物ライブラリー**（ある目的のために構成されている化合物のセット，次項参照）を用意することになる．

化合物ライブラリー chemical library

17・4・3 化合物ライブラリー

現代の，特に企業における創薬探索研究においては，生理活性物質の探索手法として，膨大な種類の化合物の活性をロボットが自動的に測定する**ハイスループットスクリーニング**（HTS）が一つの主要な地位を占めている．HTSでは，先に述べたバーチャルスクリーニングとは異なり，実際にその活性が測定される化合物集団，すなわ

ハイスループットスクリーニング high-throughput screening. 略称 HTS.

クリックケミストリー

FBDDにおいて，スクリーニングの作業を省き，適切なスペーサーをもった化合物のみが生成するように工夫した合成手法が**標的誘導型合成**（target-guided synthesis，TGS）である．TGSでは，薬物受容体にフラグメントが結合した状態で反応が効率的に進行するように条件を設定する．さまざまなTGSが工夫されているが，代表例の一つはアジドとアルキンとの[3＋2]付加環化反応〔ヒュースゲン（Huisgen）反応〕を利用した in situ クリックケミストリーである（図）．なお，**クリックケミストリー**（click chemistry）とは，K. B. Sharpless らが2001年に提案・命名した，"比較的単純な部分構造どうしを，高化学選択的・高収率・高速反応を基盤技術とした共有結合反応（ヒュースゲン反応に限らない）によってカップリングさせることにより，新たな機能性分子を創出する方法論"である．通常，ヒュースゲン反応は，銅触媒の条件で進行する．無触媒で本反応を進行させるためには，無溶媒・加熱の条件が必要であるが，図のように，アジドとアルキンが一定時間以上近傍に位置した場合にのみ，付加環化反応がスムーズに進行することを利用したものが in situ クリックケミストリーである．

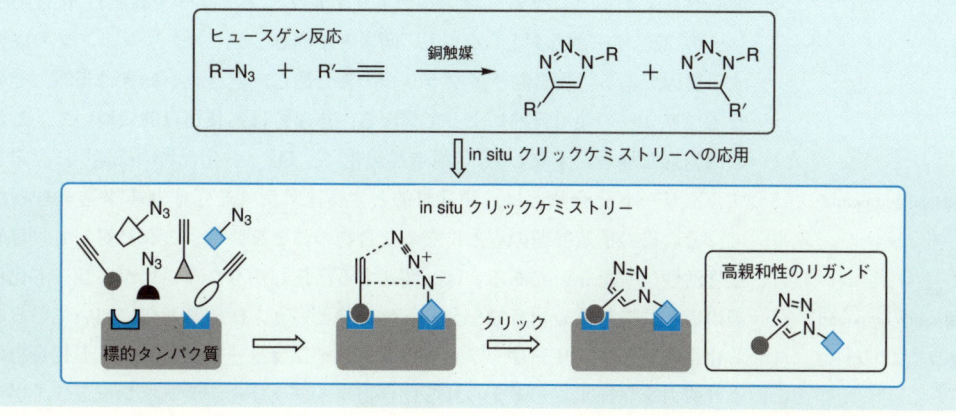

コンビナトリアルケミストリー

多様なフラグメントとスペーサーをもつ化合物ライブラリーを調製する一つの方法論は，**コンビナトリアルケミストリー**（combinatorial chemistry, CC），すなわち合成素子（ビルディングブロック）を組合わせて多様な化合物を一挙に合成する手法であり，合成手段により固相法と液相法がある．ロボット工学の進歩により，多数の化合物を迅速に合成する自動化されたCCも可能になり，**ハイスループット有機合成**（high-throughput organic synthesis, HTOS）ともよばれる．

一般にCCは，いくつかのビルディングブロックを組合わせて多数の化合物を同時に合成する．たとえば，A＋B→Cの反応で，ビルディングブロックAとしてm種類の試薬，ブロックBとしてn種類の反応剤を用いれば，$m×n$種のCが一気に合成される．この場合，単純に多数の反応容器を用いて同時に複数の合成を進行させる方法は"パラレル合成"とよばれる（a）．一方，固相合成において，一粒一粒の固相ビーズを一つの反応容器とみなし，多種類のビーズの混合と分配を繰返して，得られる合成物の多種類性を追求しながら合成を進める方法が"スプリット合成"である（b）．

CCで調製された化合物集団は，**コンビナトリアルライブラリー**（combinatorial library）とよばれる．このライブラリーは，構造的な特徴によっては，**線形ライブラリー**（linear library）と**テンプレートライブラリー**（template library）に分けられる．前者は，核酸やペプチドなどのオリゴマー性のライブラリーが代表例である．テンプレートライブラリーは，中核となる基本骨格は同一で，当該骨格のさまざまな位置にさまざまな置換基が導入された化合物集団である．

(a) パラレル合成．生成物は単一だが化合物数と同じだけ反応容器が必要

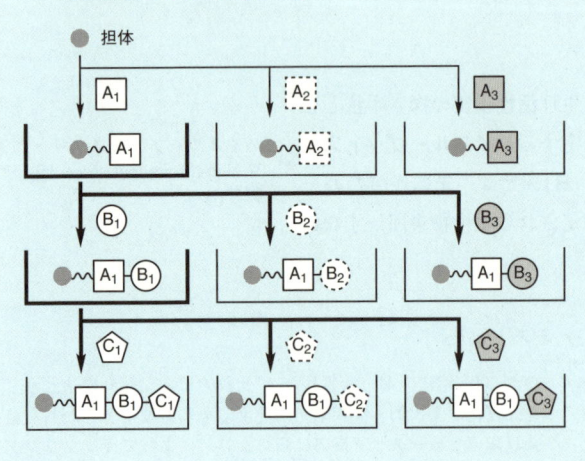

(b) スプリット合成．複数の化合物を一つの容器で合成可能

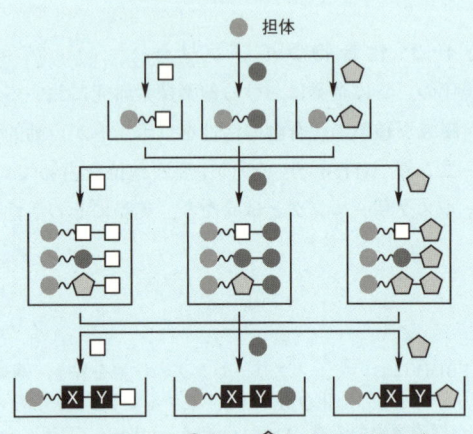

固相パラレル合成とスプリット合成

ち，実在する化合物ライブラリーが必要である．収集された天然物や，あるいはコンビナトリアルライブラリーなど，さまざまな化合物ライブラリーが考えられ，また市販もされている（コラム"コンビナトリアルケミストリー"参照）．化合物ライブラリーの"質"の"善し悪し"ないし"向き・不向き"が，スクリーニングの成否を決定する要因である．化合物ライブラリーの善し悪し，向き・不向きは当然，その化合物ライブラリーの使用目的によって異なる．本項では，使用目的について，これを二つの両極端な場合，すなわち，"構造最適化"と"リード化合物の探索"に設定して説明する．**リード化合物**とは，開発目的とする生理活性を示す基本構造をもった化合物で，その後の構造展開のもとになる化合物のことをいう．これに対して，目的とする生理活性はもたない（あるいは，関連する活性しかもたない）が，リード化合物の創製のもとになりうる化合物を**シード化合物**という．構造最適化に向いていると思われる化合物ライブラリーは，**フォーカスドライブラリー**である．リード化合物の探索により威力を発揮すると考えられる化合物ライブラリーがテンプレートライブラリーで

リード化合物 lead compound

シード化合物 seed compound

フォーカスドライブラリー focused library

ある.

フォーカスドライブラリー　特定の目的で設計された化合物群を指す．代表的には，薬物受容体との相互作用様式（相互作用要因）が既知である場合など，ファーマコフォアが推定できているとき，薬物受容体との相互作用ポイント（電荷，水素結合特性，疎水性，などの化学的性質とその空間位置）を固定し，それ以外の部分に多様性を付与した化合物集団である．いってみれば，薬物受容体と直接に触れあう手足を固定し，それをもたせる胴体をいろいろなものに変えたもの，ということができる（図17・15a）．化合物ライブラリーとしては，薬物受容体との相互作用様式が固定されているので，同一ないし類縁の薬物受容体に対する活性化合物のみの提供を目的にしたものである．したがって，構造最適化ないし，類縁の薬物受容体に対するリード化合物の探索に威力を発揮する．

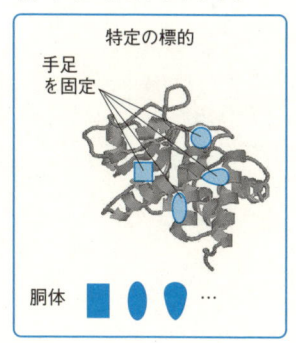

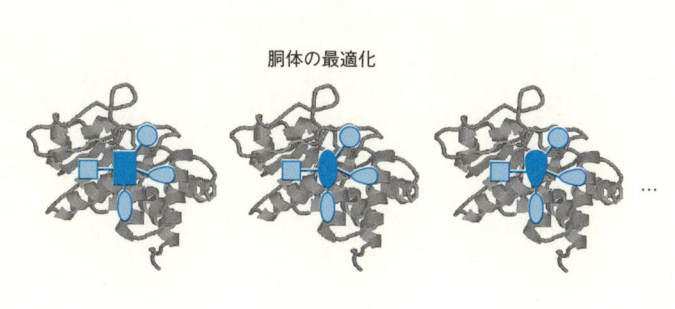

テンプレートライブラリー　フォーカスドライブラリーが比喩的に胴体の多様性を追求したものであったのに対し，胴体を固定し，さまざまな位置からさまざまな形状・性質の手足をはやした，とでもいえる化合物ライブラリーが**テンプレートライブラリー**である（図17・15b）．テンプレートライブラリーは，胴体を固定しているために分子自体の三次元的な形状はある程度固定されるが，化学的相互作用の観点からは多様性に富んでいるため，不特定多数の薬物受容体に対するリード化合物の探索に威力を発揮する．適切な構造のテンプレートを"胴体"として選択すれば，汎用性の高い化合物ライブラリーが構築できるはずである．

テンプレートライブラリー
template library

ヒトのタンパク質は5万〜7万種存在するといわれ，それらはさまざまなアミノ酸一次配列をもつドメイン構造からなる．一次配列は多様であるが，それらおのおのの

(a) フォーカスドライブラリー

(b) テンプレートライブラリー

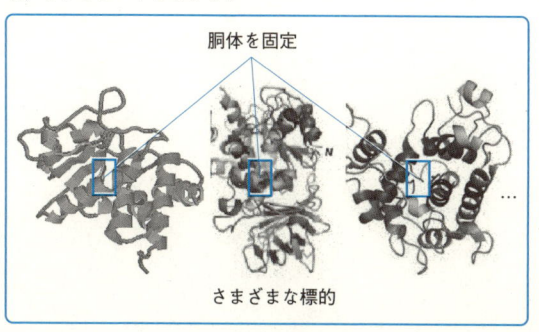

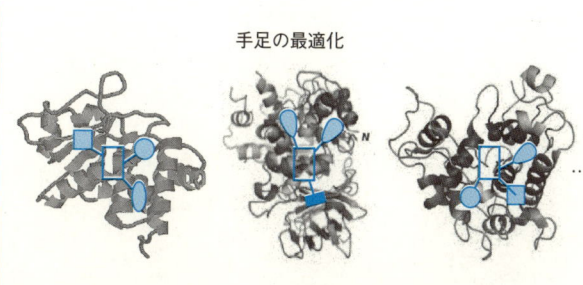

図 17・15　フォーカスドライブラリーとテンプレートライブラリー

化学的性質を無視した三次元的な形（フォールド構造）の種類はかなり限られるとされている．たとえば，11章で述べた核内受容体のリガンド結合ドメインのフォールド構造は，アミノ酸配列相同性がほとんどなくても非常によく一致する組合わせが多い．タンパク質の"形"は，アミノ酸配列（核酸塩基配列）よりもはるかによく保存されている．核内受容体はそれ自身，生物進化的に互いに関連があるが，進化的にも，アミノ酸配列的にも，全く関連がないタンパク質どうしのフォールド構造がほとんど一致するような例が報告されている．ヒトのタンパク質のフォールド構造は，わずか1000種ほどの立体構造に限られるとされている．ということは，ある一つのフォールド構造に適合する小分子構造をテンプレートに設定すれば，各フォールド構造が平均的にすべてのタンパク質に分散しているとして，50～70種のタンパク質に対して親和性を有する化合物が創製できることになる．逆にいうと，1000種のテンプレートがあれば，それらですべてのタンパク質に対する親和性化合物がカバーできることになる．そのようなテンプレートは，FBDDにおけるフラグメント同様，分子の形状が薬物受容体にフィットするだけであるから，結合親和性や特異性は低い（もしくは検出されない）はずである．各タンパク質に対する結合性や特異性は，当該タンパク質の化学的性質（アミノ酸一次配列）を考慮して，設定したテンプレートに適切な置換基や官能基を導入するなどの構造修飾を施せばよいことになる．

　いかなる目的であれ，化合物ライブラリーの"質"が，創薬をはじめ生理活性物質の創製研究の成否を左右する．また，化合物ライブラリーは，次世代に向けて保管すべき貴重な資源でもある．そのような背景から，わが国において，公的な大規模化合物ライブラリーやそのデータベースの整備が進められようとしている．

参 考 書

1章 核酸
- B. Lewin, "Genes Ⅷ", Pearson Prentice Hall (2004). ["遺伝子", 第8版, 菊池韶彦, 榊 佳之, 水野 猛, 伊庭英夫訳, 東京化学同人 (2006).]
- 五十嵐和彦, 深水昭吉, 山本雅之, "遺伝情報の発現制御――転写機構からエピジェネティクスまで", メディカルサイエンスインターナショナル (2012).
- "目的別で選べる核酸実験の原理とプロトコール――分離・精製からコンストラクト作製まで, 効率を上げる条件設定の考え方と実験操作が必ずわかる (実験医学別冊 目的別で選べるシリーズ)", 平尾一郎, 胡桃坂仁志編, 羊土社 (2011).

2章 アミノ酸, ペプチド, タンパク質
- D. Voet, J. G. Voet, C. W. Pratt, "Fundamentals of Biochemistry Life at the Molecular Level", 3rd Ed., John Wiley & Sons, Hoboken (2008). ["ヴォート基礎生化学", 第3版, 田宮信雄, 村松正實, 八木達彦, 遠藤斗志也訳, 東京化学同人 (2010).]
- "新・生物化学実験のてびき〈2〉タンパク質の分離・分析と機能解析法", 下西康嗣, 永井克也, 長谷俊治, 本田武司編, 化学同人 (1996).
- 平野 久, 大野茂男, "翻訳後修飾のプロテオミクス", 講談社 (2011).
- "タンパク質をみる――構造と挙動 (やさしい原理からはいるタンパク質科学実験法2)", 長谷俊治, 髙尾敏文, 高木淳一編, 化学同人 (2009).

3章 糖質
- R. W. Binkley, "Modern Carbohydrate Chemistry (Food Science and Technology)", Marcel Dekker, New York (1988).
- "Essentials of Glycobiology", ed. by A. Varki, R. Cummings, J. Esko, H. Freeze, G. Hart, J. Marth, Cold Spring Harbor Laboratory Press, New York (1999).
- 伊藤幸成, 小川智也, "有機合成Ⅷ (実験化学講座 26)", 第4版, p. 267, 日本化学会編, 丸善 (1992).
- P. G. M. Wuts, T. W. Greene, "Greene's Protective Groups in Organic Synthesis", 4th Ed., John Wiley & Sons, Hoboken (2007).
- "Comprehensive Glycoscience from Chemistry to Systems Biology", ed. by J. P. Kamerling, Elsevier Science (2007).
- "Glycoscience Chemistry and Chemical Biology", 2nd Ed., ed. by B. O. Fraser-Reid, K. Tatsuta, J. Thiem, G. L. Coté, S. Flitsch, Y. Ito, H. Kondo, S.-i. Nishimura, B. Yu, Springer (2008).

4章 脂肪酸と膜脂質
- "生体膜のダイナミクス (シリーズ・ニューバイオフィジックスⅡ 4)", 八田一郎, 村田昌之編, 共立出版 (2000).
- 末崎幸生, "脂質膜の物理", 九州大学出版会 (2007).
- "膜は生きている (一億人の化学)", 日本化学会編, 大日本図書 (1993).

5章 生体における化学反応
- T. N. Sorrell, "Organic Chemistry", 2nd Ed., University Science Books, Sausalito (2006). ["ソレル有機化学 (上, 下)", 村田道雄, 石橋正己, 木越英夫, 佐々木誠監訳, 東京化学同人 (2009).]

7章 タンパク質と生体小分子の相互作用2
- R. Chang, "Physical Chemistry for Biosciences", University Science Books, Sausalito (2005). ["生命科学系のための物理化学", 岩澤康裕, 北川禎三, 濱口宏夫訳, 東京化学同人 (2006).]

9章 生理活性発現の化学1
- D. Sadava, "Life, the Science of Biology", W. H. Freeman & Company (2008). ["アメリカ版大学生物学の教科書 第1巻 細胞生物学 (ブルーバックス)", 石崎泰樹, 丸山 敬監訳, 講談社 (2010).]
- D. Voet, J. G. Voet, "Biochemistry", 3rd Ed., John Wiley & Sons, Hoboken (2004). ["ヴォート生

参 考 書

化学（上）", 田宮信雄，村松正實，八木達彦，吉田 浩，遠藤斗志也訳，第3版，東京化学同人（2005）.]

10章　生理活性発現の化学2
・"大学院講義有機化学Ⅱ．有機合成化学・生物有機化学"，野依良治，柴﨑正勝，鈴木啓介，玉尾皓平，中筋一弘，奈良坂紘一編，東京化学同人（1998）.

12章　生理活性ペプチドホルモン
・"ペプチドと創薬（遺伝子医学MOOK 8）"，寒川賢治，南野直人編，メディカルドゥ（2007）.
・藤野雅彦，"創薬化学"，長野哲雄，夏苅英昭，原 博編，東京化学同人（2004）.
・周東 智，"有機医薬分子論"，京都廣川書店（2011）.

15章　嗅覚受容体
・伏木 亨，"味覚と嗜好のサイエンス（京大人気講義シリーズ）"，丸善（2008）.

16章　視物質
・河村 悟，"視覚の光生物学（シリーズ生命機能）"，朝倉書店（2010）.

17章　生理活性物質の創製
・"創薬科学・医薬化学（ベーシック薬学教科書シリーズ6）"，橘高敦史編，化学同人（2007）.

欧文索引

aaRS 21
abzyme 104
Ac 39
acetyl coenzyme A 58
acetylsalicylic acid 181
actin filament 96
action potential 164, 177
activation energy 78
activation function 1 133
active site 104
acute promyelocytic leukemia 125
adenine 4
adenosine triphosphate 54
S-adenosylmethionin 53
adriamycin 119
AF-1 133
aflatoxin 116
aglycone 34
agonist 86
alanine 16
aldolase 60
aldose 29
alkaline phosphatase 11
allosteric enzyme 110
allosteric inhibition 110
amino acid 15
aminoglycoside antibiotics 187
aminotransferase 64
amlodipine 156
amyloid 91
amyloidosis 91
amylopectin 31
amylose 31
anomeric carbon 29
ANP 147
antagonist 86
antibiotics 184
antibody medicine 196
anti-tumor antibiotics 184
APL 125
apoptosis 114
aptamer 199
arginine 16
Arrhenius plot 79
asparagine 16
aspartic acid 16
aspirin 181
association constant 76
ATP 54
autacoid 137
autocrine 160
autophagy 93

β-lactam antibiotics 106, 184
β oxidation 47
bacteriorhodopsin 177
base 4
basic helix-loop-helix 100
basic leucine zipper 100
bending 134
benzo[a]pyrene 116
bHLH 100
bicalutamide 123
binding constant 110
bioisosterism 189
biomedicine 191
biotin 66
bleomycin 120
bZip 100

CADD 200
calcitonin 146
calcitonin gene related peptide 146
calcitonin-like receptor 146
calicheamicin 120
cAMP 161, 171
camptothecin 123
cancer stem cell 112
captopril 181
carbohydrate 28
cardiolipin 44
cascade 155
catalytic antibody 104
catecholamine 157
CC 206
cellulose 31
central dogma 5
ceramide 36, 44
cGMP 161, 171
CGRP 146
Ch 43
chain-termination method 7
chaotrope 95
chaotropic agent 95
chaotropism 95
chaperon 95
charge-controlled reaction 116
chemical library 205
chemokine 160
chitin 30
cholesterol 45, 128
chromatin 98
chromosome 5
chronic myelogenous leukemia 126

chymotrypsin 58
cisplatin 119
citrate synthase 61
citric acid cycle 55
CL 43, 44
Claisen condensation 46
CML 126
CMP 32
coactivator 133
coenzyme 55
coenzyme A 58
coiled-coil 100
colony stimulating factor 160
combinatorial chemistry 206
combinatorial library 206
competent cell 11
competitive inhibition 107
computer-assisted drug design 200
cone cell 174
corepressor 134
Coulomb force 69
COX 138, 159, 188
crowding condition 85
CSF 160
cycasin 117
cyclic AMP 161
cyclic GMP 161
cyclodextrin 31
cyclooxygenase 138, 159, 188
cyclooxygenase inhibitor 191
cyclophosphamide 119
cysteine 16
cytokine 160
cytosine 4
cytotoxic antitumor agent 196

DAG 162
ddNTP 7
DDS 199
denaturation 90
deoxyribonucleic acid 3
2-deoxy-D-ribose 3
2′-deoxyuridine monophosphate 67
depolarization 74
DHF 68
dideoxy method 7
dihydrofolate 68
1,25α-dihydroxyvitamin D_3 129
disaccharide 30
dispersion force 72

dissociation constant 76
distomer 194
DNA 3
DNA binding domain 133
DNA ligase 11
DNA methylation 12
DNA methyltransferase 97
DNA microarray 6
DNA polymerase 7
DNA-repair system 112
DNMT 97
docking study 200
double helix 4
doxorubicin 119
drug delivery system 199
dUMP 67
dye-terminator method 7

Edman method 23
EGF 85, 86
EGFR 85, 86, 155, 196
eicosanoid 159
electrophoresis 6
electroporation 11
electrostatic controlled reaction 116
electrostatic interaction 69, 104
enthalpy 77
entropy 77
enzyme 53, 103
enzyme inhibitor 106
epidermal growth factor 85
epidermal growth factor receptor 85, 196
epigenetics 12
EPO 160
equilibrium dialysis method 79
Er 43
ergosterol 45
erythropoietin 160
etoposide 123
eudismic ratio 194
eutomer 194

FAS 46
fatty acid 43
fatty acid synthase 46
FBDD 204
feedforward regulation 111
fermentation 64
Fischer projection 29
Fischer method 39
5-fluorouracil 67, 121

flutamide 123
focused library 206
folding 89
fragment-based drug design 204
frequency factor 78
5-FU 67, 121
furanose 29
futile cycle 88

GAG 36
ganglioside 37
G-CSF 160
GDP 32
gefitinib 126
gemutuzumab ozogamicin 121
gene 5
gene therapy 13, 199
genetic code 9, 97
genome 5
genomic drug discovery 191
Gibbs free energy 77
glutamic acid 16
glutamine 16
glycerol 44
glycerolipid 44
glycine 16
glycocalyx 32
glycogen 31
glycolysis 60
glycone 34
glycosaminoglycan 36
glycosidation 39
glycoside 34
glycosidic bond 30
glycosphingolipid 36
glycosylation 39
glycosyltransferase 32
GPCR 141, 144, 152, 168, 173
G protein-coupled receptor 141, 152, 168, 173
granulocyte-CSF 160
guanine 4
guanylate cyclase 161

half-cystine 27
haloperidol 154
haptophore 182
HAT 98, 99
Haworth projection 29
HDAC 98, 99
heat shock protein 95
helix-turn-helix 100
high-throughput organic synthesis 206
high-throughput screening 205
histamine 157
histidine 16
histone acetyltransferase 99
histone code 97
histone deacetylase 99
histone octamer 98
histone tail 98
HMG-CoA 128
homology modeling 200
hormone 129

hormone dependent cancer 123
HSP 95
HTH 100
HTOS 206
HTS 205
hydrogen bond 71, 104
hydrogen bond acceptor 71
hydrogen bond donor 71
hydrophobic interaction 72, 104
hyperpolarization 177

ibuprofen 192
ice structure 93
IFN 160
imatinib 126
impulse 164
incretin 199
indomethacin 192
induced-fit 104, 143
induced pluripotent stem cell 9
in silico screening 200
insulin 92, 198
intercalation 94
interferone 160
inverse agonist 86
ion channel 163
ion channel-coupled receptor 156
ion channel receptor 156
ionotropic receptor 156
IP_3 162
iPS cell 9
irreversible inhibition 106
isobaric tags for relative and absolute quantitation 26
isoelectronic structure 189
isoleucine 16
isoprene 47
isostere 189
iTRAQ® 26

KcsA 165
α-ketoacid 63
ketose 29
kinase 88, 151
kinase cascade 155
kinetic resolution 57
knock down 13
Königs-Knorr method 39

lactate dehydrogenase 56
LBDD 200
LDH 56
lead compound 206
leak channel 163
Lemieux method 40
leucine 16
leukotriene 138, 160
leuprorelin 124
leutenizing hormone-releasing hormone 144
LH-RH 124, 144
ligand-based drug design 200
ligand binding domain 133
linear library 206
Lineweaver-Burk plot 109

lipid 43
lipid bilayer membrane 47
lipid raft 49
lipofection 11
lock and key theory 104
London force 72
LT 138, 160
luteinizing hormone-releasing hormone 124
lysine 16

macrolide antibiotics 187
macrophage-CSF 160
major groove 5
MAPs 96
M-CSF 160
membrane potential 163
messenger 5
metarhodopsin II 174
MeTHF 68
methionine 16
methotorexate 121
N^5,N^{10}-methylenetetrahydrofolate 68
micelle 48
Michaelis complex 108
Michaelis constant 73, 108
Michaelis-Menten equation 107
micro RNA 12
microtubule 96
microtubule-associated proteins 96
minor groove 5
miRNA 12
mitomycin C 119
molecular crowding 85
molecular target drug 118
molecular target drug discovery 191
mondant orange 1 182
monosaccharide 28
monoterpene 168
mRNA 5, 20
mucin 35

NAD^+ 55
Na^+-K^+ATPase 163
negative feedback regulation 110
neurotransmitter 156
nicotinamide adenine dinucleotide 55
nitric oxide synthase 161
nitrogen monoxide 161
NMR 78, 83
NO 161
non-competitive inhibition 107
nonsteroidal anti-inflammatory drug 192
northern hybridization 6
NOS 161
NSAID 192
nuclear magnetic resonance 78
nuclear receptor 131, 156
nuclear receptor ligand 131
nucleic acid 3

nucleic acid medicine 199
nucleoside 4
nucleosome 98
nucleotide 3

olfaction 169
olfactory receptor 170
oligosaccharide 31
oncogene 112
opsin shift 174
orbital-controlled reaction 115
orphan GPCR 145
orthodox drug discovery 191
2-oxoacid 63

paclitaxel 123
paracrine 160
partial agonist 87
partial antagonist 87
PBP 106, 184
PC 43, 44
PCR 8
PDE 176
PDI 96
PE 43, 44
penicillin-binding protein 106, 184
peptide 19
peptide hormone 141
peptide nucleic acid 13
peptidoglycan 32
peptidylprolyl cis-trans-isomerase 96
PG 138, 159
pharmacophore 183
phase transition temperature 47
phenylalanine 16
phorbol ester 115
phosphatase 88, 151
phosphatidylcholine 44
phosphatidylethanolamine 44
phosphatidylinositol 44
phosphatidylserine 44
phosphodiesterase 176
photopsin 173
PI 43, 44
plasmid vector 11
PLP 64
PML 125
PMP 65
PNA 13
polyglutamine disease 91
polymerase chain reaction 8
positive feedback regulation 111
posttranslational modification 17, 84
PPAR 133
PPI 96
primary structure 22
prodrug 182
proline 16
promyelocytic leukemia 125
prostaglandin 138, 159
proteasome 93
protein 20
protein disulfide-isomerase 96

protein tyrosine kinase 155
proto-oncogene 112
PS 43, 44
pseudosubstrate 105, 184
ptaquiloside 116
PTK 155
pyranose 29
pyridonecarboxylic acid
　　　　　antibiotics 187
pyridoxal 5′-phosphate 65
pyridoxamine 5′-phosphate 65
pyrrolysine 17
pyruvate carboxylase 67

QSAR 202
quantitative structure-activity
　　　　　relationship 202
quaternary structure 23
quinolonecarboxylic acid
　　　　　antimicrobials 187

RA 125
RAMP 146
RAR 86
reaction specificity 104
receptor 141
receptor activity modifying
　　　　　protein 146
receptor tyrosine kinase 155
response element 133
response gene 133
resting potential 164
restriction enzyme 10
retinal 173
retinoic acid 125, 129
retinoic acid receptor 86
reversible inhibition 106
rhodopsin 173
ribonucleic acid 3
D-ribose 3
ribosome 5
ribosome RNA 5
ribozyme 13, 103
RISC 12
RNA 3, 5
RNAi 12, 200
RNA-induced silencing complex 12
RNA interference 12, 200

RNA splicing 84
rod cell 174
rRNA 5, 21
RTK 155
RXR 133

SAM 53
Sanger method 7
saturated fatty acid 44
SBDD 200
scaffold 183
Scatchard plot 80
Schiff base 60, 158
screening 200
secondary structure 22
second messenger 161
seed compound 206
selective toxicity 189
selenocystein 17
semi-permanent protective group 39
serine 16
serine protease 59
serotonin 157
short interfering RNA 200
siRNA 200
slow reacting substance of
　　　　　anaphylaxis 160
SM 43, 44
small interferinig RNA 200
small molecule 69
solvation 104
Southern hybridization 6
sphingomyelin 44
sphingolipid 44
sphingosine 44
spike 164
SPR 81
SRS 160
statin 128
stem cell 112
steroid 127
steroid hormone 129
sterol 43, 45
structural development 183
structure-based drug design 200
SU 184
substrate 103

substrate-binding site 104
substrate cycle 88
substrate-enzyme complex 104
substrate specificity 104
sugar 28
suicide enzyme inhibitor 107
suicide enzyme substrate 185
suicide substrate 107, 185
sulfa drug 183
sulfonyl urea 184
superfamily 131
SUR 184
SU receptor 184
surface plasmon resonance 81

tamibarotene 125
tamoxifen 123
target-guided synthesis 205
template 183
template DNA 7
template library 206
temporary protective group 38
tertiary structure 22
tetracycline antibiotics 187
tetracyclines 187
12-O-tetradecanoyl phorbol
　　　　　13-acetate 115
TGS 205
thiamine 62
thiamine diphosphate 62
thiamine pyrophosphate 62
thioester 57
threonine 16
thromboxane 138, 159
thymidine monophosphate 67
thymidylate synthase 67
thymine 4
TLR 160
TMP 67
toll-like receptor 160
Topliss tree 202
toxophore 182
TPA 115, 162
TPP 62
trafficking 91
transaldolase 60
transaminase 64
transcription 5

transcription factor 127
transducin 174
transfer RNA 5
transformation 11
transition state 104
transition state mimic 89
translation 5
trehalose 30
triglyceride 44
trimeric G protein 152
tRNA 5, 21
tryptophan 16
tubulin 96
tulobuterol 154
tumorinitiation 114
tumor necrosis factor α 160
tumor promotion 114
tumor suppressor gene 112
TX 138, 159
tyrosine 16
tyrosin kinase-coupled receptor 155

ubiquitin 93
UDP 32
uncompetitive inhibition 107
unsaturated fatty acid 44
uracil 4

valine 16
vancomycin 186
van der Waals interaction 72, 104
vascular endothelial growth
　　　　　factor 196
vector 11, 199
VEGF 196
vinblastine 123
virtual screening 200
visual substance 173
vitamin 129
voltage-gated ion channel 163

water cluster 93
Watson-Crick base pairing 4

xylitol 29

zinc finger 100, 134

和文索引

あ行

IFN → インターフェロン
アイソスター → 等価体
iTRAQ®　26
IP$_3$ → イノシトール 1,4,5-トリスリン酸
iPS 細胞　9
アクアポリン　48
アクチン繊維　96
アグリコン　34
アクロスファイバーパターン説　170
アゴニスト　86, 144
アスパラギン　16
アスパラギン酸　16
アスピリン　181, 188
アセチル CoA → アセチル補酵素 A
アセチルコリン　74, 157
アセチルコリン受容体　74
アセチルサリチル酸 → アスピリン
アセチル補酵素 A　58
アデニル酸シクラーゼ　142
アデニン　4
S-アデノシルメチオニン　53
アデノシン三リン酸　54
アドリアマイシン → ドキソルビシン
アドレナリン　157
アドレナリン β_2 受容体　176
アニオン　71
アノマー効果　39
アノマー炭素　29
アブザイム → 触媒抗体
アプタマー　199
アフラトキシン　116, 117
アポトーシス　114
アミノアシル tRNA　21
アミノアシル tRNA 合成酵素　21
アミノ基交換反応　66
アミノ基転移酵素　64
アミノグリコシド系抗生物質　187
アミノ酸　15
　——の三文字および一文字表記　16
　——の翻訳後修飾　17
　——配列の解析　23
アミノ糖　29
アミノトランスフェラーゼ → アミノ基転移酵素
アミロイド　91
アミロイドーシス　91

アミロース　31
アミロペクチン　31
アムロジピン　156
アラキドン酸カスケード　139
アラニン　16
D-アラビノース　28
アリザリンイエロー R　182
RISC　12
rRNA　5, 21
RA → レチノイン酸
RAR → レチノイン酸受容体
RAMP → 受容体活性調節タンパク質
RS 表示法　16
RXR → レチノイド X 受容体
RNA　3
RNAi → RNA 干渉
RNA 干渉　12, 200
RNA 酵素 → リボザイム
RNA スプライシング　84
アルカリホスファターゼ　11
アルギニン　16
N-アルキル-4,4-ジヒドロピリジン誘導体　55
RTK → チロシンキナーゼ共役型受容体
アルテミシニン　194
アルドース　29
アルドステロン　128
アルドラーゼ　60
D-アルトロース　28
α-アミノ酸　15, 65
α ヘリックス　22, 23
アレニウスプロット　79
D-アロース　28
アロステリック酵素　110
アロステリック阻害　110
アンタゴニスト　86, 143, 144
アンチセンス鎖　14

Er → エルゴステロール
ER 値　194
イオン選択機構　165
イオン選択フィルター　166
イオンチャネル　163
イオンチャネル共役型受容体　156
鋳型 DNA　7
EGF → 上皮増殖因子
EGFR → 上皮増殖因子受容体
いす形配座　29
イソプレン　47
イソペプチド結合　19
イソロイシン　16

一次構造(タンパク質の)　22
一酸化窒素　161
一酸化窒素合成酵素　161
遺伝暗号　9, 97
遺伝子　5
遺伝子治療　13, 199
D-イドース　28
イノシトール 1,4,5-トリスリン酸　162
EPO → エリスロポエチン
イブプロフェン　192
イマチニブ　125, 126
インクレチン　199
インシリコスクリーニング → バーチャルスクリーニング
インスリン　92, 198
インターカレーション　94
インターカレーター　6
インターフェロン　160
インドメタシン　192
インバースアゴニスト　86
インパルス → スパイク
インフルエンザウイルス　33

ウラシル　4
ウリジン二リン酸　32
ウロン酸　29

エイコサノイド　159
aaRS → アミノアシル tRNA 合成酵素
ANP → 心房性ナトリウム利尿ペプチド
AF-1　133
siRNA　200
SRS　160
SAM → S-アデノシルメチオニン
SM → スフィンゴミエリン
エストラジオール　128
エストロゲン受容体　135
SPR → 表面プラズモン共鳴
SBDD → ストラクチャーベースドドラッグデザイン
SU → スルホニル尿素
SUR → スルホニル尿素受容体
HSP → 熱ショックタンパク質
HAT → ヒストンアセチル基転移酵素
HMG-CoA　128
HMG-CoA 還元酵素 → 3-ヒドロキシ-3-メチルグルタリル CoA
HDAC → ヒストン脱アセチル化酵素
HTS → ハイスループットスクリーニング
HTH → ヘリックス-ターン-ヘリックス
HTOS → ハイスループット有機合成

和文索引

ATP → アデノシン三リン酸
エトポシド 122, 123
エドマン法 23, 24
NSAID → 非ステロイド型消炎鎮痛剤
NAD^+ → ニコチンアミドアデニンジヌクレオチド
NMR 78, 83
NO → 一酸化窒素
NOS → 一酸化窒素合成酵素
NO シンターゼ → 一酸化窒素合成酵素
N-グリカン 34
APL → 急性前骨髄球性白血病
エピジェネティクス 12
FAS → 脂肪酸合成酵素
FBDD → フラグメントベースドドラッグデザイン
5-FU → 5-フルオロウラシル
miRNA → マイクロ RNA
MRSA → メチシリン耐性黄色ブドウ球菌
mRNA 5, 20
MeTHF → N^5,N^{10}-メチレンテトラヒドロ葉酸
MAPs → 微小管結合タンパク質
M-CSF 160
エリスロポエチン 160
エリスロマイシン 187
D-エリトルロース 28
D-エリトロース 28
LH-RH → 黄体形成ホルモン放出ホルモン
エルゴステロール 43, 45
LT → ロイコトリエン
LDH → 乳酸脱水素酵素
LBDD → リガンドベースドドラッグデザイン
エレクトロポレーション 11
塩　基　4
塩基性糖 → アミノ糖
塩基性領域-ヘリックス-ループ-ヘリックス 100
塩基性領域-ロイシンジッパー 99, 100
塩基対 3, 4
エンタルピー 77
エンドセリン 143
エントロピー 77

黄体形成ホルモン放出ホルモン 124, 144
応答遺伝子 133
応答遺伝子塩基配列 133
オキシトシン 19
2-オキソ酸 → α-ケト酸
O-グリカン 34
オーソドックス創薬 191
オータコイド 137
オートファジー 93
オーファン GPCR 145
オプシンシフト 174
オリゴ糖 31

か 行

解糖 60
解離速度定数 77
解離定数 76, 83
　薬物の―― 75
カオトロピズム 95
化学遺伝学 → ケミカルジェネティクス
化学生物学 → ケミカルバイオロジー
化学発がん 114
鍵と鍵穴説 104
可逆阻害 106
核酸 3
核酸医薬 199
核酸合成 8
核磁気共鳴 → NMR
核内受容体 131, 156
化合物ライブラリー 205
カスケード 155
カチオン 71
活性化エネルギー 78
活性型ビタミン A → レチノイン酸
活性型ビタミン D_3 129
活性部位 104
活動電位 164, 177
カテコールアミン 157
カプトプリル 181
過分極 177
D-ガラクトース 28
K^+ 遺漏チャネル 163
K^+ チャネル 165, 167
カリケアマイシン 120
カルジオリピン 43, 44
カルシトニン 146
カルシトニン遺伝子関連ペプチド 146
がん遺伝子 112, 195
がん幹細胞 112, 113
ガングリオシド 37
がん原遺伝子 112
幹細胞 112
がん細胞 113
桿体細胞 174
カンプトテシン 122, 123
がん抑制遺伝子 112

擬基質 105, 184
擬似原子体 190
基　質　73, 103
基質結合部位 104
基質-酵素複合体 104
基質サイクル → 浪費サイクル
基質特異性 104
キシリトール 29
D-キシルロース 28
D-キシロース 28
キチン 31, 32
軌道制御反応 115
キナーゼ 88, 151
キナーゼカスケード 155
キナーゼ阻害薬 125
キニーネ 193
キノロンカルボン酸系抗菌薬 → ピリドンカルボン酸系抗生物質
ギブズ自由エネルギー 77
キモトリプシン 58, 59
逆平行 β シート構造 23
GABA 157

嗅覚 168, 169
嗅覚受容体 170
　――の構造 171
急性前骨髄球性白血病 125
QSAR → 定量的構造活性相関
競合阻害 107, 110
極性アミノ酸 16

グアニル酸シクラーゼ 161
グアニル酸シクラーゼ型受容体 147
グアニン 2
グアノシン二リン酸 32
クエン酸回路 55, 56
クエン酸合成酵素 61
クエン酸シルデナフィル 75
組換え DNA 9
クライゼン縮合 46
クラウディング環境 85
グリコカリックス 32
グリコーゲン 31
グリコサミノグリカン 36
グリコシド化 → グリコシル化
グリコシド結合 30
グリコシル化 39
グリコシルトランスフェラーゼ → 糖転移酵素
グリコン 34
グリシン 16
D-グリセルアルデヒド 28
D-グリセルアルデヒド 3-リン酸 60, 62
グリセロ脂質 43, 44
グリセロール 43, 44
クリックケミストリー 205
D-グルコース 28
グルタミン 16
グルタミン酸 16
クレブス回路 → クエン酸回路
D-グロース 28
クロマチン 98
クロロキン 193
クーロン力 69, 70

形質転換 11
KcsA 165
血管内皮増殖因子 196
結合速度定数 77
結合定数 76, 110
α-ケト酸 63
ケトース 29
ケーニッヒ-クノール法 39
ゲノム 5
ゲノム創薬 191, 195
ゲフィチニブ 125, 126
ケミカルジェネティクス 179
ケミカルバイオロジー 179
ゲムツズマブオゾガマイシン 121
ケモカイン 160
コアクチベーター 133
コイルドコイル 100
抗がん抗生物質 184
抗生物質 184
　新世代―― 188

和文索引

酵　素　53, 73, 103
構造活性相関　201
構造展開(薬の)　183
酵素自殺基質 → 自殺基質
酵素阻害剤　106
抗体医薬　196
抗体酵素 → 触媒抗体
抗ヒスタミン薬　194, 195
抗マラリア薬　193
氷型構造(水の)　93
コリプレッサー　134
コルチゾン　128
コレステロール　43, 45, 49, 128, 176
コロニー刺激因子　160
コンピテント細胞　11
コンビナトリアルケミストリー　206
コンビナトリアルライブラリー　206
コンピューター分子設計　200

さ　行

サイカシン　117
サイクリック AMP → cAMP
サイクリック GMP → cGMP
サイトカイン　160
細胞質チロシンキナーゼ　148
細胞膜　43
サザンハイブリダイゼーション　6
殺細胞性抗がん剤　196
サルバルサン　182
サルファ剤　183
サンガー法　7
三次構造(タンパク質の)　22, 23
酸性糖　29
三量体型 G タンパク質　152

ジアシルグリセロール　162
シアル酸　29
cAMP　161, 171
GAG → グリコサミノグリカン
CSF → コロニー刺激因子
Ch → コレステロール
CADD → コンピューター分子設計
GABA　157
CML → 慢性骨髄性白血病
CMP → シチジン一リン酸
CL → カルジオリピン
COX → シクロオキシゲナーゼ
COX 阻害剤 → シクロオキシゲナーゼ
　　　　　　　　　　　　阻害剤
シグナル伝達 → 情報伝達
シクロオキシゲナーゼ　138, 159, 188
シクロオキシゲナーゼ阻害剤　191
シクロデキストリン　31, 32
シクロホスファミド　119
自己分泌　160
自殺基質　107, 185
CC → コンビナトリアルケミストリー
CGRP → カルシトニン遺伝子関連ペプチド
G-CSF　160
cGMP　161, 171

脂　質　43
脂質二重膜　47
脂質ラフト　49, 50
自食作用 → オートファジー
システイン　16
シスプラチン　119
ジスルフィド結合　19, 27
11-cis-レチナール　173
9-cis-レチノイン酸　129
G タンパク質　152, 174
G タンパク質共役型受容体　141, 152, 168, 173
シチジン一リン酸　32
シッフ塩基　60, 158
質量分析　24
GDP → グアノシン二リン酸
GTP 結合タンパク質 → G タンパク質
GTP 結合タンパク質共役型受容体 → G タンパク質共役型受容体
ジデオキシ法 → サンガー法
シード化合物　206
シトシン　4
GPCR → G タンパク質共役型受容体
ジヒドロキシアセトン　28
1,25α-ジヒドロキシビタミン D_3 → 活性型ビタミン D_3
ジヒドロ葉酸　68, 122
ジヒドロ葉酸還元酵素　121
視物質　173
シプロフロキサシン　187
脂肪酸　43, 44
　　──の生合成経路　45
脂肪酸合成酵素　46
四面体中間体　57
シャペロン　95
主　溝　5
腫瘍壊死因子 α　160
受容体　74, 141
受容体型チロシンキナーゼ → チロシンキナーゼ共役型受容体
受容体活性調節タンパク質　146
脂溶性ビタミン　130
上皮増殖因子　85, 86
上皮増殖因子受容体　85, 86, 126, 155, 196
小分子　69
情報伝達　151, 153
　においの──　172
情報伝達物質　74, 156
触媒抗体　104
ジンクフィンガー　99, 100, 134
神経軸索　164
神経伝達物質　156
新世代抗生物質　188
心房性ナトリウム利尿ペプチド　147

水素結合　69, 71, 104
水素結合供与体　71
水素結合受容体　71
錐体細胞　174
水溶性ビタミン　130
スキャッチャードプロット　80
スキャフォールド → テンプレート
スクリーニング　200

スタチン　128
ステロイド　127
ステロイドホルモン　128, 129
　　──のアゴニスト　136
　　──のアンタゴニスト　136
ステロール　43, 45
ストラクチャーベースドドラッグデザイン
　　　　　　　　　　　　　　　200
ストレプトマイシン　187
スパイク　164
スーパーファミリー　131
スフィンゴ脂質　43, 44
スフィンゴシン　44
スフィンゴ糖脂質　36
スフィンゴミエリン　43, 44, 47
スプリット合成　206
スルホニル尿素　183, 184
スルホニル尿素受容体　184

制限酵素　10
静止電位　164
静電制御反応 → 電荷制御反応
静電相互作用　69, 104
正のフィードバック調節　111
生物学的等価体　189, 190
D-セドヘプツロース 7-リン酸　63
セラミド　36, 44
セリン　16
セリンプロテアーゼ　59
セルロース　31
セレノシステイン　15, 17
セロトニン　157
遷移状態　104
遷移状態模倣体　89
線形ライブラリー　206
染色体　5
センス鎖　14
選択毒性　186
セントラルドグマ　5
全 trans-レチノイン酸　129

相転移温度　47
速度論分割　57
疎水性相互作用　69, 72, 104
ソラフェニブ　155
D-ソルボース　28

た　行

代謝回転速度　74
ダイターミネーター法　7
ダイヤモンド格子　72
D-タガトース　28
脱分極　74
脱リン酸化酵素 → ホスファターゼ
多　糖　31
タフトの立体因子　202
タミバロテン　125
タモキシフェン　123, 124
D-タロース　28
胆汁酸　128

炭水化物 → 糖質
炭素－炭素結合形成 46
単糖 28
タンパク質 20, 84
　——の折りたたみ 89
　——の構造 22
　——の変性 89
タンパク質ジスルフィドイソメラーゼ 96

チアミン 62
チアミン二リン酸 62
チェーンターミネーション法 →
　　　　　　　　　　　　サンガー法
チオエステル 57
チミジル酸合成酵素 67
チミジン一リン酸 67
チミン 4
中性糖 29
チューブリン 96, 123
チロシン 16
チロシンキナーゼ共役型受容体 155

ツロブテロール 154

tRNA 5, 21
DAG → ジアシルグリセロール
TX → トロンボキサン
DHF → ジヒドロ葉酸
DNA 3
　——の化学修飾 115
　——のメチル化 12
DNA 結合領域 133
DNA 合成阻害 121
DNA 修復機構 112
TNF-α → 腫瘍壊死因子α
DNA ポリメラーゼ 7
DNA マイクロアレイ 6
DNMT → DNA メチル基転移酵素
DNA メチル基転移酵素 97
DNA リガーゼ 11
TMP → チミジン一リン酸
TLR → Toll 様受容体
TCA 回路 → クエン酸回路
TGS → 標的誘導型合成
ディストマー 194
DDS → 薬物送達システム
ddNTP 7
TPA 114, 115, 162
TPP → チアミン二リン酸
低分子 → 小分子
dUMP → 2′-デオキシウリジン一リン酸
定量的構造活性相関 202
2′-デオキシウリジン一リン酸 67
デオキシリボ核酸 → DNA
2-デオキシ-D-リボース 3
テストステロン 128
テトラサイクリン系抗生物質 187
12-O-テトラデカノイルホルボール 13-
　　　　　　　　　アセテート → TPA
電位依存性イオンチャネル 163
電荷制御反応 116
電気泳動 6
転写 5

転写因子 127
テンプレート 183
テンプレートライブラリー 206, 207
伝令 RNA → mRNA

糖衣 → グリコカリックス
等価体 189
糖鎖 28
　——の化学合成 37
糖脂質 29
糖質 28
糖タンパク質 29, 34
糖転移酵素 32
等電子構造 189
トキソフォア 182
ドキソルビシン 119
トプリス系統樹 201, 202
トポイソメラーゼ阻害薬 122
トラフィッキング 91
トランスアミナーゼ → アミノ基転移酵素
トランスアルドラーゼ 60
トランスデューシン 174, 176
トランスファー RNA → tRNA
トリアシルグリセロール → トリグリセ
　　　　　　　　　　　　　　　　リド
トリカルボン酸回路 → クエン酸回路
トリグリセリド 44
トリプトファン 16
Toll 様受容体 160
D-トレオース 28
トレオニン 16
トレハロース 30, 32
徒労サイクル → 浪費サイクル
トロンボキサン 138, 159

な 行

内因性リガンド 152
ナイトロジェンマスタード 118
投げ縄ペプチド → ラッソペプチド
Na^+-K^+ATPase 163
Na^+ チャネル 167
ナファゾリン 154

におい分子 170
ニコチンアミドアデニンジヌクレオチド
　　　　　　　　　　　　　　　　　55
二次構造（タンパク質の） 22, 23
二次メッセンジャー 142, 161, 176
二重らせん 4
二糖 30
乳酸脱水素酵素 56

ヌクレオシド 4
ヌクレオソーム 98
ヌクレオチド 3

ねじれ舟形配座 29
熱ショックタンパク質 95
熱変性 95

ノーザンハイブリダイゼーション 6
ノックダウン 13

は 行

バイオアイソスター → 生物学的等価体
バイオ医薬 191, 198
ハイスループットスクリーニング 205
ハイスループット有機合成 206
配糖体 34
バクテリオロドプシン 177
パクリタキセル 123
パーシャルアゴニスト 87
パーシャルアンタゴニスト 87
ハース投影式 29
バーチャルスクリーニング 200
発がんイニシエーション 114
発がん物質 115
発がんプロモーション 114
発酵 64
ハーフシスチン 27
ハプトフォア 182
ハメット置換基定数 202, 203
パラレル合成 206
バリン 16
ハロペリドール 154
バンコマイシン 189
ハンシュ-藤田の式 202
反応定数 203
反応特異性 104

PI → ホスファチジルイノシトール
PE → ホスファチジルエタノールアミン
PS → ホスファチジルセリン
bHLH → 塩基性領域-ヘリックス-ループ-
　　　　　　　　　　　　　　ヘリックス
PNA → ペプチド核酸
PML 125
PMP → ピリドキサミン 5′-リン酸
PLP → ピリドキサール 5′-リン酸
ビオチン 66
ビカルタミド 123, 124
非競合阻害 107, 110
非共有電子対 71
非極性アミノ酸 16
PC → ホスファチジルコリン
PG → プロスタグランジン
PCR → ポリメラーゼ連鎖反応
bZip → 塩基性領域-ロイシンジッパー
微小管 96
微小管結合タンパク質 96
ヒスタミン 157
ヒスタミン H_2 受容体拮抗薬 194, 195
ヒスチジン 16
非ステロイド型消炎鎮痛剤 192
ヒストン 97
ヒストンアセチル基転移酵素 99
ヒストンコード 97
ヒストン脱アセチル化酵素 99
ヒストン八量体 98
ヒストン尾部 98

和文索引

ビタミン 129~131
ビタミンB → チアミン
必須アミノ酸 19
PDI → タンパク質ジスルフィドイソメラーゼ
PDE → ホスホジエステラーゼ
PTHアミノ酸 27
PTK 155
3-ヒドロキシ-3-メチルグルタリルCoA 128
PPI → ペプチジルプロリルイソメラーゼ
PPAR → ペルオキシソーム増殖活性化剤受容体
PBP → ペニシリン結合タンパク質
標的誘導型合成 205
表面プラズモン共鳴 81
ピラノース 29
ピリドキサミン5′-リン酸 65
ピリドキサール5′-リン酸 65
ピリドンカルボン酸系抗生物質 187
非リボソームペプチド 19
ピルビン酸カルボキシラーゼ 67
ピルビン酸脱炭酸酵素 63
ピロリシン 15, 17
頻度因子 78
ビンブラスチン 123

ファーマコフォア 182, 183
ファンデルワールス相互作用 72, 104
ファントホッフの式 78
VEGF → 血管内皮増殖因子
フィッシャー投影式 29
フィッシャー法 39
フィードバック調節 110, 111
フィードフォワード調節 111
フェニルアラニン 16
フェンタニル 157
フォーカスドライブラリー 206, 207
フォトプシン 173
フォールディング 89
フォールディング異常症 91
不可逆阻害 106
不競合阻害 107, 110
副溝 5
複合糖質 32
D-プシコース 28
ブタキロシド 116
舟形配座 29
負のフィードバック調節 110
不飽和脂肪酸 44
フラグメントベースドドラッグディスカバリー → フラグメントベースドドラッグデザイン
フラグメントベースドドラッグデザイン 204
プラスミドベクター 11
フラノース 29
5-フルオロウラシル 67, 121
D-フルクトース 28
D-フルクトース 1,6-ビスリン酸 60
フルタミド 123, 124
ブレオマイシン 120
プロゲステロン 128

プロスタグランジン 138, 159
――の構造 138
プロテアソーム 93
プロドラッグ 182
プロプラノロール 194
プロリン 16
分散力 72
分子クラウディング → クラウディング環境
分子標的創薬 191, 195
分子標的薬 118, 124, 198

平衡透析法 79
平行βシート構造 23
ベクター 11, 199
β-カロテン 129, 173
β構造 22, 23
β酸化 47
βシート 22
β-ラクタマーゼ 186
β-ラクタム系抗生物質 106, 184
ペニシリン 184, 185
ペニシリン結合タンパク質 106, 184
ペプチジルプロリルイソメラーゼ 96
ペプチド 19
ペプチド核酸 13
ペプチドグリカン 31, 32, 42
ペプチドホルモン 141
ヘリックス12 134
ヘリックス-ターン-ヘリックス 99, 100
ペルオキシソーム増殖活性化剤受容体 133
変 性(タンパク質の) 90
ベンゾ[a]ピレン 116
ベンディング 134

芳香族アミン 117
傍分泌 160
飽和脂肪酸 44
補酵素 55
補酵素A 58
保護基 38
　一時的な―― 38
　半永久的―― 39
ホスファターゼ 88, 151
ホスファチジルイノシトール 43, 44
ホスファチジルエタノールアミン 43, 44
ホスファチジルコリン 43, 44, 47, 49
ホスファチジルセリン 43, 44
ホスホジエステラーゼ 171, 176
ホスホリパーゼ 142
ホメオドメイン 99, 100
ホモロジーモデリング 200
ポリグルタミン病 91
ポリメラーゼ連鎖反応 7
ボルテゾミブ 162
ホルボールエステル 115, 162
ホルモン 129
ホルモン依存性がん 123
ホルモン療法 123
翻 訳 5
翻訳後修飾 17, 18
翻訳後編集 84

ま 行

マイクロRNA 12
マイトマイシンC 119, 120
膜結合型グアニル酸シクラーゼ 147
膜結合型セリン-トレオニンキナーゼ 148
膜電位 163, 167
マクロライド系抗生物質 187
慢性骨髄性白血病 126
D-マンノース 28

ミカエリス定数 73, 108
ミカエリス複合体 108
ミカエリス-メンテンの式 107
水のクラスター構造 93, 94
ミセル 48
ミノキシジル製剤 75

無益サイクル → 浪費サイクル
ムチン 35

メタロドプシンII 174
メチオニン 16
メチシリン耐性黄色ブドウ球菌 189
N^5, N^{10}-メチレンテトラヒドロ葉酸 68
メッセンジャーRNA → mRNA
メトトレキサート 121, 122
メフロキン 193

モチーフ構造 99
モノテルペン 168, 169
モルヒネ 157

や~わ

薬物送達システム 199

誘導多能性幹細胞 → iPS細胞
誘導適合 104, 143
UDP → ウリジン二リン酸
ユートマー 194
ユビキチン 93

溶媒和 104
四次構造(タンパク質の) 23

ラインウィーバー-バークプロット 107, 109
ラッソペプチド 20
ラパチニブ 155

リガンド結合領域 133
リガンドベースドドラッグデザイン 200
D-リキソース 28
リシン 16
リード化合物 206
D-リブロース 28
リボ核酸 → RNA
リボザイム 13, 103

和文索引

D-リボース　3, 28
D-リボース 5-リン酸　63
リボソーム　5, 22
リボソーム RNA → rRNA
リポフェクション　11
リュープロレリン　124
リン酸化酵素 → キナーゼ
隣接基関与　40

ルシフェリン　105

レチナール　173
レチノイド X 受容体　133
レチノイン酸　125, 129
レチノイン酸受容体　86
レチノール　129
レミュー法　40

ロイコトリエン　138, 160
ロイシン　16
浪費サイクル　88
ロドプシン　173〜175
ロンドン力 → 分散力

ワトソン-クリック塩基対　4

橋本祐一
  1955年 東京に生まれる
  1977年 東京大学薬学部 卒
  1982年 東京大学大学院薬学系研究科博士課程 修了
  現 東京大学分子細胞生物学研究所 教授
  専攻 生物有機化学
  薬学博士

村田道雄
  1958年 大阪に生まれる
  1981年 東北大学農学部 卒
  1983年 東北大学大学院農学研究科博士前期課程 修了
  現 大阪大学大学院理学研究科 教授
  専攻 生物有機化学
  農学博士

第1版第1刷 2012年10月12日発行

生体有機化学

© 2012

編 集　橋 本 祐 一
　　　　村 田 道 雄
発行者　小 澤 美奈子
発　行　株式会社 東京化学同人
　　　東京都文京区千石3丁目36-7(〒112-0011)
　　　電話 (03)3946-5311・FAX (03)3946-5316
　　　URL: http://www.tkd-pbl.com/

印 刷　大日本印刷株式会社
製 本　株式会社 青木製本所

ISBN 978-4-8079-0765-6
Printed in Japan
無断複写，転載を禁じます．